JN204291

フェロニッケルスラグ骨材または銅スラグ細骨材を使用するコンクリートの調合設計・製造・施工指針・同解説

Recommendation
for
Mix Design, Production and Construction Practice of Concrete
with Ferro-nickel Slag Aggregate
or Copper Slag Fine Aggregate

2018 制 定

日本建築学会

序

わが国はこれまで良質な河川産骨材に恵まれていたが，戦後の高度経済成長期の急激な骨材需要の増大に対応できず，また，各種の河川環境の保全の観点からも採取が抑制されるようになり，1960年代の半ばからその採取量は減少した．それに代わって砕石や河川産以外の天然骨材の使用量が増大し，1970年代の半ばになると金属製錬の過程で排出される各種スラグのコンクリート用骨材への利用が検討されるようになり，高炉スラグ骨材に続いてフェロニッケルスラグ細骨材は1992年にJIS A 5011（コンクリート用スラグ骨材―第2部）として，また，銅スラグ細骨材は1997年にJIS A 5011（コンクリート用スラグ骨材―第3部）としてJIS化された．

フェロニッケルスラグ細骨材については，1994年に本会より刊行された「フェロニッケルスラグ細骨材を用いるコンクリートの設計施工指針（案）・同解説」が1998年に改定され，また，銅スラグ細骨材については1998年に「銅スラグ細骨材を用いるコンクリートの設計施工指針（案）・同解説」が刊行されて現在に至っている．この間，コンクリート用スラグ骨材については環境安全品質の導入を図るためのJISの改正が行われ，フェロニッケルスラグについては粗骨材の規定が新たに追加された．また，両指針とも改定・制定以降すでに20年が経過しており，関連する仕様書・指針類との整合を図る必要があること，高強度化などのコンクリートに対する新たな要求に対応する必要があること，などについて検討する必要があった．

本会では，2015年度より2年間実施された日本鉱業協会からの本会および建築研究振興協会への委託研究の成果に基づき，2016年より材料施工委員会の傘下に設置された「非鉄スラグ骨材コンクリート指針改定小委員会」で指針の改定作業を行ってきた．本指針は，同委員会が行った研究の成果を取りまとめ，フェロニッケルスラグ骨材および銅スラグ細骨材の適正な利用促進を図るもので，最新の知見に基づいて規定および資料を整備し，指針の構成も両者を合わせたものとしている．

天然骨材の枯渇や品質低下が指摘される中，フェロニッケルスラグ骨材および銅スラグ細骨材を貴重な資源として位置付けてその適正利用を図ることは，鉄筋コンクリート造建築物の品質確保のために重要である．本指針が，設計，施工，コンクリートの製造および監理に携わる工事関係者に有効に活用されることを期待している．

2018年12月

日本建築学会

指針作成関係委員（2018年12月）

――（五十音順・敬称略）――

材料施工本委員会

委員長　早川光敬

幹　事　橘高義典　黒岩秀介　輿石直幸　山田人司

委　員　（略）

鉄筋コンクリート工事運営委員会

主　査　橘高義典

幹　事　一瀬賢一　杉山　央　野口貴文

委　員　（略）

非鉄スラグ骨材コンクリート指針改定小委員会

主　査　阿部道彦

幹　事　野口貴文

委　員　伊藤康司　今本啓一　鹿毛忠継　兼松　学

（栗栖一之）　黒岩義仁　小山明男　陣内　浩

立屋敷久志　寺西浩司　早川光敬　松田　拓

真野孝次　安田智弘

協力委員　坂井敏彦　岸本和彦

フェロニッケルスラグワーキンググループ

主　査　阿部道彦

幹　事　安田智弘

委　員　伊藤康司　今本啓一　荻原正裕　香川浩司

鹿毛忠継　岸本和彦　（栗栖一之）　陣内　浩

野口貴文　早川光敬　松田　拓　真野孝次

山﨑順二

銅スラグワーキンググループ

主　査　野口貴文

幹　事　黒岩義仁

委　員　阿部道彦　伊藤康司　香川浩司　兼松　学

鹿毛忠継　岸本和彦　（栗栖一之）　小林義文

小山明男　陣内　浩　寺西浩司　西　祐宜

（平出正幸）　真野孝次　山﨑順二

（　　）内は元委員

解説執筆委員

全体調整

阿部道彦　野口貴文　陣内　浩　岸本和彦
黒岩義仁　安田智弘

1章　総　則

阿部道彦　寺西浩司

2章　コンクリートの要求性能および品質

兼松　学　今本啓一　野口貴文

3章　コンクリートの材料

真野孝次

4章　調　合

鹿毛忠継

5章　コンクリートの発注・製造および受入れ

伊藤康司　陣内　浩

6章　運搬・打込みおよび養生

山﨑順二　陣内　浩

7章　品質管理・検査

陣内　浩

8章　特別な考慮を要するコンクリート

松田　拓　陣内　浩

付　録

付録Ⅰ　フェロニッケルスラグ骨材に関する技術資料

岸本和彦　阿部道彦　伊藤康司　今本啓一
荻原正裕　香川浩司　鹿毛忠継　兼松　学
陣内　浩　寺西浩司　野口貴文　早川光敬
松田　拓　真野孝次　安田智弘　山﨑順二

付録Ⅱ　銅スラグ細骨材に関する技術資料

岸本和彦　阿部道彦　伊藤康司　今本啓一
香川浩司　鹿毛忠継　黒岩義仁　小林義文
陣内　浩　寺西浩司　野口貴文　早川光敬
真野孝次　山﨑順二

付録Ⅲ　日本鉱業協会発行の非鉄スラグ製品の製造・販売管理ガイドライン

岸本和彦　荻原正裕　小林義文　安田智弘

付録Ⅳ　フェロニッケルスラグ骨材に関する文献リスト

岸本和彦　荻原正裕　香川浩司　安田智弘

付録Ⅴ　銅スラグ細骨材に関する文献リスト

岸本和彦　香川浩司　黒岩義仁　小林義文

平出正幸

フェロニッケルスラグ骨材または銅スラグ細骨材を使用する
コンクリートの調合設計・製造・施工指針・同解説

目　　次

付　録

フェロニッケルスラグ骨材または銅スラグ細骨材を使用するコンクリートの調合設計・製造・施工指針

フェロニッケルスラグ骨材または銅スラグ細骨材を使用するコンクリートの調合設計・製造・施工指針

1章　総　　則

1.1　適 用 範 囲

ａ．本指針は，フェロニッケルスラグ細骨材，フェロニッケルスラグ粗骨材または銅スラグ細骨材を使用する現場打ちコンクリートの調合設計，製造，施工および品質管理に適用する．

ｂ．上記ａ．のコンクリートは，フェロニッケルスラグ細骨材，フェロニッケルスラグ粗骨材または銅スラグ細骨材をそれぞれ単独で使用するか，またはスラグ骨材以外の他の骨材と併用あるいはあらかじめ混合して使用する．

ｃ．本指針に示されていない事項については，本会「建築工事標準仕様書・同解説　JASS 5　鉄筋コンクリート工事」（以下，JASS 5 という）および関連指針の規定に準拠する．

1.2　用　　語

本指針に用いる用語は次によるほか，JIS A 0203（コンクリート用語），JIS A 5011-2（フェロニッケルスラグ骨材），JIS A 5011-3（銅スラグ骨材）および JASS 5 の１節による．

フェロニッケルスラグ細骨材：炉でフェロニッケルと同時に生成する溶融スラグを徐冷し，または水空気などによって急冷し，粒度調整した細骨材（略記：FNS）

フェロニッケルスラグ細骨材混合率：全細骨材に対するフェロニッケルスラグ細骨材の絶対容積の比で，百分率で表す（略記：FNS 混合率）

フェロニッケルスラグ細骨材質量混合率：全細骨材に対するフェロニッケルスラグ細骨材の質量の比で，百分率で表す（略記：FNS 質量混合率）

フェロニッケルスラグ粗骨材：炉でフェロニッケルと同時に生成する溶融スラグを徐冷し，粒度調整した粗骨材（略記：FNG）

フェロニッケルスラグ粗骨材混合率：全粗骨材に対するフェロニッケルスラグ粗骨材の絶対容積の比で，百分率で表す（略記：FNG 混合率）

フェロニッケルスラグ粗骨材質量混合率：全粗骨材に対するフェロニッケルスラグ粗骨材の質量の比で，百分率で表す（略記：FNG 質量混合率）

フェロニッケルスラグ骨材：フェロニッケルスラグ細骨材とフェロニッケルスラグ粗骨材を総称した呼び名（略記：FNA）

銅スラグ細骨材　　　　　　　：炉で銅と同時に生成する溶融スラグを水によって急冷し，粒度調整した細骨材（略記：CUS）

銅スラグ細骨材混合率　　　　：全細骨材に対する銅スラグ細骨材の絶対容積の比で，百分率で表す（略記：CUS 混合率）

銅スラグ細骨材質量混合率　　：全細骨材に対する銅スラグ細骨材の質量の比で，百分率で表す（略記：CUS 質量混合率）

フェロニッケルスラグ予混合細骨材：フェロニッケルスラグ細骨材と他の細骨材をあらかじめ混合して製造した細骨材（略記：FNS 予混合細骨材）

銅スラグ予混合細骨材　　　　：銅スラグ細骨材と他の細骨材をあらかじめ混合して製造した細骨材（略記：CUS 予混合細骨材）

併用　　　　　　　　　　　　：複数の粗骨材または細骨材をコンクリート製造時に別々に計量して用いる方法

予混合使用　　　　　　　　　：山元，埠頭等であらかじめ混合された複数の粗骨材または細骨材を用いる方法

1.3　骨材の区分・用途と使用方法

a．本指針で対象とする骨材の組合せおよびその混合率または使用量は，表 1.1 および表 1.2 によるものとする．

b．表 1.1, 1.2 に示す骨材の組合せおよびその混合率または使用量に応じて，骨材の品質管理の方法を適切に定める．なお，本指針は，コンクリートに対する要求性能が資料または実験により確認された場合には，当該骨材をこれらの表に示す用途以外に用いることを妨げるものではない．

表 1.1　フェロニッケルスラグ骨材を用いたコンクリートの種類

FNS，FNG のアルカリシリカ反応性の区分	用　途	FNS，FNG の使用形態	FNS，FNG の混合率または使用量	適用する章・節
区分 A の FNS, FNG のみを使用	一般用途	FNS，FNG またはその両方を単独使用または併用	コンクリートが所要の品質を満足するように，使用する FNS，FNG の品質を踏まえて，FNS, FNG の混合率または使用量を設定	2 ～ 7 章
		FNS，FNG またはその両方を予混合使用*		
	高強度コンクリート	FNS を単独使用または併用	高強度コンクリートが所要の品質を満足するように，使用する FNS の品質を踏まえて，FNS 混合率または FNS の使用量を設定	8.2 節

区分BのFNSまたはFNGを使用	一般用途	FNSを併用	原則として，FNS混合率30％以下	8.3節
		FNGを併用	コンクリートが所要の品質を満足するように，使用するFNGの品質をふまえて，FNG混合率またはFNGの使用量を設定	

［注］　＊予混合使用と併用を組み合わせるケースもこの区分に含む．

表1.2　銅スラグ細骨材を用いたコンクリートの種類

用　途	CUSの使用形態	CUSの混合率または使用量	適用する章・節
一般用途	CUSを併用	コンクリートが所要の品質を満足するようにCUSの使用量を設定	2～7章
	CUSを予混合使用*	コンクリートが所要の品質を満足するようにCUSの混合率を設定	

［注］　＊予混合使用と併用を組み合わせるケースもこの区分に含む．

2章　コンクリートの要求性能および品質

2.1　コンクリートの要求性能および品質

a．フェロニッケルスラグ骨材または銅スラグ細骨材を使用するコンクリートを用いる構造体および部材に要求される性能の種類は，JASS 5の2節によるほか，環境配慮性を加える．

b．使用するコンクリートは，所要のワーカビリティー，強度，ヤング係数，乾燥収縮率，耐久性，環境負荷低減性および省資源性を有するものとし，3章「材料」および4章「調合」の規定を満足するものとする．

c．構造体コンクリートは，所定の強度，ヤング係数，乾燥収縮ひずみ，気乾単位容積質量，耐久性，耐火性，環境負荷低減性および省資源性を有し，有害な打込み欠陥部のないものとする．

d．フェロニッケルスラグ骨材または銅スラグ細骨材を使用するコンクリートは，本節で規定する品質が満足されるように，材料の選定，調合，製造および施工を行うものとする．

2.2　設計基準強度，耐久設計基準強度，品質基準強度および圧縮強度

フェロニッケルスラグ骨材または銅スラグ細骨材を使用するコンクリートの設計基準強度，耐久設計基準強度，品質基準強度の範囲ならびに定め方および圧縮強度についての規定は，JASS 5の3節による．

2.3　ワーカビリティーおよびスランプ

フェロニッケルスラグ骨材または銅スラグ細骨材を用いるコンクリートのワーカビリティーおよびスランプについての規定は，JASS 5 の 3 節による．

2.4　気乾単位容積質量

フェロニッケルスラグ骨材または銅スラグ細骨材を用いるコンクリートの気乾単位容積質量についての規定は，JASS 5 の 3 節または本会「コンクリートの調合設計指針·同解説」2 章および 6 章による．

2.5　ヤング係数・乾燥収縮率および許容ひび割れ幅

a．コンクリートのヤング係数についての規定は，JASS 5 の 3 節による．

b．コンクリートの乾燥収縮率についての規定は，JASS 5 の 3 節による．

c．コンクリートの許容ひび割れ幅についての規定は，JASS 5 の 3 節による．

2.6　耐久性を確保するための材料・調合に関する規定

フェロニッケルスラグ骨材または銅スラグ細骨材を用いるコンクリートの耐久性についての規定は，JASS 5 の 3 節による．

2.7　特殊な劣化作用に対する耐久性

フェロニッケルスラグ骨材または銅スラグ細骨材を用いるコンクリートを特殊な劣化作用を受ける部位に適用する場合，JASS 5 の 3 節による．

2.8　環境配慮性

a．フェロニッケルスラグ骨材または銅スラグ細骨材を用いるコンクリートの環境配慮性は，コンクリート 1 m^3における産業副産物の使用量および CO_2排出量の削減率により評価する．

b．フェロニッケルスラグ骨材または銅スラグ細骨材を用いるコンクリートの環境安全品質は，溶出量および含有量に関する環境安全品質基準を満たすものとする．

2.9　かぶり厚さ

フェロニッケルスラグ骨材または銅スラグ細骨材を用いるコンクリートのかぶり厚さは，JASS 5 の 3 節による．

3章　コンクリートの材料

3.1 骨　　材

a．フェロニッケルスラグ粗骨材および細骨材は，JIS A 5011-2（コンクリート用スラグ骨材—第2部：フェロニッケルスラグ骨材）に適合し，かつアルカリシリカ反応性による区分がAのものとする．

b．銅スラグ細骨材は，JIS A 5011-3（コンクリート用スラグ骨材—第3部：銅スラグ骨材）に適合するものとする．なお，環境安全形式試験は，JIS A 5011-3の附属書B（規定）（銅スラグ細骨材の環境安全品質試験方法）に従って“利用模擬試料”を用いて行う．

c．フェロニッケルスラグ予混合骨材および銅スラグ予混合細骨材は，次の(1)～(4)による．

(1) フェロニッケルスラグ骨材と予混合できる骨材は，砂利・砂，砕石・砕砂，スラグ骨材および再生骨材Hとする．銅スラグ細骨材と予混合できる骨材は，砂および砕砂とする．

(2) 混合する前の骨材の品質は，上記a．，b．およびJASS 5の4.3による．

(3) フェロニッケルスラグ骨材および銅スラグ細骨材の混合量（混合率）は，コンクリートに使用した際，所要の性能を満足するとともに，環境安全品質基準に適合するものとする．

(4) 予混合骨材の納入者は，納入先に対し，混合する前の骨材の試験成績書，スラグ骨材については，骨材の試験成績書のほか，環境安全形式試験成績書，環境安全受渡試験成績書および混合量（混合率）を確認できる資料を提出しなければならない．

d．フェロニッケルスラグ骨材および銅スラグ細骨材以外の骨材は，JASS 5の4.3による．ただし，銅スラグ細骨材と併用できる細骨材は，砂および砕砂とする．

3.2 セメント

セメントは，JASS 5の4.2による．

3.3 混和材料

混和材料は，JASS 5の4.5による．

3.4 練混ぜ水

練混ぜ水は，JASS 5の4.4による．

4章　調　　合

4.1　総　　則

a．フェロニッケルスラグ骨材または銅スラグ細骨材を使用するコンクリートの計画調合は，荷卸し時または打込み時および構造体コンクリートにおいて，所要の性能が得られるように定める．

b．所要の性能を満足させるための調合を定めるために，JASS 5 の 5 節「調合」または本会「コンクリートの調合設計指針･同解説」（以下，調合指針という）の規定に準じて，次の(1)～(12)の調合要因に関する条件を定める．

(1)　品質基準強度・調合管理強度および調合強度
(2)　練上がり時のスランプまたはスランプフローおよび材料分離抵抗性
(3)　練上がり時の空気量
(4)　練上がり時の容積
(5)　気乾単位容積質量
(6)　水セメント比または水結合材比の最大値
(7)　単位水量の最大値
(8)　単位セメント量または単位結合材量の最小値と最大値
(9)　塩化物イオン量
(10)　アルカリ総量
(11)　環境配慮性
(12)　スラグ骨材の混合率または使用量の最大値

c．調合計算は，JASS 5 の 5 節「調合」または調合指針の規定に準じるものとし，4.2～4.7 による．

d．算出された計画調合の妥当性の検討は，調合計算によって得られた調合のコンクリートが，主として耐久設計および環境配慮にかかわる性能の目標を満足することを試し練りの前に確認するために行う．

e．試し練りと調合の調整および計画調合の決定は，JASS 5 の 5 節「調合」または調合指針の規定に準じるものとする．なお，試し練りの結果，ブリーディングが過大になった場合の対策は，4.9 による．

f．計画調合の表し方および現場調合の定め方は，4.8 による．

4.2　水セメント比または水結合材比

調合強度を得るための水セメント比または水結合材比は，原則として試し練りを行って定める．

ただし，レディーミクストコンクリート工場でフェロニッケルスラグ骨材または銅スラグ細骨材を使用した実績がある場合は，その実績に基づく関係式を用いてよい.

4.3 単 位 水 量

a．単位水量は，JASS 5の5.6「単位水量」または調合指針の規定に準じて定める.

b．フェロニッケルスラグ骨材に他の骨材を混合して使用する場合，または銅スラグ細骨材に他の細骨材を混合して使用する場合の単位水量は，信頼できる資料によるか，または試し練りを行って定める.

4.4 単位セメント量または単位結合材量

単位セメント量または単位結合材量は，4.2の水セメント比または水結合材比，および4.3の単位水量から算出される値とする.

4.5 単位粗骨材量

a．単位粗骨材量は，JASS 5の5.8「単位粗骨材かさ容積」または調合指針に示される単位粗骨材かさ容積の標準値を基に定める.

b．a．によらない場合は，所要のワーカビリティーが得られる範囲内で，単位水量が最小となる最適細骨材率を試し練りによって求め，その細骨材率から単位粗骨材量を算出する.

4.6 単位細骨材量

a．単位細骨材量は，調合指針の規定に準じて定める.

b．スラグ細骨材を他の細骨材と混合してコンクリートに使用する場合の単位細骨材量は，次による.

(1) スラグ細骨材を併用して使用する場合のスラグ細骨材の単位量は，細骨材の絶対容積とスラグ細骨材混合率からスラグ細骨材の絶対容積を求めて算出する.

(2) 予混合骨材を使用する場合のスラグ細骨材の単位量は，単位細骨材量とスラグ細骨材の混合率（細骨材質量混合率）からスラグ細骨材の単位量を算出する.

4.7 混和材料およびその他の材料の使用量

混和材料およびその他の材料の使用量は，JASS 5の5.10「混和材料の使用量」または調合指針の規定に準じて定める.

4.8 計画調合の表し方および現場調合の定め方

a．フェロニッケルスラグ骨材および銅スラグ細骨材を使用するコンクリートの計画調合は，表4.1に例示するようにフェロニッケルスラグ骨材または銅スラグ細骨材と他の骨材とを区別して表示する.

表 4.1　計画調合の表し方（例）

品質基準強度 (N/mm^2)	調合管理強度 (N/mm^2)	調合強度 (N/mm^2)	スランプ (cm)	空気量 (%)	水セメント比（水結合材比）(%)	粗骨材の最大寸法 (mm)	細骨材率 (%)	スラグ細骨材の混合率(1) (%)	単位水量 (kg/m^3)	絶対容積（l/m^3）					質量（kg/m^3）					化学混和剤の使用量 (ml/m^3) または (C×%)	計画調合上の最大塩化物イオン量 (kg/m^3)	備考(3)
										セメント（結合材）	細骨材		粗骨材	混和材	セメント（結合材）	細骨材		粗骨材(2)	混和材			
											スラグ細骨材	他の細骨材				スラグ細骨材(2)	他の細骨材(2)					

［注］(1)　スラグ細骨材の混合率は，細骨材全体の絶対容積に対するスラク細骨材の絶対容積の百分率として求める．スラグ粗骨材が混合使用される場合は，粗骨材の混合率を記入する欄を増やす．

(2)　表面乾燥飽水状態で明記する．ただし，軽量骨材は絶乾状態で示す．

(3)　銅スラグ細骨材を使用する場合は，環境安全品質が確保される銅スラグ細骨材の単位量の上限値を示すとよい．

b．予混合された細骨材を使用する場合は，骨材製造者から提出された試験成績表によって，フェロニッケルスラグ細骨材または銅スラグ細骨材およびその他の細骨材の絶対容積および単位量を計算して表記する．

4.9　ブリーディングが過大になった場合の対策

ブリーディングが過大になった場合の対策は，次のうち，いずれかまたはその組合せによる．

(1)　単位粗骨材かさ容積の減少

(2)　他の細骨材との混合

(3)　スラグ細骨材の混合率の減少

(4)　微粒分量の増加

(5)　より高い減水性を有する混和剤の使用

(6)　(5)以外でブリーディングの減少効果が確認されている混和材料の使用

5章　コンクリートの発注・製造および受入れ

5.1　総　　則

a．コンクリートは，原則として，JIS A 5308（レディーミクストコンクリート）の規定に適合するレディーミクストコンクリートとする．

b．コンクリートを JIS A 5308 の規定に適合しないレディーミクストコンクリート，または工事現場練りコンクリートとする場合は，２章に示す性能を満足するものとし，試し練りによってそれらの所要の性能を確認する．

5.2　レディーミクストコンクリート工場の選定

工場の選定は，JASS 5 の 6.2 によることとし，フェロニッケルスラグ骨材または銅スラグ細骨材を用いて所定の品質のコンクリートを製造できると認められる工場を選定する．

5.3　レディーミクストコンクリートの発注

a．レディーミクストコンクリートの発注は，JASS 5 の 6.3 による．

b．購入者がフェロニッケルスラグ骨材または銅スラグ細骨材の使用を指定する場合は，JIS A 5308（レディーミクストコンクリート）３．b）「骨材」の種類で，フェロニッケルスラグ骨材または銅スラグ細骨材の種類，混合率または質量混合率を指定する．

5.4　レディーミクストコンクリートの製造・運搬・品質管理

レディーミクストコンクリートの製造・運搬・品質管理は，JASS 5 の 6.4 による．

5.5　レディーミクストコンクリートの受入れ

a．レディーミクストコンクリートの受入検査では，受入れ時に納入されたコンクリートが発注したコンクリートであることを確認する．

b．レディーミクストコンクリートの受入検査の検査ロットの大きさ・検査頻度は，受け入れるコンクリートが所要の品質を有していることを確認できるように定める．

c．施工者は，受入れに際して，コンクリートの１日の納入量，時間あたりの納入量，コンクリートの打込み開始時刻，その他必要事項を生産者に連絡する．

d．施工者は，コンクリートに用いる材料および荷卸し地点におけるレディーミクストコンクリートの品質について，７章によって品質管理・検査を行い，合格することを確認して受け入れる．

e．荷卸し場所は，トラックアジテータが安全かつ円滑に出入りできて，荷卸し作業が容易に行える場所とする．

f．レディーミクストコンクリートは，荷卸し直前にトラックアジテータのドラムを高速回転させるなどして，コンクリートを均質にしてから排出する．

5.6　工事現場練りコンクリートの製造

フェロニッケルスラグ骨材および銅スラグ細骨材を用いる工事現場練りコンクリートの製造は，JASS 5 の 6.6 による．

6章　運搬・打込みおよび養生

6.1　総　　則

本章は，フェロニッケルスラグ骨材または銅スラグ細骨材を使用するコンクリートの工事現場内でのコンクリートポンプなどによる打込み箇所までの運搬，打込み，締固めおよび養生に適用する．

6.2　運　　搬

a．コンクリートの運搬は，品質の変化が少なく材料分離を生じにくい機器および方法ですみやかに運搬する．

b．コンクリートの練混ぜから打込み終了までの時間の限度は，外気温が 25 °C 未満の場合は 120 分，25 °C 以上の場合は 90 分とする．

c．上記の時間の限度は，コンクリートの温度を低下させる，またはその凝結時間を遅らせるなどの対策を講じた場合には，工事監理者の承認を受けて延長することができる．

6.3　打込みおよび締固め

コンクリートの打込みおよび締固めは，JASS 5 の 7.5 および 7.6 によるほか，下記(1)および(2)による．

(1)　ブリーディング量が多いことなどによりコンクリートの沈降が大きいことが予測される場合には，梁下でいったん打ち止めて，コンクリートが落ちついてから梁およびスラブのコンクリートを打ち込む．

(2)　打込みおよび締固め後に過度に生じるブリーディング水は，これを適当な方法で除去する．特にスラブなどの水平仕上面などに生じるブリーディング水は，表面仕上性能を損なうおそれがあるので，これを取り除いた後，タンピングやこてで仕上げを行う．

6.4　養　　生

フェロニッケルスラグ骨材または銅スラグ細骨材を用いたコンクリートの養生は，JASS 5 の 8 節による．

7章　品質管理・検査

7.1　総　　則

本章は，フェロニッケルスラグ骨材または銅スラグ細骨材を用いるコンクリートの品質管理に適用する.

7.2　フェロニッケルスラグ骨材を使用したコンクリートの材料の試験および検査

a．フェロニッケルスラグ粗骨材または細骨材を単独で使用する場合は，試験または材料の製造者の発行する試験成績書により，3.1 a.の規定に適合していることを確認する.

b．フェロニッケルスラグ粗骨材または細骨材を他の骨材と予混合使用する場合の骨材の試験および検査は，次による.

(1)　混合した骨材の品質がJASS 5の4.3「骨材」の塩化物と粒度の規定に適合していることを確認する.

(2)　フェロニッケルスラグ粗骨材または細骨材は，試験または材料の製造者の発行する試験成績書により，3.1 a.の規定に適合していることを確認する.

(3)　フェロニッケルスラグ骨材以外の骨材は，試験または材料の納入者の発行する試験成績書により，3.1 d.の規定に適合していることを確認する.

(4)　試験または材料の納入者の発行する試験成績書により，予混合された骨材に含まれるフェロニッケルスラグ骨材の混合率または質量混合率が許容値以内であることを確認する.

c．フェロニッケルスラグ骨材と他の細骨材とを併用する場合の骨材の試験および検査は，次による.

(1)　混合した骨材の品質がJASS 5の4.3「骨材」の塩化物と粒度の規定に適合していることを確認する.

(2)　フェロニッケルスラグ骨材は，試験または材料の製造者の発行する試験成績書により，3.1 a.の規定に適合していることを確認する.

(3)　フェロニッケルスラグ骨材以外の骨材は，試験または材料の納入者の発行する試験成績書により，3.1 d.の規定に適合していることを確認する.

d．骨材以外の材料の試験および検査は，JASS 5の11.3「コンクリートの材料の試験および検査」による.

7.3　銅スラグ細骨材を使用したコンクリートの材料の試験および検査

a．銅スラグ細骨材を単独で使用する場合は，試験または材料の製造者の発行する試験成績書により，3.1 a.の規定に適合していることを確認する.

b．銅スラグ細骨材を他の細骨材と予混合使用する場合の骨材の試験および検査は，次による．

(1) 混合した骨材の品質がJASS 5の4.3「骨材」の塩化物と粒度の規定に適合していることを確認する．

(2) 銅スラグ細骨材は，試験または材料の製造者の発行する試験成績書により，3.1 b．の規定に適合していることを確認する．

(3) 銅スラグ細骨材以外の骨材は，試験または材料の納入者の発行する試験成績書により，3.1 d．の規定に適合していることを確認する．

(4) 試験または材料の納入者の発行する試験成績書により，予混合された骨材に含まれる銅スラグ細骨材の混合率または質量混合率が許容値以内であることを確認する．

c．銅スラグ細骨材と他の細骨材とを予混合せずに併用する場合の骨材の試験および検査は，次による．

(1) 混合した骨材の品質がJASS 5の4.3「骨材」の塩化物と粒度の規定に適合していることを確認する．

(2) 銅スラグ細骨材は，試験または材料の製造者の発行する試験成績書により，3.1 a．の規定に適合していることを確認する．

(3) 銅スラグ細骨材以外の骨材は，試験または材料の納入者の発行する試験成績書により，3.1 d．の規定に適合していることを確認する．

d．骨材以外の材料の試験および検査は，JASS 5の11.3「コンクリートの材料の試験および検査」による．

7.4 フェロニッケルスラグ骨材を用いた場合，使用するコンクリートの品質管理および検査

a．レディーミクストコンクリートの場合，使用するコンクリートの品質管理は，JIS A 5308およびJASS 5の11.4「使用するコンクリートの品質管理および検査」による．

b．工事現場練りとした場合，使用するコンクリートの品質管理は，a．に準じる．

7.5 銅スラグ細骨材を用いた場合，使用するコンクリートの品質管理および検査

a．レディーミクストコンクリートの場合，使用するコンクリートの品質管理は，JIS A 5308およびJASS 5の11.4「使用するコンクリートの品質管理および検査」による．

b．銅スラグ細骨材の使用量が比較的多い場合は，工事開始前に試し練りを行ってブリーディングの試験を行い，ブリーディング量が0.5 cm^3/cm^2以下であることを確認する．ただし，使用するコンクリートまたは類似の材料・調合のコンクリートのブリーディングの試験結果がある場合は，試験を省略することができる．

c．工事現場練りとした場合，使用するコンクリートの品質管理は，a．，b．に準じる．

7.6　レディーミクストコンクリートの受入れ時の検査

レディーミクストコンクリートの受入れ時の検査は，JASS 5 の 11.5「レディーミクストコンクリートの受入れ時の検査」による．

7.7　構造体コンクリート強度の検査

構造体コンクリート強度の検査は，JASS 5 の 11.11「構造体コンクリート強度の検査」による．

8章　特別な考慮を要するコンクリート

8.1　総　　則

a．本章は，フェロニッケルスラグ細骨材を使用する高強度コンクリート，アルカリシリカ反応性の試験で区分 B となるフェロニッケルスラグ骨材を用いるコンクリートに適用する．

b．本章に記載されている種類のコンクリートについて，ここに示されていない事項については，JASS 5 および関連指針の規定に準拠する．

c．施工者は，本章で記載されている種類のコンクリートを発注する場合，本章の記載事項に則りその仕様を定めて発注する．

8.2　フェロニッケルスラグ細骨材を使用する高強度コンクリート

8.2.1　総　　則

本節は，フェロニッケルスラグ細骨材を使用する高強度コンクリートの品質，材料，調合，製造，施工および品質管理・検査に適用する．

8.2.2　コンクリートの品質

a．設計基準強度は 36 N/mm²を超える範囲とし，試験または信頼できる資料により所要の品質が得られることを確認するものとする．

b．圧縮強度についての規定は，JASS 5 の 17 節による．

c．ワーカビリティーおよびスランプについての規定は，JASS 5 の 17 節による．

8.2.3　コンクリートの材料

a．フェロニッケルスラグ細骨材は 3 章によるものとし，アルカリシリカ反応性による区分が A のものとする．ただし，微粒分量は 5.0 %以下とする．

b．フェロニッケルスラグ細骨材以外の細骨材は，JASS 5 の 17 節によるものとする．ただし，予混合細骨材と FNS 以外のスラグ骨材および再生細骨材 H は使用しない．

c．細骨材以外の材料は，JASS 5 の 17 節による．

8.2.4　調　　合

調合は，JASS 5 の 17 節による．ただし，構造体強度補正値（${}_{m}S_{n}$）は，試験によって定める．

8.2.5　コンクリートの製造

製造は，JASS 5 の 17 節による．

8.2.6　施　　工

施工は，JASS 5 の 17 節による．

8.2.7　品質管理・検査

品質管理・検査は，JASS 5 の 17 節による．

8.3　アルカリシリカ反応性の試験で区分 B（無害でない）となるフェロニッケルスラグ骨材を用いるコンクリート

8.3.1　総　　則

本節は，アルカリシリカ反応性の試験で区分 B となるフェロニッケルスラグ骨材を用いるコンクリートを対象とする．ただし，区分 B のフェロニッケル細骨材の予混合使用は，行ってはならない．

8.3.2　コンクリートの種類および品質

コンクリートの種類および品質は 2 章による．

8.3.3　アルカリシリカ反応抑制対策の方法

アルカリシリカ反応抑制対策の方法は，次の(1)または(2)による．

(1)　コンクリートに用いるセメントは i ）または ii ），骨材は iii ）による．

i ）使用するセメントは，高炉セメント B 種または C 種とする．ただし，高炉セメント B 種を用いる場合は，高炉スラグの分量（質量分率%）が 40 %以上のものとする．

ii ） i ）に規定した高炉セメントの代替として，ポルトランドセメントと高炉スラグ微粉末を使用することができる．この場合の高炉スラグ微粉末の置換率は，併用するポルトランドセメントとの組合せにおいて，アルカリシリカ反応抑制効果があると確認された置換率とする．

iii ）コンクリートに用いる細骨材と粗骨材の組合せは，次の 1 ）または 2 ）のいずれかとする．使用できる普通粗骨材と普通細骨材は，アルカリシリカ反応性の試験で区分 A（無害）のものとする．

1 ）普通粗骨材(注1)，普通細骨材(注2)およびフェロニッケルスラグ粗骨材

2 ）普通粗骨材(注1)，普通細骨材(注2)およびフェロニッケルスラグ細骨材

（ただし，フェロニッケルスラグ細骨材の容積は，全細骨材容積の 30 %以下.）

［注］1 ）JIS A 5308 附属書 A に規定される砕石または砂利

2）JIS A 5308 附属書 A に規定される砕砂または砂

(2)　JASS 5 N T-603（コンクリートの反応性試験方法）によって，実際に使用する調合のコンクリートが反応なしと判定された場合は，(1)によらなくてもよい．

8.3.4　調　　合

コンクリートの調合は，8.3.3 で定めた骨材の種類，組合せ，混合量などを条件として，4章によって行う．

8.3.5　コンクリートの発注・製造・受入れ

コンクリートの発注・製造・受入れは，5章による．

8.3.6　コンクリートの運搬・打込み・締固めおよび養生

コンクリートの運搬・打込み・締固めおよび養生は，6章による．

8.3.7　コンクリートの品質管理

コンクリートの品質管理は，7章による．

フェロニッケルスラグ骨材または銅スラグ細骨材を使用するコンクリートの調合設計・製造・施工指針

解　説

フェロニッケルスラグ骨材または銅スラグ細骨材を使用するコンクリートの調合設計・製造・施工指針　解説

1章　総　　則

1.1　適用範囲

a．本指針は，フェロニッケルスラグ細骨材，フェロニッケルスラグ粗骨材または銅スラグ細骨材を使用する現場打ちコンクリートの調合設計，製造，施工および品質管理に適用する．
b．上記a．のコンクリートは，フェロニッケルスラグ細骨材，フェロニッケルスラグ粗骨材または銅スラグ細骨材をそれぞれ単独で使用するか，またはスラグ骨材以外の他の骨材と併用あるいはあらかじめ混合して使用する．
c．本指針に示されていない事項については，本会「建築工事標準仕様書・同解説　JASS 5　鉄筋コンクリート工事」（以下，JASS 5 という）および関連指針の規定に準拠する．

a．金属を含む鉱石やスクラップから金属を取り出した残りの副産物は，一般にスラグまたは鉱滓と呼ばれている．そして，金属が鉄である場合には鉄鋼スラグ，鉄以外の金属の場合には非鉄スラグと呼ばれている．前者には高炉スラグや電気炉酸化スラグなどがあり，後者にはフェロニッケルスラグや銅スラグなどがある．

フェロニッケルスラグは，ステンレス鋼などの原料であるフェロニッケルを生産する際に副産され，コンクリート用骨材としては，フェロニッケルスラグ細骨材と 2016 年 4 月に JIS に追加されたフェロニッケルスラグ粗骨材があり，両者を総称してフェロニッケルスラグ骨材と呼ぶ．銅スラグ細骨材は，銅の製錬時に副産されるものである．これらは，以後の解説ではそれぞれ FNS，FNG，FNA，CUS と略記されることがある．FNS，FNG および CUS は，当該 JIS に示されている略称で，FNA は本指針で定めた略称である．

1998 年刊行の本会「フェロニッケルスラグ細骨材を用いるコンクリートの設計施工指針・同解説」および「銅スラグ細骨材を用いるコンクリートの設計施工指針(案)・同解説」では，FNS および CUS の実績が少なかったこともあり，設計，すなわち構造設計に関する事項についても章を設けて解説を加えていた．しかしながら，その後に多くの実績が蓄積されてきたことも考慮し，設計に関わる事項は 2 章「コンクリートの要求性能および品質」で扱うこととした．また，これらのスラグ骨材を使用するコンクリートの製造および品質管理の重要性も鑑み，本項では旧版の「設計および施工」という表現を「調合設計，製造，施工および品質管理」と改めることにした．また，上記の 2 つの指針は構成および内容に類似している部分が多いことから，これらを合本して 1 つの指針とすることとした．コンクリートに要求される性能から一般のコンクリートと同様に扱える部分については4章から7章に示し，8章には特別な考慮を要するコンクリートとして，高強度コンクリートおよびアルカリシリカ反応性の試験で区分Bとなるフェロニッケルスラグ骨材を用いるコンクリートについて規定することとした．

FNSの一般的な特徴として，①密度が大きい，②粒子の表面がガラス質である，③粒度分布が下に凸の曲線である，④単独では通常の標準粒度の範囲に入らないものがある，⑤粒子の形状が製造方法で異なる，などがあげられる．また，FNSを使用したコンクリートの特徴として，①単位容積質量が大きくなる，②ブリーディング量が多くなる，③他の細骨材との混合使用が一般的である，④FNSの種類により単位水量が異なる，などがあげられる．なお，現在通常の細骨材の場合も混合使用が多くなっているので，③はFNSを使用したコンクリートの特徴とは言えなくなりつつある．

本指針は，上記の特徴を十分考慮した設計施工の標準を示した．また，FNSは，概念的にはJASS 5でいう普通細骨材と考えてよく，これを用いたコンクリートは，鉄筋コンクリートとしての設計面では一般の普通コンクリートと同様に扱うことができる．

さらにFNSは，オートクレーブ養生などの高温高圧の養生を行うと，ポップアウトが発生することがある．このポップアウトは，構造物の強度に影響しない程度の軽微なものではあるが，コンクリート製品などの外観を損なう場合がある．この観点から，本指針は現場打ちコンクリートに適用するため本文には記載していないが，オートクレーブ養生を行うコンクリートには適用しないこととする．

FNGは，現在製造されているものは1銘柄であるが，密度はFNSと同様に大きく，また，アルカリシリカ反応性を有するものである．

CUSは密度が約3.5 g/cm³と大きいので，これを用いたコンクリートの単位容積質量も大きく（CUSを細骨材として単独で使用した場合の気乾単位容積質量は約2.5 t/m³）なり，また，骨材表面がガラス質であることからブリーディングが大きくなる傾向を示すなど，通常の骨材を用いる場合に比べ，いくつかの特徴を有している．一方，CUSと他の細骨材を混合して使用すると，コンクリートの性質は，CUSを単独で用いる場合に比べ，その砂または砕砂を用いた場合に近くなる傾向を示す．

本指針は，本来設計者が建物の建設される場所の骨材事情を勘案して設計図書の一部または参考図書として使用するものである．しかしながら，設計者が当初よりFNS，FNGまたはCUSの使用を計画することは少なく，むしろ施工者がレディーミクストコンクリート工場からの要請により，これらのスラグ骨材の使用を設計者に要望する場合が多いと思われる．このため，これらのスラグ骨材を使用することとなった場合には，設計者は，本指針の2章のコンクリートの要求性能および品質に関する事項を必要に応じて施工者等と協議して指定し，施工者は，それらの要求事項を満足できるように3章以降の規定に基づいてコンクリート工事を進めることが推奨される．

b．非鉄スラグ骨材の使用方法としては，解説図1に示すように3つの使い方がある．本指針では，1.2「用語」で示すように，併用とはレディーミクストコンクリート工場で別々に貯蔵した非鉄スラグ骨材とそれ以外の骨材を別々に計量してミキサ内で混合して使用することをいい，予混合使用とはあらかじめ非鉄スラグ骨材とそれ以外の骨材を山元や埠頭等のレディーミクストコンクリート工場以外の場所で混合して使用することをいうこととしている．

単独使用
混合使用 ─┬─ 併用
　　　　　└─ 予混合使用

解説図1　非鉄スラグ骨材の使用方法

ｃ．本指針はJASS 5の考え方を基本とし，これを補完する目的で作成されたものである．したがって，本指針に記載されていない事項については，JASS 5および関連指針によるものとした．

1.2　用　　語

本指針に用いる用語は次によるほか，JIS A 0203（コンクリート用語），JIS A 5011-2（フェロニッケルスラグ骨材），JIS A 5011-3（銅スラグ骨材）およびJASS 5の1節による．

フェロニッケルスラグ細骨材	炉でフェロニッケルと同時に生成する溶融スラグを徐冷し，または水空気などによって急冷し，粒度調整した細骨材（略記：FNS）
フェロニッケルスラグ細骨材混合率	全細骨材に対するフェロニッケルスラグ細骨材の絶対容積の比で，百分率で表す（略記：FNS混合率）
フェロニッケルスラグ細骨材質量混合率	全細骨材に対するフェロニッケルスラグ細骨材の質量の比で，百分率で表す（略記：FNS質量混合率）
フェロニッケルスラグ粗骨材	炉でフェロニッケルと同時に生成する溶融スラグを徐冷し，粒度調整した粗骨材（略記：FNG）
フェロニッケルスラグ粗骨材混合率	全粗骨材に対するフェロニッケルスラグ粗骨材の絶対容積の比で，百分率で表す（略記：FNG混合率）
フェロニッケルスラグ粗骨材質量混合率	全粗骨材に対するフェロニッケルスラグ粗骨材の質量の比で，百分率で表す（略記：FNG質量混合率）
フェロニッケルスラグ骨材	フェロニッケルスラグ細骨材とフェロニッケルスラグ粗骨材を総称した呼び名（略記：FNA）
銅スラグ細骨材	炉で銅と同時に生成する溶融スラグを水によって急冷し，粒度調整した細骨材（略記：CUS）
銅スラグ細骨材混合率	全細骨材に対する銅スラグ細骨材の絶対容積の比で，百分率で表す（略記：CUS混合率）
銅スラグ細骨材質量混合率	全細骨材に対する銅スラグ細骨材の質量の比で，百分率で表す（略記：CUS質量混合率）
フェロニッケルスラグ予混合細骨材	フェロニッケルスラグ細骨材と他の細骨材をあらかじめ混合して製造した細骨材（略記：FNS予混合細骨材）
銅スラグ予混合細骨材	銅スラグ細骨材と他の細骨材をあらかじめ混合して製造した細骨材（略記：CUS予混合細骨材）
併用	複数の粗骨材または細骨材をコンクリート製造時に別々に計量して用いる方法
予混合使用	山元，埠頭等であらかじめ混合された複数の粗骨材または細骨材を用いる方法

「フェロニッケルスラグ細骨材」および「フェロニッケルスラグ粗骨材」は，JIS A 5011-2（コンクリート用スラグ骨材—第2部：フェロニッケルスラグ骨材）に，また，「銅スラグ細骨材」は，JIS A 5011-3（コンクリート用スラグ骨材—第3部：銅スラグ骨材）に定められた呼称であり，ここに示した用語の意味は JIS A 0203（コンクリート用語）に準じている．

FNS は，JIS による粒度区分が4種類あり，その使い方は3章に示す．FNS は現在製法によって3種類に分類され，キルン水砕スラグ，電炉風砕スラグおよび電炉水砕スラグが，また，FNG は現在製法が1種類で，電炉徐冷スラグが供給されている．

キルン水砕スラグは，ロータリーキルン中で原料鉱石を半溶融のフェロニッケルとスラグが混在した状態とし，これを水で急冷したクリンカーと呼ばれる塊状の固体物を細かく破砕し，磁選法等によりフェロニッケルを取り除いた残りのスラグ分を粒度調整したもので，他の FNS に比べ粒度が細い．

電炉風砕スラグは，溶融スラグを空気で吹き飛ばしながら冷却して製造し，粒度調整したものであり，ガラスと結晶が半々に含まれたスラグで，粒形が球状で，表面は平滑である．

電炉水砕スラグは，溶融スラグを水で急冷して破砕したガラス質のスラグを粒度調整したものである．

電炉徐冷スラグは，溶融スラグを屋外で自然放冷によって固化させた結晶質のスラグを破砕して粒度調整したものであり，微粉が多く，形状は角ばっている．

CUS も FNS と同様，JIS による粒度区分が4種類あり，その使い方は3章に示す．

銅スラグは，連続製銅炉，反射炉または自溶炉によって銅を製錬する際に副産される溶融状態のスラグを水によって急冷して破砕したものであり，そのままの状態では粒度が偏っており，粒形も角ばっている．このため，これを粉砕することにより，使用に適した粒度分布にするとともに粒形を改善しているものが多い．

「フェロニッケルスラグ細骨材混合率」は，全細骨材に対する FNS の質量の比ではなく，絶対容積の比として表すこととしており，[FNS の絶対容積/(FNS の絶対容積＋他の細骨材の絶対容積)]×100（%）として求める．「フェロニッケルスラグ粗骨材混合率」および「銅スラグ細骨材混合率」についても同様である．ただし，実務上，4.6 に示す予混合使用の場合のように質量の比で表すことがあるため，それぞれについて質量混合率を定義することとした．

「フェロニッケルスラグ予混合細骨材」は，あらかじめ他の細骨材と混合した細骨材で，混合前のおのおのの細骨材の品質および混合後の品質ならびにスラグ細骨材の混合率が明確になっていなければならない．これは，フェロニッケルスラグ予混合粗骨材および銅スラグ予混合細骨材の場合も同様である．

本文には定義していないが，本指針で用いる環境負荷低減性，省資源性，環境安全品質および利用模擬試料という用語の意味は，以下のとおりである．

環境負荷低減性と省資源性は，環境配慮性の中で取り扱われるもので，本会「鉄筋コンクリート造建築物の環境配慮施工指針（案）・同解説」によると，以下のとおりである．これについては，2章で詳述される．

環境負荷低減性：地球環境，地域環境，作業環境など，さまざまな空間規模の環境に対して負荷要因となる地球温暖化，オゾン層破壊，酸性雨，生態系破壊，近隣環境公害（大気，土壌，水質の汚染など），ヒートアイランド現象，室内衛生環境汚染などを生じさせる有害な物質(例えば，CO_2，NO_x，SO_xなど）を低減する環境配慮に関わる性能

省資源性：省資源型および省エネルギー型の環境配慮に関わる性能．前者は，再生材料の使用や使用後にリサイクルに供することが可能な資材・材料を使用すること，あるいは材料を高強度化することで部材断面を低減することなど，天然資源の使用量を削減する環境配慮で，後者は，資材・材料の製造，移送・運搬，建築物の施工，建築物の供用，解体工事，廃棄物の処理等に要するエネルギーを削減するような材料，機器およびシステムを用いる場合の環境配慮

環境安全品質と利用模擬試料はJIS A 5011に定義されているが，その意味は以下のとおりである．これについては，3章で詳述される．

環境安全品質とは，当該スラグ骨材の出荷から，コンクリート構造物の施工，コンクリート製品の製造時および利用時までのみならず，その利用が終了し，解体後の再利用時または最終処分時も含めたライフサイクルの合理的に想定しうる範囲において，当該スラグ骨材から影響を受ける土壌，地下水，海水等の環境媒体が，おのおのの環境基準等を満足できるように，当該スラグ骨材が確保すべき品質のことで，環境安全品質基準として，8項目の重金属類について，一般用途については溶出量と含有量が，また，港湾用途については溶出量が規定されている．

利用模擬試料とは，当該スラグ骨材の出荷から，利用が終了し，解体後の再利用時または最終処分時も含めたライフサイクルの合理的に想定しうる範囲の中で，環境安全性に関して最も配慮すべき当該スラグ骨材の状態を模擬した試料のことで，環境安全形式検査に用いる．一般用途の場合には，路盤材を想定して成形体（コンクリート供試体）を一定の粒度になるように破砕・分級した試料のことをいう．

1.3　骨材の区分・用途と使用方法

a．本指針で対象とする骨材の組合せおよびその混合率または使用量は，表1.1および表1.2によるものとする．

b．表1.1, 1.2に示す骨材の組合せおよびその混合率または使用量に応じて，骨材の品質管理の方法を適切に定める．なお，本指針は，コンクリートに対する要求性能が資料または実験により確認された場合には，当該骨材をこれらの表に示す用途以外に用いることを妨げるものではない．

表1.1　フェロニッケルスラグ骨材を用いたコンクリートの種類

FNS，FNGのアルカリシリカ反応性の区分	用　途	FNS，FNGの使用形態	FNS，FNGの混合率または使用量	適用する章・節
	一般用途	FNS，FNGまたはその両方を単独使用または併用	コンクリートが所要の品質を満足するように，使用するFNS，FNGの品質を踏まえ	2～7章

区分AのFNS, FNGのみを使用		FNS，FNGまたはその両方を予混合使用*	て，FNS，FNGの混合率または使用量を設定	
	高強度コンクリート	FNSを単独使用または併用	高強度コンクリートが所要の品質を満足するように，使用するFNSの品質を踏まえて，FNS混合率またはFNSの使用量を設定	8.2節
区分BのFNSまたはFNGを使用	一般用途	FNSを併用	原則として，FNS混合率30％以下	8.3節
		FNGを併用	コンクリートが所要の品質を満足するように，使用するFNGの品質をふまえて，FNG混合率またはFNGの使用量を設定	

［注］　*予混合使用と併用を組み合わせるケースもこの区分に含む.

表1.2　銅スラグ細骨材を用いたコンクリートの種類

用　途	CUSの使用形態	CUSの混合率または使用量	適用する章・節
一般用途	CUSを併用	コンクリートが所要の品質を満足するようにCUSの使用量を設定	2～7章
	CUSを予混合使用*	コンクリートが所要の品質を満足するようにCUSの混合率を設定	

［注］　*予混合使用と併用を組み合わせるケースもこの区分に含む.

a．フェロニッケルスラグ骨材または銅スラグ細骨材を用いたコンクリートは，それらのスラグ骨材の使用形態（単独使用，併用，予混合使用），アルカリシリカ反応性（フェロニッケルスラグ骨材の場合），用途（一般用途，高強度コンクリート（フェロニッケルスラグ細骨材の場合），混合率または使用量などによって，骨材のさまざまな組合せが考えられる．本文の表1.1および表1.2には，それらの区分に対応して想定される骨材の組合せと本指針で適用する章・節を示している．このため，これらのスラグ骨材を使用する場合には，使用する目的に応じて骨材の組合せとその混合率または使用量を設定し，適用する章・節を参照するとよい．

b．これらのスラグ骨材を用いたコンクリートが2章に示す所要の性能を満足するためには，設定された混合率または使用量を遵守していることについて，適切な品質管理の方法を定めて確認することが重要である．品質管理については，一般のコンクリートは7章に，また，それ以外の場合は8章の特別な考慮を要するコンクリートにそれぞれ記載されているので，参照するとよい．

2章　コンクリートの要求性能および品質

2.1　コンクリートの要求性能および品質

a．フェロニッケルスラグ骨材または銅スラグ細骨材を使用するコンクリートを用いる構造体および部材に要求される性能の種類は，JASS 5の2節によるほか，環境配慮性を加える．
b．使用するコンクリートは，所要のワーカビリティー，強度，ヤング係数，乾燥収縮率，耐久性，環境負荷低減性および省資源性を有するものとし，3章「材料」および4章「調合」の規定を満足するものとする．
c．構造体コンクリートは，所定の強度，ヤング係数，乾燥収縮ひずみ，気乾単位容積質量，耐久性，耐火性，環境負荷低減性および省資源性を有し，有害な打込み欠陥部のないものとする．
d．フェロニッケルスラグ骨材または銅スラグ細骨材を使用するコンクリートは，本節で規定する品質が満足されるように，材料の選定，調合，製造および施工を行うものとする．

a．本節ではコンクリートに必要とされる要求性能および品質を規定する．

コンクリートに必要とされる品質を定めるのに先立ち，構造体および部材に要求される性能（要求性能）を明確にする必要がある．JASS 5においては，構造体および部材に要求される性能の種類として，構造安全性，耐久性，耐火性，使用性，部材の位置・断面寸法の精度および仕上がり状態を挙げているが，これらに環境配慮性を加えることとした．

例えば，本会「鉄筋コンクリート造建築物の環境配慮施工指針（案）・同解説」[1)]では環境配慮を建設行為に関連する取組みとして定義しており，環境配慮性を性能として取り扱っていなかったが，同じく，本会「高炉セメントまたは高炉スラグ微粉末を用いた鉄筋コンクリート造建築物の設計・施工指針（案）・同解説」[2)]では，環境配慮性を改めて性能として採り上げ，「環境配慮に関わる性能で，（中略）構造体コンクリートのCO_2削減率による区分（以下，CO_2削減等級という）で主として表される」と定義している．本指針においても，フェロニッケルスラグ骨材または銅スラグ細骨材の利用の動機の1つは環境配慮にあることを念頭に，改めて構造体および部材に要求される性能の種類の1つとして環境配慮性を加えることとした．環境配慮性は，環境安全品質を満たすことを前提に環境負荷低減性および省資源性をコンクリートの品質の指標とした．その他の要求性能は，基本的にJASS 5と同様とした．

b．，c．フェロニッケルスラグ骨材または銅スラグ細骨材を使用するコンクリートにおいても，所要・所定の品質はJASS 5で定めるものと本質的に同じであると考えられることから，使用するコンクリートにおいては，所要のワーカビリティー，強度，ヤング係数，乾燥収縮率および耐久性を有するものとし，構造体コンクリートにおいては，所定の強度，ヤング係数，乾燥収縮ひずみ，気乾単位容積質量，耐久性および耐火性を有し，有害な打込み欠陥部のないものとした．加えて，先述したとおり，環境安全品質を満たすことを前提に環境負荷低減性および省資源性を指標とした．

2.2 設計基準強度，耐久設計基準強度，品質基準強度および圧縮強度

> フェロニッケルスラグ骨材または銅スラグ細骨材を使用するコンクリートの設計基準強度，耐久設計基準強度，品質基準強度の範囲ならびに定め方および圧縮強度についての規定は，JASS 5 の 3 節による．

圧縮強度は，コンクリートに求められる最も重要な性能であることは言うまでもない．JASS 5 においては，構造体コンクリートが満足するべき強度として，構造性能に関連する設計基準強度に加え，必要な耐久性を圧縮強度に置き換えて確保する耐久設計基準強度が定義されている．ここで，コンクリートの品質基準強度および調合管理強度との関係や構造体コンクリート強度を，標準養生した供試体の圧縮強度を基に合理的な方法で推定する方法などが定められている．

フェロニッケルスラグ骨材または銅スラグ細骨材が，コンクリートの圧縮強度に与える影響についてはこれまで多くの検討がなされているが，JASS 5 に定める構造体コンクリートの圧縮強度の確保の方法が変わるわけではないことから，ここでは JASS 5 の 3 節によることとした．なお，フェロニッケルスラグ骨材または銅スラグ細骨材を用いたコンクリートの圧縮強度特性は，付録に掲載したので参照いただきたい．なお，フェロニッケルスラグ細骨材を使用する高強度コンクリートは 8 章による．

一方で，JASS 5 における耐久性確保の考え方は，一般環境下においては中性化による鉄筋腐食を限界状態として所要の中性化抵抗性を算出し，これを強度によって確保する方針が採られている．既往の研究[3),4)]では，フェロニッケルスラグ細骨材を用いた場合の中性化速度は，フェロニッケルスラグ細骨材の種類による大きな差はなく，川砂と比較した場合と同等かやや低くなる傾向にあることを報告している．また，銅スラグ細骨材を用いた場合においては，銅スラグ細骨材の混合率の増加に伴い中性化は抑制される傾向にあることが報告されている〔付録II　2.2.9 参照〕．さらに，最近の研究[5)]では，「中性化については非鉄スラグ細骨材を混合した場合，砕砂または陸砂を単独で使用する場合よりも若干ではあるが中性化しにくい傾向が見られた」ことを報告している．すなわち，中性化抵抗性については，ほぼ従来の普通コンクリートと同等であると見なせることから，耐久設計基準強度についても，JASS 5 に従えばよいこととした．

2.3 ワーカビリティーおよびスランプ

> フェロニッケルスラグ骨材または銅スラグ細骨材を用いるコンクリートのワーカビリティーおよびスランプについての規定は，JASS 5 の 3 節による．

一般に，健全な構造体コンクリートを得るには，フレッシュコンクリートにおいては，打込み箇所の形状・配筋状態，打込み・締固めの方法などに応じて，型枠内の隅々にまで行きわたり，十分に密実に締め固められ，粗骨材の分離や過大なブリーディング，豆板・砂すじなどが生じにくいワーカビリティーを有する必要がある．JASS 5 においては，これらを使用するコンクリートに所要の品

質として，同仕様書の3節において規定している．

フェロニッケルスラグ骨材または銅スラグ細骨材を用いるコンクリートのワーカビリティーおよびスランプについても，フレッシュコンクリートに必要な品質は大きく変わることがないと考えられることから，JASS 5の3節によれば十分な品質が得られるものと判断した．

ワーカビリティーに関連してブリーディング量については，一般にブリーディングが過大となると，材料分離に伴うコンクリートの強度低下や耐久性低下，凍結融解抵抗性の低下，鉄筋の付着性能の低下やプラスティック収縮の増加などによるひび割れ抵抗性の低下などが懸念される．所要のブリーディング量は要求性能によって異なると考えられ，JASS 5においては具体的な数値は規定されていないが，本会「鉄筋コンクリート造建築物の収縮ひび割れ制御設計・施工指針（案）・同解説」[6]では，収縮ひび割れ制御のための設計値を達成するためのコンクリートの仕様の1つとして，ブリーディング量を0.3 cm³/cm²以下を規定し，これを実現するために単位水量の上限値を安全側に180 kg/m³と定めている．

非鉄スラグ骨材を用いたコンクリートは，粒子の表面がガラス質で保水性が低いことや絶乾密度が大きいことなどに起因して，川砂やその他の天然の細骨材を用いたコンクリートに比べて凝結が遅延し，その混合率が高い場合においては，ブリーディング率が大きくなることが懸念される〔付録Ｉ　2.2.1.3および付録II　2.1.3参照〕．そのため，事前の試し練りなどによって粗骨材の分離傾向やブリーディング量を確認して使用することが重要であるが，4章ほかの関連する章に示される仕様の範囲であれば，所要のワーカビリティーが得られ，かつブリーディングも一定量以下に抑えられ，それにより分離抵抗性も確保できると考えられる．非鉄スラグ骨材の混合率が高く，それでもなおブリーディングが「過大」となる場合については4章に示す対策によるとよく，「過大」と判断する目安としてブリーディング量0.5 cm³/cm²を示した．

2.4　気乾単位容積質量

> フェロニッケルスラグ骨材または銅スラグ細骨材を用いるコンクリートの気乾単位容積質量についての規定は，JASS 5の3節または本会「コンクリートの調合設計指針・同解説」2章および6章による．

JASS 5では，普通コンクリートの気乾単位容積質量は，2.1 t/m³を超え2.5 t/m³以下を標準とし，重量コンクリートの気乾単位容積質量は，2.5 t/m³を超える範囲としている．一方で，解説においては，気乾単位容積質量が2.5 t/m³を超えるものであっても，重い単位容積質量を特に必要としない場合は，普通コンクリートとして扱ってよいとしている．

2.5　ヤング係数・乾燥収縮率および許容ひび割れ幅

> a．コンクリートのヤング係数についての規定は，JASS 5の3節による．
> b．コンクリートの乾燥収縮率についての規定は，JASS 5の3節による．

ｃ．コンクリートの許容ひび割れ幅についての規定は，JASS 5 の 3 節による．

ａ．JASS 5 において，コンクリートのヤング係数は，原則として，JASS 5 に示される式（RC 構造計算規準式：（解 2.5.1）式）で計算される値の 80 %以上の範囲であることが求められている．

$$E=3.35\times10^4\times\left(\frac{\gamma}{2.4}\right)^2\times\left(\frac{\sigma_B}{60}\right)^{\frac{1}{3}}\ \ (\mathrm{N/mm^2}) \qquad (解 2.5.1)$$

ただし，　E：ヤング係数（$\mathrm{N/mm^2}$）

γ：コンクリートの単位容積質量（$\mathrm{t/m^3}$）

σ_B：コンクリートの圧縮強度（$\mathrm{N/mm^2}$）

非鉄スラグ細骨材（FNS：フェロニッケルスラグ，CUS：銅スラグ）を使用するコンクリートの圧縮強度とヤング係数の関係は，文献 7）より作成した解説図 2.5.1 に示すように，コンクリートの圧縮強度（30～55 N/mm²）にかかわらず，（解 2.5.1）式によって推定できる．非鉄スラグ細骨材を混合使用（混合率 30～50 %）で使用する場合，ほぼ同程度の圧縮強度を有する非鉄スラグ細骨材を用いたコンクリートのヤング係数は，普通骨材を用いたコンクリートと比較して，フェロニッケルスラグ細骨材を用いた場合ではほぼ同程度，銅スラグ細骨材を用いたコンクリートの場合では約 10 %増加しているが，これはコンクリートの単位容積質量の影響と考えられる．コンクリートの単位容積質量が大きい非鉄スラグ細骨材を用いたコンクリートにおいて，通常の範囲内でスラグ骨材を混合使用する場合のヤング係数の予測では，高炉スラグ細骨材を用いるコンクリートのヤング係数の予測において考慮した細骨材としての倍率は用いず[8]，コンクリートの圧縮強度とともに，単位容積質量を用いてヤング係数を評価するとよい．なお，細骨材をその他の割合で混合使用する場合のコンクリートのヤング係数の予測値は，信頼できる資料または試験によって求めるとよい．

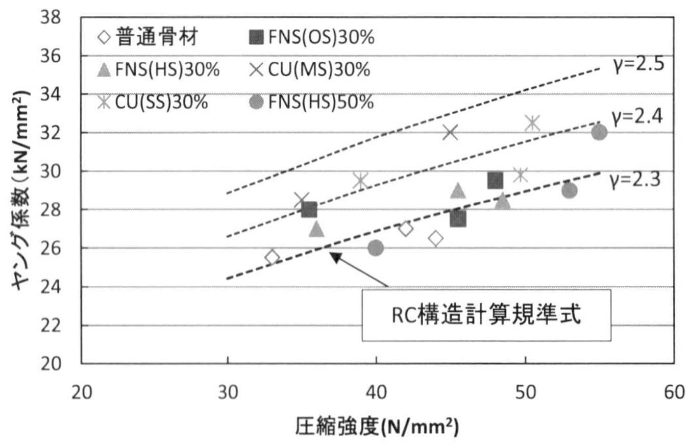

解説図 2.5.1　FNS および CUS を用いたコンクリートの圧縮強度とヤング係数の関係[3)のデータを基に作図]

ｂ．JASS 5 において，計画供用期間の級が長期および超長期におけるコンクリートの乾燥収縮率は，特記がない場合は 8×10^{-4}以下であることが求められている．本会「鉄筋コンクリート造建築物の収縮ひび割れ制御設計・施工指針（案）・同解説」[6)]では，コンクリートの乾燥収縮率の予測式が提案されている．本予測式は普通細骨材（砕砂，砂などの天然骨材）を用いることを標準としているが，この式において，非鉄スラグ細骨材を用いた場合の効果を γ_1' として評価できるようにしたものが(解 2.5.2)式である．コンクリートの乾燥収縮率は，本式を基に求めることができる．

$$\varepsilon_{sh}(t, t_0) = k \cdot t_0^{-0.08} \cdot \left\{1 - \left(\frac{h}{100}\right)^3\right\} \cdot \left(\frac{(t-t_0)}{0.16 \cdot (V/S)^{1.8} + (t-t_0)}\right)^{1.4 \cdot (V/S)^{-0.18}} \qquad (解 2.5.2)$$

$$k = (11 \cdot W - 1.0 \cdot C - 0.82 \cdot G + 404) \cdot \gamma_1 \cdot \gamma_1' \cdot \gamma_2 \cdot \gamma_3$$

$$\gamma_1' = \frac{非鉄スラグ細骨材を用いた場合の\ \varepsilon_{sh}(t, t_0)}{普通細骨材を用いた場合の\ \varepsilon_{sh}(t, t_0)}$$

ここに，

$\varepsilon_{sh}(t, t_0)$：乾燥日数 t 日の収縮ひずみ（$\times 10^{-6}$）

乾燥収縮率を求める場合は $t=182$ とする．

t_0：乾燥開始材齢（日）

h：相対湿度（%）

W, C, G：単位水量，単位セメント量，単位粗骨材量（kg/m³）

γ_1：粗骨材の種類の影響を表す係数

γ_1'：細骨材の種類の影響を表す係数

γ_2：セメントの種類の影響を表す係数

γ_3：混和材の種類の影響を表す係数

α, β：乾燥の進行度を表す係数

V/S：体積表面積比（mm）で体積 V（mm³）と表面積 S（mm²）の比

(解 2.5.2)式は，本会「高炉スラグ細骨材を用いるコンクリートの調合設計・施工指針（案）・同解説」[8)]に準拠したものである．本式中の γ_1' は，信頼できる資料または試験によって求めるとよいが，解説図 2.5.2 に示されるように，一般的な調合条件においてフェロニッケルスラグ細骨材を 50 %混合した場合のコンクリートの乾燥収縮率は，普通細骨材を用いたコンクリートの 0.80 倍程

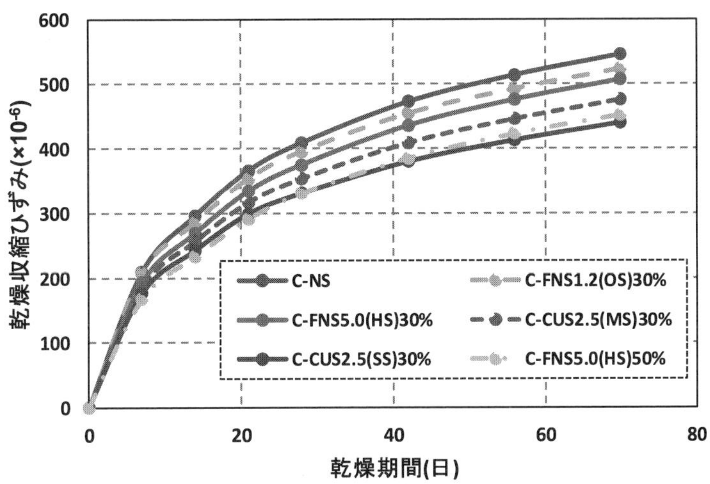

解説図 2.5.2　FNS および CUS を用いたコンクリートの乾燥収縮率[7)]

度，非鉄スラグ細骨材を 30 %混合使用した場合の乾燥収縮率は普通細骨材を用いたコンクリートの 0.90 倍程度であることから[7]，非鉄スラグ細骨材を一般的な混合率で用いる場合の収縮率予測式の γ_1' の目安としてこの値を用いてもよい．

一方，非鉄スラグ細骨材をその他の割合で混合使用する場合のコンクリートの乾燥収縮率は，信頼できる資料または試験によって求めるとよい．すなわち，普通骨材を用いた場合の $\varepsilon_{sh}(t, t_0)$ および非鉄スラグ細骨材を用いた場合の $\varepsilon_{sh}(t, t_0)$ をそれぞれ測定し，普通骨材を用いた場合の γ_1' を 1.00 として，非鉄スラグ細骨材を用いた場合の γ_1' を求めるとよい．なお，非鉄スラグ細骨材を全量用いたモルタルの乾燥収縮率と細骨材の表面積には〔解説図 2.5.3〕に示すような相関が認められており[4]，細骨材の収縮特性を評価するうえでの参考にすることもできる．

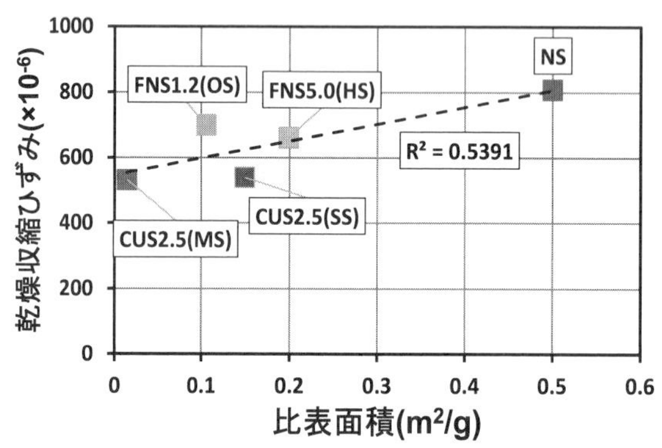

解説図 2.5.3　非鉄スラグ細骨材（FNS・CUS）の比表面積とモルタルの乾燥収縮率の関係[7]

ｃ．JASS 5 において，計画供用期間の級が長期および超長期におけるコンクリートの許容ひび割れ幅は，特記がない場合は 0.3 mm とされている．解説図 2.5.4 に示されるように，非鉄スラグ細骨材を用いたコンクリートの収縮ひび割れ抵抗性は，普通骨材を用いたコンクリートと比較して同等もしくはそれ以上となっている．したがって，一般的な建築物においては，コンクリートのヤ

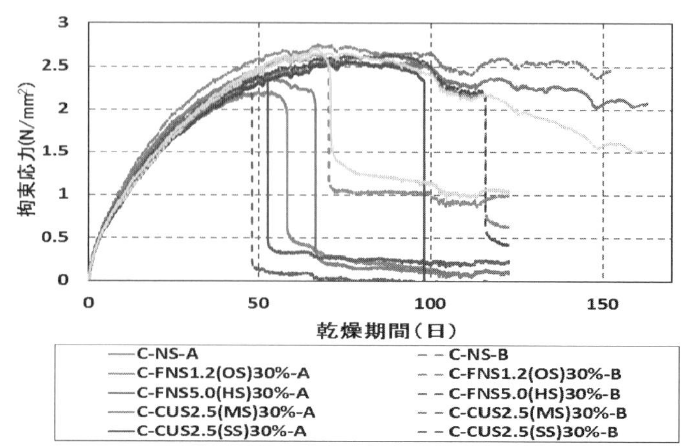

解説図 2.5.4　非鉄スラグ細骨材（FNS・CUS）の乾燥収縮ひび割れ特性[7]

ング係数としてａ．に示される所要の値を乾燥収縮率としてｂ．に示される 8×10^{-4} を満足するようにコンクリートの調合等を確認するとよい．

2.6　耐久性を確保するための材料・調合に関する規定

> フェロニッケルスラグ骨材または銅スラグ細骨材を用いるコンクリートの耐久性についての規定は，JASS 5 の 3 節による．

フェロニッケルスラグ骨材または銅スラグ細骨材を用いるコンクリートの耐久性についての規定は，JASS 5 によることとした．具体的には，コンクリートに含まれる塩化物量は，塩化物イオン量として 0.30 kg/m³以下とし，やむを得ず，これを超える場合は，鉄筋防錆上有効な対策を講じるものとし，その方法は特記によるが，その場合においても，塩化物量は，塩化物イオン量として 0.60 kg/m³を超えないものとする．

また，コンクリートは，骨材のアルカリシリカ反応による劣化を生じないことが要求される．一部，カルシウムに乏しいフェロニッケルスラグでは，溶融スラグの冷却速度によってはガラス質が増加して，アルカリシリカ反応性を示す場合がある．アルカリシリカ反応性による「区分 B」のフェロニッケルスラグ骨材は，一般的に採用されているアルカリシリカ反応の抑制対策［JIS A 5308 附属書 B（規定）アルカリシリカ反応抑制対策の方法］では対応できない場合があるため，注意が必要である．詳しくは，3 章および 4 章の該当箇所および付録を参照されたい．

2.7　特殊な劣化作用に対する耐久性

> フェロニッケルスラグ骨材または銅スラグ細骨材を用いるコンクリートを特殊な劣化作用を受ける部位に適用する場合，JASS 5 の 3 節による．

特殊な劣化作用としては，海水の作用や凍結融解作用，酸性土壌，硫酸塩およびその他の侵食性物質による作用，熱の作用などが挙げられる．

フェロニッケルスラグ骨材を使用したコンクリートの凍結融解抵抗性については，空気量が適切に確保されていればその影響は小さいこと，フェロニッケルスラグ細骨材を使用した場合も混合率が小さい場合においては，問題とならないことが確認されている．同様に，銅スラグ細骨材を用いた場合においては，ブリーディング量が過大でなければ凍結融解抵抗性には影響が小さいことが報告されている〔付録II　2.2.8 参照〕．最近の研究[5)]では，砕砂に非鉄スラグ細骨材を混合した場合の気泡間隔係数については，フェロニッケルスラグ細骨材を混合した場合，砕砂を単独で使用した場合よりも小さくなる傾向が見られ，砕砂に銅スラグ細骨材を混合した場合，砕砂を単独で使用した場合よりも若干大きくなる傾向が見られたことが報告されている〔解説図 2.5.4〕．

また，フェロニッケルスラグ細骨材の混合率が大きい場合については，砕砂を単独で使用した場合とほぼ同等であったとしている．

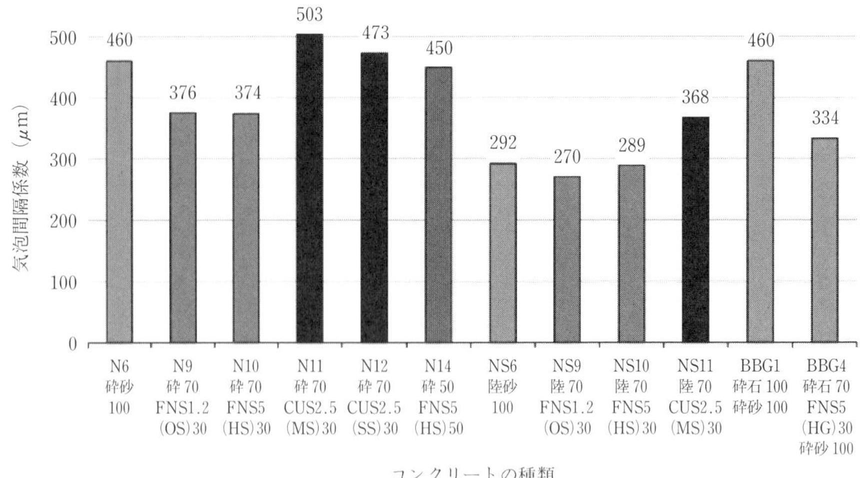

解説図 2.5.5　非鉄スラグ細骨材（FNS・CUS）の混合率と気泡間隔係数[5)より作成]

その他，海水の作用を受ける箇所に用いるコンクリートや酸性土壌，硫酸塩およびその他の侵食性物質，または熱の作用を受ける箇所に用いるコンクリートについては，JASS 5 によることとした．

2.8　環境配慮性

a．フェロニッケルスラグ骨材または銅スラグ細骨材を用いるコンクリートの環境配慮性は，コンクリート 1 m³における産業副産物の使用量および CO_2 排出量の削減率により評価する．
b．フェロニッケルスラグ骨材または銅スラグ細骨材を用いるコンクリートの環境安全品質は，溶出量および含有量に関する環境安全品質基準を満たすものとする．

a．コンクリートは，建築物および土木構造物の建設にとって必要不可欠な建設材料の 1 つであり，わが国の総物資投入量の 1/3 程度が，コンクリートの生産に利用されるとともに，わが国の総 CO_2 排出量の 1/10 程度が，使用材料の生産・運搬からコンクリートの生産・運搬およびコンクリート構造物の建設までの過程で排出されている．人類の社会活動・生産活動によって生じる環境負荷の削減対象，すなわち環境配慮の対象となるものとして，JIS Q 13315-1（コンクリート及びコンクリート構造物に関する環境マネジメント—第 1 部：一般原則）には，次のものが示されている．

—地球の気候変動

—天然資源の利用（原料，水，燃料）

—成層圏のオゾン水準

—土地利用および生息地改変

—富栄養化

—酸性雨

—大気汚染

・光化学スモッグ

・粒状物質による大気汚染

・その他の大気汚染（有害物質）

・室内空気質汚染

—水質汚濁

—土壌汚染

—放射性物質による汚染

—廃棄物発生による影響

—騒音・振動

これらのうち，フェロニッケルスラグ骨材または銅スラグ細骨材を用いるコンクリートに深く関わるものとしては，フェロニッケルスラグ骨材および銅スラグ細骨材の起源，ならびに前述のコンクリートの特徴を考慮すると，「地球の気候変動」，「天然資源の利用」，「水質汚濁」，「土壌汚染」および「廃棄物発生による影響」が挙げられる．「地球の気候変動」はCO_2排出量によって，「天然資源の利用」および「廃棄物発生による影響」は産業副産物の使用量によって，「水質汚濁」および「土壌汚染」は環境安全品質（人の健康と生活環境を脅かす8種類の有害物質の濃度）によって評価することができ，フェロニッケルスラグ骨材または銅スラグ細骨材を用いるコンクリートを利用する際の環境配慮としては，CO_2排出量，産業副産物の使用量および環境安全品質が管理・制御すべき項目であるといえる．

CO_2排出量については，本会「高炉セメントまたは高炉スラグ微粉末を用いた鉄筋コンクリート造建築物の設計・施工指針（案）・同解説」[9]において，環境配慮性を構造体コンクリートのCO_2削減率で評価することとし，「CO_2削減等級」という区分を設けて，高炉セメントまたは高炉スラグ微粉末を用いた鉄筋コンクリート造建築物の環境配慮性を従来のコンクリートと比較して評価している．しかしながら，セメント生産時におけるCO_2排出量と比較して，骨材生産時のそれはかなり少ないことが示されており，産業副産物（主産物の生産で発生するCO_2は考慮する必要がない）であるフェロニッケルスラグ骨材および銅スラグ細骨材を最大限利用したとしても，それによるコンクリート1 m^3におけるCO_2排出量の削減率は多くはないと考えられる．たとえば，日本コンクリート工学協会（現　日本コンクリート工学会）「コンクリートセクターにおける地球温暖化物質・廃棄物の最小化に関する研究委員会・報告書」[10]によれば，ポルトランドセメント1トンの生産時のCO_2排出量が750～800 kgであるのに対して，砕石・砕砂1トンの生産時のCO_2排出量は3～7 kgであり，フェロニッケルスラグ骨材および銅スラグ骨材についてはさらに少なく，それぞれ0.73 kgおよび6.8 gであることが示されている．このように，砕石・砕砂の一部または全部をフェロニッケルスラグ骨材で置換したとしても，それによるコンクリート1 m^3におけるCO_2排出量の削減率は極小であるといえる．そのため，これらのスラグ骨材を遠方まで運搬（特に陸送）することによるCO_2排出量の増加（1トンの骨材を1 km陸送する場合，0.5 kg/km程度のCO_2排出[10]）については，かえって注意を払う必要があり，地産地消的な利用方法とするのが望ましい．

また，産業副産物の使用量については，フェロニッケルスラグ骨材および銅スラグ細骨材は産業副産物であるため，それらを利用することで天然資源の消費量を削減することができる．解説図 2.5.6 にわが国のコンクリート用骨材の使用量の推移を示す．河川砂利･砂は，高度経済成長期に大量に採取され枯渇状態となったため，一部の地域を除いて，ほとんど使用されなくなっている．その後，西日本地域を中心に海砂利・海砂が採取されたが，その過度な採取によって海底環境の悪化をもたらしたため，九州の一部の県を除いて現在は採取禁止となっている．現在，コンクリート用骨材の主流は砕石・砕砂となっているが，景観保全等の問題も考える必要があり，産業副産物であるフェロニッケルスラグ骨材および銅スラグ細骨材のコンクリート用骨材としての利用は，天然資源の消費量を抑制するうえでは重要な方策であるといえる．JIS A 5308（レディーミクストコンクリート）においては，フェロニッケルスラグ骨材および銅スラグ細骨材を使用した場合には，それらの含有量を付記した上で，JIS Q 14021 に規定するメビウスループを納入書に表示することができるようになっており，コンクリートの受入れに際しては，その表示を確認されたい．

b．環境安全品質については，フェロニッケルスラグ骨材および銅スラグ細骨材の JIS（JIS A 5011-2 および JIS A 5011-3）において，８種類の有害物質の含有量および溶出量の限界値が「環境安全品質基準」として規定されている．フェロニッケルスラグ骨材および銅スラグ細骨材が環境安全品質を満足しているかどうかは，それら自体に含有されている有害物質の量によって決定され，フェロニッケルスラグ骨材および銅スラグ細骨材を用いるコンクリートが将来にわたって安全かどうかどうかは，それらの有害物質含有量（骨材生産者が設定）だけでなく，コンクリートの調合（コンクリート製造者が設定）によっても左右される．そのため，コンクリートの製造者は，骨材生産者から有害物質含有量に関する正しい情報を得て調合を決定する必要があり，コンクリートの利用者は，骨材中の有害物質含有量とコンクリートの正確な調合を把握して，使用するコンクリートが将来にわたって土壌汚染等を生じさせないものであることを確認しておく必要がある．これらの一

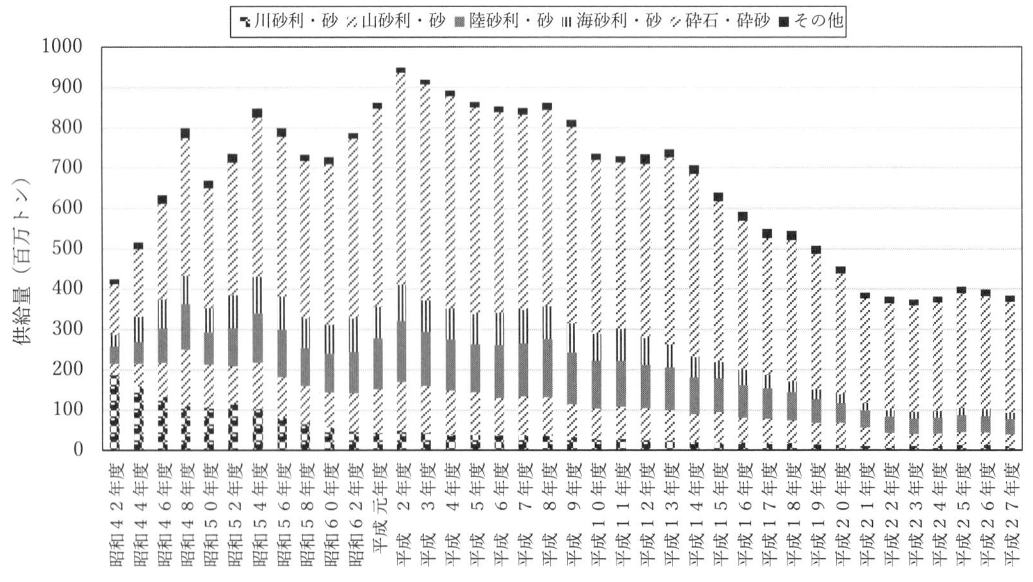

解説図 2.5.6　骨材需給の推移[11)]

連の手順の詳細は3.1「骨材」および4.1.bの解説に示されているので，それらに基づき，環境安全品質の遵守に努められたい.

2.9　かぶり厚さ

フェロニッケルスラグ骨材または銅スラグ細骨材を用いるコンクリートのかぶり厚さは，JASS 5 の3節による.

フェロニッケルスラグ骨材または銅スラグ細骨材を用いるコンクリートのかぶり厚さは，JASS 5 の3節と同じとする.

参考文献

1）日本建築学会：鉄筋コンクリート造建築物の環境配慮施工指針（案）・同解説，2006
2）日本建築学会：高炉スラグ細骨材を用いるコンクリートの調合設計・施工指針（案）・同解説，2013
3）横室　隆，依田彰彦：フェロニッケルスラグを細骨材として用いたコンクリートの性質，コンクリート工学年次講演会論文集，15-1，pp.239-244，1993.6
4）銅スラグ砂を用いたコンクリート試験報告書（STEP 3）—中性化試験—，日本鉱業協会銅スラグ研究委員会，1996.3
5）小沢優也，真野孝次，鹿毛忠継，阿部道彦：非鉄スラグ骨材を使用したコンクリートの中性化・気泡組織，日本建築学会大会学術講演梗概集，pp.85-86，2017.8
6）日本建築学会：鉄筋コンクリート造建築物の収縮ひび割れ制御設計・施工指針（案）・同解説，2006
7）原品　武，清原千鶴ほか：非鉄スラグ細骨材を使用したコンクリートの収縮ひび割れ特性に関する実験的研究，日本建築学会学術講演梗概集，pp.177-178，2016.8
8）真野孝次，鹿毛忠継，阿部道彦ほか：非鉄スラグ骨材を使用したコンクリートの圧縮強度・乾燥収縮，2016年度日本建築学会関東支部研究報告集，pp.45-48，2016
9）日本建築学会：高炉スラグ細骨材を用いるコンクリートの調合設計・施工指針（案）・同解説，2013
10）日本コンクリート工学協会：コンクリートセクターにおける地球温暖化物質・廃棄物の最小化に関する研究委員会・報告書，2010
11）日本砕石協会：骨材需給の推移，http://www.saiseki.or.jp/kotsujukyu.html（2018年8月4日）

3章　コンクリートの材料

3.1 骨　　材

a．フェロニッケルスラグ粗骨材および細骨材は，JIS A 5011-2（コンクリート用スラグ骨材—第2部：フェロニッケルスラグ骨材）に適合し，かつアルカリシリカ反応性による区分がAのものとする．

b．銅スラグ細骨材は，JIS A 5011-3（コンクリート用スラグ骨材—第3部：銅スラグ骨材）に適合するものとする．なお，環境安全形式試験は，JIS A 5011-3の附属書B（規定）（銅スラグ細骨材の環境安全品質試験方法）に従って“利用模擬試料”を用いて行う．

c．フェロニッケルスラグ予混合骨材および銅スラグ予混合細骨材は，次の(1)～(4)による．

(1) フェロニッケルスラグ骨材と予混合できる骨材は，砂利・砂，砕石・砕砂，スラグ骨材および再生骨材Hとする．銅スラグ細骨材と予混合できる骨材は，砂および砕砂とする．

(2) 混合する前の骨材の品質は，上記a．，b．およびJASS 5の4.3による．

(3) フェロニッケルスラグ骨材および銅スラグ細骨材の混合量（混合率）は，コンクリートに使用した際，所要の性能を満足するとともに，環境安全品質基準に適合するものとする．

(4) 予混合骨材の納入者は，納入先に対し，混合する前の骨材の試験成績書，スラグ骨材については，骨材の試験成績書のほか，環境安全形式試験成績書，環境安全受渡試験成績書および混合量（混合率）を確認できる資料を提出しなければならない．

d．フェロニッケルスラグ骨材および銅スラグ細骨材以外の骨材は，JASS 5の4.3による．ただし，銅スラグ細骨材と併用できる細骨材は，砂および砕砂とする．

a．JIS A 5011-2に規定されるフェロニッケルスラグ骨材の区分および品質を解説表3.1～3.8に示す．

本章で対象とするFNGおよびFNSは，解説表3.4～3.8に示す品質基準に適合し，かつ解説表3.3に示すアルカリシリカ反応性による区分がAのものとする．アルカリシリカ反応性による区分がAのものに限定した理由は，区分BのFNGおよびFNSは，一般的に採用されているアルカリシリカ反応の抑制対策［JIS A 5308附属書B（規定）アルカリシリカ反応抑制対策の方法］では対応できない場合があることを考慮したためである．

FNGおよびFNSのアルカリシリカ反応抑制対策の方法は，JIS A 5011-2附属書Dに規定されているが，同附属書によると，アルカリシリカ反応を抑制するためには，骨材の組合せや混合率を考慮する必要があるなど，JIS A 5308附属書Bに比較すると，抑制対策の方法が複雑である．したがって，区分BのFNGおよびFNSを適用範囲に加えると，フェロニッケルスラグ骨材全般の普及の妨げになる可能性が高いと判断した．

なお，アルカリシリカ反応性による区分BのFNGおよびFNSを使用する場合は，8章「特別な考慮を要するコンクリート」を参照していただきたい．

解説表 3.1　フェロニッケルスラグ粗骨材の粒度による区分（JIS A 5011-2 による）

区　分	粒の大きさの範囲（mm）	記　号
フェロニッケルスラグ粗骨材 2005	20～ 5	FNG 20-05
フェロニッケルスラグ粗骨材 2015	20～15	FNG 20-15
フェロニッケルスラグ粗骨材 1505	15～ 5	FNG 15-05

解説表 3.2　フェロニッケルスラグ細骨材の粒度による区分（JIS A 5011-2 による）

区　分	粒の大きさの範囲（mm）	記　号
5 mm フェロニッケルスラグ細骨材	5 以下	FNS 5
2.5 mm フェロニッケルスラグ細骨材	2.5 以下	FNS 2.5
1.2 mm フェロニッケルスラグ細骨材	1.2 以下	FNS 1.2
5 ～0.3 mm フェロニッケルスラグ細骨材	5 ～0.3	FNS 5-0.3

解説表 3.3　フェロニッケルスラグ骨材のアルカリシリカ反応性による区分（JIS A 5011-2 による）

区　分	摘　要
A	アルカリシリカ反応性試験結果が“無害”と判定されたもの．
B	アルカリシリカ反応性試験結果が“無害でない”と判定されたもの，又はこの試験を行っていないもの．

解説表 3.4　フェロニッケルスラグ骨材の化学成分および物理的性質（JIS A 5011-2 による）

項　目			フェロニッケルスラグ粗骨材	フェロニッケルスラグ細骨材
化学成分	酸化カルシウム（CaO として）	（%）	15.0 以下	15.0 以下
	酸化マグネシウム（MgO として）	（%）	40.0 以下	40.0 以下
	全硫黄（S として）	（%）	0.5 以下	0.5 以下
	全鉄（FeO として）	（%）	13.0 以下	13.0 以下
	金属鉄（Fe として）	（%）	1.0 以下	1.0 以下
絶乾密度		（g/cm³）	2.7 以上	2.7 以上
吸水率		（%）	3.0 以下	3.0 以下
単位容積質量		（kg/l）	1.50 以上	1.50 以上

解説表 3.5 フェロニッケルスラグ粗骨材の粒度（JIS A 5011-2 による）

（単位：%）

区　分	各ふるいを通るものの質量分率					
	ふるいの呼び寸法[a)]					
	25	20	15	10	5	2.5
FNG 20-05	100	90～100	—	20～55	0～10	0～5
FNG 20-15	100	90～100	—	0～10	0～5	—
FNG 15-05	—	100	90～100	40～70	0～15	0～5

［注］ a）ふるいの呼び寸法は，それぞれ JIS Z 8801-1 に規定するふるいの公称目開き 26.5 mm，19 mm，16 mm，9.5 mm，4.75 mm および 2.36 mm である．

解説表 3.6 フェロニッケルスラグ細骨材の粒度（JIS A 5011-2 による）

（単位：%）

区　分	各ふるいを通るものの質量分率						
	ふるいの呼び寸法[a)]						
	10	5	2.5	1.2	0.6	0.3	0.15
FNS 5	100	90～100	80～100	50～90	25～65	10～35	2～15
FNS 2.5	100	95～100	85～100	60～95	30～70	10～45	5～20
FNS 1.2	—	100	95～100	80～100	35～80	15～50	10～30
FNS 5-0.3	100	95～100	45～100	10～70	0～40	0～15	0～10

［注］ a）ふるいの呼び寸法は，それぞれ JIS Z 8801-1 に規定するふるいの公称目開き 9.5 mm，4.75 mm，2.36 mm，1.18 mm，0.6 mm，0.3 mm および 0.15 mm である．

解説表 3.7 フェロニッケルスラグ骨材の微粒分量の上限値および許容差（JIS A 5011-2 による）

（単位：%）

区　分	微粒分量の上限値	微粒分量の許容差
FNG	5.0	±1.0
FNS 5	7.0	±2.0
FNS 2.5	9.0	±2.0
FNS 1.2	10.0	±3.0
FNS 5-0.3	7.0	±2.0

解説表 3.8　フェロニッケルスラグ骨材の環境安全品質基準（JIS A 5011-2 による）

項　目	一般用途の場合		港湾用途の場合
	溶出量（mg/l）	含有量[a]（mg/kg）	溶出量（mg/l）
カドミウム	0.01 以下	150 以下	0.03 以下
鉛	0.01 以下	150 以下	0.03 以下
六価クロム	0.05 以下	250 以下	0.15 以下
ひ素	0.01 以下	150 以下	0.03 以下
水銀	0.0005 以下	15 以下	0.0015 以下
セレン	0.01 以下	150 以下	0.03 以下
ふっ素	0.8 以下	4 000 以下	15 以下
ほう素	1 以下	4 000 以下	20 以下

［注］　a）ここでいう含有量とは，同語が一般的に意味する“全含有量”とは異なることに注意を要する．

ｂ．銅スラグ細骨材の化学物質の含有量の測定結果を解説表 3.9 に，JIS A 5011-3 に規定される CUS の区分および品質を解説表 3.10～3.15 に示す．なお，JIS A 5011-3 では，アルカリシリカ反応性の区分については，区分 A だけを適用範囲としている．

本章で対象とする CUS は，解説表 3.12～3.15 に示す品質基準に適合するものとし，環境安全品質に関する試験（環境安全形式試験）は，JIS A 5011-3 の附属書 B（規定）（銅スラグ細骨材の環境安全品質試験方法）に従って“利用模擬試料”を用いて行うこととする．

「コンクリート用スラグ骨材に環境安全品質及びその検査方法を導入するための指針」（日本工業調査会標準会　標準部会　土木技術専門委員会及び建築技術専門委員会）によると，環境安全形式検査は，利用模擬試料またはスラグ骨材試料のどちらかを選択することができる．しかし，本章では試験対象を“利用模擬試料”に限定した．これは，解説表 3.9（JIS A 5011-3 の解説表 1）に示すように，CUS は環境安全品質基準に規定される「ひ素」や「鉛」の含有量が高く，一般用途の環境安全品質を満足しない．したがって，CUS の使用に際しては，単位量の軽減（他の骨材との混合使用）が必要不可欠となる．そこで，CUS の環境安全形式検査は，CUS の化学物質の含有量をふまえ，CUS の銘柄，種類ごとに単位量（混合量）を設定した“利用模擬試料”を用いて行うこととした．

なお，利用模擬試料とは，JIS A 5011-3 では「銅スラグ細骨材の出荷から，利用が終了し，解体後の再利用時又は最終処分時も含めたライフサイクルの合理的に想定し得る範囲の中で，環境安全性に関して最も配慮しなければならない銅スラグ細骨材の状態を模擬した試料.」と定義されているが，具体的には「CUS の銘柄，種類ごとに使用時の配合条件を模して作製したコンクリート供試体」を示している．また，JIS A 5011-3 で定義されている「環境安全受渡検査」における「環境安全形式検査と同一の配合条件（注[2]）」とは，利用模擬試料と比較して，同等または安全側の配合条件のことであり，具体的には，同一種類のセメントを使用し，CUS の単位量が利用模擬試料よりも少ない配合条件と判断している．

解説表 3.9 銅スラグ細骨材の化学物質の含有量（JIS A 5011-3 の解説表 1）

（単位：mg/kg）

製錬所名	—	ひ素	鉛	カドミウム	水銀	六価クロム	ふっ素	ほう素	セレン
	基準値	150	150	150	15	250	4 000	4 000	150
A	max	340	500	＜15	＜1.5	＜25	＜400	＜400	＜15
B	max	783	747	36	＜1.5	＜25	＜400	＜400	＜15
C	max	450	630	40	＜1.5	＜25	＜400	＜400	＜15
D	max	317	735	＜15	＜1.5	＜25	＜400	＜400	＜15
E	max	433	400	＜15	＜1.5	＜25	＜400	＜400	＜15

解説表 3.10 銅スラグ細骨材の粒度による区分（JIS A 5011-3 による）

区　分	粒の大きさの範囲（mm）	記　号
5 mm 銅スラグ細骨材	5 以下	CUS 5
2.5 mm 銅スラグ細骨材	2.5 以下	CUS 2.5
1.2 mm 銅スラグ細骨材	1.2 以下	CUS 1.2
5 ～0.3 mm 銅スラグ細骨材	5 ～0.3	CUS 5-0.3

解説表 3.11 銅スラグ細骨材のアルカリシリカ反応性による区分（JIS A 5011-3 による）

区　分	摘　要
A	アルカリシリカ反応性試験結果が“無害”と判定されたもの．
B	アルカリシリカ反応性試験結果が“無害でない”と判定されたもの，又はこの試験を行っていないもの．

解説表 3.12 銅スラグ細骨材の化学成分および物理的性質（JIS A 5011-3 による）

項　目			銅スラグ粗骨材
化学成分	酸化カルシウム（CaO として）	（%）	12.0 以下
	全硫黄（S として）	（%）	2.0 以下
	三酸化硫黄（SO_3として）	（%）	0.5 以下
	全鉄（FeO として）	（%）	70.0 以下
塩化物量（NaCl として）		（%）	0.03 以下
絶乾密度		（g/cm^3）	3.2 以上
吸水率		（%）	2.0 以下
単位容積質量		（kg/l）	1.80 以上

解説表 3.13　銅スラグ細骨材の粒度（JIS A 5011-3 による）

（単位：%）

区　分	各ふるいを通るものの質量分率						
	ふるいの呼び寸法[a]						
	10	5	2.5	1.2	0.6	0.3	0.15
CUS 5	100	90～100	80～100	50～90	25～65	10～35	2～15
CUS 2.5	100	95～100	85～100	60～95	30～70	10～45	5～20
CUS 1.2	—	100	95～100	80～100	35～80	15～50	10～30
CUS 5-0.3	100	95～100	45～100	10～70	0～40	0～15	0～10

［注］ a）ふるいの呼び寸法は，それぞれ JIS Z 8801-1 に規定するふるいの公称目開き 9.5 mm, 4.75 mm，2.36 mm，1.18 mm，0.6 mm，0.3 mm および 0.15 mm である．

解説表 3.14　銅スラグ細骨材の微粒分量の上限値および許容差（JIS A 5011-3 による）

（単位：%）

区　分	微粒分量の上限値	微粒分量の許容差
CUS 5	7.0	±2.0
CUS 2.5	9.0	±2.0
CUS 1.2	10.0	±3.0
CUS 5-0.3	7.0	±2.0

解説表 3.15　銅スラグ細骨材の環境安全品質基準（JIS A 5011-3 による）

項　目	一般用途の場合		港湾用途の場合
	溶出量（mg/l）	含有量[a]（mg/kg）	溶出量（mg/l）
カドミウム	0.01 以下	150 以下	0.03 以下
鉛	0.01 以下	150 以下	0.03 以下
六価クロム	0.05 以下	250 以下	0.15 以下
ひ素	0.01 以下	150 以下	0.03 以下
水銀	0.0005 以下	15 以下	0.0015 以下
セレン	0.01 以下	150 以下	0.03 以下
ふっ素	0.8 以下	4 000 以下	15 以下
ほう素	1 以下	4 000 以下	20 以下

［注］ a）ここでいう含有量とは，同語が一般的に意味する“全含有量”とは異なることに注意を要する．

c．FNG，FNS および CUS の使用方法は，コンクリート製造時に複数の骨材を別々に計量して用いる併用と，あらかじめ混合された複数の骨材を用いる予混合使用とに大別される．以下の(1)～(4)は，後者の予混合使用（予混合骨材）に関する説明である．

(1)　FNGおよびFNSと予混合できる骨材は，FNGおよびFNSの普及を考慮して，JASS 5に規定される全ての骨材を対象とした．一方，CUSについては，環境安全品質に及ぼす影響を踏まえて，スラグ細骨材および再生細骨材Hを除外し，混合できる骨材を砂および砕砂に限定した．なお，再生細骨材Hを除外した理由は，原骨材にスラグ骨材が含まれている可能性があるためである．

(2)　混合する骨材の品質については，JASS 5の4.3によることとした．具体的には，塩化物と粒度を除き，骨材の種類ごとに規定された規格値を満足することを要求している．なお，塩化物と粒度については，予混合後の品質が規格値を満足する必要があるが，予混合骨材をコンクリートの製造時に他の骨材と併用する場合は，併用後（コンクリート製造時）の品質が規格値を満足すればよい．

(3)　FNG，FNSおよびCUSの単位量（混合量）は，コンクリートの諸性状に影響を及ぼす．特にCUSについては，その単位量が，コンクリートの環境安全品質基準に対する適否に大きな影響を及ぼす．

FNG，FNSおよびCUSを併用する場合は，コンクリート製造時に単位量を計量誤差の範囲（±3％）で管理することが可能である．一方，FNG，FNSおよびCUS予混合骨材については，納入ごとにFNG, FNSおよびCUSの品質や混合量の変動状況を正確に把握することが難しく，それらの変動状況を踏まえてコンクリートを製造することは困難である．

FNG, FNSおよびCUS予混合骨材をコンクリート製造時に他の骨材と併用する場合も想定されるが，骨材の使用方法を限定することは，FNG，FNSおよびCUSの普及の妨げになる可能性がある．そこで，ここでは，FNG, FNSおよびCUS予混合骨材に含まれるFNG, FNSおよびCUSの混合量（混合率）について，予混合骨材をそのままの状態で使用しても，コンクリートに要求される諸性状を満足するとともに，環境安全品質に適合する範囲とした．また，FNG, FNSおよびCUS予混合骨材がコンクリートの諸性状に及ぼす影響の程度は，混合するFNG, FNSおよびCUSの品質（化学成分，物性，環境安全品質）の変動，予混合時の混合量（混合率）の変動にも左右される．したがって，予混合に際しては，試験成績書によってFNG，FNSおよびCUSの品質，環境安全形式試験成績書および環境安全受渡試験成績書によって環境安全品質に及ぼす影響等を確認したうえで，予混合時の変動もふまえて，FNG，FNSおよびCUSの混合量（混合率）の目標値を設定する必要がある．

なお，FNG，FNSおよびCUS予混合骨材におけるFNG, FNSおよびCUSの混合量の変動は，目標値に対して±3～5％程度と想定している．この程度の変動であれば，コンクリートの諸性状に及ぼす影響は比較的少ないと考えられる．しかし，環境安全品質基準の適否には影響を及ぼす可能性があるため，FNG，FNSおよびCUS予混合骨材におけるFNG，FNSおよびCUSの混合量（混合率）の管理には十分注意する必要がある．

(4)　JASS 5の4.3では，骨材を混合する場合は，混合する前の品質が骨材の種類ごとに規定された規格値を満足することを要求している．そこで，FNG, FNSおよびCUS予混合骨材の納入者は，納入先に対して，要求事項を満足していることを証明する必要がある．そのためには，混合する前の骨材の試験成績書の提出が必要不可欠となる．また，上記の(3)では，FNG，FNSおよびCUSの混合量（混合率）について，コンクリートに使用した際，所要の品質を満足するとともに，環境安全品質基準に適合することを要求している．したがって，FNG，FNS および CUS については，骨材の試験成績書のほか，環境安全形式試験成績書，環境安全受渡試験成績書および混合量（混合率）を確認できる資料を納入先に提出する必要がある．

なお，FNG，FNS および CUS 予混合骨材の品質試験は，納入者が実施することが望ましいが，使用者が実施して品質を確認してもよい．

d．FNG，FNS および CUS 以外の骨材は，砂利・砂，砕石・砕砂などの普通骨材を使用する場合と同様に JASS 5 の 4.3 の規定に適合するものを用いる．

具体的には，JASS 5 の 4.3 に適合する砂利・砂，JIS A 5005（コンクリート用砕石及び砕砂）に適合する砕石・砕砂，JIS A 5011（コンクリート用スラグ骨材）に適合するスラグ骨材，JIS A 5021（コンクリート用再生骨材 H）に適合する再生骨材 H が対象となる．ただし，CUS と併用できる細骨材については，環境安全品質の観点から，スラグ細骨材および再生細骨材 H を除外し，砂および砕砂に限定にした．

3.2 セメント

> セメントは，JASS 5 の 4.2 による．

セメントは，一般のコンクリートと同様に，JASS 5 の 4.2 の規定に適合するものを用いる．

具体的には，JIS R 5210（ポルトランドセメント），JIS R 5211（高炉セメント），JIS R 5212（シリカセメント），または JIS R 5213 （フライアッシュセメント）に適合するものを用いる．

3.3 混和材料

> 混和材料は，JASS 5 の 4.5 による．

混和材料は，一般のコンクリートと同様に，JASS 5 の 4.5 の規定に適合するものを用いる．

具体的には，JIS A 6204（コンクリート用化学混和剤），JIS A 6205（鉄筋コンクリート用防せい剤），JASS 5 M-402（コンクリート用収縮低減剤の性能判定基準）に適合する混和剤，JIS A 6201（コンクリート用フライアッシュ），JIS A 6202（コンクリート用膨張材），JIS A 6206（コンクリート用高炉スラグ微粉末），JIS A 6207（コンクリート用シリカフューム）に適合する混和材を用いる．

3.4 練混ぜ水

> 練混ぜ水は，JASS 5 の 4.4 による．

練混ぜ水は，一般のコンクリートと同様に，JASS 5 の 4.4 の規定に適合するものを用いる．

具体的には，JIS A 5308 附属書 C（規定）（レディーミクストコンクリートの練混ぜに用いる水）に適合する上水道水，上水道水以外の水および回収水を用いる．ただし，計画供用期間の級が長期および超長期の場合は，回収水を用いてはならない．

4章 調　　合

4.1 総　　則

a．フェロニッケルスラグ骨材または銅スラグ細骨材を使用するコンクリートの計画調合は，荷卸し時または打込み時および構造体コンクリートにおいて，所要の性能が得られるように定める．

b．所要の性能を満足させるための調合を定めるために，JASS 5 の 5 節「調合」または本会「コンクリートの調合設計指針・同解説」（以下，調合指針という）の規定に準じて，次の(1)～(12)の調合要因に関する条件を定める．

(1)　品質基準強度・調合管理強度および調合強度
(2)　練上がり時のスランプまたはスランプフローおよび材料分離抵抗性
(3)　練上がり時の空気量
(4)　練上がり時の容積
(5)　気乾単位容積質量
(6)　水セメント比または水結合材比の最大値
(7)　単位水量の最大値
(8)　単位セメント量または単位結合材量の最小値と最大値
(9)　塩化物イオン量
(10)　アルカリ総量
(11)　環境配慮性
(12)　スラグ骨材の混合率または使用量の最大値

c．調合計算は，JASS 5 の 5 節「調合」または調合指針の規定に準じるものとし，4.2～4.7 による．

d．算出された計画調合の妥当性の検討は，調合計算によって得られた調合のコンクリートが，主として耐久設計および環境配慮にかかわる性能の目標を満足することを試し練りの前に確認するために行う．

e．試し練りと調合の調整および計画調合の決定は，JASS 5 の 5 節「調合」または調合指針の規定に準じるものとする．なお，試し練りの結果，ブリーディングが過大になった場合の対策は，4.9 による．

f．計画調合の表し方および現場調合の定め方は，4.8 による．

a．FNA または CUS を使用するコンクリートの計画調合は，所要の性能（具体的には，型枠中で材料分離を起こさず，密実に打ち込むことができるような良いワーカビリティーと必要な強度と耐久性など）が得られるように定めなければならない．また，特殊な条件下で用いられるコンクリートでは，その条件に応じて要求される性能が得られるように調合を定めなければならない．

本章では，FNA または CUS を使用するコンクリートの調合を定める場合の基本的な事項および特に考慮すべき事項を示しているが，計画調合を定めるための条件など，詳細については JASS 5[1)] の 5 節「調合」および「コンクリートの調合設計指針・同解説」[2)]（以下，調合指針という）を参照されたい．

ｂ．コンクリートの計画調合を定めるための基本条件は，FNA または CUS を使用するコンクリートにおいても，一般のコンクリートの場合と変わりはない．

ただし，FNA または CUS を使用するコンクリートは，その使用目的によっては，スラグ骨材が単独使用される場合も想定されるが，それぞれを単独で使用することは少なく，スラグ細骨材（特に CUS）では多くの場合，天然骨材等と混合して使用される場合が多い．

そのため，ここでは，これらのスラグ骨材が混合して使用される場合を基本とし，FNA または CUS を使用するコンクリートが，所要の性能を満足させる調合を定めるために，JASS 5 または調合指針の規定に準じて，下記(1)～(12)に示す調合要因に関する条件を，相互に満足させるように定める必要がある．

なお，高強度コンクリート（FNS）およびアルカリシリカ反応性の試験で区分 B（無害でない）となる FNA を使用するコンクリートなどについては，8 章「特別な考慮を要するコンクリート」において取り扱う．

(1)　品質基準強度・調合管理強度および調合強度

FNA または CUS を使用するコンクリートの品質基準強度・調合管理強度および調合強度の定め方は，一般のコンクリートと同様，JASS 5 の考え方でよい．これらのスラグ骨材を使用するコンクリートの品質基準強度は，（解 4.1）式を満足するように定める．

$$F_q = \max(F_c,\ F_d) \qquad (解\ 4.1)$$

ここに，F_q：コンクリートの品質基準強度（N/mm²）

F_c：コンクリートの設計基準強度（N/mm²）

F_d：コンクリートの耐久設計基準強度（N/mm²）

max（*）は，括弧内の大きい方の値の意味である．

FNA または CUS を使用するコンクリートの調合管理強度は，構造体コンクリートが所要の強度を得られるよう，（解 4.2）式および（解 4.3）式を満足するように定める．

$$F_m = F_q + {}_mS_n \qquad (解\ 4.2)$$

$$F_m = F_{work} + S_{work} \qquad (解\ 4.3)$$

ここに，F_m：コンクリートの調合管理強度（N/mm²）

F_{work}：施工上要求される材齢における構造体コンクリートの圧縮強度（N/mm²）

${}_mS_n$：標準養生した供試体の材齢 m 日における圧縮強度と構造体コンクリートの材齢 n 日における圧縮強度との差による構造体強度補正値（N/mm²）．ただし，${}_mS_n$ は 0 以上の値とし，JASS 5 の 5 節〔解説表 4.1〕によるほか，試験または信頼できる資料を基に定める．

m，n：m および n は材齢を表し，材齢 m 日は，原則として 28 日とし，材齢 n 日は 91 日としてもよい．ただし，28 日 $\leqq m \leqq n \leqq$ 91 日とする．

S_{work}：標準養生した供試体の材齢 m 日における圧縮強度と施工上要求される材齢における構造体コンクリートの圧縮強度との差（N/mm²）

解説表 4.1　JASS 5（2018）における普通コンクリートの構造体強度補正値 ${}_{28}S_{91}$ の標準値[1)]

セメントの種類	コンクリートの打込みから28日までの期間の予想平均気温 θ の範囲（℃）	
早強ポルトランドセメント	$0 \leqq \theta < 5$	$5 \leqq \theta$
普通ポルトランドセメント	$0 \leqq \theta < 8$	$8 \leqq \theta$
中庸熱ポルトランドセメント	$0 \leqq \theta < 11$	$11 \leqq \theta$
低熱ポルトランドセメント	$0 \leqq \theta < 14$	$14 \leqq \theta$
フライアッシュセメントB種	$0 \leqq \theta < 9$	$9 \leqq \theta$
高炉セメントB種	$0 \leqq \theta < 13$	$13 \leqq \theta$
構造体強度補正値 ${}_{28}S_{91}$（N/mm²）	6	3

［注］　暑中期間における構造体強度補正値 ${}_{28}S_{91}$ は 6 N/mm²とする

FNA または CUS を使用するコンクリートの調合強度は，調合管理強度および施工上要求される強度から（解 4.4）および（解 4.5）式を満足するように定める．

$$F \geqq F_m + 1.73\sigma \quad \text{（解 4.4）}$$

$$F \geqq 0.85F_m + 3\sigma \quad \text{（解 4.5）}$$

ここに，　F：コンクリートの調合強度（N/mm²）

F_m：コンクリートの調合管理強度（N/mm²）

σ：使用するコンクリートの圧縮強度の標準偏差は，レディーミクストコンクリート工場で FNA または CUS を使用したコンクリートについての実績がある場合は，その実績に基づいて定める．実績がない場合は，2.5 N/mm²または $0.1F_m$ の大きい方の値とする．

(2)　練上がり時のスランプまたはスランプフローおよび材料分離抵抗性

練上がり時のスランプまたはスランプフローおよび材料分離抵抗性は，製造工場から荷卸し地点までの運搬中および圧送も含む工事現場内の運搬中にコンクリートの種類，混和剤の種類，温度などの影響によって変化するため，発注されるコンクリートの目標値（荷卸し時および打込み時の目標スランプまたは目標スランプフロー）に対するスランプおよびスランプフローの低下を考慮する．また，材料分離抵抗性については，具体的に数値化して評価することが困難ではあるが，目視による確認などによって，荷卸し時および打込み時に要求される材料分離抵抗性が得られるように，練上がり時の材料分離抵抗性を確認しておくことが重要である．

FNA または CUS を使用するコンクリートのスランプおよびスランプフローの経時変化は，一般のコンクリートとほぼ同様であり，コンクリートポンプによる圧送中のスランプおよびスランプフローの低下も一般のコンクリートと大差ない[3),4)]．なお，練上がり時のスランプまたはスランプフローの調整は，調合指針等を参考に，1）単位水量および細骨材率等の調整，2）コンクリート用化学混和剤の選定や使用量の調整により，目標値やコンクリートの練上がりの状態に応じて行う．

(3) 練上がり時の空気量

一般に，良好なワーカビリティーを得るための空気量は，普通コンクリートでは 4.0～4.5 %，軽量コンクリートでは 4.5～5.0 %，高強度コンクリートでは 2.0～3.0 %であるとされている．なお，耐凍害性を得るための所要の気泡間隔係数に応じる空気量は，試験または信頼できる資料によるが，通常は，普通コンクリートでは 4.5 %，軽量コンクリートでは 5.0 %を標準とすればよい．

空気量の経時変化は一般のコンクリートとほとんど同じであり，圧送中の空気量の減少も大差ない．一般に，コンクリート圧送中には空気量が 0.5～1.0 %程度減少するので，練上がり時の空気量は，荷卸し地点における目標空気量より 0.5～1.0 %程度大きく設定するのがよい．また，製造場所から荷卸しする場所までの運搬によっても，空気量は 0.5～1.0 %程度小さくなると考えてよい．なお，FNA および CUS の骨材修正係数は天然骨材と大差はないが，FNS は解説表 4.2[3)]に示すように骨材修正係数が川砂と比べて若干大きくなる傾向も認められるため，JIS A 1128（フレッシュコンクリートの空気量の圧力による試験方法（空気室圧力方法））により空気量を測定する場合には，骨材修正係数の補正が必要な場合もある．

解説表 4.2 FNS の骨材修正係数の一例[3)]

（単位：%）

種　類	FNS 混合率	粗骨材	骨材修正係数
キルン水砕砂（A）	27	砕石	0.3
電炉風砕砂（B）	100	砕石	0.4
電炉水砕砂（D）	100	砕石	0.5
大井川砂	0	砕石	0.2

(4) 練上がり時の容積

練上がり時のコンクリートの容積が予定よりも少ないと計画どおりに型枠内に充填することができないため，荷卸し時または打込み時にコンクリートが所要の容積であるかどうかは重要である．コンクリートの容積が計算上より少なくなる要因はいくつかあるが，コンクリート中の空気量の影響が大きい．しかし，FNA または CUS を使用するコンクリートの空気量の経時変化は，(3)に示したように，一般のコンクリートと同様である．そのため，FNA または CUS を使用するコンクリートの練上がり容積は，一般のコンクリートと同様に，製造工場から荷卸し地点までの運搬および圧送も含む工事現場内の運搬による空気量の変化を考慮して定めるとよい．

(5) 気乾単位容積質量

CUS は密度が約 3.5 g/cm³ と重いので，コンクリートの気乾単位容積質量が設計荷重として用いられている値を満足するかどうか，確認する必要がある．CUS を使用するコンクリートの気乾単位容積質量は，使用する細・粗骨材の密度や CUS 混合率，単位セメント量といった調合条件によって決まるので，信頼できる資料によるか，または試し練りによって確認することとした．2 章でも述べたように，CUS 100 %使用時の気乾単位容積質量の推定値は 2.5 t/m³ を超える場合がある．

しかし，密度2.6 g/cm³程度の天然骨材と混合して使用する水セメント比45～65％のコンクリートでは，CUS混合率を30％程度より小さくすれば，気乾単位容積質量を2.3 t/m³以下とすることもできる．

(6)　水セメント比または水結合材比の最大値

水セメント比または水結合材比の最大値は，一般のコンクリートと同様に，解説表4.3[1)]に示す最大値以下の値となるように定める．

解説表4.3　水セメント比または水結合材比の最大値[1)]

（単位：％）

	セメントの種類	水セメント比または水結合材比の最大値	
		短期・標準・長期	超長期
ポルトランドセメント	早強，普通および中庸熱ポルトランドセメント	65	55
	低熱ポルトランドセメント	60	
混合セメント	混合セメントA種	65	—
	混合セメントB種	60	

(7)　単位水量の最大値

単位水量の最大値は，JASS 5と同様に185 kg/m³とすればよい．調合指針では，コンクリートの乾燥収縮が過大にならないように抑制するための原則的な値，またはブリーディングが過大にならないように抑制するための標準値として，185 kg/m³以下とすることが示されている．

なお，AE減水剤を使用しても単位水量が185 kg/m³を超える場合には，高性能AE減水剤を使用するか，FNS混合率またはCUS混合率の変更または骨材を変更するなどして，単位水量を185 kg/m³以下にする必要がある．

(8)　単位セメント量または単位結合材量の最小値と最大値

単位セメント量または単位結合材量は，水和熱および乾燥収縮によるひび割れを抑制する観点から，できるだけ小さくすることが望ましい．しかし，単位セメント量または単位結合材量が過小であるとコンクリートのワーカビリティーが悪くなり，型枠内へのコンクリートの充填性の低下，豆板やす（巣），打継部における不具合の発生，水密性，耐久性の低下などを招きやすい．

このため，コンクリートの強度を確保するための条件とは別に，単位セメント量または単位結合材量の最小値と最大値を定めている．

調合指針において，単位セメント量または単位結合材量の最小値と最大値は，コンクリートに要求される性能に応じて，下記の(1)，(2)の条件を満足する範囲としている．

(1)　コンクリートの運搬時および打込み時に必要な材料分離抵抗性を確保するための単位結合材量[注]は，一般のコンクリートの場合は270 kg/m³以上，水中コンクリートの場合は330 kg/m³以上とする．

(2)　水和熱によるひび割れの発生の危険性を少なくするための単位セメント量は，450 kg/m³以下とする．

［注］　この場合の単位結合材量は，単位粉体量でもよい．

また，JASS 5 では，普通コンクリートの単位セメント量の最小値は，解説表 4.4[1)]のように定められている．

解説表 4.4　各種コンクリートの単位セメント量の最小値[1)]

コンクリートの種類	単位セメント量の最小値（kg/m³）
一般仕様のコンクリート	270
軽量コンクリート	320（F_c≦27 N/mm²）
	340（F_c>27 N/mm²）
水中コンクリート	330（場所打ちコンクリート杭）
	360（地中壁）

しかし，JASS 5 および調合指針では，高性能 AE 減水剤を使用するコンクリートでは，単位セメント量を小さくしすぎたり，スランプを大きくしすぎたりすると粗骨材の分離が生じたり，ブリーディングが増大したりすることにより，ワーカビリティーが悪くなることがあるので，一般仕様における普通コンクリートの場合は 290 kg/m³以上，軽量コンクリートの場合は 320 kg/m³以上としている．

FNA または CUS を使用するコンクリートの単位セメント量の最小値は，一般のコンクリートと同様と考えても問題はない．しかし，FNS または CUS を単独使用する場合には，水セメント比を一定にした場合，同じワーカビリティーを得るための単位水量が増加する傾向にある．そのため，高性能 AE 減水剤を使用する場合も多くなることが予想され，ブリーディングの増加も懸念される．したがって，スラグ細骨材を単独使用する場合を考慮して，単位セメント量の最小値は，一般仕様における普通コンクリートの場合 290 kg/m³以上とするのがよい．

(9)　塩化物イオン量

FNA または CUS を使用するコンクリート中の塩化物イオンは，一般のコンクリートと同様に 0.30 kg/m³以下とする．ただし，鉄筋腐食を引き起こさないための有効な対策を講じた場合には，0.60 kg/m³以下としてよい．

(10)　アルカリ総量

JIS A 5011-2（コンクリート用スラグ骨材　第 2 部：フェロニッケルスラグ骨材）に適合する FNG および FNS のうち「区分 A」のもの，および JIS A 5011-3（コンクリート用スラグ骨材　第 3 部：銅スラグ骨材）に適合する CUS を使用するコンクリートは，アルカリシリカ反応性に対する対策を行う必要がない．そのため，アルカリ総量に対する配慮は必要ない．

一方，アルカリシリカ反応性による「区分B」のFNGおよびFNSは，一般的に採用されているアルカリシリカ反応の抑制対策［JIS A 5308附属書B（規定）アルカリシリカ反応抑制対策の方法］では対応できない場合があり，これらのアルカリシリカ反応の抑制対策は，JIS A 5011-2附属書Dに規定されている．そのため，区分BのFNGおよびFNSを使用する場合は，8章「特別な考慮を要するコンクリート」を参照することとする．

⑾　環境配慮性

2016年にJIS A 5011-2およびJIS A 5011-3が改正され，環境安全品質の規定が設けられた．これは，2011年に日本工業標準調査会標準部会の土木および建築技術専門委員会が共同で定めた「建設分野の規格への環境側面の導入に関する指針　附属書1　コンクリート用スラグ骨材に環境安全品質およびその検査方法を導入するための指針」に基づき規定されたものであり，解説表3.8および解説表3.15に示す重金属類に関して，一般用途で溶出量と含有量を，港湾用途で溶出量について定めている．

また，これには形式検査と受渡検査とがあり，形式検査とは当該スラグ骨材が環境安全品質を満足するかどうかを検査するものであり，最大で3年に一度検査する．一方，受渡検査は，製造ロットごとに測定するものであり，当該スラグ骨材に含まれる可能性がある項目を抽出して試験することとなっている．

前述のとおり，一般にFNSまたはCUSを使用するコンクリートでは，それぞれを単独で使用することは少なく，多くは他の骨材と混合して使用される場合が多い．また，解説表3.9に示した化学物質の含有量から判断すると，CUSの多くは環境安全性の観点から，一般用途においては単独使用が難しいと考えられる．

そのため，コンクリートに使用するスラグ骨材の混合率およびコンクリートに使用するスラグ骨材の単位量が，環境安全品質を遵守できるように適切に設定されているかについて，JIS A 5011-3の附属書B（規定）（銅スラグ細骨材の環境安全品質試験方法）に示される環境安全品質に関する試験（環境安全形式試験）における「利用模擬試料」を用いて，同一の調合条件におけるスラグ骨材の混合率の上限値を試験により事前に確認しておく必要がある．

一方，JIS A 5308（レディーミクストコンクリート）では，2011年の追補改正において，JIS Q 14021（環境ラベル及び宣言―自己宣言による環境主張（タイプII環境ラベル表示））に基づき，リサイクル材を使用する場合に，メビウスループの下に，使用材料名と含有量を付記して，納入書に表示することができることとした．

⑿　スラグ骨材の混合率または使用量の最大値

スラグ細骨材は，FNSおよびCUSともに3章でも述べたような粒度の違いによって5 mm，2.5 mm，1.2 mm，および5～0.3 mmの4種類がある．5 mm，2.5 mmおよび1.2 mmは，単独でも混合でも使用することが可能であるが，5～0.3 mmは，他の細骨材と混合して使用することを前提としており，1.2 mmについても，混合して使用することが推奨されている[3),4)]．そのため，FNSおよびCUSは，他の骨材と混合してコンクリートに使用する場合が多い．スラグ細骨材を他の骨材と併用して使用する場合には，コンクリートの製造者（使用者）が，スラグ骨材および混合する骨材の粒子形状・表面状態，粒度分布などを考慮するとともに，FNA または CUS を使用するコンクリートが，所要の性能を満足させるように，計量誤差（± 3 %）などを考慮して，スラグ骨材混合率（全細骨材，または全粗骨材の絶対容積に対するスラグ骨材の容積比）の最大値，またはコンクリート 1 m³あたりの各スラグ骨材の使用量（混合量）の最大値を定める必要がある．

特に，CUS 混合率または使用量の最大値の設定は，⑾環境配慮性または 3 章に示すとおり，その環境安全品質により決定される場合がある．スラグ骨材を他の骨材と予混合したもの（予混合骨材）を使用する場合には，予混合骨材をそのままの状態で使用しても，コンクリートに要求される諸性状を満足するとともに，環境安全品質に適合する範囲のスラグ骨材の質量混合率（予混合骨材の混合率は，質量比で示されることが多い）について，骨材の納入業者が決めておく必要がある．コンクリートの製造者（使用者）は，納入業者が示す試験成績書によって，この値を事前に確認しておくか，自ら試験を実施して品質を確認しておく．

なお，FNG については，特に混合率の最大値を定めないが，その使用目的と関連するコンクリートの要求性能を満足することを確認して，スラグ骨材の混合率を定める．

スラグ骨材の使用目的によっては，スラグ骨材の混合率を大きくして使用する場合も想定される．その場合は，7 章において環境安全品質基準を満足し，かつ 8 章「特別な考慮を要するコンクリート」などを参照するとともに，スラグ骨材を使用したコンクリートの使用目的と関連する要求性能を満足することを確認し，スラグ骨材の混合率が大きい場合に想定されるその他の品質の低下（例えば，ブリーディング量 0.5 cm³/cm²を超える等）がないことを確認して，その最大値を設定する．試し練りの結果，ブリーディングが過大になった場合は，4.9「ブリーディングが過大になった場合の対策」による．

c．コンクリートの強度・耐久性に最も影響を及ぼす調合上の条件は，水セメント比と単位水量であり，これは，FNA または CUS を使用するコンクリートの場合も同様である．したがって，FNA または CUS を使用するコンクリートにおいても，必要な強度・耐久性から水セメント比を決定し，良いワーカビリティーが得られる範囲内で，単位水量をできるだけ少なくすることが調合を定める場合の基本となる．

FNS は，製造所の違いによって粒子の形状・表面状態ならびに粒度分布に違いが見られるが，同一の製造所にあっては，大きな変動はない．CUS は，製造所の違いによる粒子の形状・表面状態ならびに粒度分布などの品質の変動は小さい．そのため，これらスラグ細骨材の品質の違いは，単位水量および単位粗骨材量以外の項目の定め方にあまり大きな影響を及ぼさない．そのため，それらについては対応する JASS 5 または調合指針の規定に準じることとした．

d．，e．，f．FNA または CUS を使用するコンクリートの工事では，一般のコンクリート工事に使用する材料（骨材）を用い，実際の使用になるべく近い条件で試し練りを行って計画調合を定めることが原則である．ただし，レディーミクストコンクリート工場でこれらのスラグ骨材を使用するコンクリートの製造実績を十分もっている場合には，試し練りを省略することができる．

試し練りは，水セメント比（セメント水比）と圧縮強度の関係を知るために行う場合と，計算によって求めた調合が適切であるかどうかを確認するために行う場合とがあるが，この場合，本章に示す単位水量や単位粗骨材かさ容積の標準値などにより，試し練りの調合を定めると便利である．

また，レディーミクストコンクリートにおける運搬中のスランプや空気量の変化，コンクリートポンプ工法における圧送による品質の変化，その他気温の影響による品質の変化などを考慮することも必要である．FNAまたはCUSを使用するコンクリートは，川砂やその他の天然の砂を用いたコンクリートに比較してエントラップトエアを連行しやすい．このためコンクリートの運搬において，川砂やその他天然の砂を用いたコンクリートなどとは，品質変化の程度がやや異なるおそれがあるので，練混ぜ後の品質の変化などについても，試し練りの段階で検討しておくとよい．

4.2 水セメント比または水結合材比

> 調合強度を得るための水セメント比または水結合材比は，原則として試し練りを行って定める．ただし，レディーミクストコンクリート工場でフェロニッケルスラグ骨材または銅スラグ細骨材を使用した実績がある場合は，その実績に基づく関係式を用いてよい．

調合強度に対応した水セメント比または水結合材比（以下，水セメント比という）は，工事に使用するコンクリートの材料とほぼ同一の材料を用い，実際に使用するコンクリートとスランプ，空気量などの強度以外の性質がほぼ同一となるようにしながら，水セメント比を変化させて試し練りを行い，セメント水比（または結合材水比）（以下，セメント水比という）と圧縮強度の関係を求めて，これより，調合強度が得られる水セメント比を求める．この場合，調合強度が得られると思われる水セメント比を想定して，その値を中心に5％程度の間隔で3，4種類の水セメント水を選ぶか，セメント水比の間隔が同じようになるように水セメント比を選んで試し練りを行うとよい．ただし，レディーミクストコンクリートの場合は，その工場のデータのうちから発注するコンクリートの条件に適合するデータを用いてセメント水比と圧縮強度の関係を求め，データの数が不足すると思われる場合は，試し練りによってデータの数を追加して，調合強度に対応した水セメント比を確認する．データがない場合は，前述のとおり試し練りを行い，セメント水比と強度の関係を求め，調合強度が得られる水セメント比を求める．

FNAまたはCUSを使用するコンクリートの圧縮強度は，水セメント比との間に一定の関係[5)]があり，調合強度を得るための水セメント比は，一般のコンクリートと同様な方法によって定めることができる．なお，同じ製造所で作られるスラグ骨材を使用するコンクリートの製造実績を持つレディーミクストコンクリート工場では，これらを使用するコンクリートについて水セメント比と圧縮強度の関係を十分に把握していると考えられるので，その工場での式を用いて調合強度に対応した水セメント比を定めてよい．しかし，この場合でも，工事の都度，所要の強度が得られることを試し練りによって確認することが望ましい．

4.3 単位水量

a．単位水量は，JASS 5 の 5.6「単位水量」または調合指針の規定に準じて定める．
b．フェロニッケルスラグ骨材に他の骨材を混合して使用する場合，または銅スラグ細骨材に他の細骨材を混合して使用する場合の単位水量は，信頼できる資料によるか，または試し練りを行って定める．

a．FNA または CUS を使用するコンクリートは，一般のコンクリートと同様に，単位水量が多くなるほど硬化コンクリートの種々の性能が悪くなる．また，単位水量が増加するとブリーディングが過大となるので，所要のコンシステンシーおよび良好なワーカビリティーが得られる範囲で単位水量はできるだけ小さく，かつ最大値（185 kg/m³）以下にその値を定める．そのためには，JIS A 6204（コンクリート用化学混和剤）に適合する混和剤等を適切に使用する．

b．FNA または CUS に他の骨材を混合して使用する場合，これらの骨材を混合して使用したコンクリートの単位水量は，それぞれの骨材を単独で使用した場合の単位水量にそれぞれのスラグ骨材の混合率を乗じた値の合計か，それ以下になることを考慮して定めるとよい．

なお，単独で使用した実績のないスラグ細骨材の場合には，粒子の状態などから単位水量を仮定し，それに基づいて混合後の単位水量を推定して試し練りの調合に用いればよい．なお，混合後の細骨材の粗粒率を同程度としても，そのスラグ骨材の混合率によって単位水量は異なるため，注意が必要である．これは，実積率の違いによって，単位水量が変化するものと考えられる．

FNS の中には粒形の良いものもあるが，川砂その他の天然の砂と比べて角ばった粒形をしたものがあり，スラグ骨材の混合率を多くして用いたコンクリートは，単位水量が増加したり，ワーカビリティーが悪くなったりする．このような場合には，コンクリート用化学混和剤等を適切に用いて，単位水量の低減，ブリーディングやワーカビリティーの改善を行う必要がある．

例えば，解説図 4.1[3)]は，既往の実験結果を用いて単位水量について整理したものであるが，FNS の単位水量の計算値と実験値には 20 kg/m³以上の差が生じている．ここでいう単位水量の計算値は，本会「コンクリートの調合設計・調合管理・品質検査指針案・同解説」（1976 年版）に基づいて求めたものであるが，この指針案では，細骨材の粒形が単位水量に及ぼす影響は考慮されていない．

FNS は，製造所の違いによって粒形にかなりの差があり，これが単位水量の計算値と実験値の差となって表れているものと推測される．このため，FNS に対して一律に単位水量の標準値を規定することは実用上有意ではないため，本文には具体的な数値を示さず，試し練りを行う場合の単位水量の参考値を粒子の形状ごとに解説表 4.5[3)]に示した．すなわち，解説表 4.5 は，FNS の粒子の形状を大まかに 3 つのグループ〔解説写真 4.1[3)]〕に示すように，球形に近いもの，丸みを帯びているもの，角ばっているもの）に分けて，丸みを帯びているものが通常の川砂に相当すると考え，調合指針によって最大寸法 25 mm の砂利および最大寸法 20 mm の砕石を使用し，AE 減水剤を使用した場合の単位水量について，水セメント比別およびスランプ別に計算して求めたものである．

なお，解説表 4.5 の作成にあたり，水セメント比 50 %から 65 %までは単位水量の変化がきわめて少ないため，55 %の値で代表させた．さらに，これらの値を基準にして，球形に近い FNS を用いた場合の単位水量は5％減，角ばったFNSを用いた場合の単位水量は5％増としている．

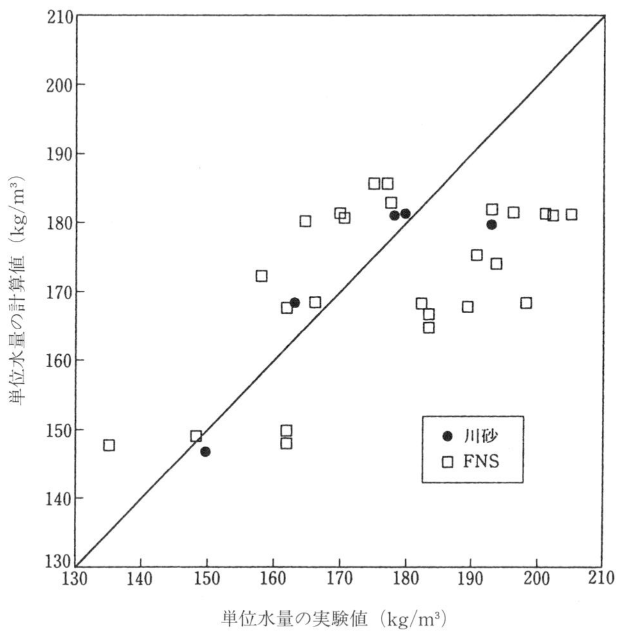

解説図 4.1　単位水量の実験値と計算値の関係[3)]

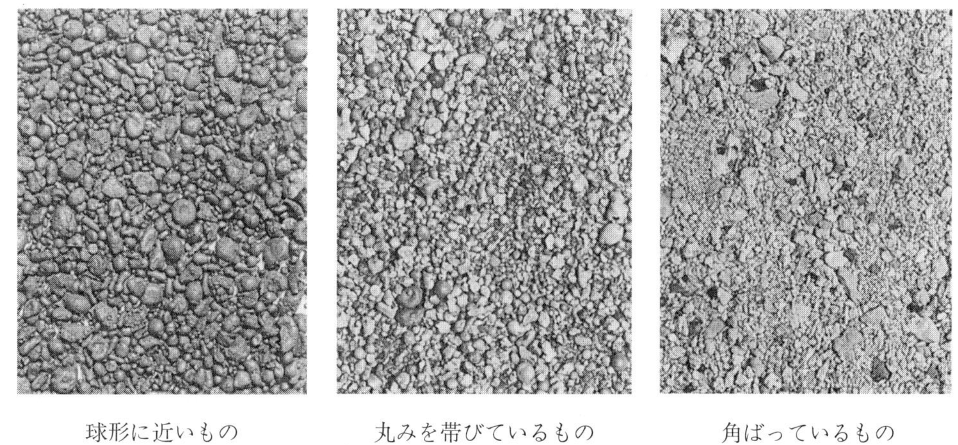

球形に近いもの　　丸みを帯びているもの　　角ばっているもの

解説写真 4.1　FNSの粒形による分類[3)]

解説表 4.5　FNS を用いたコンクリートの単位水量の参考値（AE 減水剤を使用する場合）[3)]

（単位：kg/m³）

水セメント比（%）	スランプ（cm）	砂利 25 mm（実積率 64.5 %）			砕石 20 mm（実積率 57.1 %）		
		FNS の形状			FNS の形状		
		球形	丸み	角ばり	球形	丸み	角ばり
40	8	147	155	163	158	166	174
	12	156	164	172	167	176	185
	15	163	172	181	175	184	(193)
	18	175	184	(193)	185	(195)	(205)
45	8	142	150	158	153	161	169
	12	152	160	168	162	171	180
	15	159	167	175	170	179	(188)
	18	170	179	(188)	180	(190)	(200)
50～60	8	140	147	154	150	158	166
	12	146	154	162	157	165	173
	15	152	160	168	162	171	180
	18	162	171	180	173	182	(191)

［注］(1)　球形，丸み，角ばりの分類は解説写真 4.1 による
(2)　括弧内の数値は 185 kg/m³を超える部分である
(3)　丸み：通常の川砂，球形：−5 %，角ばり：+5 %で計算

一方，解説図 4.2[5)]に示すように，単位水量は，FNS を混合して使用すると，砕砂や陸砂のみ使用した場合と同等かやや少なくなるが，FNS 1.2（OS）を混合して使用する場合には，単位水量が増加することがわかる．これは，FNS 1.2（OS）が細目砂であり，単独でも混合でも使用可能ではあるが，一般には他の細骨材（粗目砂）と混合して使用することを前提としているためである．このように，FNS を使用したコンクリートの単位水量は，骨材の粒度分布や粒子形状の影響を受ける．CUS を混合して使用する場合も単位水量は減少し，粗骨材として砕石に FNG を混合して使用する場合も，その FNG 混合率や FNS 混合率に従って単位水量が減少し，スラグ骨材の混合による単位水量の低減効果が確認される．

なお，FNS 混合率または CUS 混合率の大きいコンクリートにあっては，他の細骨材を使用するコンクリートよりブリーディングが多くなる傾向にあり，また，これに起因すると考えられる耐久性あるいは施工上の問題が指摘されている．そのために，4.9 に示すようなブリーディングが過大にならないような調合上の対策も必要である．

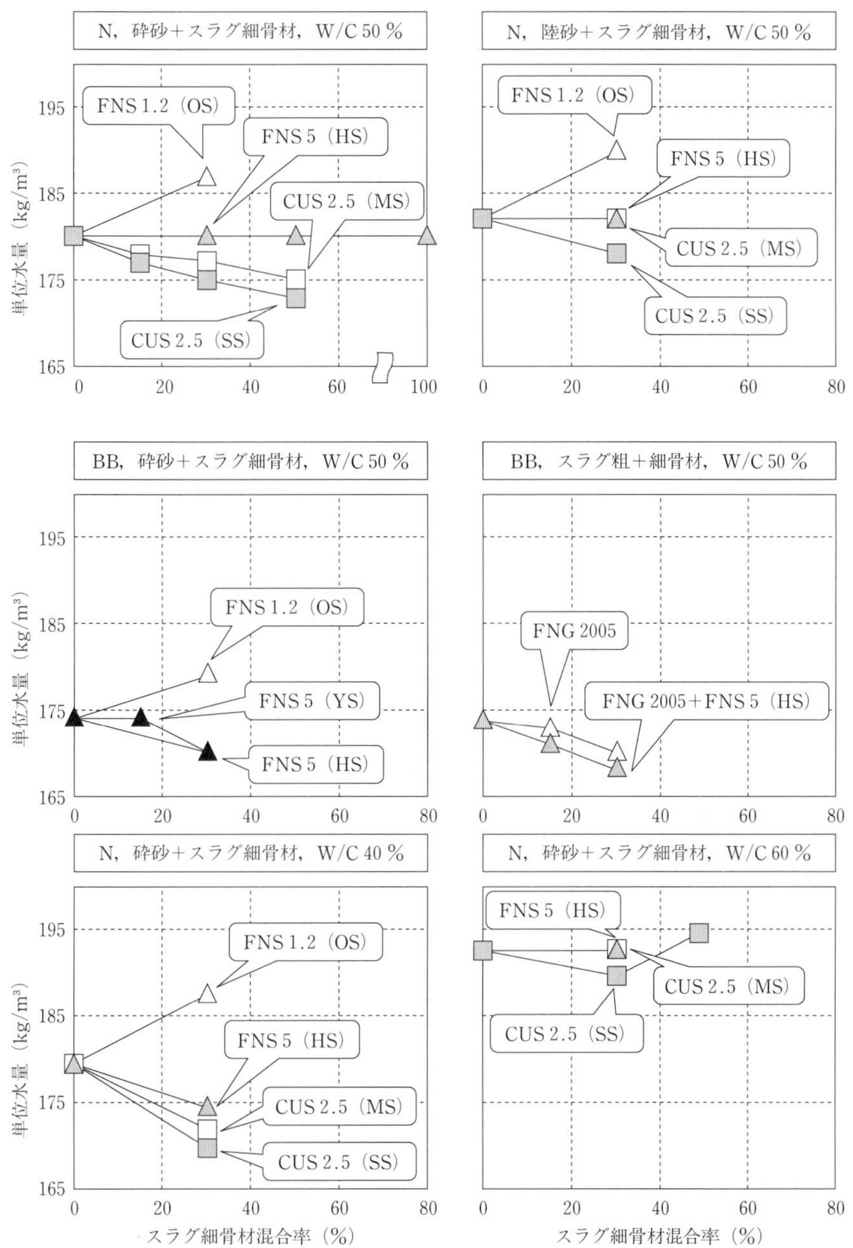

［注］ 図中のFNS，CUSの後の記号は，粒度による区分，製造所を表す

解説図 4.2 スラグ細骨材の混合率と単位水量の関係[5)]

4.4　単位セメント量または単位結合材量

> 単位セメント量または単位結合材量は，4.2 の水セメント比または水結合材比，および 4.3 の単位水量から算出される値とする．

単位セメント量または単位結合材量は，求めた水セメント比または水結合材比および 4.3 で定めた単位水量から，(解 4.6) 式によって求める．

$$C=\frac{W}{X}\times 100 \qquad \text{(解 4.6)}$$

ここに，C：単位セメント量または単位結合材量（kg/m³），W：単位水量（kg/m³），
X：水セメント比または水結合材比（%）

4.5　単位粗骨材量

> a．単位粗骨材量は，JASS 5 の 5.8「単位粗骨材かさ容積」または調合指針に示される単位粗骨材かさ容積の標準値を基に定める．
> b．a．によらない場合は，所要のワーカビリティーが得られる範囲内で，単位水量が最小となる最適細骨材率を試し練りによって求め，その細骨材率から単位粗骨材量を算出する．

a．単位粗骨材量は，所要のワーカビリティー（目標スランプまたは目標スランプフロー）が得られる範囲で，できるだけ大きな値に定める．また，単位粗骨材量は，調合指針に示される単位粗骨材かさ容積の標準値を基に定める．あるいは，信頼できる資料によるか，または試し練りを行って定める．単位粗骨材かさ容積を用いて，単位粗骨材量および粗骨材の絶対容積を算出する方法は，(解 4.7) 式および (解 4.8) 式による．

単位粗骨材量（kg/m³）＝単位粗骨材かさ容積（m³/m³）×粗骨材の単位容積質量（kg/m³）　(解 4.7)

粗骨材の絶対容積（l/m³）＝単位粗骨材かさ容積（m³/m³）×粗骨材の実積率（%）$\times\frac{1\,000}{100}$

＝単位粗骨材量（kg/m³）/粗骨材の密度（g/cm³）　(解 4.8)

FNS を用いたコンクリートのワーカビリティーは，FNS の粒形により影響される．解説図 4.3[3] は，普通骨材の単位粗骨材かさ容積について既往の実験結果を整理したもので，川砂を使用した場合と FNS を使用した場合で，単位粗骨材かさ容積の実験値の平均はほぼ同程度になっているが，FNS のほうが単位粗骨材かさ容積の実験値の範囲が大きくなっており，これは FNS の粒形に起因するものと考えられる．このため，丸みを帯びている FNS は，川砂と同等と見なして 1976 年版の調合指針案における川砂と同一の単位粗骨材かさ容積とし，角ばっている FNS の場合の単位粗骨材かさ容積は 0.02 m³/m³減，球形に近い FNS の場合は 0.02 m³/m³増とし，試し練りを行う場合のための単位粗骨材かさ容積の参考値を解説表 4.6[3] に示した．

CUSを用いたコンクリートのワーカビリティーは，CUSの製造所の違いによる差はほとんど認められない．したがって，CUSを用いたコンクリートの単位粗骨材かさ容積は，川砂を用いた場合と同等でよい．

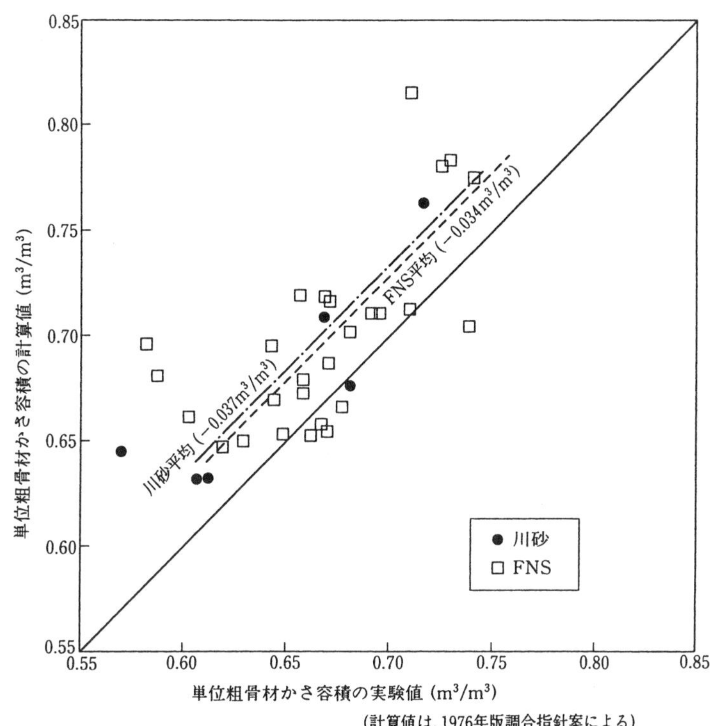

解説図 4.3　単位粗骨材かさ容積の実験値と計算値の関係[3)]

解説表 4.6　FNSを用いたコンクリートの単位粗骨材かさ容積の参考値（AE減水剤を用いた場合）[3)]

（単位：m³/m³）

水セメント (%)	スランプ (cm)	砂利 25 mm			砕石 20 mm		
		FNSの形状			FNSの形状		
		球形	丸み	角ばり	球形	丸み	角ばり
40～60	8	0.71	0.69	0.67	0.70	0.68	0.66
	12	0.70	0.68	0.66	0.69	0.67	0.65
	15	0.69	0.67	0.65	0.68	0.66	0.64
	18	0.65	0.63	0.61	0.64	0.62	0.60
65	8	0.70	0.68	0.66	0.69	0.67	0.65
	12	0.69	0.67	0.65	0.68	0.66	0.65
	15	0.68	0.66	0.64	0.67	0.65	0.63
	18	0.64	0.62	0.60	0.63	0.61	0.59

［注］ 球形，丸み，角ばりの分類は解説写真 4.1 による．

b．FNA または CUS を使用するコンクリートの場合，スラグ骨材の混合率，スラグ骨材の粒形および微粒分量などにより，コンクリートの状態が大きく変化することがある．単位粗骨材量を調合指針の単位粗骨材かさ容積の標準値や資料に基づいて定めることができない場合は，試し練りによって単位粗骨材量を定める必要がある．試し練りでは，コンクリートの全骨材絶対容積のうちの細骨材の絶対容積が占める割合を百分率で表した細骨材率により調合設計を行う方法がある．

一般に，建築用コンクリートは，軟練りでスランプが大きいため，粗骨材量を確保するために単位粗骨材かさ容積をもって調合を定める場合の指標としている．単位粗骨材かさ容積による調合計算によっても結果的に細骨材率が定まってくるが，コンクリートのワーカビリティーは，細骨材率を少し変えると微妙に変化し，試し練りにおける調合調整は細骨材率を用いると便利なことがある．細骨材率による試し練りでは，所要のワーカビリティー(目標スランプまたは目標スランプフロー)が得られる範囲内で，単位水量が最小となる最適細骨材率を求め，これより単位粗骨材量を算出する．また，上記指針による単位粗骨材かさ容積の標準値に基づいて暫定的に調合を定めた後，ワーカビリティーを確認しながら，細骨材率を適宜増減して細骨材率を選定してもよい．なお，細骨材率による調合計算では，コンクリート 1 m³中の水，セメントおよび空気の容積を定め，残りの骨材の絶対容積に細骨材率を与えれば細骨材および粗骨材の絶対容積が計算でき，調合が確定する．

JASS 5 では，「細骨材率は，良好なワーカビリティーのコンクリートを得るために非常に重要な要因である．一般に，細骨材率が小さすぎる場合は，がさがさのコンクリートとなり，スランプの大きいコンクリートでは，粗骨材とモルタル分とが分離しやすくなる．一方，細骨材率が大きすぎる場合は，単位セメント量および単位水量を大きくする必要があり，また，流動性の悪いコンクリートとなる．」として，細骨材率の違いによるフレッシュコンクリートの性状の変化を説明している．

FNA または CUS を使用するコンクリートはブリーディングが大きくなる傾向にあるため，このような点に配慮して調合を定める必要がある．一般的には，ブリーディングを抑制するため細骨材率を大きくすることが有効であるが，FNA または CUS を使用するコンクリートでは，細骨材率を大きくすると単位水量の増加やコンクリートの流動性の低下を招くことがある．このような場合には，むしろ細骨材率を小さくすることによりモルタル中の細骨材を減らしてセメント等の微粒分量を確保したほうがブリーディング抑制に効果的となる場合もあり，FNA または CUS を使用するコンクリートの適切な細骨材率を選定するには，試し練りにおいて，コンクリートの状態を十分確認しながら行うことが望ましい．

4.6　単位細骨材量

a．単位細骨材量は，調合指針の規定に準じて定める．

b．スラグ細骨材を他の細骨材と混合してコンクリートに使用する場合の単位細骨材量は，次による．

(1)　スラグ細骨材を併用して使用する場合のスラグ細骨材の単位量は，細骨材の絶対容積とスラグ細骨材混合率からスラグ細骨材の絶対容積を求めて算出する．

(2)　予混合骨材を使用する場合のスラグ細骨材の単位量は，単位細骨材量とスラグ細骨材の混合率（細骨材質量混合率）からスラグ細骨材の単位量を算出する．

a．単位細骨材量は，（解 4.9）式および（解 4.10）式により求める．

$$V_s = 1\,000 - (V_w + V_c + V_g + V_a) \qquad (解 4.9)$$

$$W_s = V_s \times \rho s \qquad (解 4.10)$$

ここに，V_s：細骨材の絶対容積（l/m³）　V_w：水の絶対容積（l/m³）

V_c：セメントまたは結合材の絶対容積（l/m³）　V_g：粗骨材の絶対容積（l/m³）

V_a：空気量（l/m³）　W_s：単位細骨材量（kg/m³）

ρs：細骨材の密度（g/cm³）

コンクリート 1 m³中の水・セメント（または結合材）・粗骨材・空気量の絶対容積が定まると，細骨材の絶対容積は，コンクリート全体の容積（1 000 l）から上記材料全部の絶対容積を差し引けば求められる．この値に，細骨材の密度を乗ずれば単位細骨材量が求まる．なお，細骨材の密度は，JIS A 1109（細骨材の密度及び吸水率試験方法）および JIS A 1134（構造用軽量細骨材の密度及び吸水率試験方法）で求めた表乾密度，またはその値を吸水率で補正した絶乾密度とする．

b．スラグ細骨材を他の細骨材と混合してコンクリートに使用する場合の単位細骨材量は，スラグ細骨材を併用して使用する場合と予混合骨材を使用する場合で異なり，(1)スラグ細骨材を併用して使用する場合のスラグ細骨材の単位量は，細骨材の絶対容積とスラグ細骨材混合率からスラグ細骨材の絶対容積を求めて算出し，(2)予混合骨材を使用する場合のスラグ細骨材の単位量は，単位細骨材量とスラグ細骨材の混合率（細骨材質量混合率）からスラグ細骨材の単位量を算出する．

下記に算出方法を示す．

(1)　スラグ細骨材を併用して使用する場合

$$V_{slg} = V_s \times \alpha_v$$

$$W_{slg} = V_{slg} \times \rho_{slg}$$

(2)　予混合骨材を使用する場合

$$W_s = V_s \times 100 / \{\alpha_w / \rho_{slg} + (100 - \alpha_w) / \rho_n\}$$

$$W_{slg} = W_s \times \alpha_w$$

$$V_{slg} = W_{slg} / \rho_{slg}$$

ここに，V_{slg}：スラグ細骨材の絶対容積（l/m³）

W_{slg}：スラグ細骨材の単位量（kg/m³）

α_v：スラグ細骨材を併用して使用する場合のスラグ細骨材混合率（容積比：vol %）

α_w：予混合骨材を使用する場合のスラグ細骨材質量混合率（質量比：wt %）

ρ_{slg}：スラグ細骨材の密度（g/cm³）

ρ_n：他の細骨材の密度（g/cm³）

4.7 混和材料およびその他の材料の使用量

> 混和材料およびその他の材料の使用量は，JASS 5 の 5.10「混和材料の使用量」または調合指針の規定に準じて定める．

AE 剤の使用量は，調合，練上がり温度などに応じて目標空気量が得られるように定めればよいが，AE 減水剤や高性能 AE 減水剤については，一般にその使用量がセメント（または結合材）に対する質量比などによって定められていることが多い．ただし，規定の使用量で目標空気量が得られないような場合は，その混和剤に適した空気量調整剤の使用量を増減させることによって目標空気量を得るようにする．

FNA または CUS を使用するコンクリートの場合，AE 減水剤や高性能 AE 減水剤の使用量は天然砂を使用する場合と大差ないが，一般のコンクリートよりもエントラップトエアが多くなる場合があり，目標空気量を得るための空気量調整剤の使用量が一般のコンクリートの場合より少なくなる場合〔解説図 4.4[5)]〕もあるので，その使用量を定める場合には十分注意する必要がある．また，空気量調整剤を用いなくとも目標とする空気が得られる場合があるが，これらの空気はコンクリートの耐久性に寄与しないエントラップトエアである場合が多い．そこで，コンクリートに耐久性が

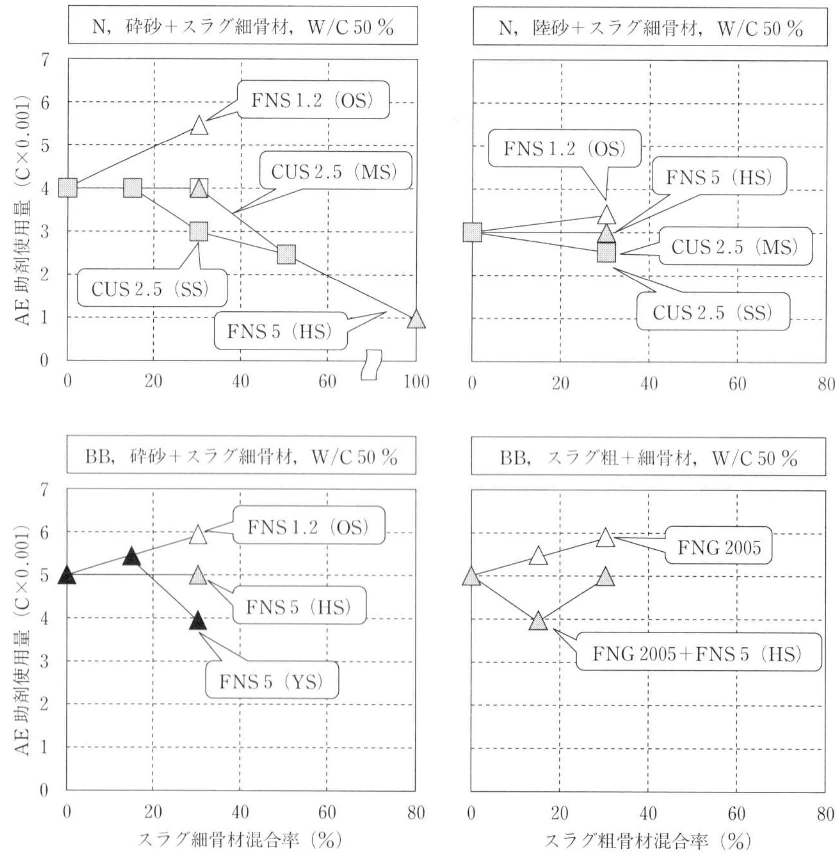

解説図 4.4 スラグ細骨材の混合率と AE 助剤の使用量の関係[5)]

求められる場合には，これらのスラグ骨材と組み合わせる細骨材の種類および品質，化学混和剤と併用する空気量調整剤の種類などを検討するとともに，材料の投入順序，練混ぜ時間，練混ぜ方法などを工夫して，可能な限りエントレインドエアが連行できるようにする必要がある．

AE剤，AE減水剤および高性能AE減水剤以外の混和材料の使用量は，混和材料の種類および使用目的によって異なるので，所要の性能が得られるように信頼できる資料によるか，試し練りを行って定めることが望ましい．

4.8　計画調合の表し方および現場調合の定め方

a．フェロニッケルスラグ骨材および銅スラグ細骨材を使用するコンクリートの計画調合は，表4.1に例示するようにフェロニッケルスラグ骨材または銅スラグ細骨材と他の骨材とを区別して表示する．

表4.1　計画調合の表し方（例）

品質基準強度 (N/mm²)	調合管理強度 (N/mm²)	調合強度 (N/mm²)	スランプ (cm)	空気量 (%)	水セメント比（水結合材比） (%)	粗骨材の最大寸法 (mm)	細骨材率 (%)	スラグ細骨材の混合率(1) (%)	単位水量 (kg/m³)	絶対容積（l/m³）					質量（kg/m³）					化学混和剤の使用量 (ml/m³) または (C×%)	計画調合上の最大塩化物イオン量 (kg/m³)	備考(3)
										セメント（結合材）	細骨材		粗骨材	混和材	セメント（結合材）	細骨材		粗骨材(2)	混和材			
											スラグ細骨材	他の細骨材				スラグ細骨材(2)	他の細骨材(2)					

［注］(1) スラグ細骨材の混合率は，細骨材全体の絶対容積に対するスラク細骨材の絶対容積の百分率として求める．スラグ粗骨材が混合使用される場合は，粗骨材の混合率を記入する欄を増やす．

(2) 表面乾燥飽水状態で明記する．ただし，軽量骨材は絶乾状態で示す．

(3) 銅スラグ細骨材を使用する場合は，環境安全品質が確保される銅スラグ細骨材の単位量の上限値を示すとよい．

b．予混合された細骨材を使用する場合は，骨材製造者から提出された試験成績表によって，フェロニッケルスラグ細骨材または銅スラグ細骨材およびその他の細骨材の絶対容積および単位量を計算して表記する．

a．FNAまたはCUSを使用するコンクリートの計画調合の表し方は，原則としてJASS 5の5.11と同じとし，表4.1によることとした．

細骨材の欄には，これらのスラグ細骨材の欄を設けるとともに，スラグ細骨材は他の細骨材を混合して使用することが多いことを考慮して，スラグ細骨材の混合率の欄を設けてある．なお，スラグ細骨材の混合率は，1.2「用語」で定義したように，全細骨材に対するスラグ細骨材の絶対容積の比（百分率）で表すこととしている．調合の表示には，表4.1に示す事項のほかにセメントの種類および銘柄，骨材の種類・産地または銘柄および粗粒率，化学混和剤の種類および銘柄について併記することが望ましい．さらに，銅スラグ細骨材を使用する場合は，環境安全品質が確保される銅スラグ細骨材の単位量の上限値を備考欄に併記することが望ましい．なお，単位量の表記方法には，絶対乾燥状態と表面乾燥飽水状態との二通りの方法があるが，最終的に必要となる表面乾燥飽水状態で表すことが多い．

ｂ．予混合された細骨材を使用する場合は，4.6 ｂ．に従い，FNSまたはCUSおよびその他の細骨材の絶対容積および単位量を計算する．

4.9　ブリーディングが過大になった場合の対策

ブリーディングが過大になった場合の対策は，次のうち，いずれかまたはその組合せによる．

(1)　単位粗骨材かさ容積の減少
(2)　他の細骨材との混合
(3)　スラグ細骨材の混合率の減少
(4)　微粒分量の増加
(5)　より高い減水性を有する混和剤の使用
(6)　(5)以外でブリーディングの減少効果が確認されている混和材料の使用

許容されるブリーディング量は，コンクリートの要求性能によって異なる．例えば，本会「鉄筋コンクリート造建築物の収縮ひび割れ制御設計・施工指針（案）・同解説」[6)]では，収縮ひび割れ制御の設計値を達成するためのコンクリートのブリーディング量を0.3 cm^3/cm^2以下としている．

一方，ここではブリーディングが「過大」となった場合を想定しているため，本節を適用するブリーディングの目安としては，「ブリーディング量0.5 cm^3/cm^2を超える等」を判断基準とすればよい．

FNSは，粒子の表面がガラス質で保水性が低い．このため，良好な砂と比べた場合，同一の粒度分布ならFNSを使用したコンクリートの方がブリーディングは多くなる傾向を示す．しかしながら，最近では，FNSの細粒化や減水性の良好な混和剤の普及により，FNSを使用したコンクリートのブリーディングは以前ほど大きな値を示さなくなってきている．また，通常の砂の品質低下により，混合する砂によっては，FNSを混合した場合の方が少ないブリーディングを示す場合もある．従来から言われている上記の対策は，スラグ骨材を使用するコンクリートのブリーディングが大きくなった場合の一般的な方法を示したもので，このほか，水セメント比を小さくするなどの方法もあるが，それらの効果の程度はFNSの種類や調合条件・施工条件によって異なるため，試し練りによって効果を確認することが必要である．なお，コンクリート温度が低い場合にはブリーディングが多くなる傾向があるので，気温の低い時期に施工する場合は注意が必要である．

FNSを使用したコンクリートのブリーディングに関する検討結果の例を解説図4.5[3)]，4.6[3)]に示す．

CUSは，FNSと同様に粒子の表面がガラス質で保水性が低い．そのため，CUSを用いたコンクリートは，川砂やその他の天然の細骨材を用いたコンクリートに比べて凝結が遅延し，ブリーディ

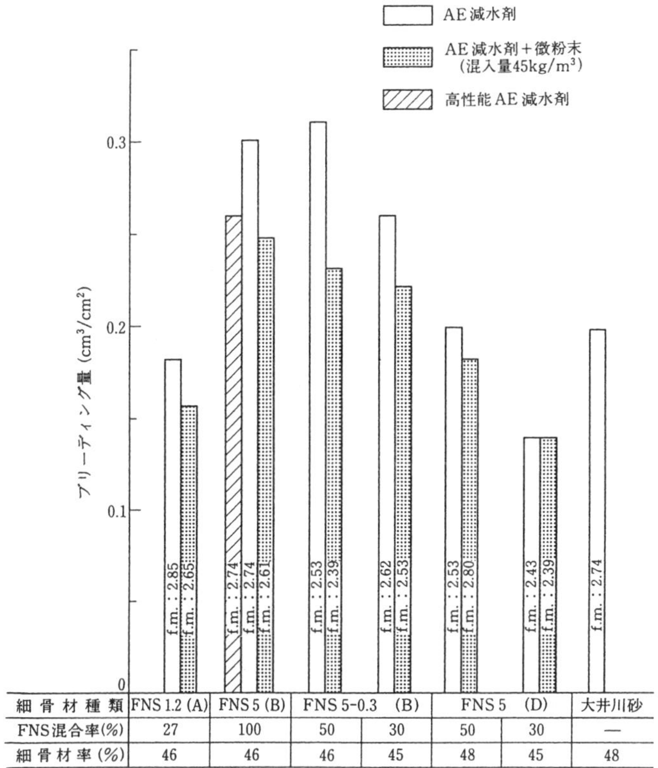

・W/C：55%，スランプ：18cm，空気量：5%
・セメント：普通ポルトランドセメント（3銘柄混合）
・微粉末：炭酸カルシウム

解説図 4.5　FNS を用いたコンクリートのブリーディング抑制対策検討例[3)]

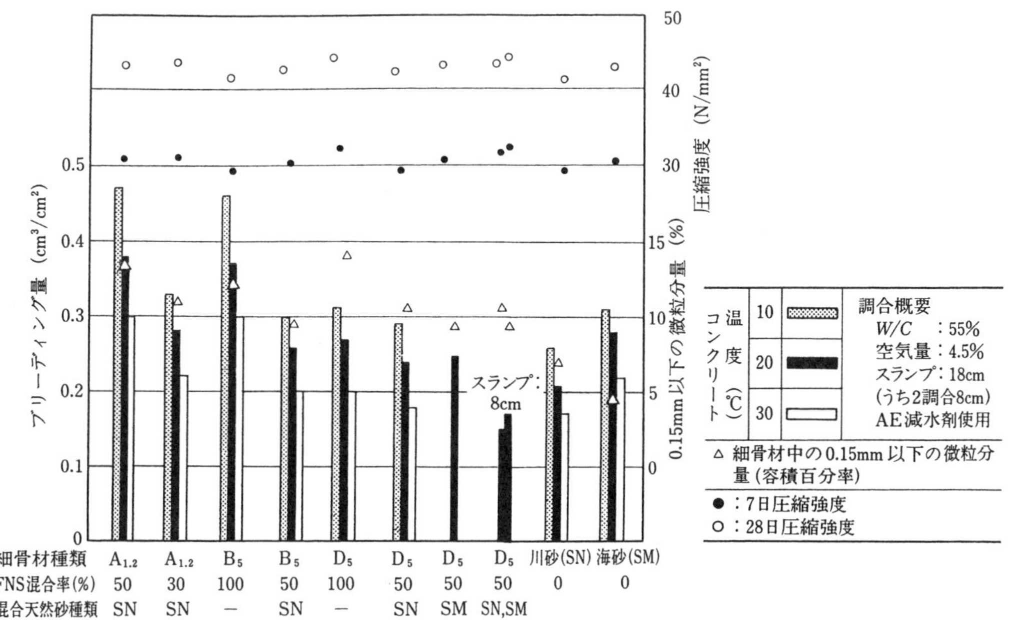

解説図 4.6　細骨材の種類および微粒分量とブリーディング量，圧縮強度の関係[3)]

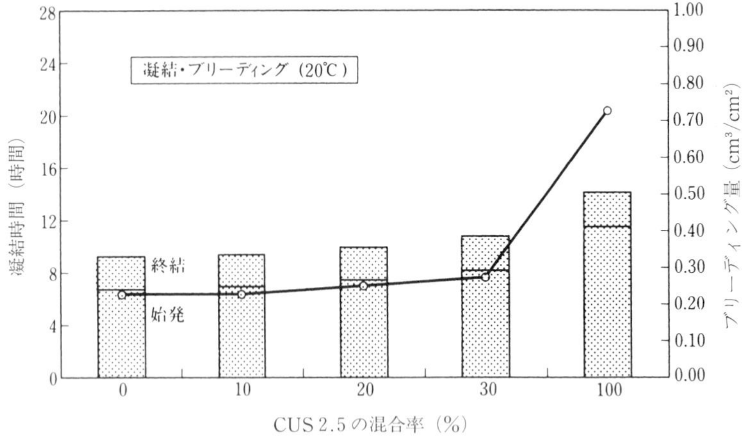

解説図 4.7　CUS 混合率と凝結時間およびブリーディング量の関係[4)]

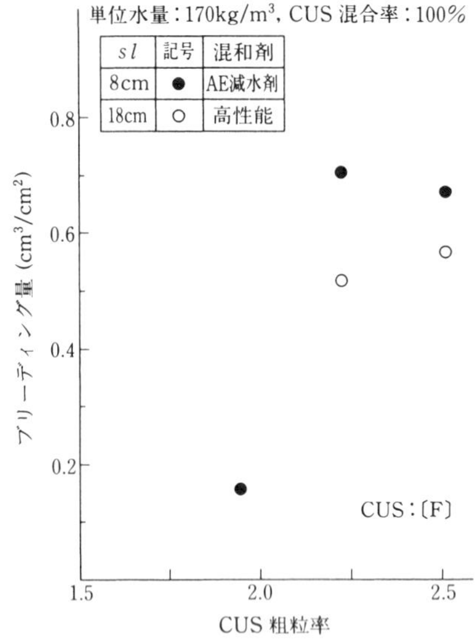

解説図 4.8　CUS の粗粒率とブリーディング量との関係[4)]

ングが多くなるという特徴がある．この一例として，CUS を天然細骨材と混合して使用した場合の CUS 混合率と，凝結時間およびブリーディング量の関係を解説図 4.7[4)]に示す．この図によると，CUS 100 %使用時（単独使用）の凝結時間は，CUS 無混入のときに比べて数時間の遅延が見られ，また，ブリーディング量も同様に CUS 無混入のときの 3 倍になっている．これに対し，CUS 混合率が 30 %までの範囲では，凝結時間，ブリーディング量共に天然細骨材 100 %使用の場合とほぼ同等である．

一方，解説図 4.8[4)]は，CUS 100 %使用時の粗粒率とブリーディング量の関係についての実験結果であるが，CUS を用いたコンクリートのブリーディングは，粒度の細かい CUS を使用するほど少なくなる傾向にあり，また，解説図 4.9[4)]のように，CUS 100 %使用時でも CUS 中の 0.15 mm 以下

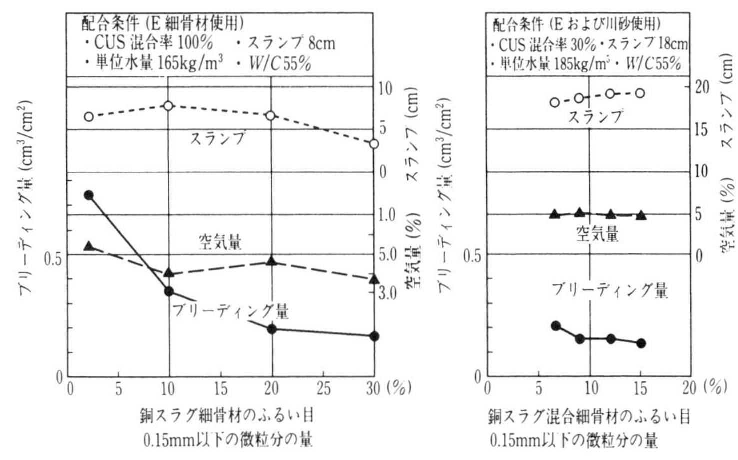

解説図 4.9　CUS の微粒分量とブリーディング量・スランプ・空気量の関係[4)]

の微粒分を 10 %以上にすれば，ブリーディング量を 0.3 cm³/cm²以下にできるという実験結果もある．

このように，CUS の 0.15 mm 以下の微粒分量を増加させることは，ブリーディングの抑制対策として有効であるといえる．

一般に，砂に含まれる微粒分量がコンクリートの品質を阻害するのに対し，CUS の微粒分量がコンクリートの品質に悪影響を与えることは少なく，むしろ微粒分量を多く含む CUS を微粒分量の不足しがちな海砂や粗目砂などに組み合わせて使用することは，コンクリートの品質改善に大きな効果が期待できる．ただし，これらの効果の度合いは，CUS に含まれる微粒分量や他の細骨材とのスラグ骨材の混合率・調合条件・施工条件によって異なるため，試し練りによってその効果を確認することが必要である．

CUS を天然細骨材と混合して使用する場合には，CUS 混合率が高くなるにつれて大幅な凝結遅延や過大なブリーディングを生じることがあり，これに起因すると考えられる耐久性上の問題が発生するおそれもあるので，注意が必要である．したがって，ブリーディングを減少させるためには，微粒分の増加，あるいは単位水量の抑制を基本とする対策を施すことが有効である．

解説図 4.10[7)]では，砕砂に FNS を混合した場合には，FNS 混合率 30 %まではブリーディングの増加はほとんど認められず，既往の実験結果とも類似の傾向が確認される．一方，砕砂に CUS を混合した場合には，FNS 混合率 15 %でも，ブリーディングの増加する傾向が認められる．ただし，陸砂に混合した場合には，砕砂に混合した場合より増加が少なくなっており，川砂に混合した既往の実験結果においても FNS 混合率 30 %程度までは大きな増加を示していないことから，骨材の組合せによってその影響は異なると考えられる．

なお，微粒分量は，ブリーディング対策としてコンクリート中にある程度以上含まれていることが望ましいことが確認されたため，粗骨材の微粒分量について，JIS A 5011-2（コンクリート用スラグ骨材—第 2 部：フェロニッケルスラグ骨材）では，JIS A 5308（レディーミクストコンクリート）および JIS A 5005（コンクリート用砕石および砕砂）に準拠し，最大値を 5.0 %，許容差を±1.0 %

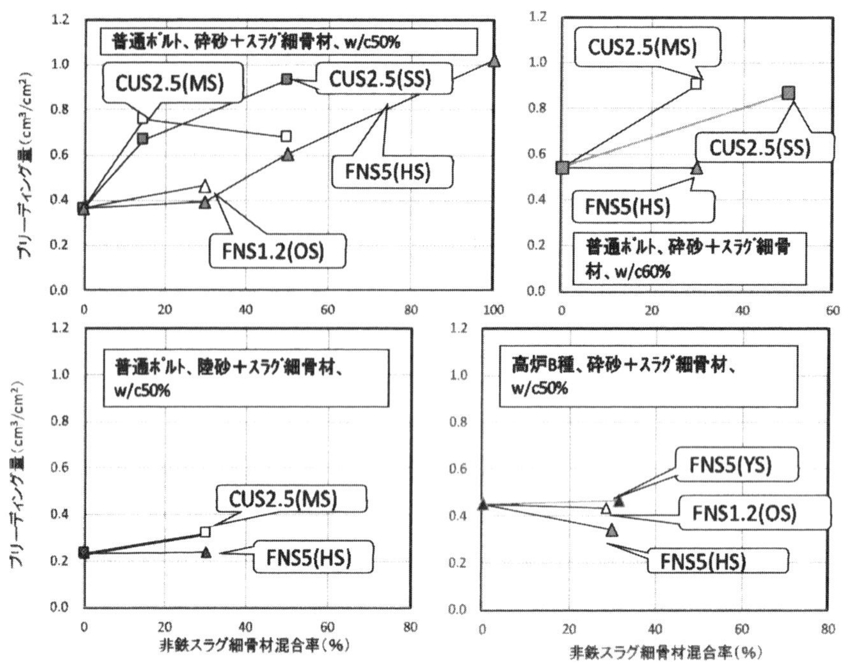

［注］ 図中のFNS，CUSの後の記号は，粒度による区分，製造所を表す

解説図 4.10　スラグ細骨材の種類・スラグ骨材の混合率とブリーディング量の関係[7)]

としている．

細骨材の粒度分布および微粒分量については，JIS A 5011-2 と JIS A 5011-3（コンクリート用スラグ骨材—第 3 部：銅スラグ骨材）とも同様の規定であり，公称目開き 0.15 mm を通過する質量分率を，天然の砂と比較して大きく設定している．特に，FNS 2.5 および CUS 2.5 では 5 ～20 %，FNS 2.5 および CUS 2.5 では 10～30 %とするとともに，微粒分量の上限も大きくしている．

参 考 文 献

1）日本建築学会：建築工事標準仕様書・同解説　JASS 5　鉄筋コンクリート工事，2018
2）日本建築学会：コンクリートの調合設計指針・同解説，2015
3）日本建築学会：フェロニッケルスラグ細骨材を用いるコンクリートの設計施工指針・同解説，1998
4）日本建築学会：銅スラグ細骨材を用いるコンクリートの設計施工指針（案）・同解説，1998
5）伊藤康司ほか：非鉄スラグ骨材を使用したコンクリートに関する研究(その 2　調合)，日本建築学会大会学術講演梗概集，pp.105-106，2016.8
6）日本建築学会：鉄筋コンクリート造建築物の収縮ひび割れ制御設計・施工指針（案）・同解説，2006
7）小沢優也ほか：非鉄スラグ骨材を使用したコンクリートに関する研究（その 3　ブリーディング・凝結），日本建築学会大会学術講演梗概集，pp.107-108，2016

5章　コンクリートの発注・製造および受入れ

5.1 総　　則

a．コンクリートは，原則として，JIS A 5308（レディーミクストコンクリート）の規定に適合するレディーミクストコンクリートとする．
b．コンクリートを JIS A 5308 の規定に適合しないレディーミクストコンクリート，または工事現場練りコンクリートとする場合は，2章に示す性能を満足するものとし，試し練りによってそれらの所要の性能を確認する．

a．JIS A 5308（レディーミクストコンクリート）の規定に適合するレディーミクストコンクリートには，① JIS Q 1001（適合性評価—日本工業規格への適合性の認証——般認証指針）および JIS Q 1011（適合性評価—日本工業規格への適合性の認証—分野別認証指針（レディーミクストコンクリート））に基づいて JIS A 5308 に適合することが，国に登録された第三者機関によって認証されているコンクリート（JIS マーク表示製品）と，②製造実績が少ないなどの理由により，上記の適合性についての認証を受けていないが，JIS A 5308 の規定に適合することが客観的に認められるコンクリートの 2 種類がある．本指針では，JASS 5 の規定と同様に，原則として，①と②のレディーミクストコンクリートを使用することとする．

b．コンクリートは，原則として，建築基準法第 37 条第 1 号に適合したコンクリートでなければならない．このため，JIS A 5308 の規定に適合しないレディーミクストコンクリートを使用する場合は，試し練りによって所要の性能を満足することを確認することとした．また，施工者に発注や受入れの行為が発生せず，製造のみを行う工事現場練りコンクリートの場合も同様とした．なお，JIS A 5308 の規定に適合しないレディーミクストコンクリートを使用する場合は，建築基準法第 37 条第 2 号によって国土交通大臣が認定したコンクリートでなければならない．工事現場練りコンクリートを使用する場合は，JIS A 5308，JIS Q 1001 および JIS Q 1011 に基づいて品質，性能および製造などを定めるとよい．

5.2 レディーミクストコンクリート工場の選定

工場の選定は，JASS 5 の 6.2 によることとし，フェロニッケルスラグ骨材または銅スラグ細骨材を用いて所定の品質のコンクリートを製造できると認められる工場を選定する．

工場の選定は，JASS 5 の 6.2「レディーミクストコンクリート工場の選定」と同様に，使用するコンクリートの JIS 認証の取得状況，製造実績の有無，工場の技術者の資格取得状況，施工場所までの運搬距離などを考慮して行う．

FNA または CUS を用いたコンクリートの所要の品質を常に確保するためには，コンクリートの技術に関して公に認定された技術者を工場に常駐させる必要がある．この場合の技術者とは，(公社)日本コンクリート工学会が認定するコンクリート主任技士またはコンクリート技士，あるいはコンクリート技術に関してこれらと同等以上の知識と経験を有すると認められる技術者[注]とする．

レディーミクストコンクリートは，運搬中に品質が変化することがあるので，運搬時間はなるべく短い方がよい．したがって，JIS A 5308 の「運搬」の規定を満足し，6 章に定められた時間の限度内にコンクリートが打ち込めるように，場内運搬の方法と時間も考慮して工場を選定しなければならない．また，工場の製造能力(ミキサの基準能力，m^3/h)，運搬能力も併せて考慮する必要がある．

［注］ 技術士（コンクリートを専門とするもの），1 級および 2 級（仕上げを除く）建築施工管理技士，一級および二級建築士をいう．

5.3 レディーミクストコンクリートの発注

a．レディーミクストコンクリートの発注は，JASS 5 の 6.3 による．
b．購入者がフェロニッケルスラグ骨材または銅スラグ細骨材の使用を指定する場合は，JIS A 5308（レディーミクストコンクリート）3．b）「骨材」の種類で，フェロニッケルスラグ骨材または銅スラグ細骨材の種類，混合率または質量混合率を指定する．

a．FNA または CUS を使用したコンクリートは，JIS A 5308 の適合品として出荷することができる．したがって，レディーミクストコンクリートの発注は，JASS 5 の 6.3「レディーミクストコンクリートの発注」によることとした．なお，発注にあたっては，次の事項に留意することが大切である．

(1) 配合計画書などで使用する FNA または CUS の種類とその使用量，ならびに設計図書に示される要求性能などを確認する．

(2) FNA または CUS を他の細骨材と予混合して使用する場合には，FNA または CUS の混合率または質量混合率を確認する．

b．実際に建築工事で利用されている FNS または CUS を用いたコンクリートでのスラグ骨材の混合率は 30～35％程度である．(新たに JIS に加わった FNG については，現状では自社適用の実績しかない)．解説表 5.1～5.6 に示すように，実際のレディーミクストコンクリート工場の調合例では，スラグ細骨材の混合率が 30～35％程度までであれば，山砂や砕砂との単純な置き換えでも，同じ AE 減水剤使用量で同じ目標スランプのコンクリートを作ることが可能である．ただし，30～35％程度を超えるような高い混合率を設定する場合には，実績も少ないため，十分な試し練りなどを行ってから発注すべきである．なお，使用量や混合率の限界は，環境安全品質の面から決まることも多いので，一般的なフレッシュコンクリートの性能などだけでなく，環境安全品質の観点からも使用量や混合率の妥当性は検討する必要がある．

解説表 5.1　FNS を用いたコンクリートの実施調合例：工場 A

呼び強度	目標スランプ	目標空気量	細骨材種類	W/C		セメント	水	山砂	砕砂	FNS 5	砕石	AE減水剤
18	18	4.5	山砂（FM 2.40）：砕砂（FM 2.97）＝65：35（容積比）	64.9	質量(kg/m^3)	266	172	578	319		962	C×0.6％
					容積(l/m^3)	84	172	223	120		356	
			山砂（FM 2.40）：FNS 5（FM 2.67）＝65：35（容積比）	64.9	質量(kg/m^3)	266	172	578		358	961	C×0.6％
					容積(l/m^3)	84	172	223		120	356	
21	18	4.5	山砂（FM 2.40）：砕砂（FM 2.97）＝65：35（容積比）	59.4	質量(kg/m^3)	290	172	552	319		983	C×0.6％
					容積(l/m^3)	92	172	213	120		364	
			山砂（FM 2.40）：FNS 5（FM 2.67）＝65：35（容積比）	59.4	質量(kg/m^3)	290	172	552		340	983	C×0.6％
					容積(l/m^3)	92	172	213		114	364	
24	18	4.5	山砂（FM 2.40）：砕砂（FM 2.97）＝65：35（容積比）	54.8	質量(kg/m^3)	314	172	536	319		983	C×0.6％
					容積(l/m^3)	100	172	207	120		364	
			山砂（FM 2.40）：FNS 5（FM 2.67）＝65：35（容積比）	54.8	質量(kg/m^3)	314	172	536		334	983	C×0.6％
					容積(l/m^3)	100	172	207		112	364	
27	18	4.5	山砂（FM 2.40）：砕砂（FM 2.97）＝65：35（容積比）	51.6	質量(kg/m^3)	334	172	526	319		983	C×0.6％
					容積(l/m^3)	106	172	203	120		364	
			山砂（FM 2.40）：FNS 5（FM 2.67）＝65：35（容積比）	51.6	質量(kg/m^3)	334	172	526		328	983	C×0.6％
					容積(l/m^3)	106	172	203		110	364	

解説表 5.2　FNS を用いたコンクリートの実施調合例：工場 B

呼び強度	目標スランプ	目標空気量	細骨材種類	W/C		セメント	水	川砂	山砂	FNS 1.2	砕石	AE減水剤
24	18	4.5	川砂（FM 3.10）山砂（FM 1.80）FNS 1.2（FM 1.70）＝65：20：15	54.9	質量(kg/m^3)	324	178	526	159	145	1 006	C×1.0％
					容積(l/m^3)	103	178	203	62	47	362	
27	15	4.5	川砂（FM 3.00）FNS 1.2（FM 1.70）＝70：30	51.2	質量(kg/m^3)	346	177	540		280	966	C×1.0％
					容積(l/m^3)	110	177	211		91	366	
			川砂（FM 3.10）FNS 1.2（FM 1.70）＝70：30	51.0	質量(kg/m^3)	347	177	537		274	987	C×1.0％
					容積(l/m^3)	110	177	208		89	371	
	18	4.5	川砂（FM 3.10）山砂（FM 1.80）FNS 1.2（FM 1.70）＝65：20：15	51.0	質量(kg/m^3)	353	180	508	154	139	1 006	C×1.0％
					容積(l/m^3)	112	180	196	60	45	362	
33	18	4.5	川砂（FM 3.10）FNS 1.2（FM 1.70）＝70：30	42.1	質量(kg/m^3)	439	185	484		249	953	C×1.0％
					容積(l/m^3)	139	185	189		81	361	

解説表 5.3 CUS を用いたコンクリートの実施調合例：工場 A

呼び強度	目標スランプ	目標空気量	細骨材種類	W/C		セメント	水	山砂	CUS 2.5	砕石	AE減水剤
18	18	4.5	山砂（FM 2.70）のみ	67.0	質量(kg/m³)	278	186	886		913	C× 1.0 %
					容積(l/m³)	88	186	343		338	
			山砂（FM 2.70）：CUS 2.5（FM 2.25）＝7：3（容積比）	66.0	質量(kg/m³)	280	185	622	364	907	C× 1.0 %
					容積(l/m³)	89	185	241	104	336	
24	18	4.5	山砂（FM 2.70）のみ	56.0	質量(kg/m³)	330	185	836		923	C× 1.0 %
					容積(l/m³)	104	185	324		342	
			山砂（FM 2.70）：CUS 2.5（FM 2.25）＝7：3（容積比）	56.0	質量(kg/m³)	330	185	596	346	907	C× 1.0 %
					容積(l/m³)	104	185	231	99	336	
27	18	4.5	山砂（FM 2.70）のみ	52.0	質量(kg/m³)	356	185	813		923	C× 1.0 %
					容積(l/m³)	113	185	315		342	
			山砂（FM 2.70）：CUS 2.5（FM 2.25）＝7：3（容積比）	52.0	質量(kg/m³)	356	185	580	336	907	C× 1.0 %
					容積(l/m³)	113	185	225	96	336	
30	18	4.5	山砂（FM 2.70）のみ	49.0	質量(kg/m³)	378	185	792		926	C× 1.0 %
					容積(l/m³)	120	185	307		343	
			山砂（FM 2.70）：CUS 2.5（FM 2.25）＝7：3（容積比）	49.0	質量(kg/m³)	378	185	562	329	913	C× 1.1 %
					容積(l/m³)	120	185	218	94	338	

解説表 5.4 CUS を用いたコンクリートの実施調合例：工場 B

呼び強度	目標スランプ	目標空気量	細骨材種類	W/C		セメント	水	砕砂 FM 2.8	砕砂 FM 2.4	CUS 2.5	砕石	AE減水剤
27	18	4.5	砕砂（FM 2.8）：砕砂（FM 2.4）＝7：3（容積比）	54.0	質量(kg/m³)	343	185	630	274		863	C× 0.98 %
					容積(l/m³)	109	185	237	102		322	
			砕砂（FM 2.8）：CUS 2.5（FM 2.55）＝7：3（容積比）	54.0	質量(kg/m³)	343	185	630		357	863	C× 0.98 %
					容積(l/m³)	109	185	237		102	322	

解説表 5.5　CUS を用いたコンクリートの実施調合例：工場 C

呼び強度	目標スランプ	目標空気量	細骨材種類	W/C		セメント	水	砕砂	CUS 2.5	砕石	AE減水剤
18	18	4.5	砕砂（FM 2.93）のみ	64.0	質量(kg/m³)	289	185	849		921	C× 1.07 %
					容積(l/m³)	91	185	329		350	
			砕砂（FM 2.93）：CUS 2.5（FM 2.55）＝7：3（容積比）	64.0	質量(kg/m³)	289	185	593	347	921	C× 1.07 %
					容積(l/m³)	91	185	230	99	350	
21	18	4.5	砕砂（FM 2.93）のみ	59.0	質量(kg/m³)	314	185	831		918	C× 1.06 %
					容積(l/m³)	99	185	322		349	
			砕砂（FM 2.93）：CUS 2.5（FM 2.55）＝7：3（容積比）	59.0	質量(kg/m³)	314	185	581	340	918	C× 1.06 %
					容積(l/m³)	99	185	225	97	349	
24	18	4.5	砕砂（FM 2.93）のみ	54.0	質量(kg/m³)	343	185	810		913	C× 1.06 %
					容積(l/m³)	109	185	314		347	
			砕砂（FM 2.93）：CUS 2.5（FM 2.55）＝7：3（容積比）	54.0	質量(kg/m³)	343	185	568	329	913	C× 1.06 %
					容積(l/m³)	109	185	220	94	347	
27	18	4.5	砕砂（FM 2.93）のみ	49.0	質量(kg/m³)	378	185	789		905	C× 1.07 %
					容積(l/m³)	120	185	306		344	
			砕砂（FM 2.93）：CUS 2.5（FM 2.55）＝7：3（容積比）	49.0	質量(kg/m³)	378	185	552	322	905	C× 1.07 %
					容積(l/m³)	120	185	214	92	344	
30	18	4.5	砕砂（FM 2.93）のみ	45.0	質量(kg/m³)	411	185	769		899	C× 1.28 %
					容積(l/m³)	130	185	298		342	
			砕砂（FM 2.93）：CUS 2.5（FM 2.55）＝7：3（容積比）	45.0	質量(kg/m³)	411	185	539	312	899	C× 1.28 %
					容積(l/m³)	130	185	209	89	342	

解説表 5.6 CUS を用いたコンクリートの実施調合例：工場 D

呼び強度	目標スランプ	目標空気量	細骨材種類	W/C		セメント	水	砕砂	石灰砕砂	CUS 2.5	砕石	AE減水剤
18	18	4.5	砕砂（FM 2.80） 石灰砕砂（FM 2.75） 6：4（容積比）	65	質量 (kg/m³)	278	181	542	375		871	C×0.80 %
					容積 (l/m³)	88	181	211	140		335	
			砕砂（FM 2.80） 石灰砕砂（FM 2.75） CUS 2.5（FM 2.65） 5：3：2（容積比）	65	質量 (kg/m³)	278	181	452	281	245	871	C×0.80 %
					容積 (l/m³)	88	181	176	105	70	335	
24	18	4.5	砕砂（FM 2.80） 石灰砕砂（FM 2.75） 6：4（容積比）	55	質量 (kg/m³)	331	182	504	351		887	C×0.80 %
					容積 (l/m³)	105	182	196	131		341	
			砕砂（FM 2.80） 石灰砕砂（FM 2.75） CUS 2.5（FM 2.65） 5：3：2（容積比）	55	質量 (kg/m³)	331	182	421	263	228	887	C×0.80 %
					容積 (l/m³)	105	182	164	98	65	341	
			砕砂（FM 2.80） CUS 2.5（FM 2.65） 8：2（容積比）	58	質量 (kg/m³)	312	180	617		249	913	C×1.40 %
				58	容積 (l/m³)	99	180	239		71	351	
	21	4.5	砕砂（FM 2.80） CUS 2.5（2.65） 8：2（容積比）	57	質量 (kg/m³)	325	185	740		244	513	C×1.10 %
				57	容積 (l/m³)	103	185	279		70	191	
27	18	4.5	砕砂（FM 2.80） 石灰砕砂（FM 2.75） 6：4（容積比）	51	質量 (kg/m³)	359	183	491	340		887	C×0.80 %
					容積 (l/m³)	113	183	191	127		341	
			砕砂（FM 2.80） 石灰砕砂（FM 2.75） CUS 2.5（FM 2.65） 5：3：2（容積比）	51	質量 (kg/m³)	359	183	409	255	224	887	C×0.80 %
					容積 (l/m³)	113	183	159	95	64	341	

5.4　レディーミクストコンクリートの製造・運搬・品質管理

レディーミクストコンクリートの製造・運搬・品質管理は，JASS 5 の 6.4 による．

FNA または CUS を用いたレディーミクストコンクリートの製造については，一般的なレディーミクストコンクリートの製造と同様と考えてよい．したがって，JASS 5 の 6.4「レディーミクストコンクリートの製造・運搬・品質管理」によることとした．

5.5　レディーミクストコンクリートの受入れ

a．レディーミクストコンクリートの受入検査では，受入れ時に納入されたコンクリートが発注したコンクリートであることを確認する．
b．レディーミクストコンクリートの受入検査の検査ロットの大きさ・検査頻度は，受け入れるコンクリートが所要の品質を有していることを確認できるように定める．
c．施工者は，受入れに際して，コンクリートの1日の納入量，時間あたりの納入量，コンクリートの打込み開始時刻，その他必要事項を生産者に連絡する．
d．施工者は，コンクリートに用いる材料および荷卸し地点におけるレディーミクストコンクリートの品質について，7章によって品質管理・検査を行い，合格することを確認して受け入れる．
e．荷卸し場所は，トラックアジテータが安全かつ円滑に出入りできて，荷卸し作業が容易に行える場所とする．
f．レディーミクストコンクリートは，荷卸し直前にトラックアジテータのドラムを高速回転させるなどして，コンクリートを均質にしてから排出する．

a．レディーミクストコンクリートの受入検査では，受入れ時に納入されたコンクリートが発注したコンクリートであることを確認する必要がある．JASS 5 の 11.5「レディーミクストコンクリートの受入れ時の検査」では，解説表 5.7 に示す内容により，受入れ時の検査と確認を実施することとしている．

b．施工者は，使用材料およびレディーミクストコンクリートの品質が，指定した事項に適合しているか否かを検査しなければならない．そのための検査項目および検査ロットの大きさは，受け入れるコンクリートが所要の品質を有していることを確認できるように定める必要がある．一般には，JASS 5 の 11.5「レディーミクストコンクリートの受入れ時の検査」などを参考に，150 m³を目安に1回の試験を行うことが多いが，スランプ試験などは強度検査用の供試体を採取する時だけでなく，打込み初期や，打込み中に品質の変化が認められた時にも行うのがよい．

c．所定の品質のコンクリートを工程どおり受け入れるために，施工者は，生産者と綿密な打合せを行い，連絡・確認を的確に行うことが重要である．また，これらの連絡・確認において，トラックアジテータの待機時間を短くすることや，戻りコンクリートが発生しないように配慮することも重要である．これらの連絡・確認事項としては，以下のものがある．

①　使用するコンクリートの種類・品質・量

②　工事期間中のコンクリートの打込み工程

解説表 5.7 コンクリートの受入れ時の検査・確認

<table>
<tr><th>項 目</th><th>判定基準</th><th>試験・検査方法</th><th>時期・回数</th></tr>
<tr><td>コンクリートの種類
呼び強度
指定スランプ
粗骨材の最大寸法
セメントの種類</td><td>発注時の指定事項に適合すること</td><td>納入書による確認</td><td>受入れ時，運搬車ごと</td></tr>
<tr><td>単位水量</td><td>単位水量 185 kg/m³以下であること．発注時の指定事項に適合すること</td><td>納入書またはコンクリートの製造管理記録による確認</td><td>納入時，運搬車ごと</td></tr>
<tr><td>アルカリ量(1)</td><td>JIS A 5308 附属書 B.3 による</td><td>材料の試験成績書およびコンクリート配合計画書またはコンクリートの製造管理記録による確認</td><td>納入時，運搬車ごと</td></tr>
<tr><td>運搬時間
納入容積</td><td>発注時の指定事項に適合すること</td><td>納入書による確認</td><td>受入れ時，運搬車ごと</td></tr>
<tr><td>ワーカビリティーおよびフレッシュコンクリートの状態</td><td>ワーカビリティーがよいこと
品質が安定していること</td><td>目 視</td><td>受入れ時，運搬車ごと，打込み時随時</td></tr>
<tr><td>コンクリートの温度</td><td>発注時の指定事項に適合すること</td><td>JIS A 1156</td><td rowspan="3">圧縮強度試験用供試体採取時，構造体コンクリートの強度試験用供試体採取時および打込み中に品質変化が認められた場合</td></tr>
<tr><td>スランプ</td><td rowspan="4">JIS A 5308 の品質基準による．JIS A 5308 の品質基準によらない場合は特記による．</td><td>JIS A 1101</td></tr>
<tr><td>空気量</td><td>JIS A 1116
JIS A 1118
JIS A 1128</td></tr>
<tr><td>圧縮強度</td><td>JIS A 1108
供試体の養生方法は標準養生(2)とし，材齢は 28 日とする．</td><td>1 回の試験は，打込み工区ごと，打込み日ごと，かつ 150 m³以下にほぼ均等に分割した単位ごとに 3 個の供試体を用いて行う．3 回の試験で 1 検査ロットを構成する．上記によらない場合は特記による．</td></tr>
<tr><td>塩化物量</td><td>JIS A 1144
JIS 5 T-502</td><td>海砂など塩化物を含むおそれのある骨材を用いる場合，打込み当初および 1 日の計画打込み量が 150 m³を超える場合は 150 m³以下にほぼ均等に分割した単位ごとに 1 回以上，その他の骨材を用いる場合は 1 日に 1 回以上とする．</td></tr>
</table>

［注］ (1) アルカリ量の試験・検査は JIS A 5308 附属書 A のアルカリシリカ反応性による区分 B の骨材を用い，アルカリシリカ反応抑制対策として，コンクリート 1 m³中に含まれるアルカリ量（酸化ナトリウム換算）の総量を 3.0 kg 以下とする対策を採用する場合に適用する．

(2) 供試体成形後，翌日までは常温で，日光および風が直接当たらない箇所で，乾燥しないように養生して保存する．

③　打込み日ごとのコンクリートの種類・品質・納入量，打込み開始時刻・終了時刻，時間あたりの納入量

④　品質管理方法

上記の事項については，コンクリート工事開始前の早い時期からの打合せを行うほか，月間工程の打合せなども定期的に行うことが必要である．これらの打合せ事項を徹底させるために，例えば，コンクリート打込み日の一週間前，前日，当日および打込み中の連絡・確認を実施するのがよい．

d．施工者は，トラックアジテータが現場に到着したときに，レディーミクストコンクリート納入書で，到着したコンクリートが発注したレディーミクストコンクリートに適合していることを確認する．その後，5.4および7章によって品質管理・検査し，コンクリートが合格していることを確認して受け入れる．

e．コンクリートの荷卸し場所は，周辺道路・近隣などの状況を考慮しながら，トラックアジテータが安全かつ円滑に出入りできて，荷卸し作業および場内運搬が容易な場所を選定できるように，施工計画時に十分検討しておくことが望ましい．

f．受入検査に合格したコンクリートは，荷卸しに際して，その直前にトラックアジテータ内のコンクリートが均質になるように，ドラムを高速回転させて撹拌した後に排出するのがよい．特に，CUSは一般の砕石・砕砂よりも密度が大きく，コンクリートの水セメント比が高い場合などは，トラックアジテータ内のコンクリートが不均質になる可能性もある．荷卸し直前には，トラックアジテータのドラムを高速回転させるなどして，コンクリートを十分均質になるようにしてから排出する．

5.6　工事現場練りコンクリートの製造

> フェロニッケルスラグ骨材および銅スラグ細骨材を用いる工事現場練りコンクリートの製造は，JASS 5の6.6による．

FNAまたはCUSを用いた工事現場練りコンクリートの製造については，一般的なレディーミクストコンクリートの製造と同様と考えてよい．したがって，JASS 5の6.4「レディーミクストコンクリートの製造・運搬・品質管理」によることとした．

6章　運搬・打込みおよび養生

6.1　総　　則

本章は，フェロニッケルスラグ骨材または銅スラグ細骨材を使用するコンクリートの工事現場内でのコンクリートポンプなどによる打込み箇所までの運搬，打込み，締固めおよび養生に適用する.

本章では，FNA または CUS を用いたコンクリートの運搬・打込み・締固めおよび養生の標準を示す. これらの事項については，原則として JASS 5 の 7 節の規定を適用することとし，高流動コンクリート，高強度コンクリート，鋼管充填コンクリートおよび水中コンクリートなどの特殊なコンクリートについては，JASS 5 の該当する節を参照することとする.

6.2　運　　搬

a．コンクリートの運搬は，品質の変化が少なく材料分離を生じにくい機器および方法ですみやかに運搬する.
b．コンクリートの練混ぜから打込み終了までの時間の限度は，外気温が 25 °C 未満の場合は 120 分，25 °C 以上の場合は 90 分とする.
c．上記の時間の限度は，コンクリートの温度を低下させる，またはその凝結時間を遅らせるなどの対策を講じた場合には，工事監理者の承認を受けて延長することができる.

a．FNA または CUS を使用するコンクリートの工事現場内の運搬は，JASS 5 の 7 節に従うこととする. また，コンクリートの運搬にコンクリートポンプを用いる場合は，本会「コンクリートポンプ工法施工指針・同解説」(以下，ポンプ工法指針という) によることを原則とする.

FNS を使用したコンクリートの圧送実験の概要を解説図 6.1 に示す. 解説図 6.2 に示した FNS を使用したコンクリートのスランプ別の圧送量と管内圧力損失値との関係によると，管内圧力損失は，圧送量が多くなると「ポンプ工法指針」に示された標準値よりも，やや大きな値になる傾向が認められる. また，解説表 6.1 に示すように，FNS を使用したコンクリートの水平管と垂直管の圧力損失値の比 (V/H) は約 5 であり，一般的な細骨材を用いたコンクリートの 3.5～4.0 程度よりもやや大きい値を示している. これは，FNS を使用したコンクリートの単位容積質量が大きいことによるものと考えられる.

このことから，長距離圧送，高所圧送，低スランプコンクリートの圧送，単位時間の圧送量が多い場合など，施工条件によってはポンプ機種の選定に関して圧送負荷に安全率を見込むなどの配慮が必要な場合も想定される.

解説表 6.2 は，FNS を使用したコンクリートを圧送した際の圧送前後の品質変化の例を示したも

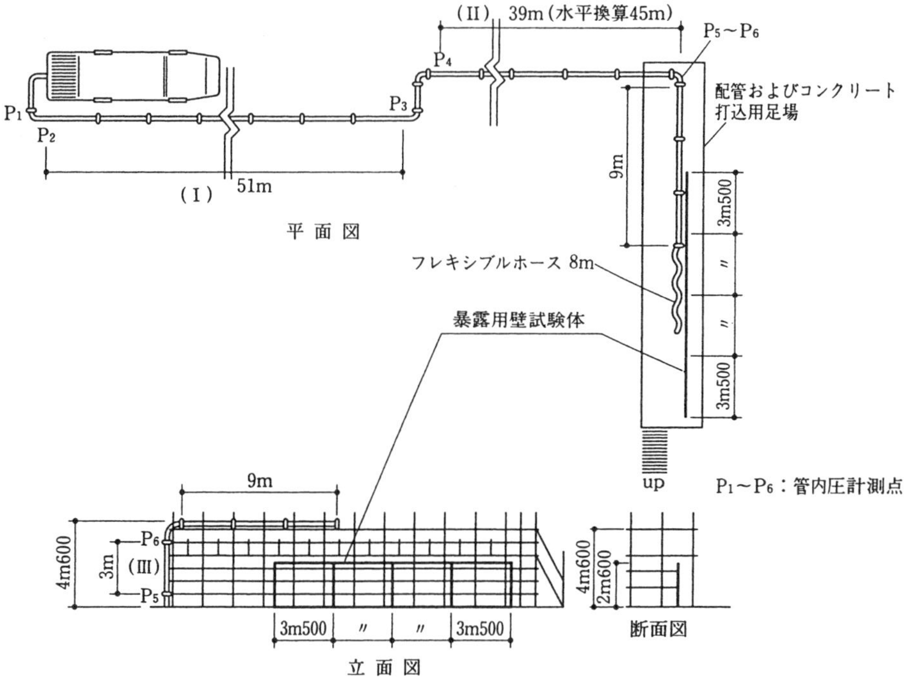

解説図 6.1　FNS を使用したコンクリートの圧送実験概要

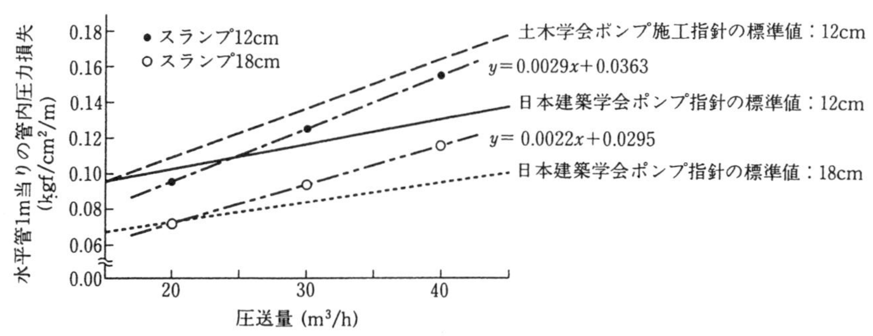

解説図 6.2　FNS を使用したコンクリートの圧送量と管内圧力損失（スランプ 12 cm，18 cm）

のである．同表によると，FNS を使用したコンクリートの圧送によるフレッシュコンクリートのスランプ，空気量および単位容積質量の変化は小さく，圧送後にブリーディング量が減少する傾向が認められる．これより，FNS を用いたコンクリートの圧送による品質変化の程度については，川砂などの細骨材を用いる場合と同様に考えてよい．

なお，FNS を用いたコンクリートの運搬における品質変化については，付録 I の 3 章に詳細が示されているので，必要に応じて参照するとよい．

次に，CUS を多量に使用したコンクリートの圧送実験の概要を解説図 6.3 に，解説表 6.3 に圧送実験に用いたコンクリートの種類と調合を，解説表 6.4 に圧送によるフレッシュコンクリートの品質変化を示す．

解説表 6.1　FNS を使用したコンクリートのスランプ別の管内圧力損失

スランプ (cm)	圧送量 (m^3/h)	圧力損失（$N/mm^2/m$） 水平管（H） (I) P_2～P_3（l=51 m）	水平管（H） (II) P_4～P_5（l=45 m）	垂直管（V） (III) P_5～P_6（h= 3 m）	垂直管の圧力損失／水平管の圧力損失 （V/H）	
12	20	0.0091	0.0095	0.0466	5.15	5.07
	30	0.0120	0.0125	0.0572	4.78	
	40	0.0153	0.0147	0.0785	5.30	
18	20	0.0068	0.0074	0.0343	4.98	4.72
	30	0.0091	0.0095	0.0425	4.85	
	40	0.0113	0.0113	0.0507	4.33	

［注］　5 B 管使用

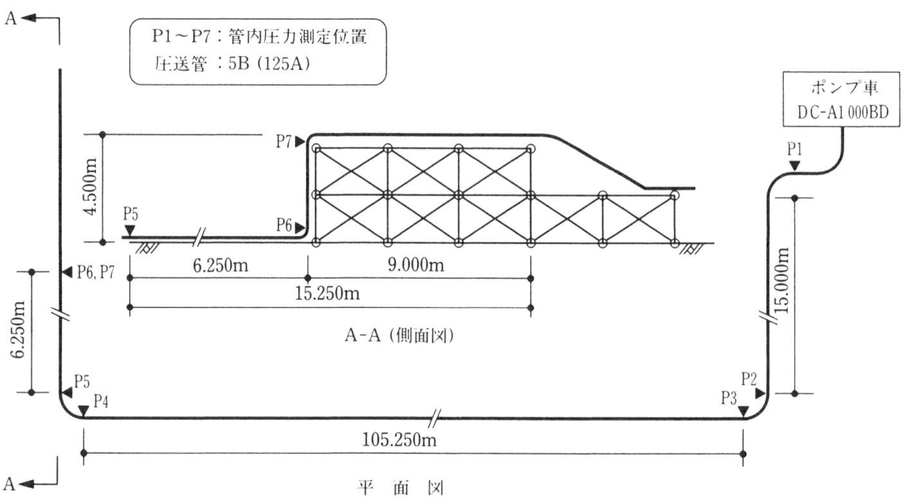

解説図 6.3　CUS を使用したコンクリートの圧送実験における配管条件

CUS を用いたコンクリートの圧送によるスランプや空気量の変化は，普通骨材を使用したコンクリートと同様であると考えられる．ただし，CUS 混合量が増加すると，解説図 6.4 に示すようにブリーディングが大きくなる傾向にあるため，CUS 混合率を大きく設定する場合は，ブリーディング量の事前検討が重要となる．

CUS を用いたコンクリートの管内圧力損失は，解説図 6.5 に示すように，普通骨材を用いたコンクリートと同程度となる．

解説表 6.2　FNS を使用したコンクリートの圧送によるフレッシュコンクリートの品質変化

No.	細骨材種類	FNS混合率(%)	混合細骨材の粗粒率	細骨材率(%)	単位セメント量(kg/m³)	単位水量(kg/m³)	目標スランプ(cm)	スランプ(cm)		空気量(%)		単位容積質量(kg/l)		コンクリート温度(℃)		ブリーディング量(cm³/cm²)		加圧ブリーディング量*(cm³)	塩化物量(kg/m³)
								前	後	前	後	前	後	前	後	前	後		
1	キルン水砕砂 $A_{1.2}$	60	2.28	45.5	324	178	12	15.0	15.8	5.7	6.0	2.411	2.416	25	27	—	—	—	—
2		60	2.28	47.0	345	190	18	17.0	16.0	5.9	5.1	2.406	2.412	25	27	0.164	0.123	117	0.015
3	電炉風砕砂 B_5	100	2.72	44.5	309	170	12	11.0	12.0	5.7	5.0	2.485	2.487	25	27.5	—	—	—	—
4		100	2.72	46.5	331	182	18	17.0	17.0	5.1	5.0	2.467	2.464	25	27.5	0.192	0.136	113	0.015
5	電炉徐冷砕砂 C_5	60	2.88	44.5	338	186	12	11.5	11.5	6.5	6.5	2.424	2.413	25	27	—	—	—	—
6		60	2.88	46.5	362	199	18	17.0	16.0	5.9	5.3	2.399	2.396	25	27.5	0.179	0.134	114	0.021
7	電炉水砕砂 $D_{5-0.3}$	60	2.67	46.5	300	165	12	10.5	10.5	5.3	5.2	2.422	2.445	25	27	—	—	—	—
8		60	2.67	48.8	322	177	18	17.5	16.0	5.8	5.3	2.420	2.416	25	27	0.148	0.114	114	0.017
平均値		—	—	—	—	—	—	14.6	14.4	5.74	5.43	2.431	2.431	25.0	27.2	0.171	0.127	114.5	0.017
圧送前後の差		—	—	—	—	—	—	−0.2		−0.3		0.000		+2.2		−0.044		—	—

［注］ ＊スランプ 18 cm の圧送前コンクリート

解説表 6.3 CUS を使用したコンクリートの種類と調合

調合番号	CUS 混合率 (%)	スランプ*1 (cm)	空気量 (%)	水セメント比 (%)	細骨材率 (%)	単位量*2 (kg/m²)				
						水	セメント	銅スラグ細骨材	他の細骨材	粗骨材
I - 1	100	18	4.5	55	44.4	183	333	1 074	0	1 002
I - 2	100	8 → 12	4.5	55	43.8	161	293	1 114	0	1 064
I - 3	50	18	4.5	55	44.6	181	329	545	380	1 002
I - 4	50	8 → 12	4.5	55	44.0	159	289	563	395	1 064
I - 5	0	18	4.5	55	44.9	179	325	0	770	1 002
I - 6	0	8 → 12	4.5	55	44.0	157	285	0	801	1 064

[注] ＊1 8 → 12 は，ベースコンクリートの 8 cm を 12 cm に流動化したことを示す.
＊2 材料密度：セメント(普通)3.16，銅スラグ細骨材 3.61，海砂 2.55，粗骨材(石灰砕石 2005) 2.67
混和剤：AE 減水剤遅延形，チューポール NR 20(C×0.3 %使用)，AE 助剤 AE-200，消泡剤 T-140 使用

解説表 6.4 CUS を使用したコンクリートの圧送前後のフレッシュコンクリートの品質

調合番号	CUS 混合率 (%)	目標スランプ (cm)	スランプ (cm)		空気量 (%)		単位容積質量 (t/m³)		コンクリート温度 (°C)		ブリーディング率 (%)		ブリーディング量 (cm³/cm²)	
			圧送前	圧送後	圧送前	圧送後	圧送前	圧送後	圧送前	圧送後	圧送前	圧送後	圧送前	圧送後
I - 1	100	18	19.6	18.3	5.6	4.9	2.58	2.59	29.0	31.0	11.00	9.67	0.51	0.45
I - 2	100	8 → 12	11.3	9.3	5.0	5.0	2.61	2.61	30.0	31.5	7.93	6.76	0.33	0.27
I - 3	50	18	19.4	19.1	3.7	3.7	2.46	2.46	29.0	31.0	6.83	5.36	0.31	0.26
I - 4	50	8 → 12	11.9	13.0	4.5	4.4	2.47	2.48	29.5	31.0	4.08	3.39	0.16	0.14
I - 5	0	18	19.3	17.8	4.4	4.0	2.30	2.31	29.0	30.5	4.15	3.02	0.19	0.14
I - 6	0	8 → 12	9.6	9.9	4.7	4.7	2.28	2.28	29.0	30.5	2.12	1.20	0.08	0.05

[注] 吐出量 40 m³/h の時の試験結果

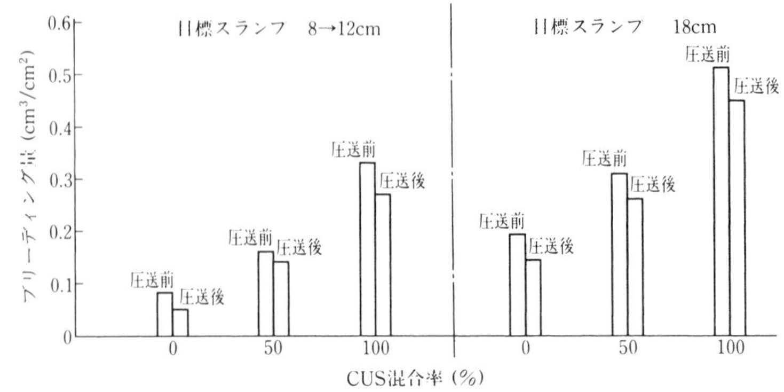

解説図 6.4 CUS を使用したコンクリートの圧送前後におけるブリーディング量

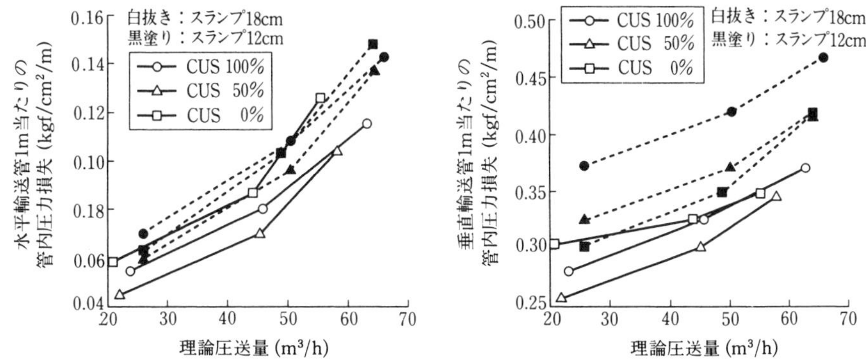

解説図 6.5　CUS を使用したコンクリートの圧送量と管内圧力損失

解説表 6.5　CUS を使用したコンクリートの水平管・垂直管の圧送量と管内圧力損失

調合番号	目標スランプ (cm)	CUS混合率 (%)	目標圧送量 (m³/h)	圧力損失（N/mm²/m）		②÷①	
				①水平管 P 3～P 4（105 m）	②垂直管 P 6～P 7（4 m）		
I - 1	18	100	20	0.0054	0.0277	5.13	4.12
			40	0.0080	0.0323	4.01	
			60	0.0115	0.0369	3.21	
I - 2	8 → 12	100	20	0.0069	0.0369	5.37	4.18
			40	0.0107	0.0416	3.89	
			60	0.0141	0.0462	3.27	
I - 3	18	50	20	0.0044	0.0254	5.76	4.45
			40	0.0071	0.0300	4.25	
			60	0.0104	0.0346	3.33	
I - 4	8 → 12	50	20	0.0059	0.0323	5.48	4.12
			40	0.0097	0.0369	3.80	
			60	0.0135	0.0416	3.07	
I - 5	18	0	20	0.0058	0.0300	5.19	3.90
			40	0.0086	0.0323	3.74	
			60	0.0125	0.0346	2.76	
I - 6	8 → 12	0	20	0.0062	0.0300	4.86	3.69
			40	0.0102	0.0346	3.39	
			60	0.0147	0.0416	2.83	

一方，解説表 6.5 に示すように，CUS 混合率 50 %以上のコンクリートの水平管と垂直管の圧力損失値の比（V/H）は，一般的な細骨材を用いたコンクリートよりやや大きい値を示している．これらの知見より，CUS を用いたコンクリートの圧送計画は，一般的な細骨材を用いたコンクリートの場合とほぼ同様に行うことができると考えられるが，コンクリートの単位容積質量の増加が垂直管の圧力損失を増加させる点に留意する必要がある．

b．既往の報告を見る限り，FNS や CUS を用いたコンクリートであっても，スランプや空気量の経時変化は一般的なコンクリートも同等と判断される．そこで，FNA または CUS を使用するコンクリートの練混ぜから打込み終了までの時間の限度は，JASS 5 の 7 節と同様の外気温が 25 °C 未満の場合は 120 分，25 °C 以上の場合は 90 分とした．

c．一般的な細骨材を用いたコンクリートと同様に，FNA または CUS を用いたコンクリートでも，コンクリートの温度を低下させる，またはその凝結時間を遅らせるなどの対策を講じた場合は，監理者の承認を受けてコンクリートの練混ぜから打込み終了までの時間の限度を延長することができることとした．ただし，コンクリートの温度を下げたり，凝結時間を遅延させたりすることはブリーディング量の増加につながるため，試し練りなどでブリーディング量が目標の範囲にあることを確認する必要がある．

6.3　打込みおよび締固め

コンクリートの打込みおよび締固めは，JASS 5 の 7.5 および 7.6 によるほか，下記(1)および(2)による．

(1)　ブリーディング量が多いことなどによりコンクリートの沈降が大きいことが予測される場合には，梁下でいったん打ち止めて，コンクリートが落ちついてから梁およびスラブのコンクリートを打ち込む．

(2)　打込みおよび締固め後に過度に生じるブリーディング水は，これを適当な方法で除去する．特にスラブなどの水平仕上面などに生じるブリーディング水は，表面仕上性能を損なうおそれがあるので，これを取り除いた後，タンピングやこてで仕上げを行う．

FNS，FNG および CUS を使用したコンクリートの打込み・締固めは，砂または砕砂を用いたコンクリートの場合と大きく異なることはないので，原則的には JASS 5 の記述によることとした．

CUS 混合率を 30 %以下としたコンクリートのブリーディング量は，解説図 4.7 に示したように，川砂使用のコンクリートと同様の 0.30 cm^3/cm^{2}以下の値を示していることから，一般的な砕石や砕砂を使用したコンクリートと比較して特に沈降が大きくなるとは考えにくいため，打込み・締固めに際しては，普通コンクリートと同様に取り扱えばよい．

一方，解説表 6.4 に示したように，CUS 混合率が 50 %程度になると，コンクリートの単位容積質量は，施工（打込み・締固め）に対して無視できない大きさと考えられる．そのため，コンクリート型枠の側圧・荷重計算などの仮設計画や，コンクリートブームによる運搬・打込みなどの施工計画に際しては，安全性の確保が重要である．

一例として，解説図 6.6 に，ポンプ施工性試験を行った CUS 混合率 50 %と 100 %のコンクリー

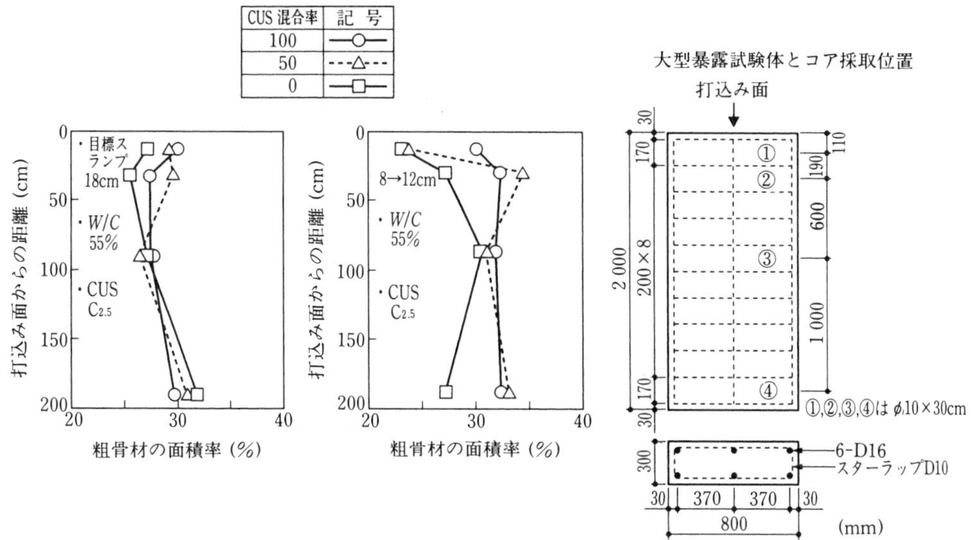

解説図 6.6　CUS を多量に使用したコンクリートの打込み高さからの距離と粗骨材面積率

トおよび川砂と海砂を混合使用したコンクリートで作製した，壁型暴露用試験体(高さ：2 m，幅：80 cm，厚さ：30 cm）の打込み高さ別の骨材分離性状試験結果を示す．骨材分離性状の判定は，各打込み高さ別の部位（①～④）から採取したコア試料の粗骨材の表面積を測定し，その割合変化（粗骨材面積率：%）がモルタルと粗骨材の分離の傾向を示すものとした．本図から明らかなように，砂単独使用の場合とCUS 混合率 50 %および 100 %のコンクリートコア試料における打込み高さ別の粗骨材面積率の変動の傾向には，顕著な差は認められなかった．

一方，FNS を使用したコンクリートは，解説図 6.7 に示すように，調合の種類によってはブリーディング量が大きくなる傾向を示すものがある．ブリーディング量は，一般に細骨材の種類・品質，FNS 混合率，単位水量，単位セメント量，微粉量，コンクリート練上がり温度，部材の種類(寸法・形状・部位など)，型枠，運搬・施工方法などによって影響を受ける．特に，FNS 混合率が大きい場合または寒冷期における施工では，ブリーディング量が多くなることが考えられるので，注意が必要である．

ブリーディングの影響をできるだけ少なくするための施工上の配慮としては，あらかじめ計画した打込み区画は連続して打ち込み，打重ね部分での欠陥発生を抑制すること，また，壁・柱などの連続打込み時にコンクリートの沈降が大きくなると予測される場合は，梁下でコンクリートをいったん打ち止め，コンクリートの沈降が落ち着いてから梁・スラブのコンクリートを打ち込むようにするとよい．

打込みおよび締固め後に生じるブリーディング水が多いと，床仕上げ施工時間や仕上がり性能およびコンクリート上面の品質に大きな影響を及ぼすため，スラブ面をこて仕上げする場合には，必要に応じてスラブ上面に滞留しているブリーディング水を適切な方法で取り除き，タンピングなどを入念に行った後にこて仕上げを行うとよい．

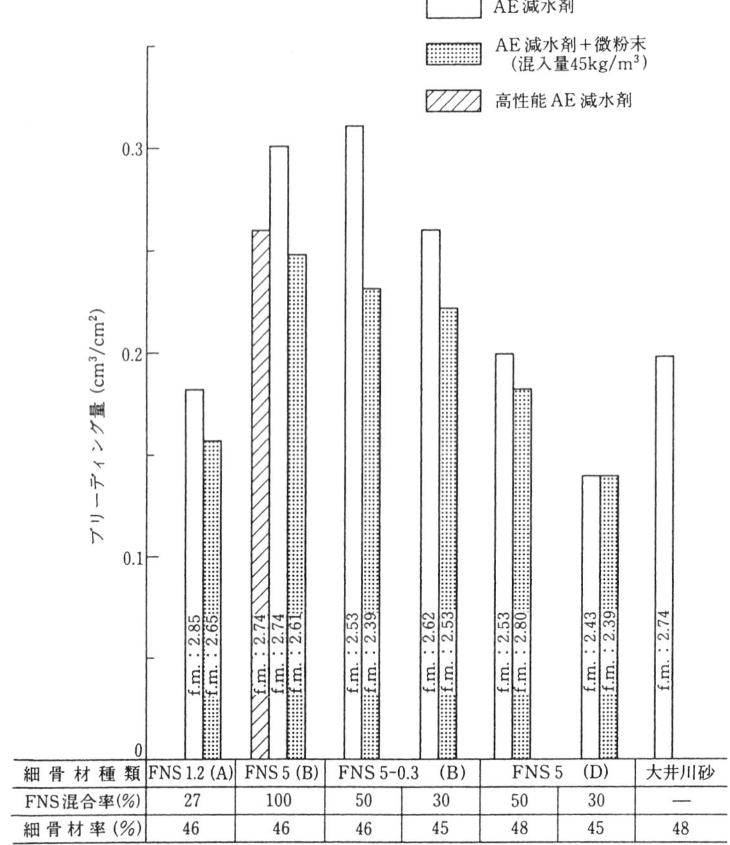

細骨材種類	FNS 1.2 (A)	FNS 5 (B)	FNS 5-0.3 (B)		FNS 5 (D)		大井川砂
FNS混合率(%)	27	100	50	30	50	30	—
細骨材率(%)	46	46	46	45	48	45	48

・W/C：55%，スランプ：18cm，空気量：5%
・セメント：普通ポルトランドセメント(3銘柄混合)
・微粉末：炭酸カルシウム

解説図 6.7　FNSを用いたコンクリートのブリーディング抑制対策検討例

6.4 養　　生

> フェロニッケルスラグ骨材または銅スラグ細骨材を用いたコンクリートの養生は，JASS 5 の 8 節による．

FNAまたはCUSを使用したコンクリートの養生方法は，一般的な砕石や砕砂を使用したコンクリートの場合と特に変わる点はないので，JASS 5 の 8 節によることとした．

FNSまたはCUSを使用したコンクリートにおいても，一般的な砕石や砕砂を用いたコンクリートと同様に，セメントの水和およびコンクリートの硬化が十分進行するまでの間，急激な乾燥，過度の高温または低温，急激な温度変化，振動および外力の悪影響を受けないように養生を行わなければならないので，JASS 5 の 8 節に示されている内容に従って適切な養生を行うことが重要である．

CUS 混合率が高い場合には初期の強度発現が遅れる傾向にあるが，CUS 混合率 30 %以下の調合においては，解説表 6.6 に示すように，強度発現の遅れの程度はわずかであり，無視できる程度である．また，FNS を使用したコンクリートは，FNS 混合率および調合によってはブリーディング量が大きくなる傾向があり，特に寒冷期に打ち込むコンクリートの場合には，初期凍害を受けるおそれもある．このような場合には JASS 5 の 12 節「寒中コンクリート工事」を参考にし，日平均気温などに応じて適切に養生方法を定めるとよい．

解説表6.6　CUS混合率と養生温度が圧縮強度に及ぼす影響

CUS混合率	砂	CUS種類	W/C (%)	温度 (℃)	フレッシュコンクリートの性状			圧縮強度（N/mm²）			
					スランプ (cm)	空気量 (%)	フロー (mm)	1日	3日	7日	28日
0％	100％	2.5（細）	55％	10	18.1	4.6	305	1.1	12.8	24.1	33.9
				20	18.5	5.2	290	6.2	15.2	22.8	32.7
				30	19.4	4.8	340	9.1	17.7	23.8	31.0
10％	90％			10	19.8	5.6	330	1.4	13.2	23.9	32.7
				20	18.3	4.6	285	6.7	16.1	24.9	32.9
				30	18.8	5.0	305	9.6	18.1	23.7	32.0
20％	80％			10	19.0	4.8	300	1.4	13.8	25.2	36.7
				20	17.7	3.8	265	6.6	15.8	25.3	34.9
				30	19.4	4.6	325	9.8	18.2	25.3	33.2
30％	70％	2.5（細）	45％	10	18.5	5.7	290	1.5	19.3	35.0	46.8
				20	19.5	5.4	340	9.0	22.7	34.0	44.0
				30	18.5	5.6	290	14.3	25.0	32.4	43.6
			55％	10	19.8	4.8	320	1.3	13.8	25.7	37.5
				20	17.9	4.1	275	6.4	16.1	24.6	34.6
				30	19.6	4.8	335	9.9	18.7	25.8	36.2
			65％	10	18.2	5.2	265	0.8	9.1	18.0	28.4
				20	18.7	4.7	310	4.0	10.3	17.8	27.9
				30	19.0	5.2	320	6.7	13.8	18.6	26.7
		2.5（粗）	55％	10	18.5	4.8	305	1.9	14.7	26.8	35.5
				20	18.9	4.9	290	6.3	16.9	25.3	36.9
				30	19.0	5.5	315	9.4	17.6	24.3	34.6
		1.2		10	18.3	4.3	285	2.3	15.9	27.7	39.9
				20	18.3	6.3	285	6.2	17.3	25.2	36.0
				30	18.4	5.2	290	10.0	18.6	25.3	36.1
100％	—	2.5（細）		10	20.0	5.7	330	0.1	13.1	25.7	40.7
				20	17.6	5.5	260	0.8	14.7	26.8	41.8
				30	18.3	5.1	290	8.1	20.4	29.8	44.6

7章　品質管理・検査

7.1　総　　則

本章は，フェロニッケルスラグ骨材または銅スラグ細骨材を用いるコンクリートの品質管理に適用する．

7.2　フェロニッケルスラグ骨材を使用したコンクリートの材料の試験および検査

a．フェロニッケルスラグ粗骨材または細骨材を単独で使用する場合は，試験または材料の製造者の発行する試験成績書により，3.1 a．の規定に適合していることを確認する．

b．フェロニッケルスラグ粗骨材または細骨材を他の骨材と予混合使用する場合の骨材の試験および検査は，次による．

(1)　混合した骨材の品質がJASS 5の4.3「骨材」の塩化物と粒度の規定に適合していることを確認する．

(2)　フェロニッケルスラグ粗骨材または細骨材は，試験または材料の製造者の発行する試験成績書により，3.1 a．の規定に適合していることを確認する．

(3)　フェロニッケルスラグ骨材以外の骨材は，試験または材料の納入者の発行する試験成績書により，3.1 d．の規定に適合していることを確認する．

(4)　試験または材料の納入者の発行する試験成績書により，予混合された骨材に含まれるフェロニッケルスラグ骨材の混合率または質量混合率が許容値以内であることを確認する．

c．フェロニッケルスラグ骨材と他の細骨材とを併用する場合の骨材の試験および検査は，次による．

(1)　混合した骨材の品質がJASS 5の4.3「骨材」の塩化物と粒度の規定に適合していることを確認する．

(2)　フェロニッケルスラグ骨材は，試験または材料の製造者の発行する試験成績書により，3.1 a．の規定に適合していることを確認する．

(3)　フェロニッケルスラグ骨材以外の骨材は，試験または材料の納入者の発行する試験成績書により，3.1 d．の規定に適合していることを確認する．

d．骨材以外の材料の試験および検査は，JASS 5の11.3「コンクリートの材料の試験および検査」による．

a．，b．，c．FNAを使用したコンクリートの材料の試験および検査の流れは，解説図7.1のようになる．3章の3.1においてアルカリシリカ反応性による区分が無害でないFNAは除外しているため，7章では無害であるもののみを取り扱うことになる．

アルカリシリカ反応について無害でない場合を除くと，FNAの品質でコンクリートの性能に悪影響を及ぼすような項目はない．したがって，品質管理の流れは，単独使用する場合，他の骨材と予混合使用する場合および併用する場合に分岐する．FNAはJIS A 5011-2（コンクリート用スラグ骨材—第2部：フェロニッケルスラグ骨材）によって規格が定められており，いずれの分岐を進んでも，試験または製造者の発行する試験成績書により，この規定に適合していることを確認する必要がある．また，混合後の骨材は，JASS 5 の 4.3「骨材」の塩化物と粒度の規定に適合していることを確認する必要がある．さらに，予混合された骨材を使用する場合は，目視観察で混合率または質量混合率を見分けることはできないため，試験または材料の納入者の発行する試験成績書によって混合率または質量混合率を確認することになる．

d．骨材以外の材料（セメント，混和材料および練混ぜ水）の試験および検査は，JASS 5 の 11.3「コンクリートの材料の試験および検査」による．

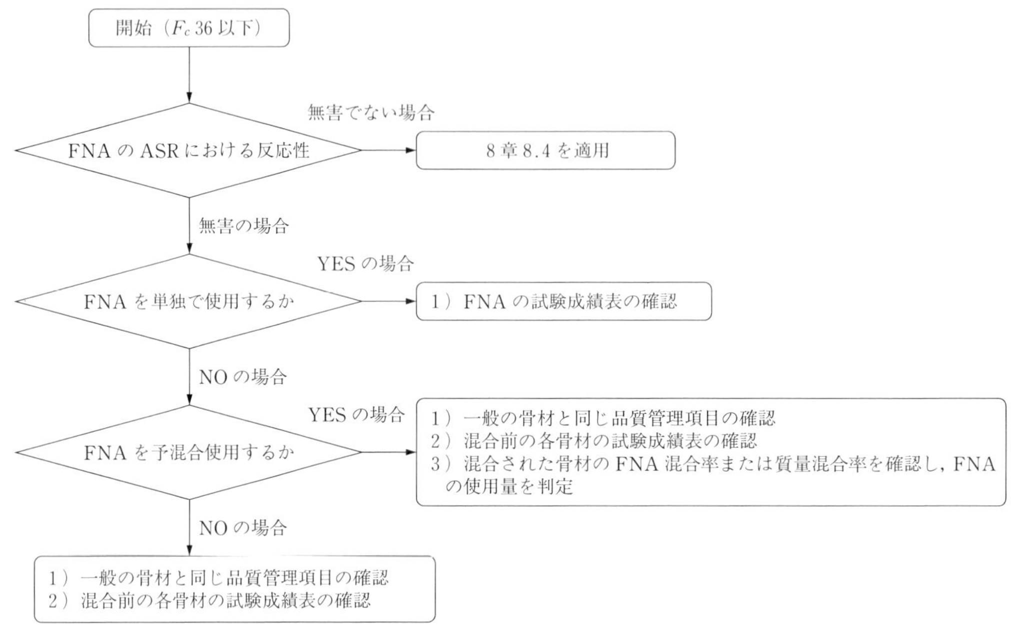

解説図 7.1 フェロニッケルスラグ骨材を使用したコンクリートの材料の試験および検査

7.3 銅スラグ細骨材を使用したコンクリートの材料の試験および検査

a．銅スラグ細骨材を単独で使用する場合は，試験または材料の製造者の発行する試験成績書により，3.1 a．の規定に適合していることを確認する．

b．銅スラグ細骨材を他の細骨材と予混合使用する場合の骨材の試験および検査は，次による．

(1) 混合した骨材の品質が JASS 5 の 4.3「骨材」の塩化物と粒度の規定に適合していることを確認する．

(2) 銅スラグ細骨材は，試験または材料の製造者の発行する試験成績書により，3.1 b．の規定に適合していることを確認する．

(3) 銅スラグ細骨材以外の骨材は，試験または材料の納入者の発行する試験成績書により，3.1 d．の規定に適合していることを確認する．

(4) 試験または材料の納入者の発行する試験成績書により，予混合された骨材に含まれる銅スラグ細骨材の混合率または質量混合率が許容値以内であることを確認する．

c．銅スラグ細骨材と他の細骨材とを予混合せずに併用する場合の骨材の試験および検査は，次による．

(1) 混合した骨材の品質がJASS 5の4.3「骨材」の塩化物と粒度の規定に適合していることを確認する.
(2) 銅スラグ細骨材は，試験または材料の製造者の発行する試験成績書により，3.1 a.の規定に適合していることを確認する.
(3) 銅スラグ細骨材以外の骨材は，試験または材料の納入者の発行する試験成績書により，3.1 d.の規定に適合していることを確認する.

d. 骨材以外の材料の試験および検査は，JASS 5の11.3「コンクリートの材料の試験および検査」による.

a.，b.，c. CUSを使用したコンクリートの材料の試験および検査の流れは，解説図7.2のようになる. CUSで問題となるのは，環境安全品質の確保である. 製造工場によってばらつきはあるが，CUS中には鉛とヒ素の含有量が多く，あまり大きな単位細骨材量で用いることはできない. この点に関しては，材料の選定から調合計画に至るまでに，許容範囲となるように単位細骨材量を定めているため，7章の品質管理ではJIS A 5011-3（コンクリート用スラグ骨材—第3部：銅スラグ骨材）の規定を満足しているCUSを使用したか，また，予混合の場合には混合率または質量混合率が許容値以内で管理できているのかを確認することになる.

品質管理の流れは，単独使用する場合は，他の骨材と予混合使用する場合および併用する場合に分岐する. CUSは，JIS A 5011-3（コンクリート用スラグ骨材—第3部：銅スラグ骨材）によって規格が定められており，いずれの分岐を進んでも，試験または製造者の発行する試験成績書により，この規定に適合していることを確認する必要がある. また，混合後の骨材は，JASS 5の4.3「骨材」の塩化物と粒度の規定に適合していることを確認する必要がある. さらに，予混合された骨材を使

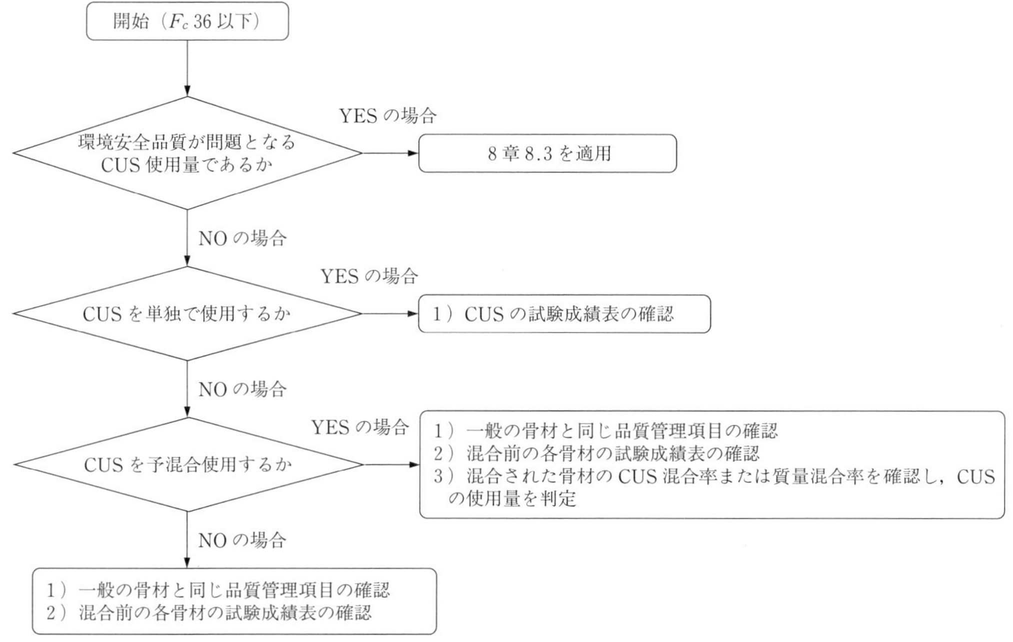

解説図7.2　銅スラグ骨材を使用したコンクリートの材料の試験および検査

用する場合は，目視観察で混合率または質量混合率を見分けることはできないため，試験または材料の納入者の発行する試験成績書によって混合率または質量混合率を確認することになる．

ｄ．骨材以外の材料（セメント，混和材料および練混ぜ水）の試験および検査は，JASS 5 の 11.3「コンクリートの材料の試験および検査」による．

7.4　フェロニッケルスラグ骨材を用いた場合，使用するコンクリートの品質管理および検査

ａ．レディーミクストコンクリートの場合，使用するコンクリートの品質管理は，JIS A 5308 および JASS 5 の 11.4「使用するコンクリートの品質管理および検査」による．
ｂ．工事現場練りとした場合，使用するコンクリートの品質管理は，ａ．に準じる．

ａ．FNA を用いた場合，使用するコンクリートの品質管理および検査は，一般の骨材を使用したコンクリートと比較してあまり異なる点はない．JIS A 5308 および JASS 5 の 11.4「使用するコンクリートの品質管理および検査」によって管理すればよい．

7.5　銅スラグ細骨材を用いた場合，使用するコンクリートの品質管理および検査

ａ．レディーミクストコンクリートの場合，使用するコンクリートの品質管理は，JIS A 5308 および JASS 5 の 11.4「使用するコンクリートの品質管理および検査」による．
ｂ．銅スラグ細骨材の使用量が比較的多い場合は，工事開始前に試し練りを行ってブリーディングの試験を行い，ブリーディング量が 0.5 cm^3/cm^2以下であることを確認する．ただし，使用するコンクリートまたは類似の材料・調合のコンクリートのブリーディングの試験結果がある場合は，試験を省略することができる．
ｃ．工事現場練りとした場合，使用するコンクリートの品質管理は，ａ．，ｂ．に準じる．

ａ．，ｂ．CUS を用いた場合，使用するコンクリートの品質管理および検査は，一般の骨材を使用したコンクリートとほぼ同様に行えばよい．したがって，基本的には JIS A 5308 および JASS 5 の 11.4「使用するコンクリートの品質管理および検査」によって管理すればよい．ただし，CUS の使用量が多くなるほどブリーディング量が大きくなる傾向にあるため，使用量が比較的多く，類似の材料・調合のコンクリートでブリーディング試験を実施したことがないような場合は，工事開始前に試し練りを行ってブリーディングの試験を行うこととした．なお，組み合わせる他の材料の品質にもよるが，使用量が比較的多いという目安としては，CUS の使用量がコンクリート 1 m^3あたり 300～350 kg/m^3程度と考えられる．

7.6　レディーミクストコンクリートの受入れ時の検査

レディーミクストコンクリートの受入れ時の検査は，JASS 5 の 11.5「レディーミクストコンクリートの受入れ時の検査」による．

FNA および CUS を用いた場合のレディーミクストコンクリートの受入れ時の検査は，一般の骨材を使用したコンクリートと比較して大きく異なる点はない．JIS A 5308 および JASS 5 の 11.4「使用するコンクリートの品質管理および検査」によって管理すればよい．

7.7　構造体コンクリート強度の検査

構造体コンクリート強度の検査は，JASS 5 の 11.11「構造体コンクリート強度の検査」による．

FNA および CUS を用いた場合の構造体コンクリート強度の検査は，一般の骨材を使用したコンクリートと比較して大きく異なる点はない．JIS A 5308 および JASS 5 の 11.4「使用するコンクリートの品質管理および検査」によって管理すればよい．

8章　特別な考慮を要するコンクリート

8.1　総　　則

a．本章は，フェロニッケルスラグ細骨材を使用する高強度コンクリート，アルカリシリカ反応性の試験で区分Bとなるフェロニッケルスラグ骨材を用いるコンクリートに適用する．
b．本章に記載されている種類のコンクリートについて，ここに示されていない事項については，JASS 5および関連指針の規定に準拠する．
c．施工者は，本章で記載されている種類のコンクリートを発注する場合，本章の記載事項に則りその仕様を定めて発注する．

本章は，FNSを使用する高強度コンクリート，アルカリシリカ反応性の試験で区分BとなるFNAを用いるコンクリートにおいて，基本的な事項および特に考慮すべき事項を示す．

8.2　フェロニッケルスラグ細骨材を使用する高強度コンクリート

8.2.1　総　　則

本節は，フェロニッケルスラグ細骨材を使用する高強度コンクリートの品質，材料，調合，製造，施工および品質管理・検査に適用する．

過去の研究成果[1)]や本会のワーキンググループの実験結果[2),3)]によると，FNSを使用した高強度コンクリートのフレッシュ性状や強度発現は，一般的な砂や砕砂を使用した高強度コンクリートと大きく違わない．ただし，FNSを使用する高強度コンクリートは，その混合率によって，同一のワーカビリティーを得るのに要する化学混和剤の使用量，同一強度を得るための水セメント比，材齢の経過に伴う強度発現性などが，普通細骨材を使用した高強度コンクリートと若干異なる場合がある．そこで本章では，FNSを使用する高強度コンクリートの調合設計および品質管理において，基本的な事項および留意すべき事項について記述した．

なお，FNSにはアルカリシリカ反応性の試験で区分B（無害でない）のものが存在するが，これと予混合細骨材，他のスラグ骨材および再生細骨材Hについては，信頼できる資料や実験結果がないため，使用しないこととした．

8.2.2　コンクリートの品質

a．設計基準強度は36 N/mm²を超える範囲とし，試験または信頼できる資料により所要の品質が得られることを確認するものとする．
b．圧縮強度についての規定は，JASS 5の17節による．

c．ワーカビリティーおよびスランプについての規定は，JASS 5 の 17 節による．

a．FNS を使用する高強度コンクリートは，現時点では特殊な例[4)]を除いて製造および出荷の実績がない．しかしながら，設計基準強度で 60～80 N/mm²クラスを想定した本会のワーキンググループの実験結果[2),3)]および，設計基準強度で 220 N/mm²クラスの超高強度コンクリートへ適用された報告[4)]において，その強度発現が一般的な砂や砕砂を使用した場合と同等以上であることから，信頼できる資料または試験により所要の品質が得られることを確かめることで，使用できることとした．

FNS を使用したコンクリートのセメント水比と圧縮強度との関係について，過去の研究成果[1)]および本会のワーキンググループの実験結果（WG-0 %，WG-30 %，WG-100 %）[2)]を解説図 8.2.1 に示す．どちらの結果においても，FNS を使用した高強度コンクリートの強度発現は，一般的な砂や砕砂を使用したコンクリートと同等もしくはそれ以上となっている．

高強度コンクリートに FNS を使用することで，自己収縮が低減される場合がある[3)~5)]．解説図 8.2.2 は，セメントに普通ポルトランドセメントを使用した W/C＝25 %および 30 %の条件において，細骨材に FNS と硬質砂岩砕砂それぞれを単独使用もしくは併用したコンクリートの自己収縮試験結果である（試験体は各水準 2 体ずつ）．これによると，測定のばらつきを考慮しても，FNS の混合率が高いほど自己収縮が低減される結果が得られている．ただし，骨材の違いで効果は異なる可能性があるので，FNS に自己収縮の低減効果を期待して使用する場合は，事前に実験や信頼できる資料により，これを確かめることとする．自己収縮の測定方法については，日本コンクリート工学会（旧　日本コンクリート工学協会）の「（仮称）高流動コンクリートの自己収縮試験方法」[6)]を参考にするとよい．

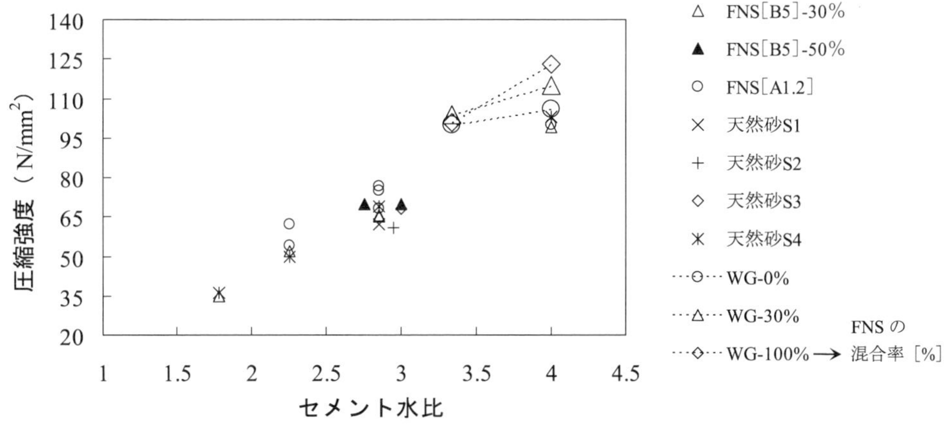

解説図 8.2.1　セメント水比と圧縮強度（28 日）との関係
（文献[1)]とワーキンググループの結果[2)]より作図）

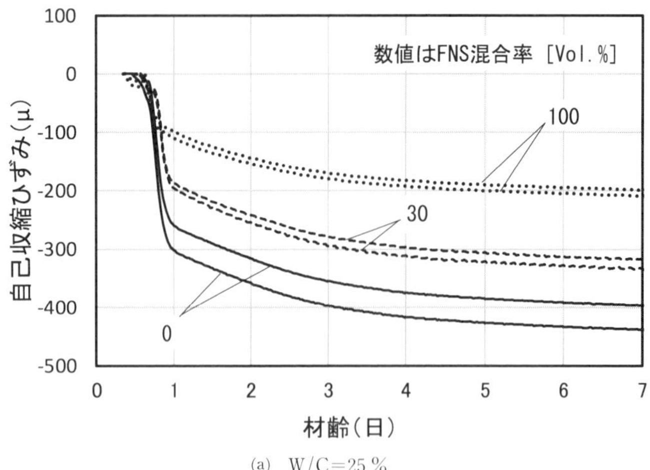

(a)　W/C=25％

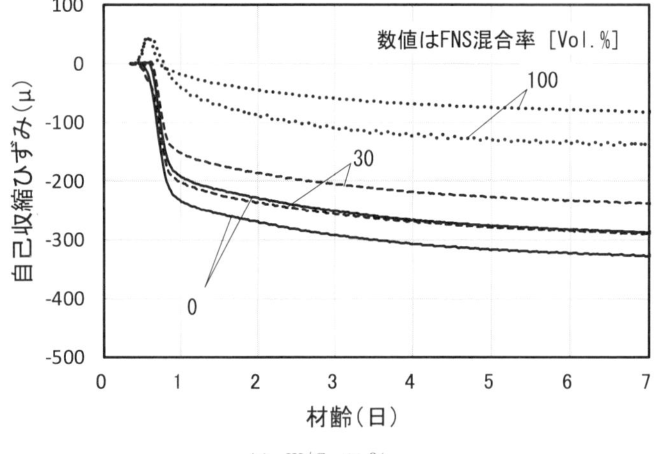

(b)　W/C=30％

FNS：密度 2.90 g/cm³，吸水率 2.05%
硬質砂岩砕砂：密度 2.62 g/cm³，吸水率 0.95％

解説図 8.2.2　フェロニッケルスラグ細骨材と硬質砂岩砕砂それぞれを単独使用あるいは併用して使用した高強度コンクリートの自己収縮（文献3）より作図）

b．FNS を使用する高強度コンクリートの圧縮強度についての規定は，JASS 5 の 17 節による．使用するコンクリートの強度は，調合強度を定めるための基準とする材齢（特記のない場合は 28 日）において，調合管理強度以上とする．

構造体コンクリート強度は，構造体コンクリート強度を保証する材齢（特記のない場合は 91 日）において，設計基準強度以上とする．また，構造体コンクリート強度は，標準養生した供試体の圧縮強度を基に合理的な方法で推定した強度，または構造体温度養生した供試体の圧縮強度で表し，次の(1)または(2)を満足するものとする．

(1)　標準養生した供試体による場合，調合強度を定めるための基準とする材齢において調合管理強度以上とする．

(2)　構造体温度養生した供試体による場合，構造体コンクリート強度を保証する材齢において設計基準強度に 3 N/mm² を加えた値以上とする．

c．FNS を使用する高強度コンクリートのワーカビリティーおよびスランプについての規定は，JASS 5 の 17 節による．

8.2.3　コンクリートの材料

> a．フェロニッケルスラグ細骨材は 3 章によるものとし，アルカリシリカ反応性による区分が A のものとする．ただし，微粒分量は 5.0 %以下とする．
> b．フェロニッケルスラグ細骨材以外の細骨材は，JASS 5 の 17 節によるものとする．ただし，予混合細骨材と FNS 以外のスラグ骨材および再生細骨材 H は使用しない．
> c．細骨材以外の材料は，JASS 5 の 17 節による．

a．FNS は 3 章によるものとし，アルカリシリカ反応性に関して無害と判定されるものを使用することを原則とする．また，微粒分量については，JIS A 5005（コンクリート用砕石及び砕砂）では砕砂の微粒分量の最大値を 9.0 %，JIS A 5011-2（コンクリート用スラグ骨材—第 2 部：フェロニッケルスラグ骨材）では FNS の微粒分量の上限値を FNS 5 で 7.0 %，FNS 2.5 で 9.0 %，FNS 1.2 で 10.0 %，FNS 5-0.3 で 7.0 %と規定しているが，JASS 5 の 17 節の規定に合わせて 5.0 %以下とした．

b．FNS 以外の細骨材は，JASS 5 の 17 節による．ただし，予混合細骨材は高強度コンクリートに使用された実績がないため，使用しないこととした．また，FNS 以外のスラグ骨材および再生細骨材 H についても，高強度コンクリートに FNS と併用して使用された実績がないため，これらも使用しないこととした．すなわち JASS 5 の 17 節によれば，高強度コンクリートに高炉スラグ細骨材を使用できるが，本指針では，FNS と高炉スラグ細骨材との併用は行わないことを標準としている．

c．細骨材以外の材料は，JASS 5 の 17 節による．具体的には，セメントは JIS R 5210（ポルトランドセメント）に規定する普通，中庸熱および低熱ポルトランドセメント，JIS R 5211（高炉セメント）に規定する高炉セメント A 種および B 種，JIS R 5213（フライアッシュセメント）に規定するフライアッシュセメント A 種および B 種に適合するものとする．粗骨材は，高強度コンクリートとして所定の圧縮強度およびヤング係数が得られるものとし，JIS A 5005（コンクリート用砕石及び砕砂）に適合する砕石，または砂利とする．ただし，砕石の粒形判定実積率は 57 %以上とする．また，砕石および砕砂は，JIS A 1145（骨材のアルカリシリカ反応性試験方法（化学法）），または JIS A 1145（骨材のアルカリシリカ反応性試験方法（モルタルバー法））によって無害と判定されたものとする．水は，JIS A 5308（レディーミクストコンクリート）附属書 C（規定）（レディーミクストコンクリートの練混ぜに用いる水）に適合する上水道水および上水道水以外の水とし，回収水は使用しない．混和材は，JIS A 6204（コンクリート用化学混和剤）に適合するものとし，高炉スラグ微粉末，フライアッシュまたはシリカフュームを結合材の一部として使用する場合は，それぞれ JIS A 6206（コンクリート用高炉スラグ微粉末），JIS A 6201（コンクリート用フライアッシュ），JIS A 6207（コンクリート用シリカフューム）に適合するものとする．

8.2.4　調　　合

調合は，JASS 5 の 17 節による．ただし，構造体強度補正値（$_{m}S_{n}$）は，試験によって定める．

コンクリートの調合計画は，JASS 5 の 17 節により，試し練りによって定めるのが基本である．また，構造体強度補正値（$_{m}S_{n}$）についても，試験によって定めるものとする．

本会のワーキンググループで実施した，細骨材に FNS と硬質砂岩砕砂それぞれを単独使用あるいは併用したコンクリートのフレッシュ性状および圧縮強度試験結果[2)]を解説表 8.2.1 および解説図 8.2.3 に示す．FNS を使用する高強度コンクリートは，その混合率によって同一のワーカビリティーを得るのに要する化学混和剤の使用量，同一強度を得るための水セメント比，材齢の経過に伴う強度発現性などが異なる場合がある点に留意が必要である．

解説表 8.2.1　フェロニッケルスラグ細骨材を使用した高強度コンクリートのフレッシュ性状[2)]

調合名称	FNS 5 (HS) 混合率 (%)	W/C (%)	単位量（kg/m³）					SP (C×%)	AE 助剤	フロー値 (mm)	コンクリート温度 (%)	空気量 (%)
			W	C	FNS 5 (HS)	S	G					
C 25-0	0	25	175	700	0	682	851	2.90		558	26.0	1.4
C 25-30	30				236	478		2.50		621	24.8	1.2
C 25-100	100				787	0		1.60		633	24.0	1.4
C 30-0	0	30	175	583	0	779		2.00		654	24.9	1.0
C 30-30	30				270	546		1.70		678	24.2	1.2
C 30-100	100				899	0		1.10		645	23.9	1.8
M 25-0	0	25	175	700	0	693		1.30		688	25.0	1.0
M 25-30	30				240	485		1.10		634	24.9	1.6
M 25-100	100				799	0		0.80		615	24.3	1.8
M 30-0	0	30	175	583	0	789		0.85		524	24.3	2.0
M 30-30	30				273	552		0.75	○	533	23.7	1.8
M 30-100	100				909	0		0.65	○	686	22.1	1.8

［注］　調合名称は，（セメントの種類および W/C）－（FNS 5（HS）混合率）を表す．
　　C：普通ポルトランドセメント，M：中庸熱ポルトランドセメント

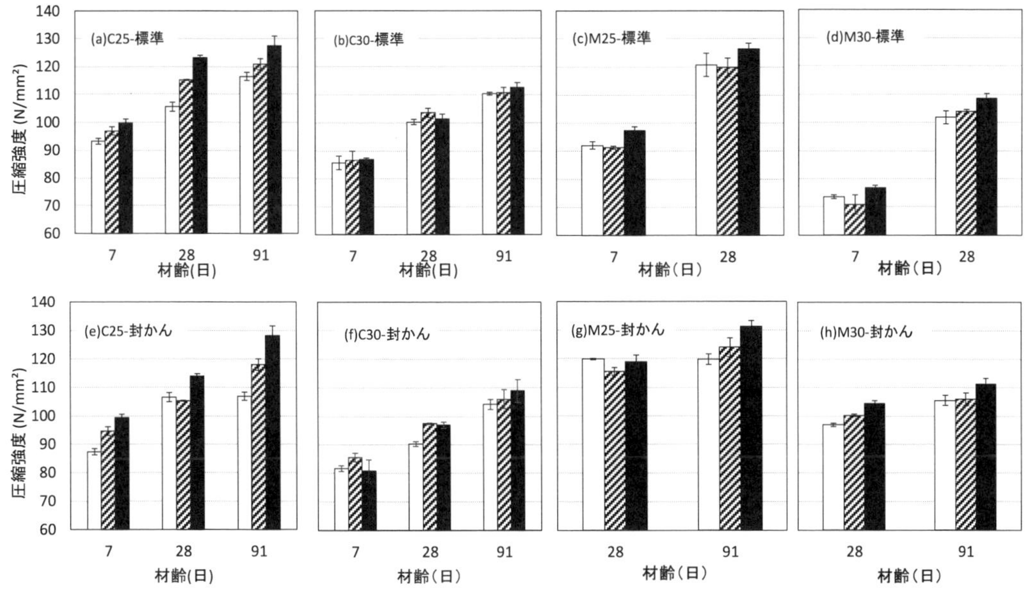

FNS 混合率：□ 0 %　▨ 30 %　■ 100 %　　※エラーバーは標準誤差
調合名称は，(セメントの種類および W/C)－(FNS 混合率) を表す.
C：普通ポルトランドセメント，M：中庸熱ポルトランドセメント

解説図 8.2.3　フェロニッケルスラグ細骨材と硬質砂岩砕砂それぞれを単独使用あるいは併用して使用した高強度コンクリートの圧縮強度[2)]

8.2.5　コンクリートの製造

製造は，JASS 5 の 17 節による.

FNS を使用する高強度コンクリートの製造は，一般の高強度コンクリートと同様，JASS 5 の 17 節による.

8.2.6　施　　工

施工は，JASS 5 の 17 節による.

FNS を使用する高強度コンクリートの施工は，一般の高強度コンクリートと同様，JASS 5 の 17 節による.

8.2.7　品質管理・検査

品質管理・検査は，JASS 5 の 17 節による.

FNSを使用する高強度コンクリートの品質管理・検査は，一般の高強度コンクリートと同様，JASS 5の17節による．

参 考 文 献

1）フェロニッケルスラグ細骨材の高強度コンクリート用細骨材への適用性に関する試験報告書，日本建築学会フェロニッケルスラグ小委員会資料，日本鉱業協会，1996.6
2）丹羽章暢ほか：フェロニッケルスラグ細骨材を用いた高強度コンクリートの検討 その1 実験概要および圧縮強度発現特性，日本建築学会大会学術講演梗概集，pp.561-562，2016.8
3）西村奈央ほか：フェロニッケルスラグ細骨材を用いた高強度コンクリートの検討 その2 自己収縮特性および水和生成物の評価，日本建築学会大会学術講演梗概集，pp.563-564，2016.8
4）松田 拓ほか：加熱養生の不要な超低収縮・超高強度コンクリート，建築技術，No. 803，pp.166-173，2016.12
5）松田 拓ほか：細骨材の違いが超高強度コンクリートの性状に及ぼす影響，コンクリート工学年次論文集，Vol. 37，No. 1，pp.1117-1122，2015
6）日本コンクリート工学協会：超流動コンクリート委員会報告書(II)，1994.5

8.3 アルカリシリカ反応性の試験で区分B（無害でない）となるフェロニッケルスラグ骨材を用いるコンクリート

8.3.1 総　　則

本節は，アルカリシリカ反応性の試験で区分Bとなるフェロニッケルスラグ骨材を用いるコンクリートを対象とする．ただし，区分Bのフェロニッケル細骨材の予混合使用は，行ってはならない．

本指針の7章までは，アルカリシリカ反応性の試験で区分A（無害）の骨材を使うことを前提として規定を示している．2018年現在，国内に流通するCUSにおいて，アルカリシリカ反応性試験の結果が区分B（無害でない）となるものは確認されておらず，JIS A 5011-3-2016（コンクリート用スラグ骨材―第3部：銅スラグ骨材）においても，アルカリシリカ反応性の試験で区分Aのもののみを JIS に適合するものと内容を改正するに至っている．一方，FNAに関しては，アルカリシリカ反応性の試験で区分B（無害でない）となるものが存在する．組み合わせるセメントなどに制約はあるものの，FNAで区分Bとなるものについては，JIS A 5011-2-2016（コンクリート用スラグ骨材―第2部：フェロニッケルスラグ骨材）でも認めており，この利用方法については，本指針でも本節で示すこととした．ただし，区分BのFNAを予混合使用すると，使用量の管理などが複雑になるため，予混合使用は認めないこととした．

8.3.2 コンクリートの種類および品質

コンクリートの種類および品質は2章による．

アルカリシリカ反応性の試験の結果が区分B(無害でない)となるFNAを用いるコンクリートであっても，コンクリートに求める品質は区分A（無害）の骨材を使うコンクリートと同様である．したがって，コンクリートの種類および品質は2章によることとした．

8.3.3　アルカリシリカ反応抑制対策の方法

> アルカリシリカ反応抑制対策の方法は，次の(1)または(2)による．
>
> (1)　コンクリートに用いるセメントはｉ）またはⅱ），骨材はⅲ）による．
>
> ｉ）使用するセメントは，高炉セメントB種またはC種とする．ただし，高炉セメントB種を用いる場合は，高炉スラグの分量（質量分率%）が40 %以上のものとする．
>
> ⅱ）ｉ）に規定した高炉セメントの代替として，ポルトランドセメントと高炉スラグ微粉末を使用することができる．この場合の高炉スラグ微粉末の置換率は，併用するポルトランドセメントとの組合せにおいて，アルカリシリカ反応抑制効果があると確認された置換率とする．
>
> ⅲ）コンクリートに用いる細骨材と粗骨材の組合せは，次の1）または2）のいずれかとする．使用できる普通粗骨材と普通細骨材は，アルカリシリカ反応性の試験で区分A（無害）のものとする．
>
> 1）普通粗骨材(注1)，普通細骨材(注2)およびフェロニッケルスラグ粗骨材
>
> 2）普通粗骨材(注1)，普通細骨材(注2)およびフェロニッケルスラグ細骨材
>
> （ただし，フェロニッケルスラグ細骨材の容積は，全細骨材容積の30 %以下.）
>
> [注] 1）JIS A 5308 附属書Aに規定される砕石または砂利
>
> 2）JIS A 5308 附属書Aに規定される砕砂または砂
>
> (2)　JASS 5 N T-603(コンクリートの反応性試験方法)によって，実際に使用する調合のコンクリートが反応なしと判定された場合は，(1)によらなくてもよい．

アルカリシリカ反応性の試験の結果が区分B(無害でない)となるFNAは，既存の実験データが存在するポルトランドセメントの一部を高炉スラグ微粉末に置き換える手法を適用すること，あるいはJASS 5 N T-603(コンクリートの反応性試験方法)によって反応なしと判定されることを条件に認めることとした．

解説図8.3.1に，JIS A 1146（骨材のアルカリシリカ反応性試験方法（モルタルバー法））に準拠し，区分Aの普通細骨材に，区分BのFNGあるいはFNSを少しずつ混合していった場合のモルタルバーの膨張率を示す．モルタルバーの膨張率の上限を0.1 %と考えた場合，セメント中の高炉スラグ置換率を45 %としたケースでは，FNAの混合率にかかわらず，モルタルバーの膨張率は0.1 %未満に抑制された．一方，セメント中の高炉スラグ置換率を40 %としたケースでは，FNGの場合は高炉スラグ置換率を45 %としたケースとほぼ同様の結果が得られたが，FNSの場合は，モルタルバーの膨張率を0.1 %未満に抑制できたのは置換率40 %以下の場合のみであった．

これらの結果から考えれば，高炉スラグ置換率を45 %以上とするのが理想であるが，市販されている高炉セメントB種の高炉スラグ置換率は40～45 %程度であることを鑑み，本指針ではJIS A 5011-2-2016（コンクリート用スラグ骨材—第2部：フェロニッケルスラグ骨材）と同様の(1)ｉ)～ⅲ）のような条件を定めた．ただし，実際に使用する調合のコンクリートがJASS 5 N T-603(コンクリートの反応性試験方法）によって反応なしと判定された場合は，(1)によらなくてもよい．

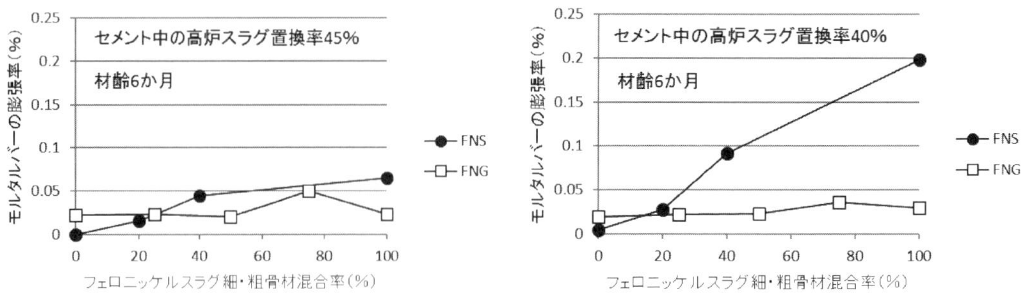

解説図 8.3.1 材料のフェロニッケル骨材の混合率とモルタルバーの膨張率

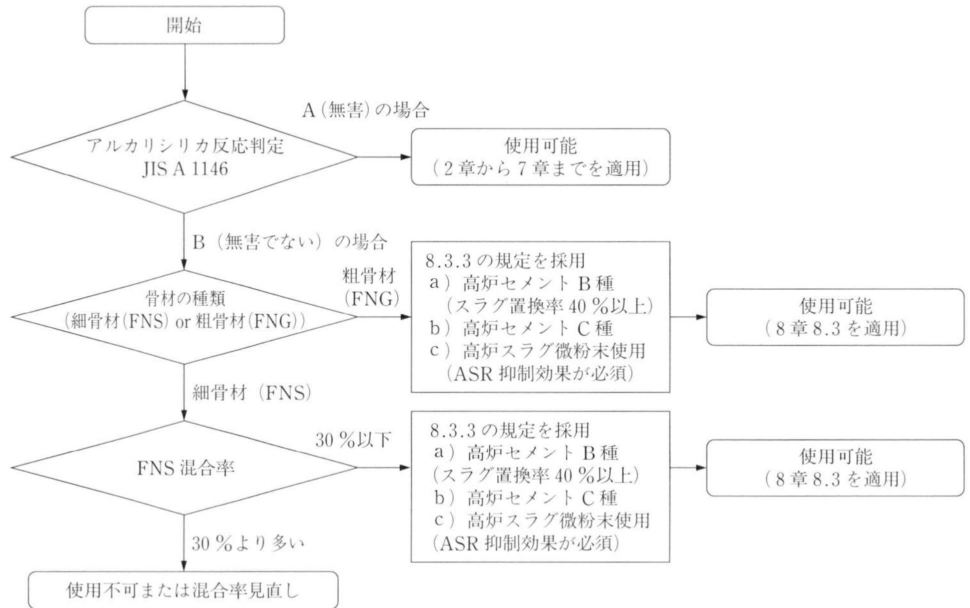

［注］ このフローによらず，JASS 5 N T-603（コンクリートの反応性試験方法）によって，実際に使用する調合のコンクリートが反応なしと判定された場合は使用可能

解説図 8.3.2 フェロニッケルスラグ骨材の反応性に応じた使用可否の検討フロー

なお，2～7章までに従って検討する場合と，本節 8.3 を使う場合の関係は，解説図 8.3.2 のように考えればよい．

8.3.4 調　　合

> コンクリートの調合は，8.3.3 で定めた骨材の種類，組合せ，混合量などを条件として，4章によって行う．

アルカリシリカ反応性の試験の結果が区分 B（無害でない）となる FNA を用いるコンクリートで

あっても，コンクリートの調合計算は，区分 A（無害）の骨材を使うコンクリートと同様である．したがって，コンクリートの調合は，8.3.3 で定めた骨材の種類，組合せ，混合量などを条件として，4章によって行うこととした．

8.3.5　コンクリートの発注・製造・受入れ

コンクリートの発注・製造・受入れは，5章による．

アルカリシリカ反応性の試験の結果が区分 B（無害でない）となる FNA を用いるコンクリートであっても，コンクリートの発注・製造・受入れに関する留意事項などは，区分 A（無害）の骨材を使うコンクリートと同様である．

8.3.6　コンクリートの運搬・打込み・締固めおよび養生

コンクリートの運搬・打込み・締固めおよび養生は，6章による．

アルカリシリカ反応性の試験の結果が区分 B（無害でない）となる FNA を用いるコンクリートであっても，コンクリートの運搬・打込み・締固めおよび養生に関する留意事項などは，区分 A（無害）の骨材を使うコンクリートと同様である．

8.3.7　コンクリートの品質管理

コンクリートの品質管理は，7章による．

アルカリシリカ反応性の試験の結果が区分 B（無害でない）となる FNA を用いるコンクリートであっても，コンクリートの品質管理に関する留意事項などは，区分 A（無害）の骨材を使うコンクリートと同様である．

付　　録

付録Ⅰ　フェロニッケルスラグ骨材に関する技術資料

1章　フェロニッケルスラグ骨材の品質

1.1　フェロニッケルスラグ骨材の製法と特徴

フェロニッケルスラグ骨材（以下，フェロニッケルスラグ細骨材をFNS，フェロニッケルスラグ粗骨材をFNGという）は，フェロニッケル製錬の際に電気炉またはロータリーキルンで発生する溶融スラグを冷却し，図1.1の工程概略図に示すように粉砕・粒度調整を行ったものである．現在，表1.1に示す3製造所で7種類の銘柄のFNSと1種類のFNGが製造されている．

ロータリーキルンからは，水による急冷〔水冷砂：A〕が製造されている．電気炉からは，加圧空気による急冷〔風砕砂：B〕，空気による徐冷〔徐冷砕砂：C〕および水による急冷〔水砕砂：D〕の3種類の冷却工程によるFNSの製造が行われ，また，空気による徐冷〔徐冷砕石：E〕の冷却工程によるFNGの製造が行われている．

各種のフェロニッケルスラグ骨材の外観を写真1.1～1.6に示す．

キルン水冷砂〔A〕は，半溶融状態のスラグを水で急冷した後に破砕し，それらの破砕物からフェロニッケルを選別・回収した後のスラグを，水力分級機により粒度調整して製品化される．キルン水冷砂〔A〕は，粒度区分1.2のみが製造されており，水力分級によって微粒分が除かれるので，微粒分量は少なく，角ばった形状となっている．

電気炉風砕砂〔B〕は，溶融状態のスラグを空中に放出して製造することで表面張力により球状化するため，丸みを帯びた形状となっている．

電気炉水砕砂〔D〕は，水砕され顆粒状となっている．それを破砕およびふるい分けにより粒度調整して製品化される．

電気炉徐冷砕砂〔C〕および電気炉徐冷砕石〔E〕は，徐冷したスラグを破砕および，加工後ふるい分けにより粒度調整して製品化される．

表 1.1　FNS および FNG の製造方法の概要

製錬所別銘柄	記　号	製　法	製造所	住　所
キルン水冷砕 A	FNS 1.2	半溶融状態のスラグを水冷後，破砕，粒度調整したもの	日本冶金工業㈱ 大江山製造所	京都府宮津市須津
電気炉風砕砂 B	FNS 5	溶融状態のスラグを加圧空気で急冷し，粒度調整したもの	大平洋金属㈱ 八戸製造所	青森県八戸市 大字河原木
電気炉風砕砂 B	FNS 5-0.3			
電気炉徐冷砕砂 C	FNS 5	溶融状態のスラグを大気中で徐冷し，粒度調整したもの		
電気炉水砕砂 D	FNS 1.2	溶融状態のスラグを水砕後，加工，粒度調整したもの	㈱日向製錬所	宮崎県日向市船場町
電気炉水砕砂 D	FNS 5			
電気炉水砕砂 D	FNS 5-0.3	溶融状態のスラグを水砕後，粒度調整したもの		
電気炉徐冷砕砂 E	FNG 20-5	溶融状態のスラグを大気中で徐冷し，粒度調整したもの	大平洋金属㈱ 八戸製造所	青森県八戸市 大字河原木

［注］ A，B，C，D および E は，製造所別銘柄の記号（以下，製造所銘柄という）

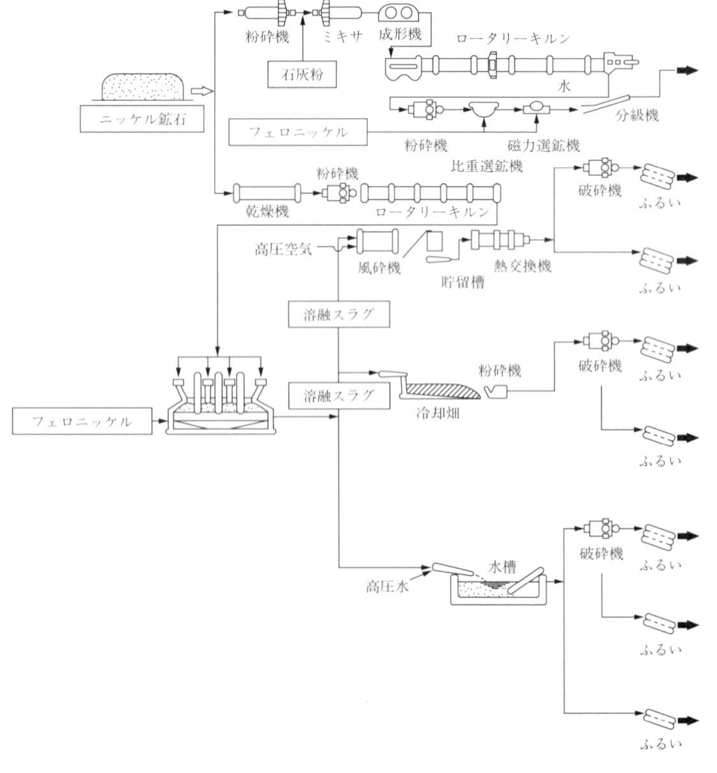

種類	品質・特性	
キルン水冷砕［A］	［FNS 1.2］	
	絶乾密度 (g/cm³)	3.05
	吸水率 (%)	0.57
	最大粒径	1.2 mm
	粗粒率	1.61
電気炉風砕砂［B］	［FNS 5］	
	絶乾密度 (g/cm³)	2.92
	吸水率 (%)	1.97
	最大粒径	5 mm
	粗粒率	2.68
電気炉風砕砂［B］	［FNS 5-0.3］	
	絶乾密度 (g/cm³)	2.78
	吸水率 (%)	1.13
	最大粒径	5 mm
	粗粒率	3.96
電気炉徐冷砕砂［C］	［FNS 5］	
	絶乾密度 (g/cm³)	2.95
	吸水率 (%)	1.67
	最大粒径	5 mm
	粗粒率	2.62
電気炉徐冷砕石［E］	［FNG 20-5］	
	絶乾密度 (g/cm³)	2.96
	吸水率 (%)	0.96
	最大粒径	20 mm
	粗粒率	6.53
電気炉水砕砂［D］	［FNS 1.2］	
	絶乾密度 (g/cm³)	2.98
	吸水率 (%)	0.77
	最大粒径	1.2 mm
	粗粒率	2.22
電気炉水砕砂［D］	［FNS 5］	
	絶乾密度 (g/cm³)	2.99
	吸水率 (%)	0.77
	最大粒径	5 mm
	粗粒率	2.57
電気炉水砕砂［D］	［FNS 5-0.3］	
	絶乾密度 (g/cm³)	2.95
	吸水率 (%)	0.63
	最大粒径	5 mm
	粗粒率	3.87

図 1.1　FNS および FNG の製造工程

写真 1.1　キルン水冷砂 A　FNS 1.2

写真 1.2　電気炉風砕砂 B　FNS 5

写真 1.3　電気炉風砕砂 B　FNS 5-0.3

写真 1.4　電気炉徐冷砕砂 C　FNS 5

写真 1.5　電気炉水砕砂 D　FNS 5

写真 1.6　電気炉徐冷砕石 E　FNG 20-5

1.2　フェロニッケルスラグ骨材の化学成分と鉱物組成と環境安全品質

1.2.1　鉱石の化学成分

FNSおよびFNGの製造に用いられる原鉱石は，主として含ニッケルかんらん岩などの風化物から構成され，原鉱石に含まれるMgOの量は，表1.2に示すように，17.8〜32.6％と高い値を示す．また，ラテライト質のため原鉱石中には重金属，塩分および硫黄などの有害物質はほとんど含まれておらず，製錬過程中でも有害物が混入しないように管理されている．

表1.2　ニッケル鉱石の化学成分

測定値	化学成分（％）				
	Ni	FeO	SiO_2	MgO	CaO
平均値	1.78	15.7	38.2	25.7	0.18
最大〜最少	2.03〜1.49	24.7〜6.8	48.8〜30.2	32.6〜17.8	0.45〜0.01

1.2.2　フェロニッケルスラグ骨材の化学成分

FNSおよびFNGの化学成分の測定結果を表1.3に示す．測定結果は，JIS A 5011-2に定められた化学成分の規格値をすべて満足し，かつその変動幅は非常に小さい．

FNSおよびFNGに含まれるその他の化学成分は，大部分が二酸化けい素（SiO_2）で構成される．また，水砕に海水を用いていないので，塩分はほとんど含まれない．

表1.3　FNSおよびFNGの化学成分（2017年1月〜12月）

製造所別銘柄	測定値	JIS規定化学成分（％）					化学成分(参考)(％)	
		酸化カルシウム（CaO）	酸化マグネシウム（MgO）	全硫黄（S）	全鉄（FeO）	金属鉄（Fe）	二酸化けい素（SiO_2）	ニッケル（Ni）
A（大江山製造所）	平均値	4.8	30.9	0.07	5.9	0.8	51.8	0.18
	最大値	5.3	31.6	0.10	7.8	0.9	52.5	0.23
	最小値	3.8	30.2	0.07	5.1	0.7	51.1	0.15
	標準偏差	0.4	0.5	0.01	0.9	0.1	0.4	0.03
B・C・E（八戸製造所）	平均値	1.9	35.4	0.04	8.2	0.13	50.1	0.04
	最大値	3.4	37.9	0.06	9.8	0.27	52.1	0.06
	最小値	1.2	33.0	0.03	6.3	0.07	48.6	0.03
	標準偏差	0.5	1.4	0.01	0.8	0.05	0.9	0.01
D（日向製錬所）	平均値	0.55	33.1	0.033	9.24	0.18	52.4	0.055
	最大値	0.86	35.4	0.044	11.40	0.22	54.6	0.068
	最小値	0.22	30.9	0.024	6.68	0.13	51.3	0.040
	標準偏差	0.14	0.6	0.006	0.82	0.64	0.6	0.006
JIS A 5011-2 規格値		15.0以下	40.0以下	0.5以下	13.0以下	1.0以下	—	—

1.2.3　フェロニッケルスラグ骨材の鉱物組成

FNS および FNG の結晶相には，表 1.4 に示すように主として輝石およびかんらん石が見られ，これらの結晶相はアルカリシリカ反応性を示すことはない．しかし，カルシウムに乏しいフェロニッケルスラグでは，一般に溶融スラグの冷却速度によってはガラス質が増加して，アルカリシリカ反応性を示す場合がある．

表 1.4　フェロニッケルスラグの鉱物組成

（質量　%）

鉱物の種類	製造種別銘柄			
	A	B	C	D
かんらん石（フォルステライト）	8.8	23.2	18.8	18.7
斜方輝石（エンスタタイト）	68.4	66.5	72.3	74.7
単斜輝石（ディオプサイド）	14.1	1.5	0.7	0.0
長石（アノーサイト）	6.3	6.1	5.9	1.08
クロムスピネル	1.8	1.9	1.6	3.3
合　計	99.4	99.2	99.3	98.5

1.2.4　フェロニッケルスラグ骨材の環境安全品質

フェロニッケルスラグ骨材の環境安全品質は，2016 年改正の JIS A 5011-2 において新たに規格化された，フェロニッケルスラグ骨材が確保すべき品質である．

FNS および FNG における，環境安全品質の溶出量および含有量の試験結果を表 1.5，1.6 に示す．試験結果より，溶出量試験のふっ素を除き，全て定量下限未満であり，また，溶出量試験のふっ素に関しても基準に対し低い値であり，FNS および FNG は，環境安全品質基準を満足している．

表 1.5　FNS および FNG の環境安全品質の溶出量試験結果（2017 年 1 月～12 月）

製造所名	骨材呼び名	試験値	化学成分（mg/l）							
			Cd	Pb	Cr^{6+}	As	Hg	Se	B	F
A 大江山 製造所	FNS 1.2	平均値	＜0.001	＜0.005	＜0.02	＜0.005	＜0.0005	＜0.005	＜0.1	＜0.1
		最大値	＜0.001	＜0.005	＜0.02	＜0.005	＜0.0005	＜0.005	＜0.1	＜0.1
		最小値	＜0.001	＜0.005	＜0.02	＜0.005	＜0.0005	＜0.005	＜0.1	＜0.1
		標準偏差	—	—	—	—	—	—	—	—
B・C 八戸 製造所	FNS 5 FNS 5-0.3	平均値	＜0.001	＜0.005	＜0.02	＜0.005	＜0.0005	＜0.005	＜0.1	0.1
		最大値	＜0.001	＜0.005	＜0.02	＜0.005	＜0.0005	＜0.005	＜0.1	＜0.1
		最小値	＜0.001	＜0.005	＜0.02	＜0.005	＜0.0005	＜0.005	＜0.1	＜0.1
		標準偏差	—	—	—	—	—	—	—	—
D 日向 製錬所	FNS 5	平均値	＜0.001	＜0.005	＜0.02	＜0.005	＜0.0005	＜0.005	＜0.1	＜0.1
		最大値	＜0.001	＜0.005	＜0.02	＜0.005	＜0.0005	＜0.005	＜0.1	＜0.1
		最小値	＜0.001	＜0.005	＜0.02	＜0.005	＜0.0005	＜0.005	＜0.1	＜0.1
		標準偏差	—	—	—	—	—	—	—	—
E 八戸 製造所	FNG 20-5	平均値	＜0.001	＜0.005	＜0.02	＜0.005	＜0.0005	＜0.005	＜0.1	＜0.1
		最大値	＜0.001	＜0.005	＜0.02	＜0.005	＜0.0005	＜0.005	＜0.1	＜0.1
		最小値	＜0.001	＜0.005	＜0.02	＜0.005	＜0.0005	＜0.005	＜0.1	＜0.1
		標準偏差	—	—	—	—	—	—	—	—
基　準	一般用途		≦0.01	≦0.01	≦0.05	≦0.01	≦0.0005	≦0.01	≦1	≦0.8
	港湾用途		≦0.03	≦0.03	≦0.15	≦0.03	≦0.015	≦0.03	≦20	≦15

表 1.6　FNS および FNG の環境安全品質の含有量試験結果（2017 年 1 月～12 月）

製造所名	骨材呼び名	試験値	化学成分（mg/l）							
			Cd	Pb	Cr^{6+}	As	Hg	Se	B	F
A 大江山 製造所	FNS 1.2	平均値	＜15	＜15	＜25	＜15	＜1.5	＜15	＜400	＜400
		最大値	＜15	＜15	＜25	＜15	＜1.5	＜15	＜400	＜400
		最小値	＜15	＜15	＜25	＜15	＜1.5	＜15	＜400	＜400
		標準偏差	—	—	—	—	—	—	—	—
B・C 八戸 製造所	FNS 5 FNS 5-0.3	平均値	＜15	＜15	＜25	＜15	＜1.5	＜15	＜400	＜400
		最大値	＜15	＜15	＜25	＜15	＜1.5	＜15	＜400	＜400
		最小値	＜15	＜15	＜25	＜15	＜1.5	＜15	＜400	＜400
		標準偏差	—	—	—	—	—	—	—	—
D 日向 製錬所	FNS 5	平均値	＜15	＜15	＜25	＜15	＜1.5	＜15	＜400	＜400
		最大値	＜15	＜15	＜25	＜15	＜1.5	＜15	＜400	＜400
		最小値	＜15	＜15	＜25	＜15	＜1.5	＜15	＜400	＜400
		標準偏差	—	—	—	—	—	—	—	—
E 八戸 製造所	FNG 20-5	平均値	＜15	＜15	＜25	＜15	＜1.5	＜15	＜400	＜400
		最大値	＜15	＜15	＜25	＜15	＜1.5	＜15	＜400	＜400
		最小値	＜15	＜15	＜25	＜15	＜1.5	＜15	＜400	＜400
		標準偏差	—	—	—	—	—	—	—	—
基　準	一般用途		≦150	≦150	≦250	≦150	≦15	≦150	≦4 000	≦4 000
	港湾用途		規定なし							

1.2.5　利用模擬試料による形式検査と受渡判定値の設定

環境安全形式検査に利用模擬試料を用いた場合の環境安全受渡検査判定値は，同一の製造ロットから採取したフェロニッケルスラグ骨材試料を用いて環境安全形式試験および環境安全受渡試験を行い，JIS A 5011-2 附属書Cに従って，フェロニッケルスラグ骨材製造業者が設定する．なお，フェロニッケルスラグ骨材試料で環境安全溶出量，環境安全含有量とも基準を満足しており，利用模擬試料を用いた試験を行うことは少ない．

環境安全形式検査にフェロニッケルスラグ骨材試料を用いる場合，環境安全受渡検査判定値は，JIS A 5011-2 5.5.1の環境安全品質基準を用いることとなる．

1.3　フェロニッケルスラグ骨材およびフェロニッケルスラグ混合細骨材

1.3.1　フェロニッケルスラグ骨材の物理的性質

7種類のFNSおよび1種類のFNGの物理試験結果を表1.7に示す．絶乾密度は，2.70～3.08 g/cm³であり，普通骨材と比較し，絶乾密度が大きくなっている．また，吸水率は，0.30～2.96 %であり，骨材製法または製造所により物理的性質は異なるが，いずれの結果もJIS A 5011-2の規格値を満足している．

表 1.7　FNS および FNG の品質例（物理的性質）（2017 年 1 月～12 月）

骨材製法	製造所別銘柄粒度区分	測定値	絶乾密度 (g/cm³)	吸水率 (%)	単位容積質量 (kg/l)	実積率 (%)	粗粒率	0.15 mm ふるい通過率（%）	0.075 mm ふるい通過率（%）
キルン水砕	A FNS 1.2	平均値	3.06	0.35	1.81	59.1	1.61	21	7
		最大値	3.08	0.39	1.85	60.7	1.73	22	12
		最小値	3.05	0.30	1.76	58.0	1.57	18	4
		標準偏差	0.01	0.02	0.02	0.6	0.04	1	2
電気炉風砕	B FNS 5	平均値	2.90	2.49	1.84	63.5	2.66	6	4
		最大値	2.96	2.96	1.92	65.0	2.73	7	4
		最小値	2.83	2.09	1.77	61.2	2.58	5	2
		標準偏差	0.03	0.20	0.04	0.8	0.04	1	0
	B FNS 5-0.3	平均値	2.78	1.13	1.72	61.9	3.96	0	0
		最大値	2.89	2.11	1.80	63.3	4.25	1	1
		最小値	2.70	0.73	1.61	59.7	3.90	0	0
		標準偏差	0.03	0.20	0.05	1.0	0.08	0	0
電気炉徐冷滓	C FNS 5	平均値	2.95	1.67	1.95	66.8	2.62	12	5
		最大値	3.01	1.87	1.98	68.9	2.73	14	6
		最小値	2.91	1.02	1.87	59.6	2.58	8	5
		標準偏差	0.06	0.32	0.06	1.2	0.09	2	1
電気炉水砕	D FNS 1.2	平均値	2.93	0.86	1.89	64.4	2.63	9	—
		最大値	2.95	1.12	1.90	65.5	2.78	12	—
		最小値	2.90	0.71	1.85	62.7	2.42	7	—
		標準偏差	0.01	0.14	0.01	0.6	0.08	1	—
	D FNS 5	平均値	2.94	0.86	1.78	60.6	3.18	3	—
		最大値	2.97	1.08	1.81	62.0	3.34	5	—
		最小値	2.92	0.60	1.75	59.3	3.04	2	—
		標準偏差	0.02	0.13	0.02	0.8	0.08	1	—
	D FNS 5-0.3	平均値	2.91	0.60	1.72	58.9	3.91	1	—
		最大値	—※	—※	—※	—※	4.40	5	—
		最小値	—※	—※	—※	—※	2.96	0	—
		標準偏差	—※	—※	—※	—※	0.30	1	—
JIS A 5011-2 規格値			≧2.7	≦3.0	≧1.50	—	—	FNS 5：2～15 FNS 2.5：5～20 FNS 1.2：10～30 FNS 5-0.3：0～10	FNS 5：≦7.0 FNS 2.5：≦9.0 FNS 1.2：≦10.0 FNS 5-0.3：≦7.0
電気炉徐冷滓	E FNG 20-5	平均値	2.96	0.96	1.82	61.3	6.53	—	0.9
		最大値	2.99	1.19	1.83	62.1	6.56	—	1.2
		最小値	2.94	0.84	1.80	60.4	6.48	—	0.6
		標準偏差	0.01	0.11	0.01	0.5	0.03	—	0.2
JIS A 5011-2 規格値			≧2.7	≦3.0	≧1.50	—	—	—	≦5.0

［注］　※：分析結果は n=1 であるため，最大値，最小値，標準偏差は表記しない．

1.3.2　フェロニッケルスラグ骨材の粒度および混合後の粒度

1.3.1 で述べた 7 種類の FNS および 1 種類の FNG の粒度分布の例を表 1.8 に示す．いずれも JIS A 5011-2 の規格値を満足している．

FNS は普通細骨材と混合して用いられるのが一般的であり，その混合率は，各骨材の絶対容積の比率によって算定されるのが一般的である．

たとえば，表乾密度 γ_n=2.55 g/cm³，粗粒率 FMn=3.77 の普通細骨材と表乾密度 γ_s=3.09 g/cm³，粗粒率 FM_s=1.75 の FNS を混合した混合細骨材の目標粗粒率（FM_m）を 2.75 とするとき，容積による FNS 混合率（m）は，(1.1) 式によって 50 %と計算される．

$$m=\frac{FM_m-FM_n}{FM_s-FM_n}\times 100=\frac{2.75-3.77}{1.75-3.77}\times 100=50\ \% \qquad (1.1)$$

表 1.8　FNS および FNG の粒度分布

粒度区分	製造所別銘柄	粗粒率の範囲	各ふるいの呼び寸法（mm） 各ふるいを通るものの質量百分率（%）								
			25	20	10	5	2.5	1.2	0.6	0.3	0.15
FNS 1.2	A	1.67～1.56	—	—	—	100	100	97～98	74～79	43～47	19～23
	D	2.08～2.35	—	—	—	100	100	86～94	42～53	21～32	12～20
	試験値範囲		—	—	—	100	100	86～98	42～79	21～47	12～23
	JIS 規格値		—	—	—	100	95～100	80～100	35～80	15～50	10～30
FNS 5	B	2.56～2.75	—	—	100	100	97～99	68～75	36～43	14～20	3～9
	C	2.58～2.73	—	—	100	100	97～99	67～75	34～41	16～21	8～14
	D	2.57～2.71	—	—	100	100	97～100	65～88	33～40	15～22	8～13
	試験値範囲		—	—	100	100	97～100	65～88	33～43	14～22	3～14
	JIS 規格値		—	—	100	90～100	80～100	50～90	25～65	10～35	2～15
FNS 5-0.3	B	3.96～4.28	—	—	100	95～100	51～68	14～30	2～9	0～3	0～1
	D	3.75～4.02	—	—	100	97～100	68～81	21～36	6～11	1～3	0～1
	試験値範囲		—	—	100	95～100	51～81	14～36	2～11	0～3	0～1
	JIS 規格値		—	—	100	95～100	45～100	10～70	0～40	0～15	0～10
FNG 20-5	E	6.48～6.56	100	98～100	40～47	2～6	1～2	—	—	—	—
	JIS 規格値		100	90～100	20～55	0～10	0～5	—	—	—	—

また，これを質量による混合率 (n) に換算すると，(1.2) 式によって 54.8 %と計算され，両細骨材の密度差の影響により，容積百分率と質量百分率とでは約 5 %の差を生じる．なお，この計算では，(1.2) 式中の表面水率（p_n, p_s）を 0 %としている．

$$n=\frac{100m(1+p_s/100)\gamma_s}{(100-m)(1+p_n/100)\gamma_n+m(1+p_s/100)\gamma_s}=54.8\ \% \qquad (1.2)$$

ここに，p_n，p_s：それぞれの普通細骨材および FNS の表面水率（%）

γ_n，γ_s：それぞれの普通細骨材および FNS の表乾密度（g/cm³）

さらに，フェロニッケルスラグ混合細骨材の粒度分布を算定する場合にも，絶対容積による分布で表す必要がある．なお，普通細骨材の表乾密度は γ_n=2.55 g/cm³，粗粒率は FM_n=3.36 であり，FNS の表乾密度は γ_s=3.10 g/cm³，粗粒率は FM_s=1.68 である．

表1.9にFNS混合細骨材の容積および質量による粒度分布の比較例を示す．この例では，FNS混合細骨材の絶対容積による粗粒率の値は2.69と求められるのに対し，質量による計算例は2.61になる．これは，FNSと普通細骨材の密度と粒度分布の範囲が異なることから生じるもので，この場合，質量による計算例では0.08だけ小さく計算され，粗粒率が過少に評価されることになる．

表1.9　FNS混合細骨材の容積および質量による粒度分布の比較例

ふるい目の大きさ(mm)	単独細骨材の各ふるい通過質量百分率（%）		FNS混合率に従った合成通過容積百分率(%)	混合細骨材の通過質量百分率(%)
	FNS	普通砂		
10	100	100	(100×0.4)+(100×0.6)=100.0	100
5	100	95	(100×0.4)+ (95×0.6)= 97.0	97.24
2.5	100	71	(100×0.4)+ (71×0.6)= 82.6	83.98
1.2	97	58	(97×0.4)+ (58×0.6)= 73.6	75.46
0.6	69	22	(69×0.4)+ (22×0.6)= 40.8	43.05
0.3	41	15	(41×0.4)+ (15×0.6)= 25.4	25.65
0.15	25	3	(25×0.4)+ (3×0.6)= 11.83	12.85
F.M.	1.68	3.36	2.69	2.61

1）FNS混合率 $m=40$ %
2）質量計算による混合率 $n=100m\times\gamma_s/\{(100-m)\gamma_n+(m\times\gamma_s)\}=44.8$ %
ふるい通過質量百分率の算定例
・ふるい1.2mmの通過質量百分率$=\{(97\times0.4\times3.10)+(58\times0.6\times2.55)\}\div\{(100\times0.4\times3.10)+(100\times0.6\times2.55)\}$
$=209.02\div277=75.46$ %
・ふるい0.5mmの通過質量百分率$=\{(25\times0.4\times3.10)+(3\times0.6\times2.55)\}\div\{(100\times0.4\times3.10)+(100\times0.6\times2.55)\}$
$=35.59\div277=12.85$ %
3）0.15mm通過量に占めるFNSの容積割合 V(%)
$V=(25\times0.4)\div\{(25\times0.4)+(3\times0.6)\}\times100=85$ %
ただし，細骨材の品質は，以下のように仮定して計算した．
FNS 1.2：$\gamma_s=3.10$，$FM_s=1.68$
普通砂：$\gamma_s=2.55$，$FM_n=3.36$

1.4　フェロニッケルスラグ骨材のアルカリシリカ反応性

1.4.1　モルタルバー法による試験

製造所が異なる4銘柄（記号：A，B，C，D）のFNSおよび1銘柄（記号：E）のFNGについて，所定回数（試料数）行ったモルタルバー法（JIS A 1146）によるアルカリシリカ反応性試験結果を表1.10に示す．

表1.10によると，記号A，B，Cの製造所で製造されたFNSは，26週後（6か月後）の膨張率の最大値が，いずれも0.100％未満であり，アルカリシリカ反応性による区分はA（無害）と判定される．

一方，記号Dの製造所で製造されたFNSおよび記号Eの製造所で製造されたFNGについては，26週後の膨張率の最小値が0.100％以上であるため，ロットにかかわらず，アルカリシリカ反応性による区分はB（無害でない）と判定される．

フェロニッケルスラグ骨材のアルカリシリカ反応性は，製造所（製造方法）によって変化することが大きな特徴であるといえる．なお，日本鉱業協会で実施したアルカリシリカ反応性に関する実験結果によると，化学法(JIS A 1145)による試験では，現在流通している全てのフェロニッケルスラグ骨材が，区分B(無害でない)と判定されている．

表1.10　フェロニッケルスラグ骨材のモルタルバー法試験結果[77)]

製造所別銘柄	試料数	モルタルバー法 膨張率（%）		
		平均値	最大値	最小値
A	8	0.021	0.028	0.014
B	28	0.037	0.049	0.023
C	28	0.041	0.054	0.031
D	10	0.441	0.528	0.356
E	12	0.175	0.197	0.148

1.4.2　フェロニッケルスラグ骨材の混合率とモルタルバーの膨張率との関係

フェロニッケルスラグ骨材の混合率と26週後のモルタルの膨張率との関係を図1.2，1.3に示す．

図1.2によると，モルタルバー法で区分A（無害）と判定された骨材（記号：A，B，C）は，混合率が変化しても膨張率に大きな変動はなく，ほぼ一定の値を示している．一方，モルタルバー法で区分B(無害でない)と判定された骨材（記号：D，E）を使用したモルタルの膨張率は，概ね混合率に比例して増減していることがわかる．

これらの実験結果から判断すると，フェロニッケルスラグ骨材は，反応性の有無にかかわらず，混合率に関するペシマムは有していないと考えられる．

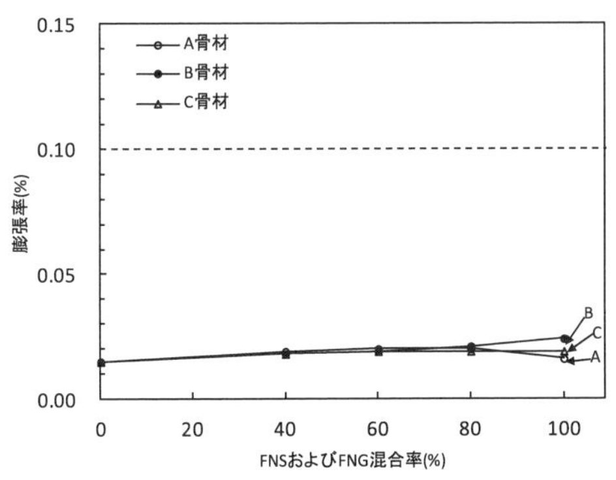

図1.2　FNSの混合率とモルタルの膨張率との関係[57)]

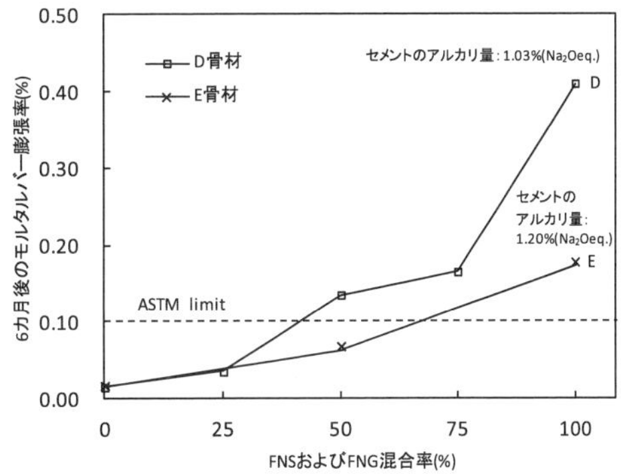

図1.3　FNS，粗骨材の混合率とモルタルの膨張率との関係[12)]

1.4.3　長期材齢でのモルタルバー膨張率

アルカリ量（Na_2O換算）を0.7％，1.2％および2.0％に調整したモルタルの材齢24か月（2年）までの膨張率の推移を図1.4に示す．

図1.4によると，モルタルバー法で区分A（無害）と判定された骨材（記号：A，B，C）を使用したモルタルは，アルカリ量が2.0％でも材齢24か月の膨張率は0.04％以下と小さな値を示している．一方，モルタルバー法で区分B（無害でない）と判定された骨材（記号：D）を使用したモルタルは，アルカリ量が0.7％および1.2％の条件下でも高い膨張率を示していることがわかる．

これらの実験結果から判断すると，フェロニッケルスラグ骨材の場合，アルカリ総量による抑制対策は，その効果が低いと考えられる．

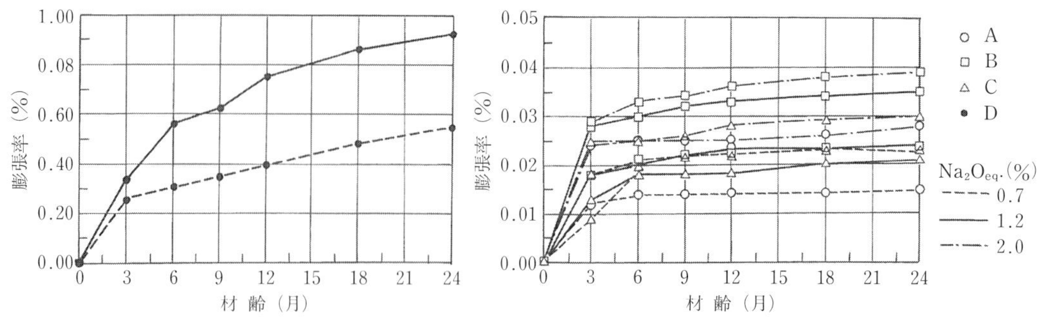

図 1.4　長期材齢におけるモルタルバー膨張率[56)]

1.4.4　アルカリ骨材反応の抑制対策

モルタルバー法で区分 B（無害でない）と判定されたフェロニッケルスラグ骨材（記号：D，E）について，アルカリ総量および骨材の混合率を変化させたモルタルの 26 週後の膨張率を図 1.5 に示す．

図 1.5 によると，アルカリ総量が 1.2 kg/m³の場合，FNS の混合率を 50 %以下とすることで，モルタルの膨張率を 0.100 %未満に抑制することができる．しかし，アルカリ総量が 1.8 kg/m³になると，骨材の混合率を 30 %まで低減してもモルタルの膨張率を 0.100 %未満に抑制することはできない．

したがって，フェロニッケルスラグ骨材については，アルカリシリカ反応抑制対策として，アルカリ総量規制（コンクリート中のアルカリ総量を 3.0 kg/m³以下に規制する方法）は適用できないといえる．

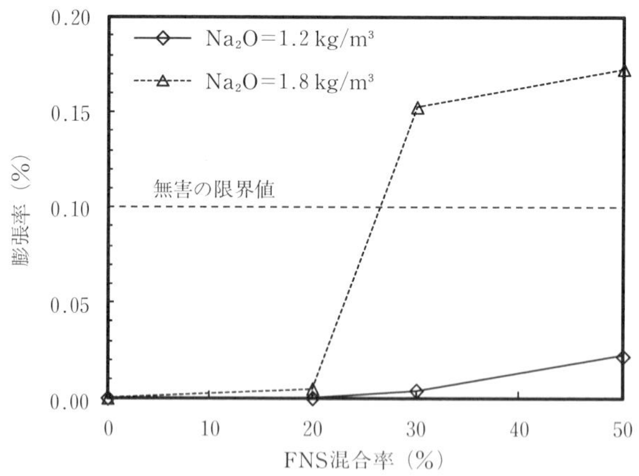

図 1.5　アルカリ総量および骨材の混合率とモルタルの膨張率との関係[142)]

1.4.5　フェロニッケルスラグ骨材のアルカリシリカ反応抑制対策

JIS A 5308　附属書 B（規定）（アルカリシリカ反応抑制対策の方法）では，レディーミクストコンクリート用骨材のアルカリシリカ反応抑制対策として，以下に示す 3 種類の方法を規定している．

a）コンクリート中のアルカリ総量を規制する抑制対策

b）アルカリシリカ反応抑制効果のある混合セメントなどを使用する抑制対策

c）安全と認められる骨材を使用する抑制対策

しかし，フェロニッケルスラグ骨材においては，上記 a）項のアルカリ総量規制が適用できないため，JIS A 5011-2 では，フェロニッケルスラグ骨材に特化したアルカリシリカ反応抑制対策の方法［JIS A 5011-2 附属書 D（規定）（アルカリシリカ反応抑制対策の方法）］を規定している．

JIS A 5011-2 に規定されるアルカリシリカ反応抑制対策の方法を以下に示し，アルカリシリカ反応抑制対策の検討フローを図 1.6 に示す．

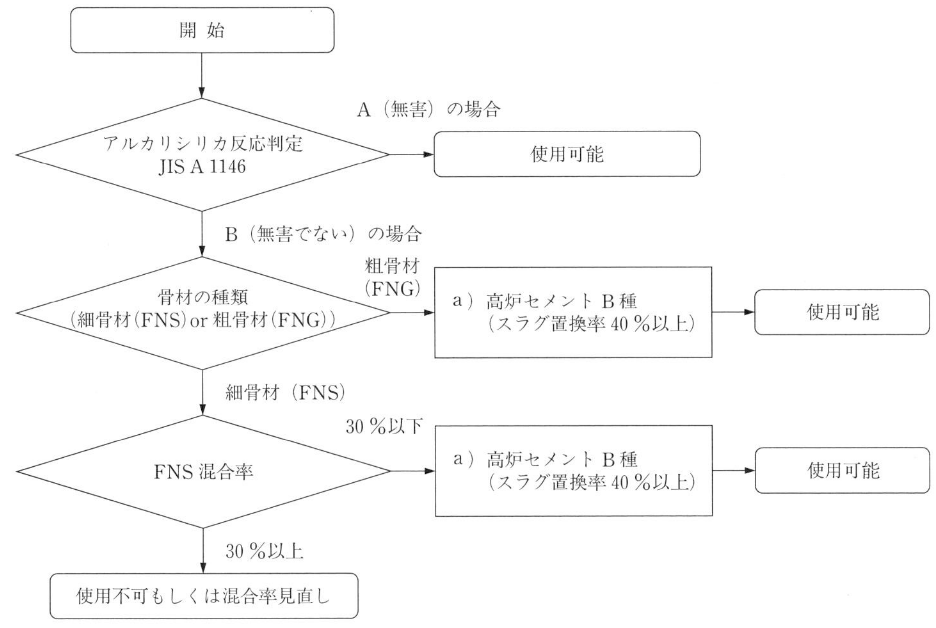

図1.6　アルカリシリカ反応抑制対策の検討フロー[133)]

a）コンクリートに用いる骨材の組合せは，次のいずれかによる．

　1）普通粗骨材[1)]，普通細骨材[2)]およびFNG

　2）普通粗骨材[1)]，普通細骨材[2)]およびFNS（混合率30％以下）

　　［注］1）JIS A 5308附属書Aに規定する砕石または砂利

　　［注］2）JIS A 5308附属書Aに規定する砕砂または砂

b）混合セメントを使用する場合は，JIS R 5211に適合する高炉セメントB種，または高炉セメントC種を用いる．ただし，高炉セメントB種の高炉スラグの分量（質量分率％）は40％以上でなければならない．

c）高炉スラグ微粉末を混和材として使用する場合は，併用するポルトランドセメントとの組合せにおいて，アルカリシリカ反応抑制効果があると確認された単位量で用いる．

d）普通骨材は，アルカリシリカ反応性が無害と判定されたもの以外は用いてはならない．

1.4.6　高炉スラグ微粉末によるアルカリシリカ反応抑制対策の一例

図1.7は，モルタルバー法で区分B（無害でない）と判定されたフェロニッケルスラグ骨材（記号：D，E）を使用し，高炉スラグ微粉末をセメント質量に対して40％および45％置換したモルタルの26週後の膨張率を示した一例である．

図1.7によると，高炉スラグ微粉末をセメント質量に対して45％置換した場合は，フェロニッケルスラグ骨材の混合率にかかわらず，モルタルの膨張率は0.100％未満の値となっている．

一方，高炉スラグ微粉末の置換率が40％の場合は，フェロニッケルスラグ骨材の混合率の増加に伴いモルタルの膨張率も増大し，混合率100％（全量フェロニッケルスラグ骨材）のモルタルの膨張率は0.2％程度あり，明確な抑制効果は期待できない．ただし，フェロニッケルスラグ骨材の混合率を40％以下まで低減させれば，モルタルの膨張率を0.100％未満に抑制することが可能である．

これらの実験結果によると，高炉スラグ微粉末（高炉セメント）の使用によるアルカリシリカ反応抑制対策は，高炉スラグ微粉末の単位量および分量の管理が極めて重要だといえる．

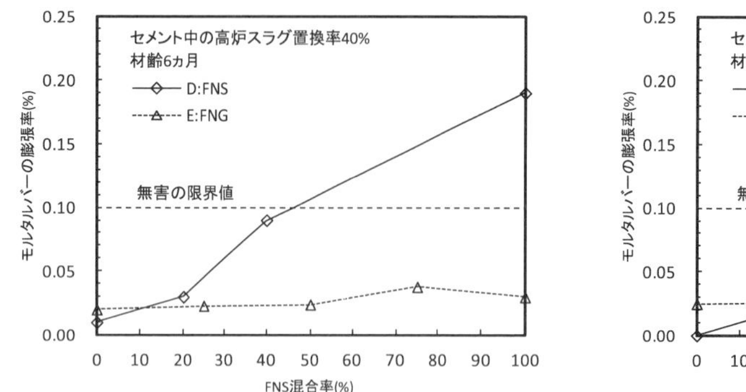

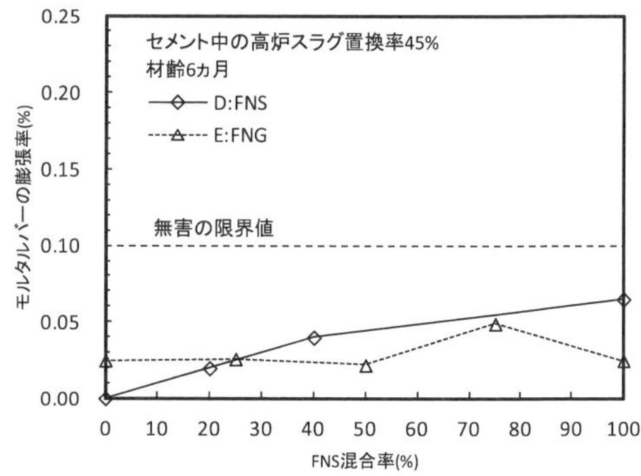

図 1.7　高炉スラグ微粉末の使用によるアルカリシリカ反応抑制効果[138)]

2章　フェロニッケルスラグ骨材を用いたモルタルおよびコンクリートの性質

2.1　FNSを用いたモルタルの性質

2.1.1　フロー値と単位水量の関係

図2.1に示すように，FNS混合率100％の場合，大井川砂に比べ，FNS〔B〕骨材では，モルタルで同一フロー値を得るための単位水量は少ないが，その他のFNSでは多くなる．ただし，粗目の川砂（FM 3.10）よりは単位水量は少ない．

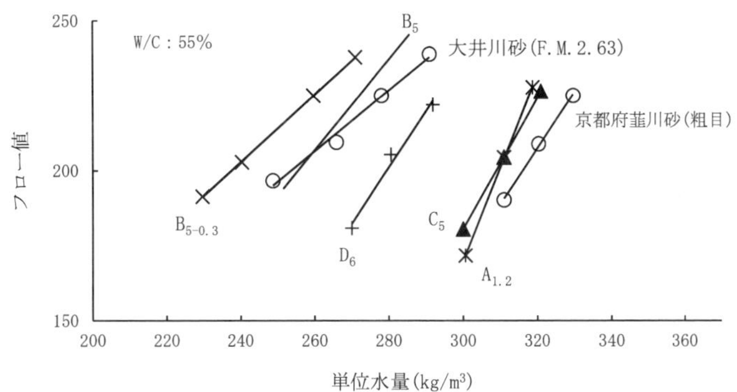

図2.1　モルタルの単位水量とフロー値の関係[67]

2.1.1　強度特性

図2.2は，建設省総合技術開発プロジェクト「鉄筋コンクリート造建築物の超軽量・超高層化技術の開発（New RC）」で用いられた細骨材の品質判定試験方法を参考に強度特性を検討したものである．図2.2で示すように，セメントペーストの圧縮強度に対するFNSを用いたモルタルの圧縮強度は，川砂を用いた場合と同等か若干低くなる傾向がある．

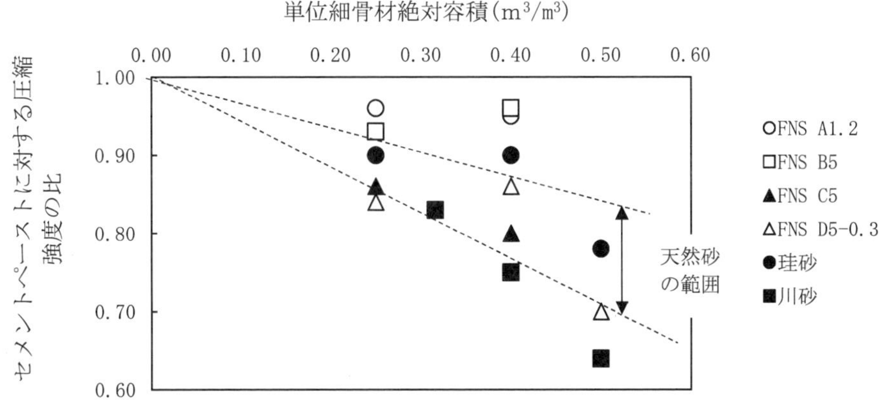

図2.2　モルタルの圧縮強度に及ぼす単位細骨材絶対容積の影響[59]

図2.3に示すように，FNSを用いたモルタルの圧縮強度は，川砂を用いた場合と同等か若干低くなる傾向がある．FNSの種類による圧縮強度の差は，FNS混合率を60％とした場合，単独で用いた場合よりも小さくなる．

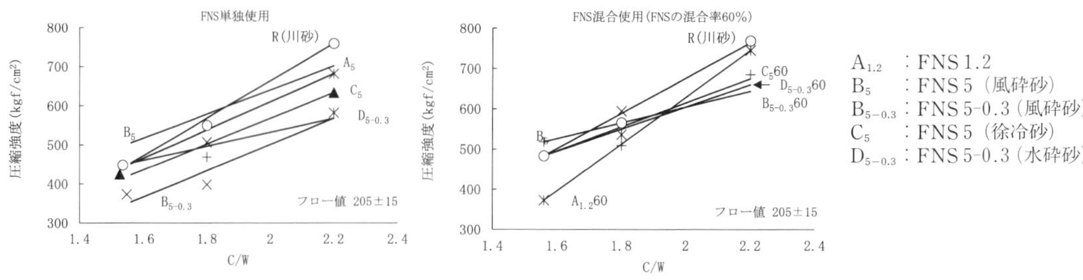

図 2.3　セメント水比とモルタル圧縮強度の関係[67)]

2.1.3　動弾性係数

図 2.4 に示すように，FNS を用いたモルタルの動弾性係数は，川砂の場合とほぼ同様である．

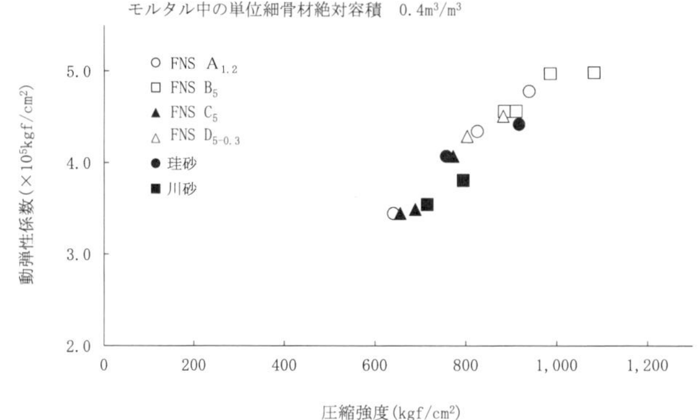

図 2.4　圧縮強度と動弾性係数の関係に及ぼす細骨材の種類の影響[59)]

2.2　FNS を用いたコンクリートの性質

2.2.1　フレッシュコンクリートの性質

2.2.1.1　単位水量とスランプ

図 2.5, 2.6 および表 2.1 に FNS を単独または混合して用いたコンクリートの単位水量とスランプの関係を示す．同一のスランプを得るために必要な単位水量は，FNS の種類および混合率によって異なる傾向を示して

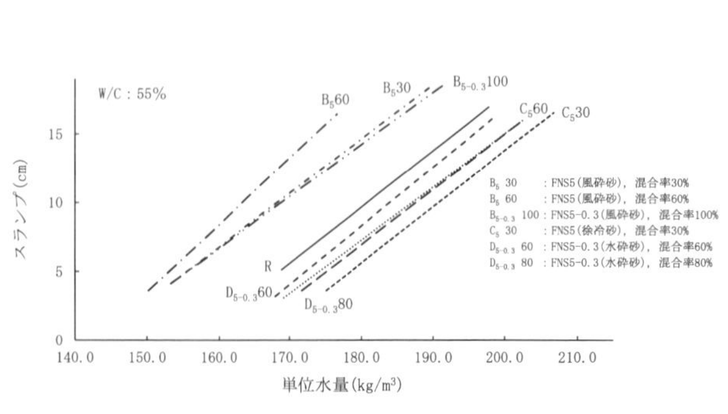

図 2.5　単位水量とスランプとの関係[67)]

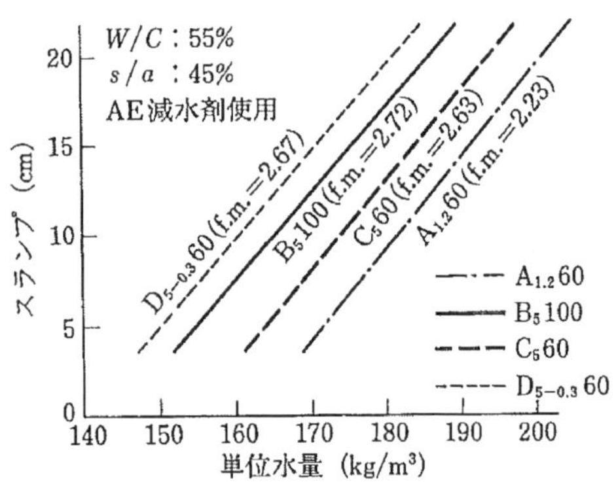

図 2.6　単位水量とスランプの関係[39)]

表 2.1　AE 減水剤および高性能 AE 減水剤を用いた各種 FNS コンクリートの単位水量[87)]

（単位：kg/m^3）

スランプ (cm)	細骨材 種　類	AE 減水剤		高性能 AE 減水剤		減水率** (%)
		単位水量	増減率(%)*	単位水量	増減率(%)*	
10	R	155	—	145	—	6.5
	A（FNS 1.2)	168	8.4	155	6.9	7.7
	B（FNS 5)	167	7.7	155	6.9	7.2
	B（FNS 5)	158	1.9	143	−1.4	9.5
	C（FNS 5)	167	7.7	155	6.9	7.2
	D (FNS 5-0.3)	160	3.2	149	2.8	6.8
5	R	148	—	133	—	10.1
	A（FNS 1.2)	160	8.1	144	8.3	10.0
	B（FNS 5)	159	7.4	138	3.8	13.2
	B（FNS 5)	151	2.0	134	0.8	11.3
	C（FNS 5)	161	8.8	145	9.0	9.9
	D (FNS 5-0.3)	152	2.7	138	3.8	9.2

［注］　*　川砂コンクリートに対する各種 FNS コンクリートの単位水量の増減率
　　　**　AE 減水剤を使用した場合に対する高性能 AE 減水剤を使用した場合の単位水量の減水率

いる．混合して用いられる FNS〔$B_{5-0.3}$〕骨材は球状の粒子を含むので，一般には所要の単位水量は川砂〔R〕の場合と同等以下になる．また，〔B_5〕単独使用，〔A〕，〔C〕および〔D〕骨材の混合使用では，川砂の場合より単位水量が多くなっている．また，AE 減水剤を用いた場合の単位水量に対し，高性能 AE 減水剤を用いた場合の単位水量の減水率は，川砂と FNS においてほぼ同等である．

フレッシュコンクリートの流動性に及ぼす FNG の影響の一例を，図 2.7 に示す．これより，FNG 混合率が高いほど，同一スランプを得るための AE 減水剤の使用量は減少できることがわかる．FNS と FNG を混合するとさらに AE 減水剤の使用量は減少する結果となっており，FNS と FNG を混合することで，コンクリートの流動性が向上する結果が得られている．

図 2.8 に示すように，FNG の混合による AE 減水剤の使用量の減少は，コンクリートの水セメント比が変化

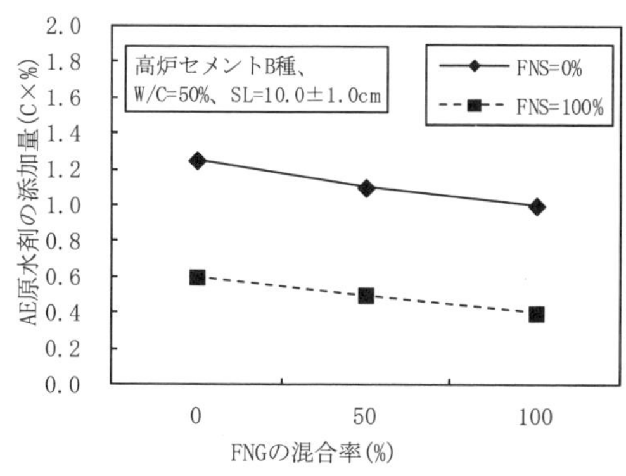

図 2.7　AE 減水剤の使用量に及ぼす FNS と FNG の影響[132),141)]

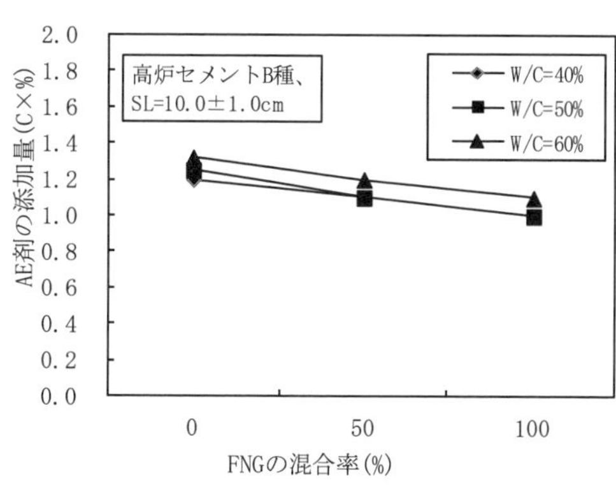

図 2.8　AE 減水剤の使用量に及ぼす FNG の影響[132),141)]

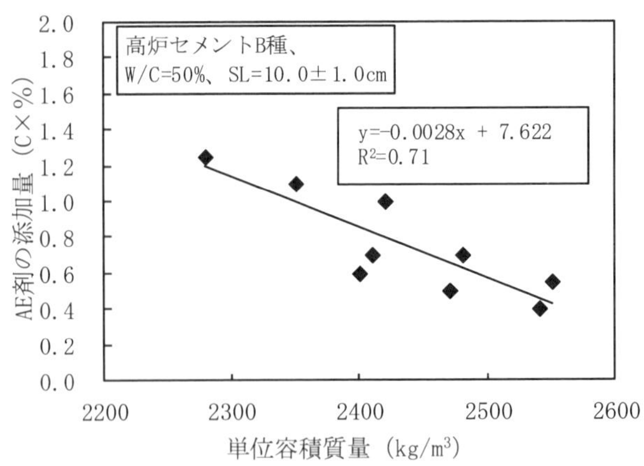

図 2.9　AE 減水剤の添加量と単位容積質量との関係[132),141)]

してもほぼ変わらず，FNG の混合率の増加につれてほぼ直線的に減少した．コンクリートの単位容積質量は，FNS と FNG の混合率の増加につれて大きくなる．

図 2.9 に示すように，AE 減水剤の使用量は，コンクリートの単位容積質量の増加に伴い減少しているのがわかる．

2.2.1.2　空　気　量

図 2.10 に示すように，FNS を単独で用いたプレーンコンクリートのエントラップトエアは，川砂を用いたものよりも約 1％増加する傾向がある．また，一般に川砂の場合と同様に，細骨材中の 0.6～1.2 mm の粒子の量によっても所要の AE 剤量が変化する．

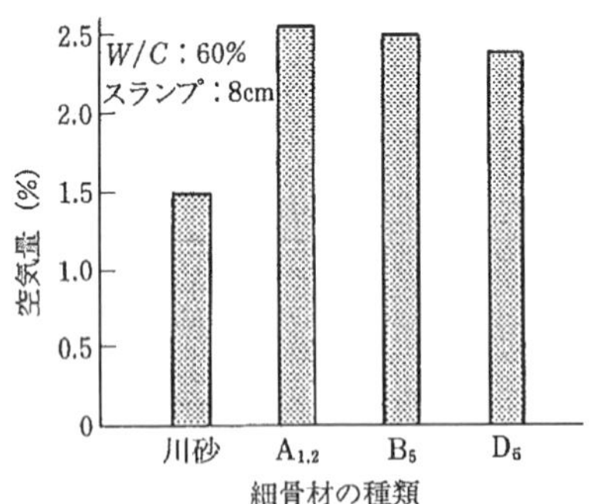

図 2.10　プレーンコンクリートの空気量[1)]

図 2.11 に示すように，同一空気量を得るための所要の AE 剤量は FNS の種類および混合率によって異なり，これは FNS の種類のほか，粒度分布なども影響していることが考えられる．しかし，所要の空気量を得るための AE 剤使用量は，川砂の場合より少なくなる傾向がある．また，空気量に及ぼす FNG の影響は，図 2.12，2.13 に示すように，FNS と FNG の混合率と関係なくほぼ同程度であった．

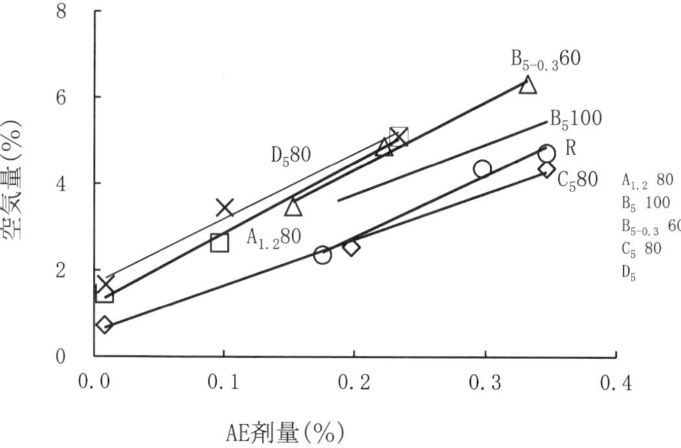

図 2.11　AE 剤量と空気量との関係[67)]

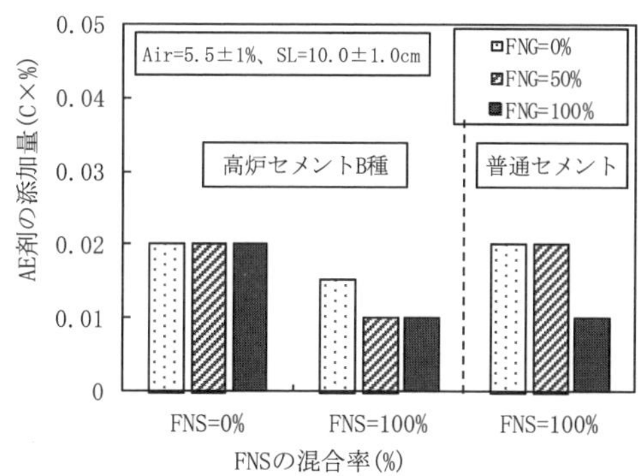

図 2.12　AE 剤の添加量に及ぼす FNS および FNG の影響[132),141)]

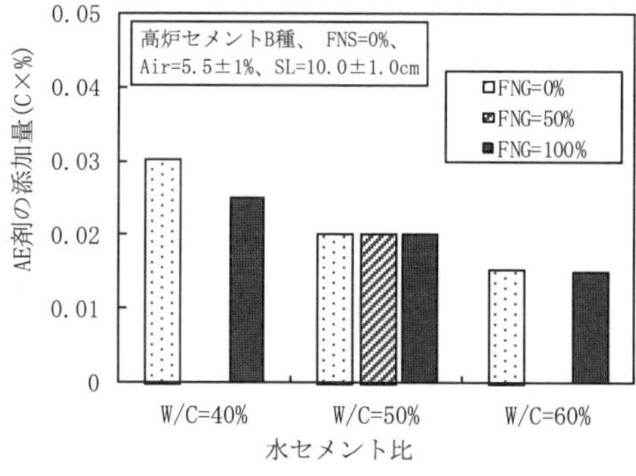

図 2.13　AE 剤の添加量に及ぼす FNS および FNG の影響[132),141)]

2.2.1.3 ブリーディング

表2.2および図2.14にFNSコンクリートのブリーディング試験結果を示す．なお，粗骨材の最大寸法40 mmである．FNSを単独で用いたコンクリートのブリーディング率は，FNSの種類によって異なった性状を示しており，川砂の場合と比較して大きくなっている．

表2.2　コンクリートの調合とブリーディング[38)]

項目	No.	①	②	③	④	⑤	⑥
	種類	R	A FNS 1.2	C FNS 5	B FNS 5	D FNS 5	D FNS 5
セメントの種類		N	N	N	N	N	BB
水セメント比（%）		56	56	56	54	56	56
細骨材率（%）		40.6	39.5	38.0	40.0	40.0	40.0
単位量 (kg/m³)	水	148	160	160	134	148	148
	セメント	264	286	286	248	264	264
	細骨材	759	837	823	879	853	853
	粗骨材	1 257	1 240	1 277	1 304	1 272	1 272
	AE減水剤	3.70	4.01	4.01	3.48	3.70	3.70
スランプ（cm）		6.5	7.0	7.0	6.5	6.5	7.5
空気量（%）		4.6	4.3	4.3	4.8	4.8	4.4
コンクリート温度（°C）		16.0	16.0	16.0	16.0	16.0	16.0
ブリーディング率（%）		3.9	8.6	6.5	4.2	4.9	5.0
ブリーディング量（cm³/cm²）		0.115	0.272	0.208	0.113	0.145	0.148

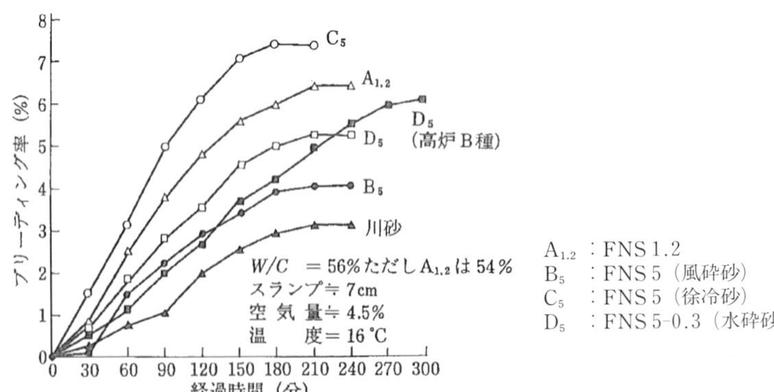

図2.14　ブリーディング率と経過時間との関係[38)]

表 2.3 に示す FNS コンクリートについて行われたブリーディング試験の結果を図 2.15 に示す．試験結果より，ブリーディング量は FNS 混合率が高くなると増加する傾向が見られる．しかし，(A) 骨材を混合率 30 %，(B) または (D) 骨材を混合率 50 %とした場合のブリーディング量は，海砂の場合とほぼ同等かやや小さくなっている．なお，(A) 骨材を用いた場合は，他の骨材と比較してブリーディング量が若干多くなっているが，これは，同一スランプとするための単位水量が他の骨材の場合より大きくなっていることが影響していると考えられる．

表 2.3　コンクリートの調合[114]

調合番号	FNS混合率 (%)	細骨材種類		試験時CT (℃)	目標スランプ (cm)	単位水量 (kg/m³)	絶対容積 (l/m³)				単位量 (kg/m³)				混和剤[1]	
		FNS	天然砂				C	FNS	天然砂	G	C	FNS	天然砂	G	No. 70	No. 303 A
1				10		172	99	315	—	369	313	969	—	978		0.0010
2	100	B_5	—	20	18	175	101	312	—	367	318	958	—	973	250	0.0025
3				30		180	103	309	—	363	327	949	—	962		0.0030
4				10		172	99	161	160	363	313	494	413	962		0.0010
5	50	B_5	大井川	20	18	175	101	160	159	360	318	491	410	954	250	0.0025
6				30		180	103	158	158	356	327	485	408	943		0.0030
7				10		172	99	308	—	376	313	921	—	996		0.0010
8	100	D_5	—	20	18	175	101	306	—	373	318	915	—	988	250	0.0025
9				30		180	103	302	—	370	327	903	—	981		0.0030
10				10		172	99	158	157	369	313	471	405	978		0.0010
11	50	D_5	大井川	20	18	175	101	156	156	367	318	466	402	973	250	0.0025
12				30		180	103	155	154	363	327	463	397	962		0.0030
13	50	D_5	大井川	20	8	155	89	157	156	398	282	469	402	1 055	250	0.0025
14	50	D_s	海砂	20	8	155	89	157	156	398	282	469	406	1 055	250	0.0025
15	50	D_5	海砂	20	18	175	101	156	156	367	318	465	406	973	250	0.0025
16				10		192	110	147	147	359	349	459	379	951		0.0010
17	50	$A_{1.2}$	大井川	20	18	195	112	146	146	356	355	456	377	943	350	0.0025
18				30		200	115	144	144	352	364	449	372	933		0.0030
19				10		182	105	92	215	361	321	287	555	957		0.0010
20	30	$A_{1.22}$	大井川	20	18	185	106	92	213	359	336	287	550	951	350	0.0025
21				30		190	109	91	211	354	345	284	544	938		0.0030
22				10		172	99	—	321	363	313	—	828	962		0.0010
23	0	—	大井川	20	18	175	101	—	319	360	318	—	823	954	250	0.0025
24				30		180	103	—	316	356	327	—	815	943		0.0030
25				10		172	99	—	321	363	313	—	835	962		0.0010
26	0	—	海砂	20	18	175	101	—	319	360	318	—	829	954	250	0.0025
27				30		180	103	—	316	356	327	—	822	943		0.0030

［注］　1）No. 70 の使用量は，セメント量 100 kg に対する使用量(ml)．No. 303 A の使用量は，単位セメント量の百分率を示す．

粗骨材の最大寸法 20 mm でスランプ 18 cm の場合について行ったブリーディング試験結果において，スラグ細骨材混合率とブリーディング量との関係について図 2.16 に示す[153]．FNS 混合率 30 %まではブリーディングの増加はほとんど認められず，既往の実験結果[38]でも類似の傾向であった．

FNG 混入によるブリーディング量について，図 2.17 に示す．陸砂を使用する場合，FNG 混合率の増加につれてブリーディング量は若干増加した．しかし，細骨材に FNS を 100 %混合した場合，FNG 混合率 100 %でブリーディング量が大きくなった．これは，FNS と FNG を混合する場合，コンクリートの単位容積質量が著しく大きくなり，図 2.18 に示すように，コンクリートの単位容積質量の増加がブリーディング量の増加に影響すると思われる．

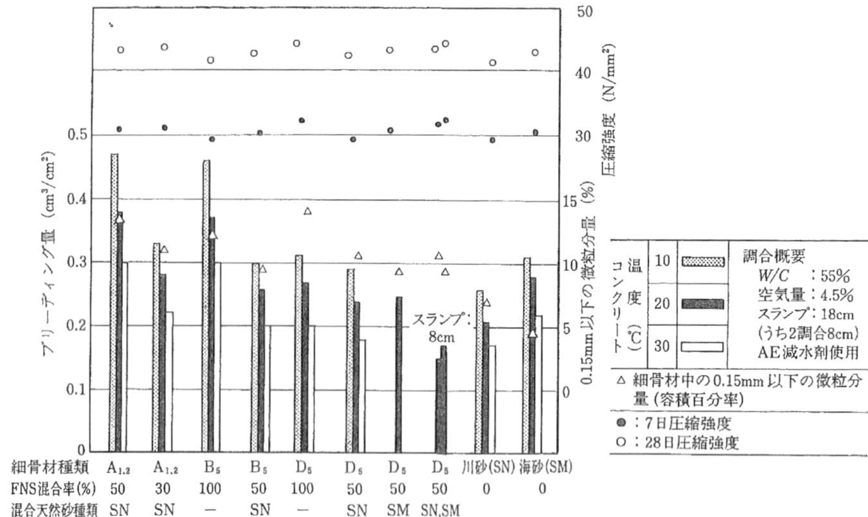

図 2.15　細骨材の種類および微粒分量とブリーディング量，圧縮強度の関係[114)]

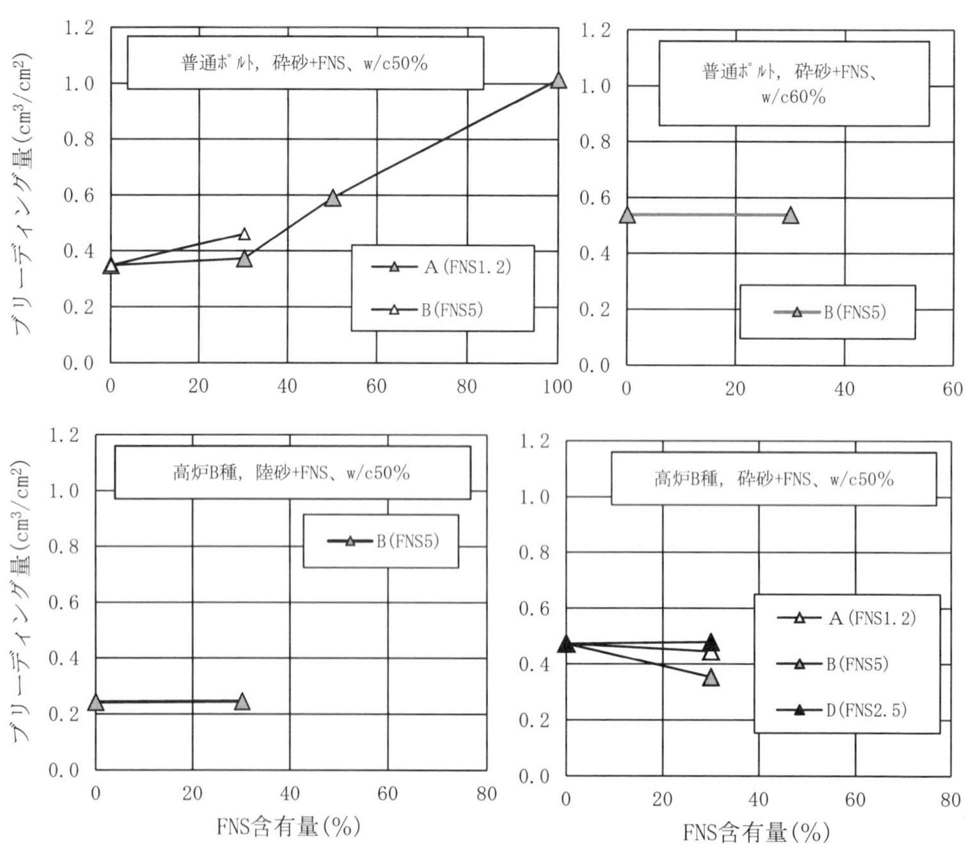

図 2.16　FNS の種類・混合率とブリーディング量の関係[153)]

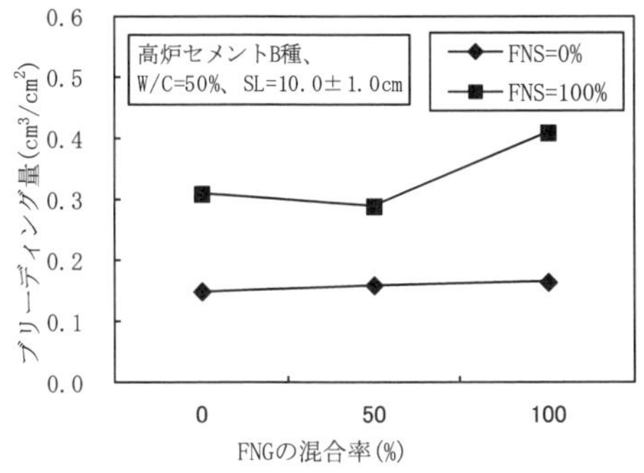

図 2.17　ブリーディング量に及ぼす FNS と FNG の影響[132),141)]

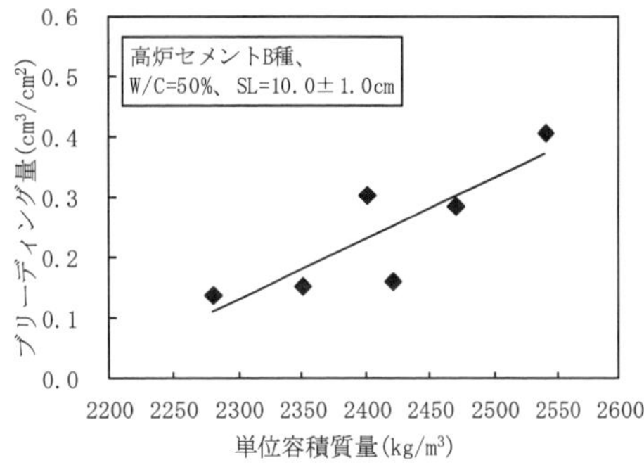

図 2.18　ブリーディング量と単位容積質量の関係[132),141)]

図 2.19 に示すように，FNS コンクリートのブリーディング率は，AE 減水剤および高性能 AE 減水剤を用いて単位水量を減少させることにより低減することができる．また，図 2.20, 2.21 に示すように，FNS の粒度を細かくすること，または高炉スラグ微粉末，石灰石などの微粉末を用いることによっても，ブリーディング率を低減することができる．

FNG コンクリートのブリーディング量は，図 2.22 のように川砂利よりは多い．また，図 2.23 のように FNG 混合率および FNS 混合率の増加に伴い，ブリーディング量は増加する傾向にある[131)]．

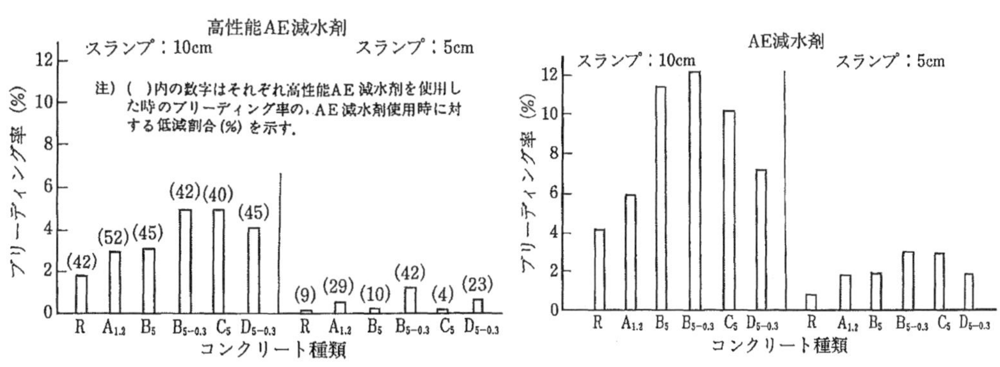

図 2.19　高性能 AE 減水剤を用いた場合のブリーディング率の低減効果[87)]

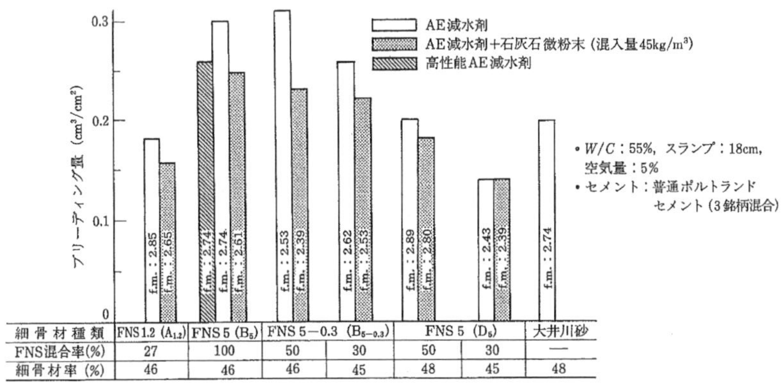

細骨材種類	FNS1.2 ($A_{1.2}$)	FNS 5 (B_5)	FNS 5−0.3 ($B_{5-0.3}$)		FNS 5 (D_5)		大井川砂
FNS混合率(%)	27	100	50	30	50	30	—
細骨材率 (%)	46	46	46	45	48	45	48

図 2.20　FNS コンクリートのブリーディング抑制対策の試験結果[79)]

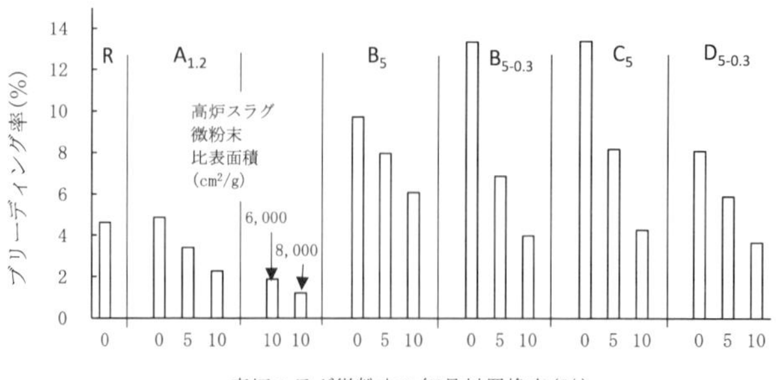

R　：川砂
$A_{1.2}$　：A（FNS 1.2）
B_5　：B（FNS 5）
$B_{5-0.3}$：B（FNS 5-0.3）
C_5　：C（FNS 5）
$D_{5-0.3}$：D（FNS 5-0.3）

注）高炉スラグ微粉末の品質：特記のない場合は，比表面積 4 000 cm²/g

図 2.21　高炉スラグ微粉末によるブリーディング率の低減効果[87)]

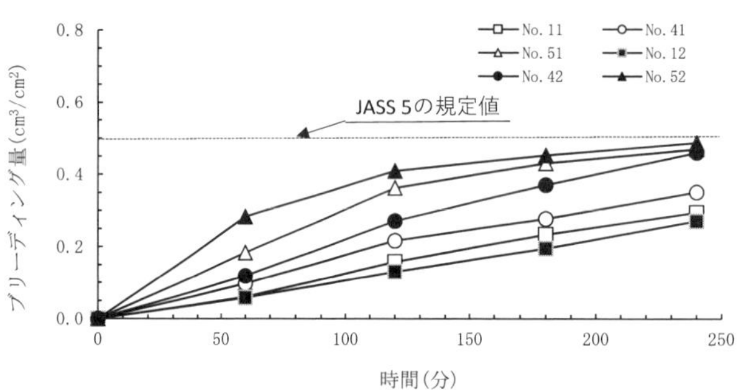

No.	W/C（%）	細骨材	粗骨材
11	50	R	R
12	60	R	R
41	50	R	PNG
42	60	R	PNG
51	50	$B_{5-0.3}$60＋R 40	PNG
52	60	$B_{5-0.3}$60＋R 40	PNG

図 2.22　骨材の組合せとコンクリートの調合の違いによるブリーディング量[130)]

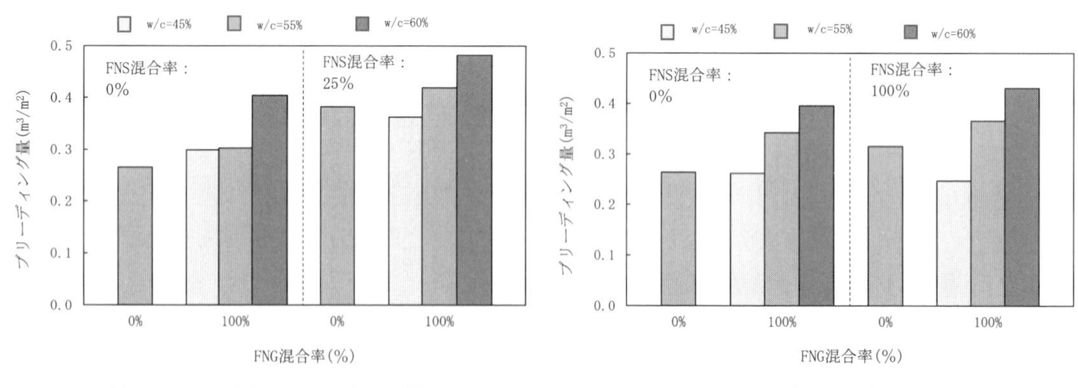

(a)　A シリーズ（ロータリーキルン法）　　(b)　B シリーズ（電気炉法）（B1-FNG）

図 2.23　FNS と FNG を混合したコンクリートのブリーディング量[131)]

2.2.1.4 凝結性状

FNS, FNG の混入がコンクリートの凝結時間に及ぼす FNG の混入率の影響について検討した例を図 2.24, 表 2.4, 図 2.25 a, b に示す．これらの図より，セメントの種類，細骨材の種類および水セメント比の違いによらず，コンクリートの凝結時間に及ぼす FNS, FNG の混入率の影響は少ないことがわかる．

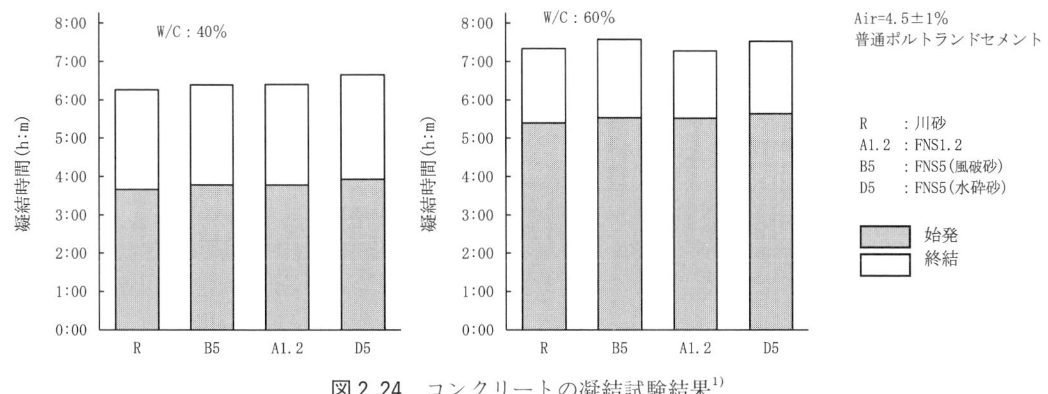

図 2.24　コンクリートの凝結試験結果[1)]

表 2.4　FNS および FNG を混合したコンクリートの凝結試験結果[131)]

ロータリーキルン法					電気炉法				
FNS 混合率（%） W/C（%）			0 55	25 55	FNS 混合率（%） W/C（%）			0 55	25 55
FNG 混合率 (%)	0	始発 終結	7：21 10：40	7：45 11：03	FNG 混合率 (%)	0	始発 終結	7：21 10：40	8：09 10：55
	A（FNS 1.2)-50	始発 終結	7：50 11：04	— —		B（FNS 2.5)-50	始発 終結	7：09 10：18	— —
	A（FNS 1.2)-100	始発 終結	8：01 11：24	7：43 11：05		B（FNS 2.5)-100	始発 終結	7：13 10：33	7：57 10：50

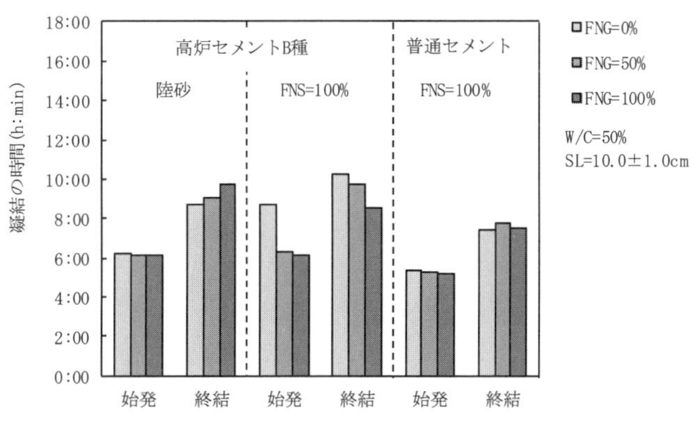

図 2.25 a　コンクリートの凝結に及ぼす FNG の影響[141)]

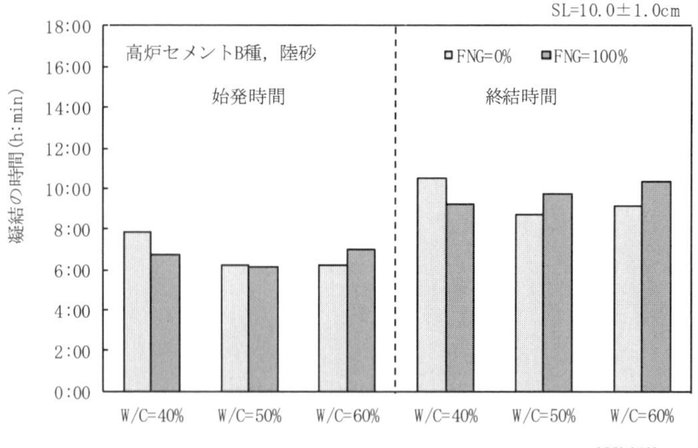

図 2.25 b　コンクリートの凝結に及ぼす FNG の影響[132),141)]

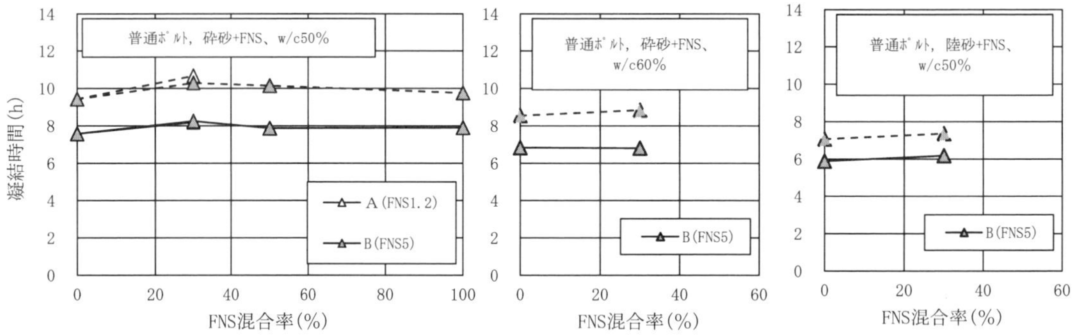

図 2.26　FNS の種類・混合率と凝結時間の関係[153)]

2.2.1.5　単位容積質量

FNS の絶乾密度は 2.7～3.1 g/cm³程度の値を示し，一般的な川砂や砕砂の 2.5～2.6 g/cm³に比べて大きいので，FNS 混合率が高くなると，コンクリートの単位容積質量は増大する．FNS を単独で用いたコンクリートの単位容積質量は，一般的な川砂や砕砂の場合と比べて約 0.14 t/m³程度大きくなる．

FNS 混合率ごとのコンクリートの気乾単位容積質量の計算値を表 2.5 に示す．コンクリートの気乾単位容積質量は，FNS 混合率のほかに，コンクリートの調合条件や使用材料の絶乾密度により変化するが，FNS 混合率 50 %程度以下では，コンクリートの気乾単位容積質量を 2.3 t/m³と考えてよい．

表 2.5　FNS 混合率とコンクリートの気乾単位容積質量

FNS 混合率（%）	気乾単位容積質量（t/m³）
0	2.23
20	2.26
40	2.29
60	2.32
100	2.37

表 2.6 に，FNS 混合率を 100 %として，さらに FNG を混合した場合の FNG 混合率ごとの単位容積質量の計算値を示す. FNS および FNG の混合率がそれぞれ 100 %の時では，コンクリートの気乾単位容積質量を 2.5 t/m³と考えてよい.

表 2.6　FNS（100 %）の場合の FNG 混合率とコンクリートの気乾単位容積質量

FNG 混合率（%）	気乾単位容積質量（t/m³）
0	2.40
50	2.47
100	2.55

FNS と FNG を使用したコンクリートの単位容積質量は，図 2.27 に示すように，フェロニッケルスラグ骨材の混合率の増加に伴って大きくなる.

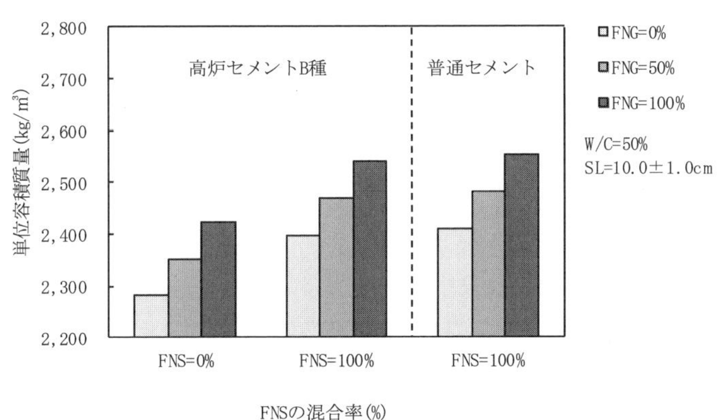

図 2.27　コンクリートの単位容積質量に及ぼす FNG の影響[141)]

図 2.28 は，フレッシュコンクリートの空気量の変動が単位容積質量の変動に及ぼす影響の検討を目的として，計画調合による計算値とコンクリートの運搬試験および実施工時の実測値との関係を示したものである. この図より，FNS コンクリートにおいても，空気量の変動と単位容積質量の変動は非常に強い相関を示すことがわかる.

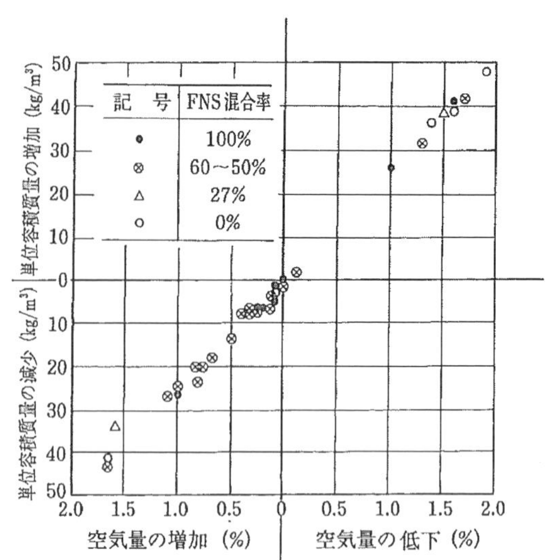

図 2.28　荷卸し地点における空気量の変動とコンクリートの実測単位容積質量の変動量との関係[115)]

2.2.1.6　フェロニッケルスラグ骨材を用いたモルタルおよびコンクリートの流動性・分離抵抗性

図 2.29 に，FNS の円形度と粒度の関係を示す[148)]．ここで，円形度は，値が大きくて 1 に近いほど輪郭が円に近い形状であることを表す．同図からわかるように，FNS の形状には，銘柄（製造所）による大きな差が見られ，中には B(FNS 5)のように，特に粗粒域において円形度が大きく，丸みを帯びた形状となっている細骨材もある．

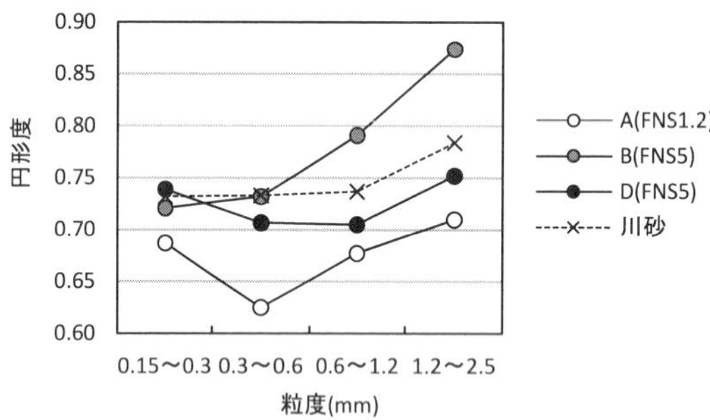

図 2.29　スラグ細骨材の円形度と粒度の関係[148)]

図 2.30 に，FNS の種類および混合率を変化させたモルタル（水セメント比 50 %）の降伏値（球引上げ試験で測定された値）を示す[148)]．A（FNS 1.2）の場合は，JIS の区分上の最大寸法が 1.2 mm と小さいため異なった傾向となっているが，その他の FNS の場合は，混合率が高いほど，モルタルの降伏値が小さくなり，流動性が向上している．

使用材料，調合を図中の凡例に示すように，さまざまに変化させたフェロニッケルスラグ骨材コンクリート（スランプ 18±2.5 cm，空気量 4.5±1.0 %）の流入モルタル値（円筒貫入試験の結果）を図 2.31 に示す[149)]．同図からわかるように，FNS や FNG を用いたコンクリートの流入モルタル値は，いずれも，本会「コンクリートの調合設計指針・同解説」（2015 年版）に示された材料分離の目安である 30 mm を下回っている．

以上の結果をふまえ，この研究では，FNS や FNG を混合するコンクリートであっても，通常どおりの調合設計を行えば，骨材とマトリックス間の分離に対する抵抗性は，一般的な砂や砕石を用いた場合とほぼ同程度に確保されると報告している．

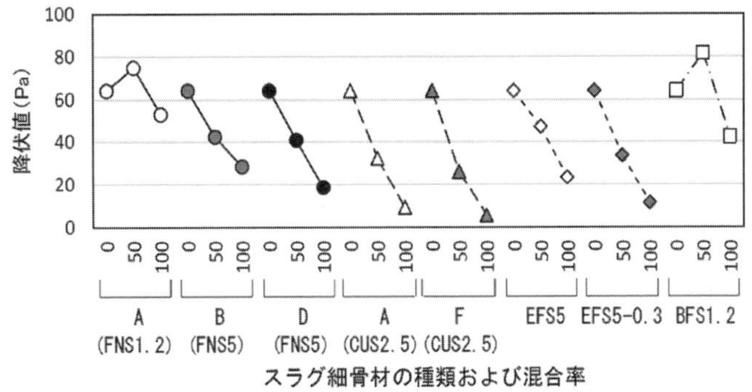

図2.30　モルタルの降伏値とFNS混合率の関係[148)]

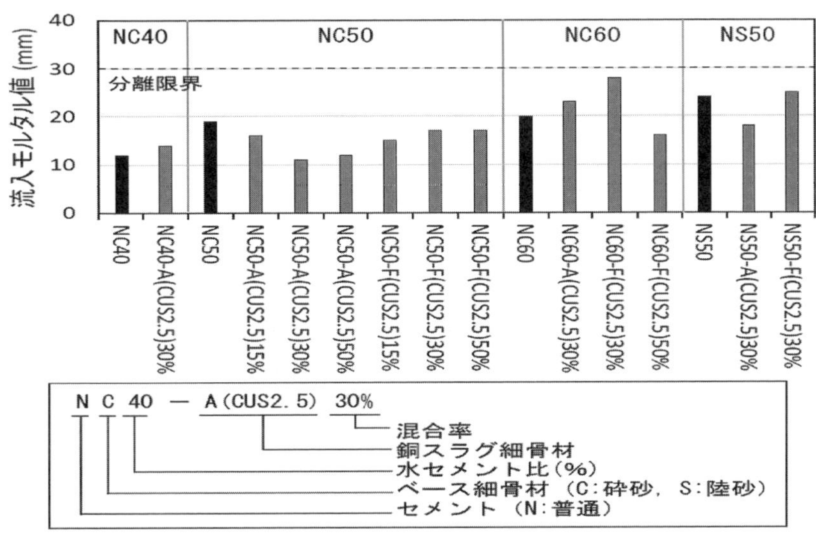

図2.31　非鉄スラグ骨材コンクリートの流入モルタル値[149)]

2.2.2　硬化コンクリートの性質

2.2.2.1　圧縮強度

FNSを混合使用した一般的な強度範囲(W/C＝40～60％程度)のコンクリートの圧縮強度は，次に示す特徴を有する．

a）FNSを混合使用したコンクリートの圧縮強度は，砕砂や天然骨材を単独使用したコンクリートの圧縮強度と同等以上である．

b）セメント水比と圧縮強度との関係は，他の細骨材を単独使用した場合と同様，直線的な関係が認められる．

c）材齢と圧縮強度との関係は，他の細骨材を単独使用した場合と概ね同様である．ただし，FNSの種類や養生方法によって，長期の強度発現性が緩慢になる場合がある．

d）養生方法と圧縮強度との関係は，標準養生強度に比較して，封かん養生強度がやや低下する傾向にある．ただし，低下割合は，他の細骨材を単独使用した場合をやや上回る程度である．

e）FNSの混合率の増加に伴い，圧縮強度は増大する傾向にある．ただし，FNSの銘柄･種類によって，混合率が高くなると強度低下を招く場合がある．

f）FNGの混合使用により，強度発現性の向上は期待できないが，著しい強度低下は認められない．

各項目別の詳細を以下に示す．

(1) 圧縮強度に及ぼすFNSの混合率の影響

FNSを混合使用したコンクリートの圧縮強度試験結果をまとめて図2.32に示す．

図2.32によると，FNSを混合使用したコンクリートの圧縮強度は，材齢7日では，比較用細骨材を使用したコンクリートの圧縮強度を下回る場合が認められる．しかし，材齢28日の圧縮強度は，比較用細骨材を使用したコンクリートの圧縮強度と同等以上の値を示している．したがって，FNSの使用により，コンクリートの強度発現性が向上する可能性があると考えられる．

また，封かん養生を行ったコンクリートの強度発現性も同様な傾向である．ただし，比較用細骨材の種類によって強度発現性に差が認められる．砕砂にFNSを混合使用した場合は，材齢28日から材齢91日にかけて同程度の強度の伸びを示している．一方，陸砂にFNSを混合使用した場合には，材齢28日以降の強度増加が緩慢になる場合が認められる．

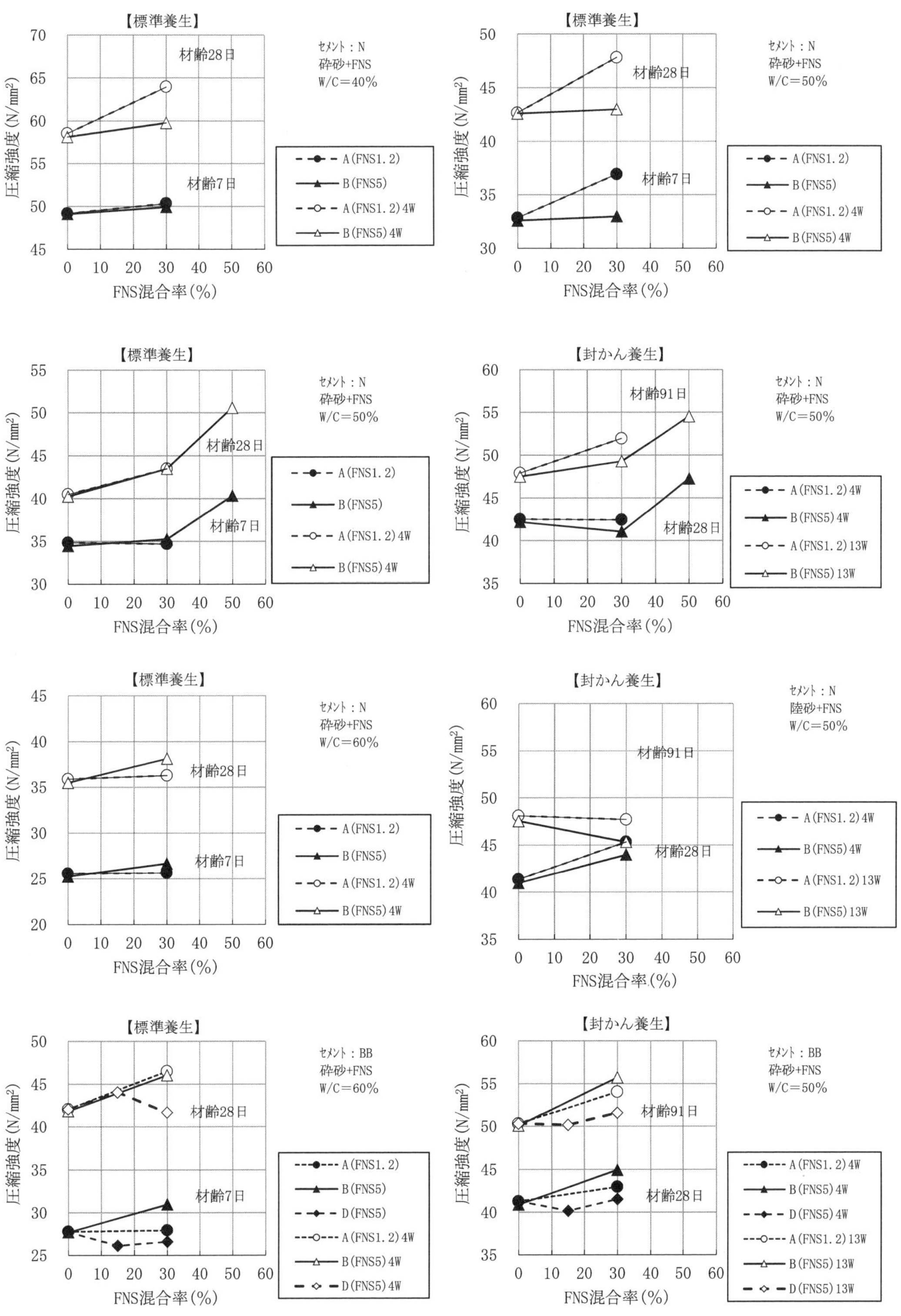

（スランプ　18±2.5 cm，空気量　4.5±1.5%）

図 2.32　FNS を混合使用したコンクリートの圧縮強度

(2)　セメント水比と圧縮強度との関係

フェロニッケルスラグ骨材を混合使用したコンクリートのセメント水比と圧縮強度との関係を図 2.33，2.34 に示す．これらの図によると，両者の関係は，他の細骨材を使用した場合と同様，FNS の種類または混合率ごとに直線的な関係が認められる．

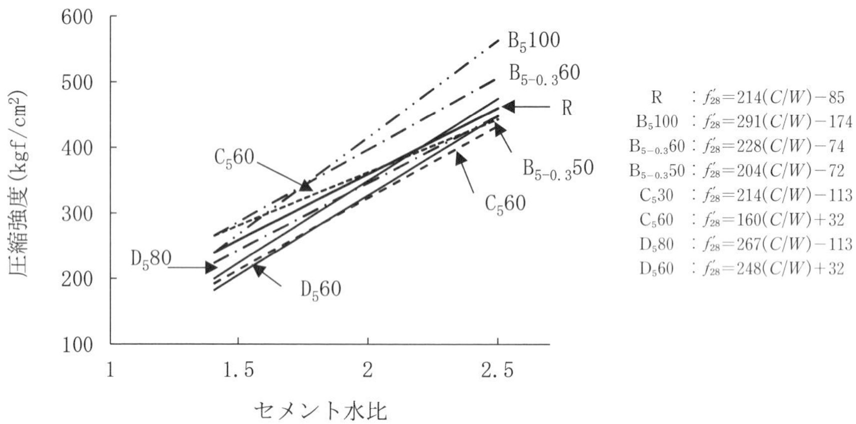

図 2.33　セメント水比と材齢 28 日の圧縮強度との関係[67)]

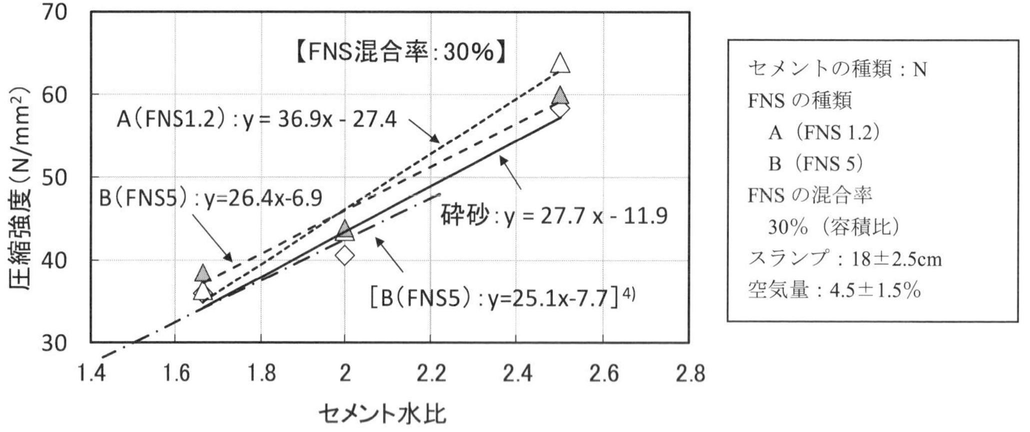

図 2.34　セメント水比と材齢 28 日の圧縮強度との関係

(3)　材齢と圧縮強度との関係

FNS を混合使用したコンクリートの材齢と圧縮強度との関係を図 2.35～2.37 に示す．これらの図によると，両者の関係は，砕砂や天然骨材を単独使用したコンクリートと概ね同様であると判断される．ただし，比較用細骨材の種類，FNS の銘柄･種類によって，材齢 28 日（材齢 4 週）以降の強度発現性がやや緩慢になる場合も認められる．

なお，FNS を混合使用した高強度コンクリートの特性については後述するが，図 2.38 は，水セメント比 25 % のコンクリートの材齢と圧縮強度との関係を示した一例である．同図によると，高強度域においても，FNS の混合使用に伴う圧縮強度の低下傾向は認められない．

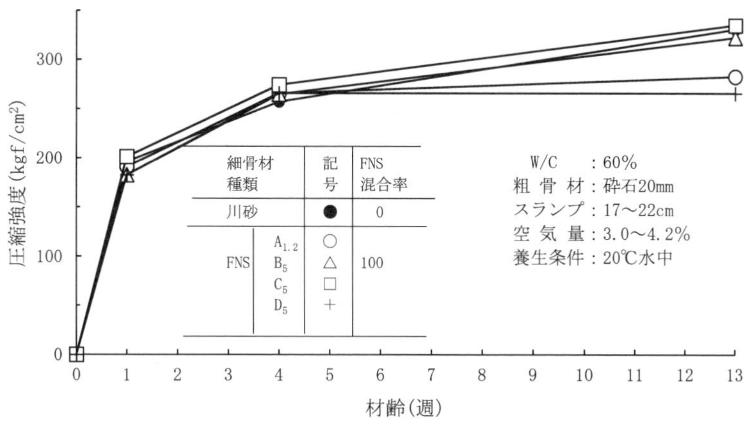

図 2.35　材齢と圧縮強度との関係[3)]

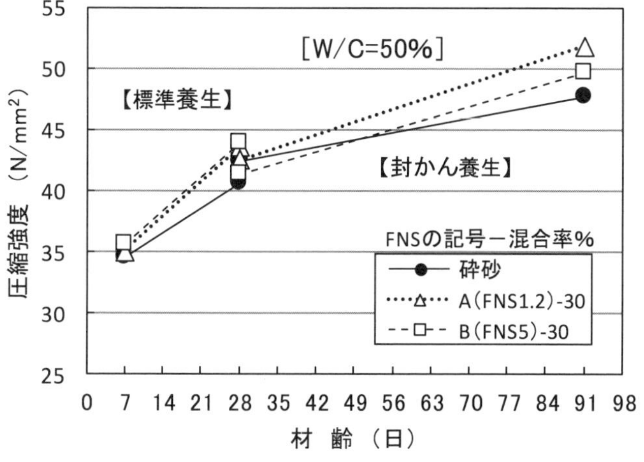

図 2.36　材齢と圧縮強度との関係（砕砂使用，W/C＝50 %）

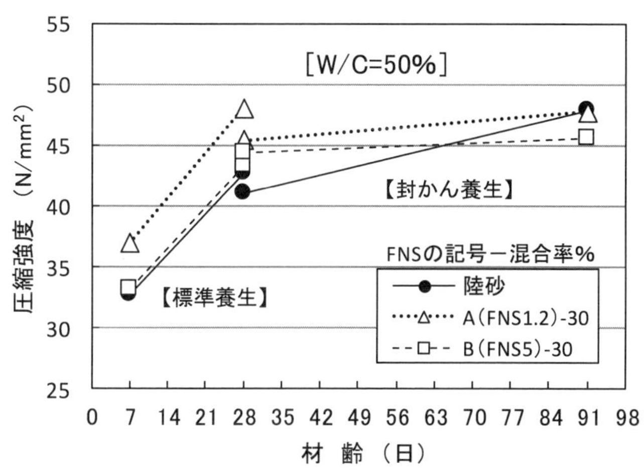

図 2.37　材齢と圧縮強度との関係（陸砂使用，W/C＝50 %）

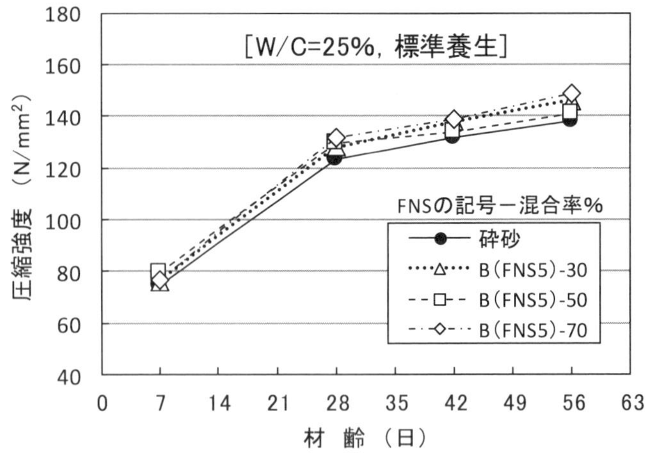

図 2.38　材齢と圧縮強度との関係（砕砂使用，W/C＝25 %）

(4)　養生方法と圧縮強度との関係

FNS を混合使用したコンクリートの養生方法と材齢 28 日の圧縮強度との関係を図 2.39 に示す．図 2.39 によると，FNS を混合使用したコンクリートは，標準養生強度と比較して，封かん養生強度の低下割合がやや大きい傾向にある．ただし，その低下割合は，砕砂や陸砂を単独使用したコンクリートをやや上回る程度である．なお，養生方法と圧縮強度との関係は，混合使用する FNS の銘柄・種類によって若干異なる場合がある．

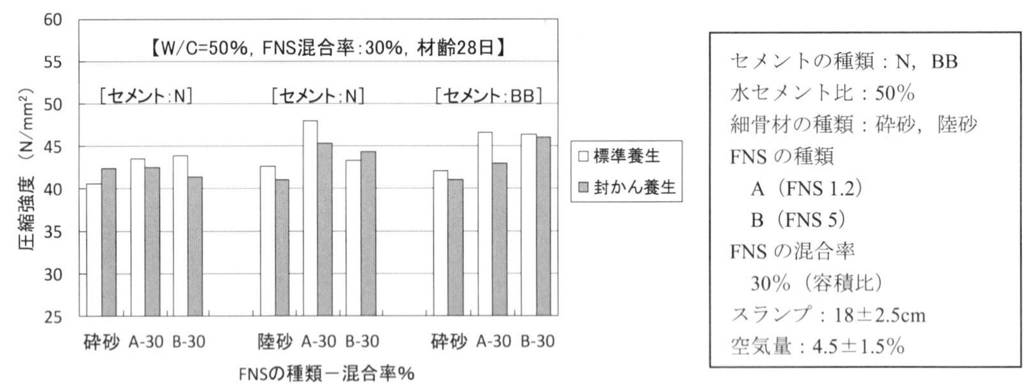

図 2.39　養生方法と圧縮強度との関係

(5)　FNS の混合率と圧縮強度との関係

FNS の混合率と圧縮強度との関係を図 2.40，2.41 に示す．

図 2.40 は，川砂を用いたコンクリートを比較用とし，FNS の混合率と圧縮強度比との関係を示したものである．同図によると，FNS を混合使用したコンクリートの圧縮強度は，一般的には，混合率の増加に伴い増大する傾向にある．ただし，〔C〕骨材のように，混合率が 60 %程度までは川砂を単独使用したコンクリートと同程度であるが，それ以上の混合率の場合は，比較用コンクリートに比べて若干低下する場合もある．

また，図 2.41 は，山砂を用いたコンクリートを比較用とし，FNS の混合率と材齢 7 日，28 日および 91 日の圧縮強度との関係を示したものである．同図によると，FNS を混合使用したコンクリートは，山砂を単独使用したコンクリートに比較して，圧縮強度が増加する傾向を示しており，この傾向は，FNS の混合率が高いほど顕著となっている．

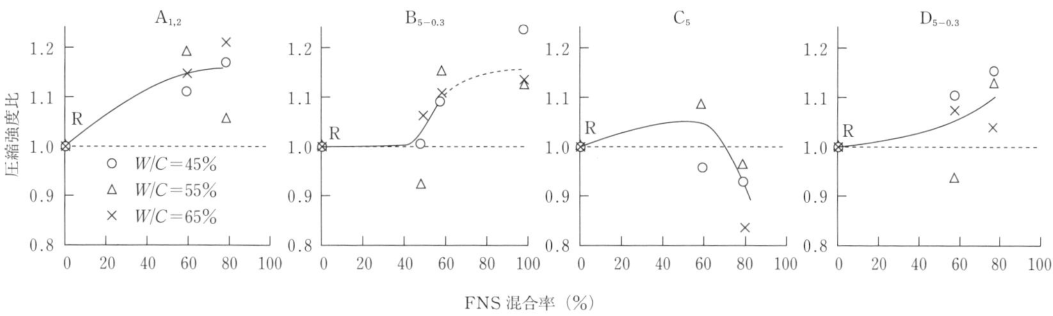

図 2.40　FNS の混合率と圧縮強度比との関係[67)]

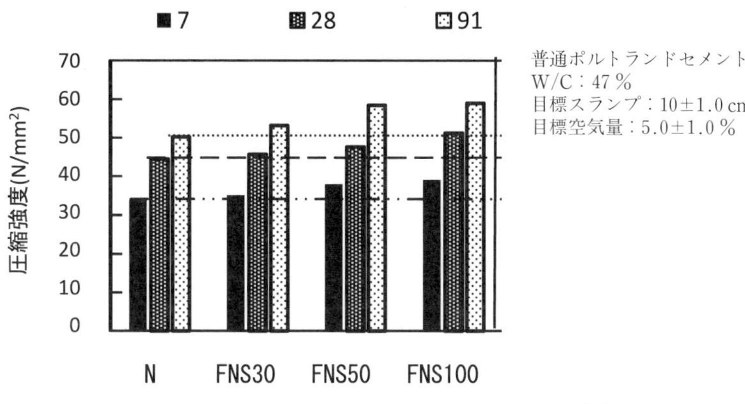

図 2.41　FNS の混合率と圧縮強度との関係[139)]

(6)　圧縮強度に及ぼす FNG 混合率の影響

FNG の混合率と圧縮強度との関係を図 2.42 に示す．これらの図によると，FNG の混合率にかかわらず，コンクリートの圧縮強度は同程度である．したがって，FNG の混合使用による強度発現性の向上効果は期待できないが，著しい強度低下を招くことはないと判断される．

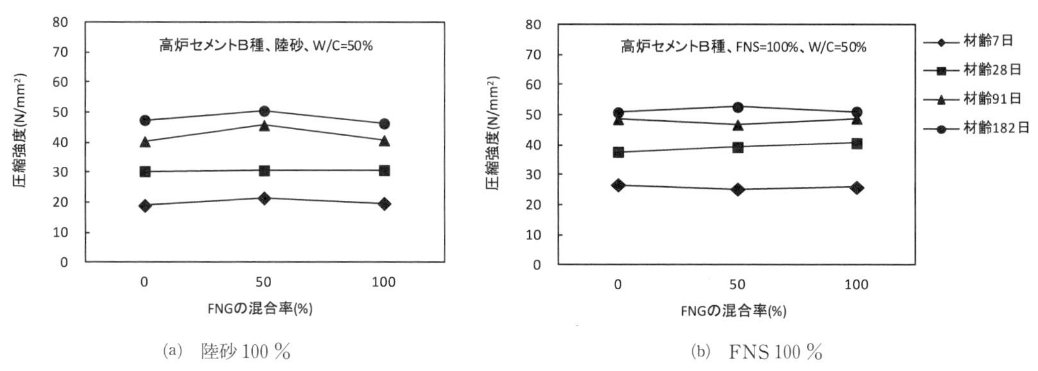

(a)　陸砂 100％　　　(b)　FNS 100％

図 2.42　FNG の混合率と圧縮強度との関係[132),141)]

2.2.2.2　その他の強度

FNSを用いたコンクリートの引張強度は，図2.43に示すように圧縮強度の1/8～1/16の範囲にあり，川砂を用いたコンクリートと同等である．

FNSを用いたコンクリートの曲げ強度は，図2.44に示すように圧縮強度の1/5～1/8の範囲にあり，川砂を用いたコンクリートと同等である．

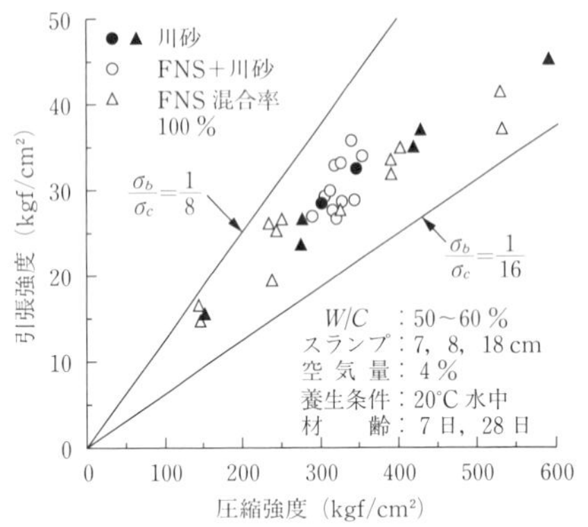

図2.43　圧縮強度と引張強度との関係[1),3)]

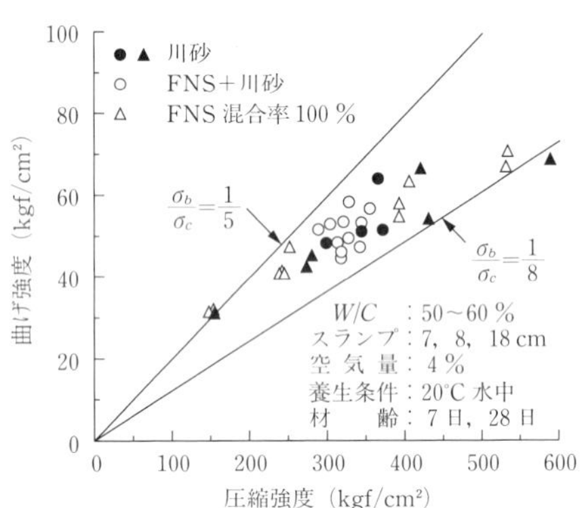

図2.44　圧縮強度と曲げ強度との関係[1),3)]

FNSを用いた水セメント比60％のコンクリートと鉄筋との付着強度は，図2.45に示すように，鉛直筋および水平筋のいずれも川砂を用いたコンクリートとほぼ同等である．

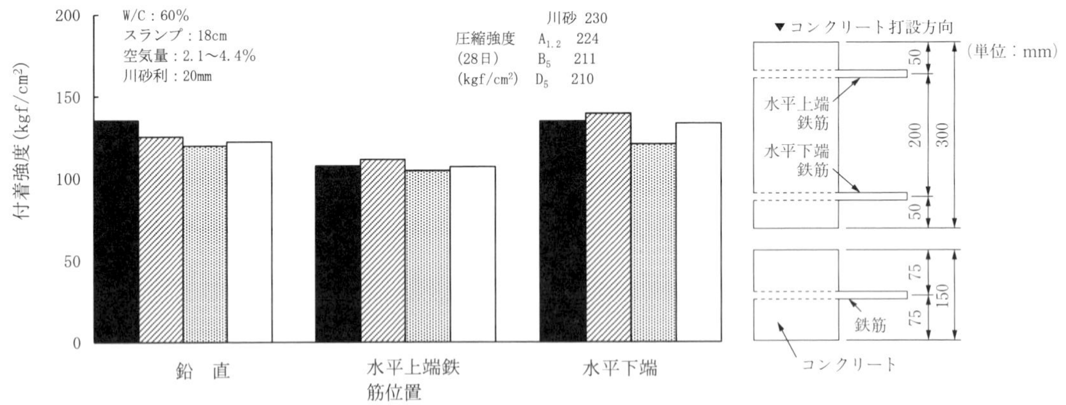

図2.45　FNSの種類による鉄筋付着強度の変化[3)]

2.2.2.3　ヤング係数およびポアソン比

FNSおよびFNGは密度が大きいため，それらを用いたコンクリートの単位容積質量は大きくなり，ヤング係数も大きくなるといわれている．FNSおよびFNGを用いたコンクリートの圧縮強度とヤング係数との関係をそれぞれ図2.46，2.47に示す．FNSまたはFNGを用いたコンクリートのヤング係数は，川砂や石灰石砕石・砕砂を用いたコンクリートと同等か，やや大きくなっている．また，図2.48は，圧縮強度とヤング係数との関係に関する日本建築学会式について，コンクリートの圧縮強度と単位容積質量から逆算した骨材の種類別の修正係数を示したものである．図2.48に示すように，FNSを用いたコンクリートの修正係数は1以上であるが，FNGを用いたコンクリートの修正係数は1以下になる場合もある．FNSを用いたコンクリートにおいて修正係数が1以上になる理由としては，FNSが保有する水分による内部養生効果，およびFNS表面でのセメント水和物との反応によって遷移帯が強化されたことなどが考えられる．

FNS を用いたコンクリートのポアソン比は表 2.7 に示されるように，川砂を用いたコンクリートと同等である．

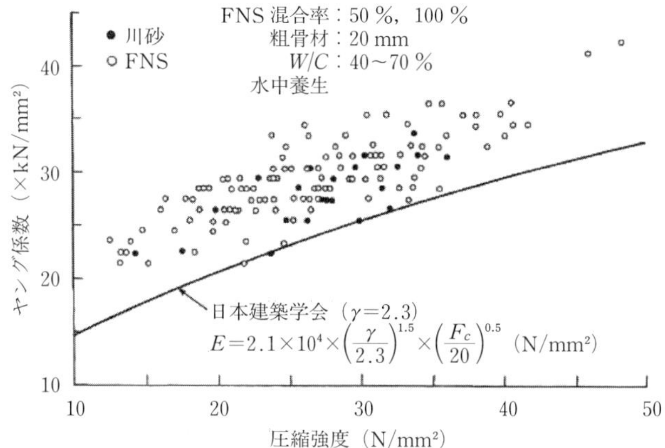

図 2.46　FNS を用いたコンクリートの圧縮強度とヤング係数の関係[3)]

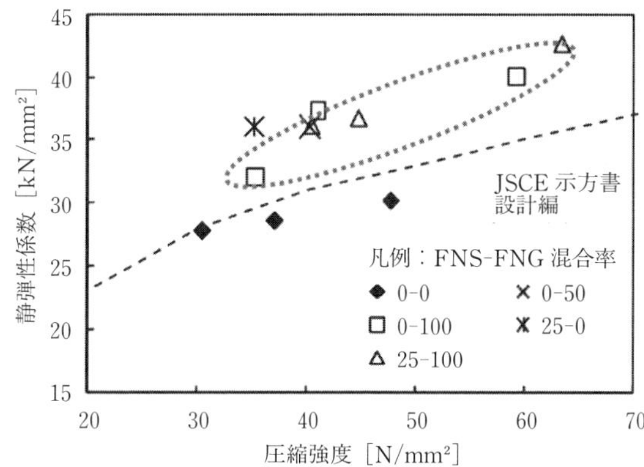

図 2.47　FNG を用いたコンクリートの圧縮強度とヤング係数の関係[131)]

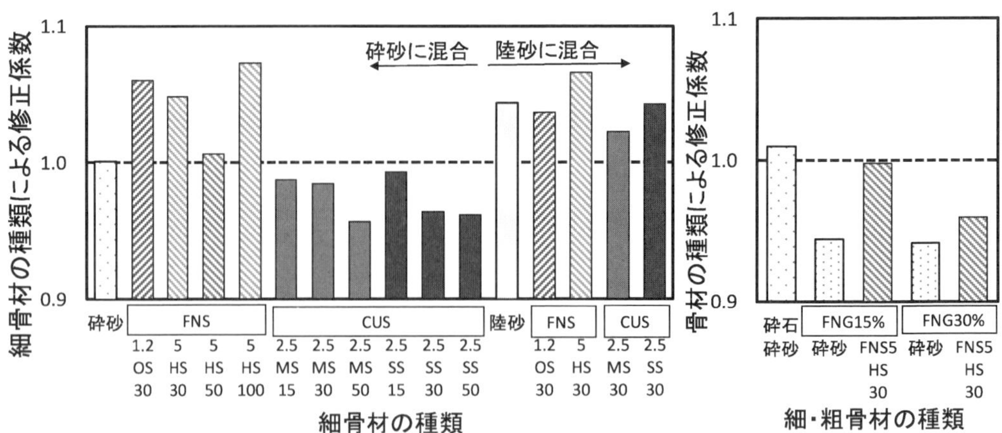

図 2.48　日本建築学会式から逆算した骨材の修正係数

表 2.7　FNS を用いたコンクリートのヤング係数およびポアソン比[128)]

使用細骨材の銘柄・種類	水セメント比(%)	スランプ(cm)	圧縮強度(N/mm²)		ヤング係数(kN/mm²)		ポアソン比	
			材齢 7 日	材齢 28 日	材齢 7 日	材齢 28 日	材齢 7 日	材齢 28 日
R(大井川砂)	55	15.0	27.9	41.9	25.0	30.2	0.19	0.19
B_5	55	17.5	27.7	41.6	28.7	34.8	0.17	0.20
D 2.5	55	17.0	27.6	42.5	27.9	34.2	0.18	0.20

2.2.2.4　クリープ

図 2.49 にクリープ係数の経時変化を示す．FNS コンクリートのクリープ係数は川砂の場合と同等か，やや大きくなっている．これは，FNS を単独で用いた場合には，微粒分量が増加し，コンクリート中のペースト分が増加するためであると考えられる．

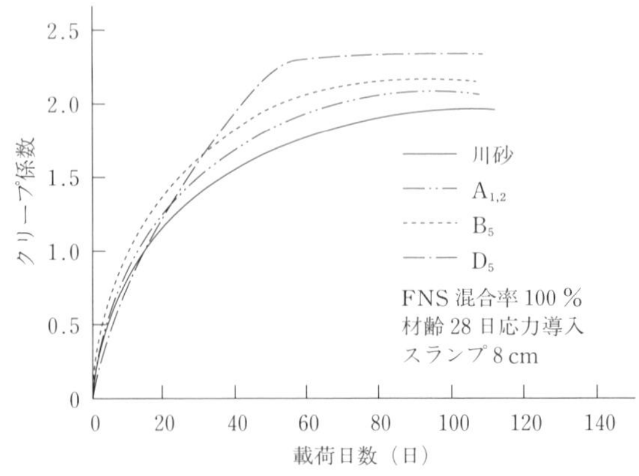

FNS 混合率 100 %
材齢 28 日応力導入
スランプ＝8 cm，Air＝4.5± 1 %
普通ポルトランドセメント

$A_{1.2}$　：FNS 1.2
B_5　：FNS 5（風砕砂）
D_5　：FNS 5（水砕砂）

図 2.49　FNS コンクリートの材齢とクリープ係数との関係[1)]

2.2.2.5　乾燥収縮

図 2.50～2.52 に示すように，FNS 混合砂（A 1.2，B 5）および FNG（E 20-5）を用いたコンクリートの乾燥収縮量は，川砂または砕砂および川砂利を用いたコンクリートより小さくなる．

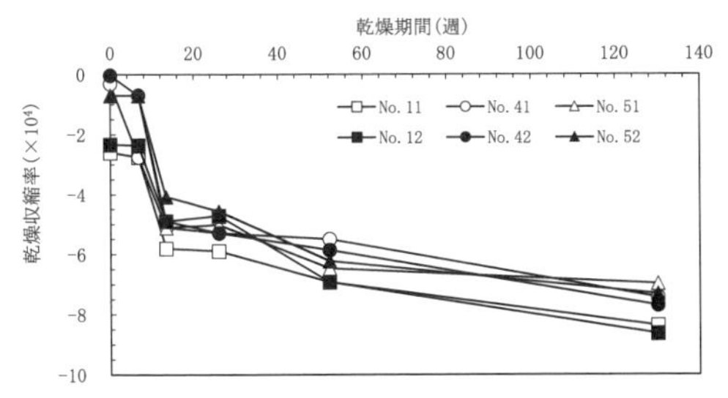

No. 11：W/C 50 %　川砂＋川砂利
No. 12：W/C 60 %　川砂＋川砂利
No. 41：W/C 50 %　川砂＋FNG
No. 42：W/C 60 %　川砂＋FNG
No. 51：W/C 50 %　FNS 混合＋FNG
No. 52：W/C 60 %　FNS 混合＋FNG

普通ポルトランドセメント

図 2.50　乾燥日数と収縮との関係[134)]

N：砕砂
FNS 30 %：A 1.2
FNS 50 %：B 5
FNS 100 %：B 5

普通ポルトランドセメント
W/C　47 %

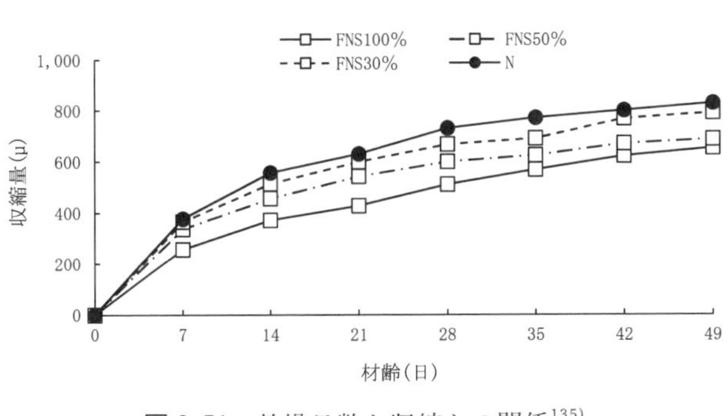

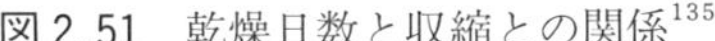

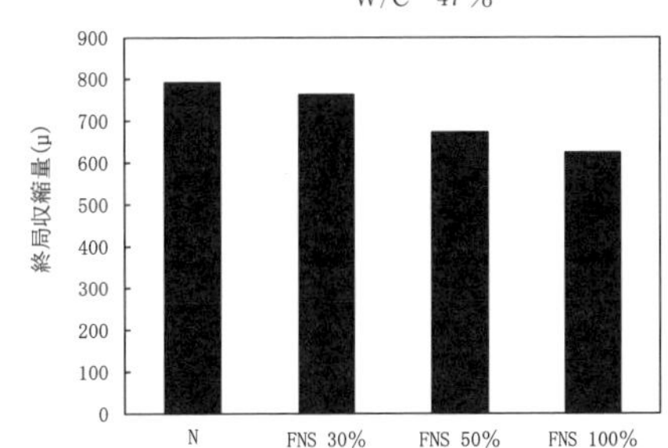

図 2.51　乾燥日数と収縮との関係[135)]

図 2.52　終局収縮量（角柱）[135)]

コンクリートの乾燥収縮に及ぼす FNG の影響を図 2.53 に示す．これらの図より，コンクリートの乾燥収縮は，FNG の混合率の増加につれて小さくなる．FNG の乾燥収縮減少効果は，FNS を併用する場合，さらに大きくなる．

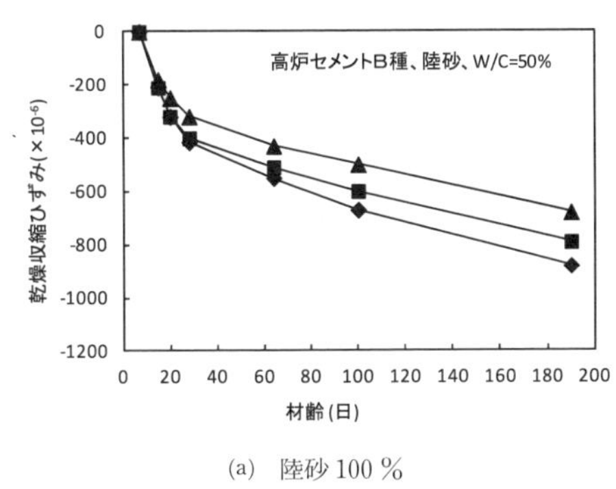

(a)　陸砂 100 %

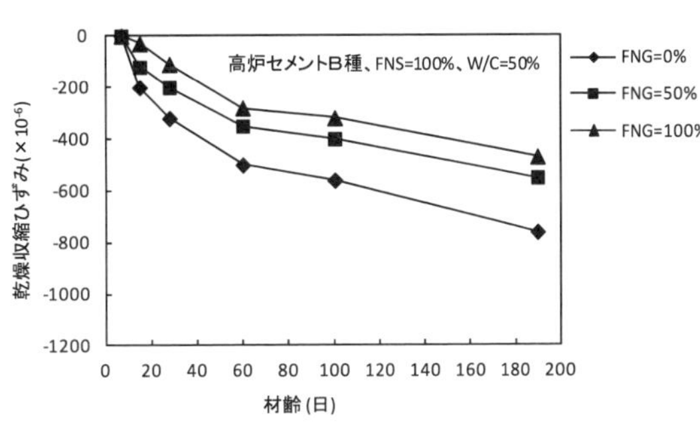

(b)　FNS 100 %

図 2.53　コンクリートの乾燥収縮に及ぼす FNG の影響[132),141)]

図2.54に示す外径390 mm，高さ120 mm，コンクリート部分の厚さ45 mmのリング供試体におけるひび割れの発生結果は，表2.8に示すように，天然砕石を用いたコンクリートとほぼ同じであった．

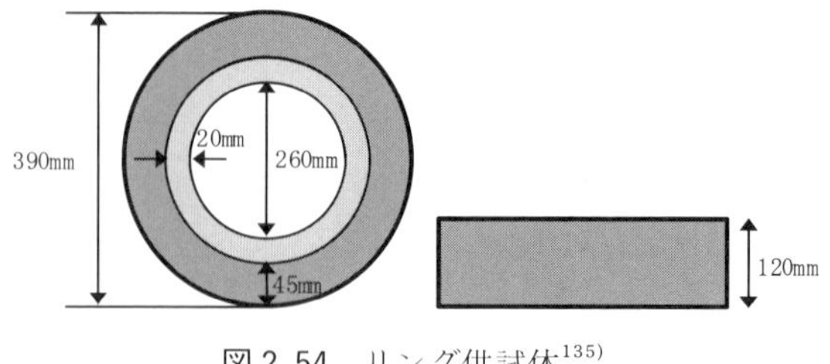

図2.54　リング供試体[135)]

表2.8　ひび割れ発生本数および発生日[135)]

ひび割れ	N	FNS　30％	FNS　50％	FNS　100％
本　数	1	1	2	1
発生日	8	9	9	9

普通ポルトランドセメント
W/C　47％

2.2.2.7　熱　特　性

図2.55に示すように，FNSの比熱は，川砂および硬質砂岩砕石と同等の値を示している．表2.9に示すように，FNSコンクリートの熱膨張係数（線膨張係数）は，10×10^{-6}/°C程度であり，一般的な砂または砕砂を用いたコンクリートと同等である．

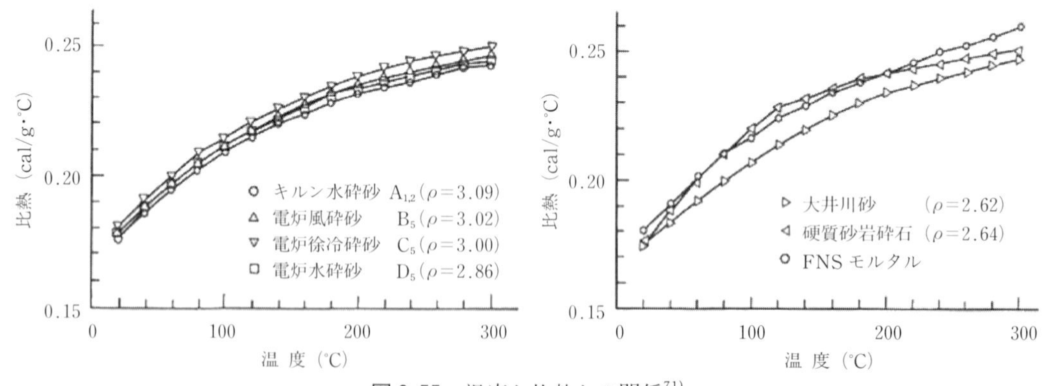

図2.55　温度と比熱との関係[71)]

表 2.9　FNS コンクリートの熱膨張係数（線膨張係数）[71)]

No	線膨張係数（$\times 10^{-6}$/°C）
1	10.3
2	8.9
3	11.0
平　均	10.1

FNS 混合率 100 %，粗骨材：輝緑石 2005
W/C：55 %，C：309 kg/m³，B_5骨材使用

表 2.10 に示すように，FNS コンクリートの熱伝導率は，1.7 W/m.K 程度の値を示し，一般のコンクリートとほぼ同等である．

表 2.10　FNS 混合率 100 %のコンクリートの熱伝導率[71)]

測定回数	平均温度 (θ)°C	温度差 ($\Delta\theta$)°C	熱伝導率 (λ) W/m.K {kcal/m.h.°C}
1	20.1	12.6	1.60 {1.38}
2	49.9	12.2	1.64 {1.41}
3	79.3	11.5	1.79 {1.54}

FNS 混合率 100 %，粗骨材：輝緑石 2005
W/C：55 %，C：309 kg/m³，B_5骨材使用

図 2.56 に示すように FNS コンクリートの断熱温度上昇量は，川砂を用いたコンクリートよりも小さい．これは，FNS は比熱が川砂と同程度であるが，骨材の絶乾密度が大きいので，コンクリートの熱容量が大きくなることによると推察される．

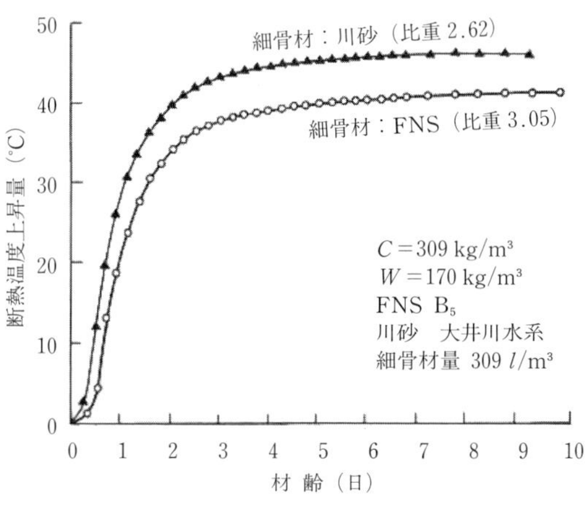

図 2.56　断熱温度上昇試験結果[71)]

加温繰返しによる圧縮強度およびヤング係数の変化を図 2.57, 2.58 に示す．FNS を用いたモルタルと川砂を用いたモルタルを比較すると，300 °C の加熱サイクルを与えることにより，モルタルの圧縮強度およびヤング係数はいずれも低下するものの，FNS を用いたモルタルは川砂を用いたモルタルに比較して，圧縮強度およびヤング係数の低下の割合は小さい．

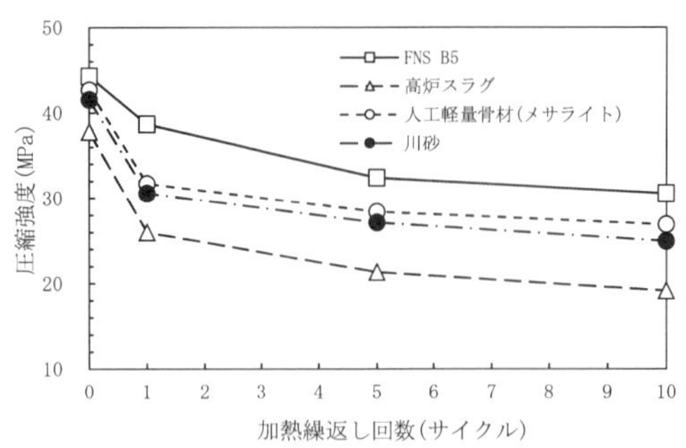

図 2.57　加熱繰返しによる圧縮強度の変化[112)]

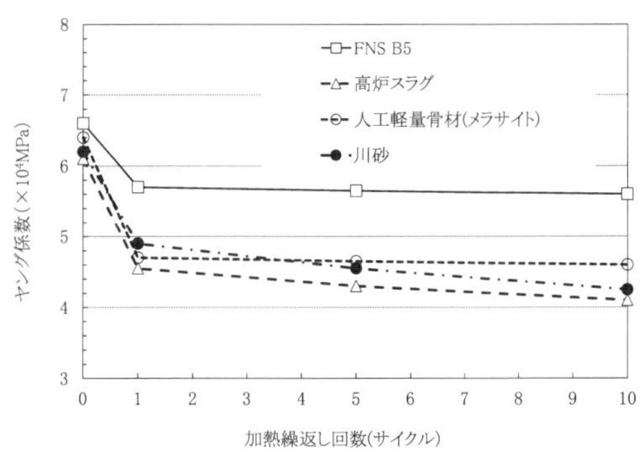

図 2.58　加熱繰返しによるヤング係数の変化[112)]

2.2.3　コンクリートの耐久性

2.2.3.1　凍結融解抵抗性

図 2.59 に示すように，空気量が 3 ％の場合，FNS コンクリートの相対動弾性係数は急激に低下する場合があり，凍結融解抵抗性は劣る傾向が見られるが，W/C 55 ％，空気量 5 ％では凍結融解 300 サイクルにおける相対動弾性係数の低下は少なく，十分な凍結融解抵抗性が確保できることが示されている．

FNG を混合した場合の凍結融解抵抗性は，粗骨材に FNG を 100 ％使用した場合，FNS が 0 ％の時は，図 2.60 のように，凍結融解 300 サイクル後の相対動弾性係数は約 90 ％以上を維持し，特に凍結融解抵抗性の問題はない(また，フェロニッケルスラグ骨材が 100 ％の場合，凍結融解 233 サイクルで相対動弾性係数は 60 ％以下となり，凍結融解抵抗性の低下が確認された)．しかし，FNS 100 ％，FNG 50 ％以下であれば，凍結融解 300

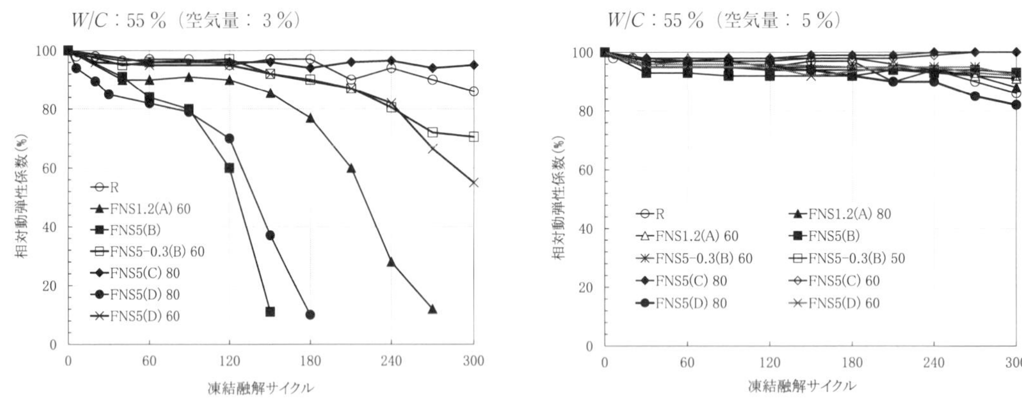

図 2.59　凍結融解作用に対する空気量の影響[67)]

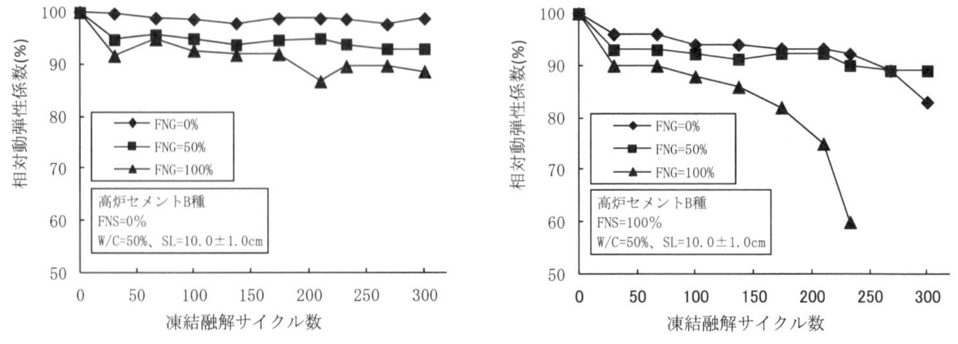

図 2.60　コンクリートの凍結融解抵抗性に及ぼす FNS と FNG の影響[132),141)]

サイクル後の相対動弾性係数は約 80 %以上であり，凍結融解抵抗性の問題はない．

これより，細骨材に FNS を 100 %使用したコンクリートに凍結融解抵抗性が要求される場合，FNG の混合率は，50 %以下に制限する必要があると思われる．

図 2.61 に示すように，FNS コンクリートの耐久性指数は，水セメント比が小さいほど，また空気量が多くなるほど，大きくなる傾向が見られる．しかし，水セメント比が 65 %と高い場合にはブリーディングが大きくなり，空気量の増加によっても十分な凍結融解抵抗性を確保できない場合があるので，注意が必要である．

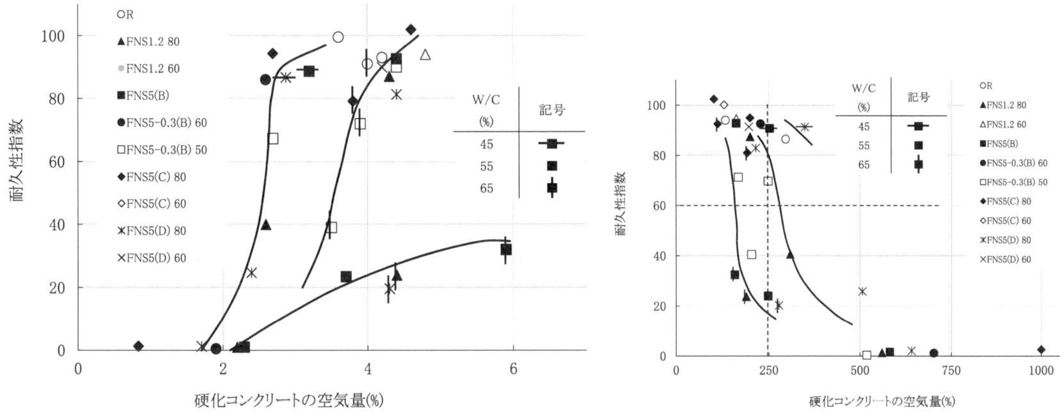

図 2.61　硬化コンクリートの空気量と耐久性指数[67)]

図 2.62　気泡間隔係数と耐久性指数の関係[67)]

図 2.62, 2.63 に示すように，FNS コンクリートの耐久性指数は気泡間隔係数が大きくなると低下し，両者の関係は，川砂の場合と同様の傾向を示している．

図 2.64 に示すように，FNS コンクリートの耐久性指数は，ブリーディング量が増加すると低下する傾向がある．しかし，W/C が 55 %で空気量が 5 %の場合は，ブリーディング量が増加しても耐久性指数は高い値を維持している．

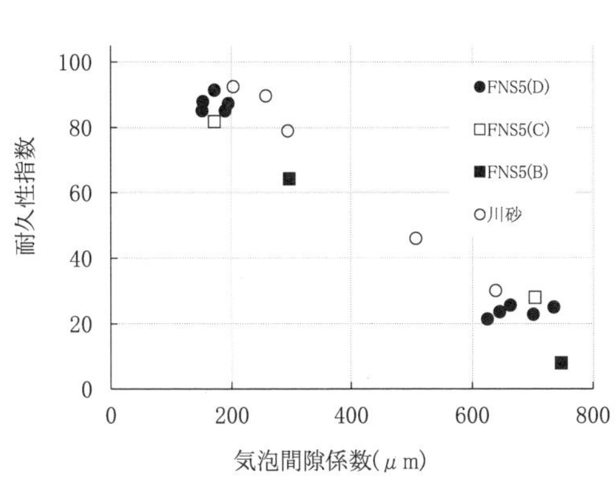

図 2.63　FNS 混合率 100 %コンクリートの気泡間隔係数と耐久性指数の関係[1)]

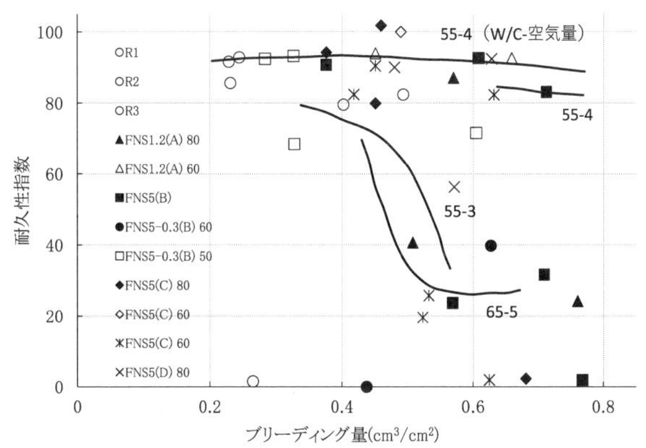

図 2.64　ブリーディング量と耐久性指数の関係[67)]

2.2.3.2　中　性　化

促進中性化試験の結果を図 2.65 に示す．FNS コンクリートの中性化速度は，FNS の種類による大きな差はなく，川砂を用いたコンクリートとほぼ同等である．

FNS および FNG を使用したコンクリートの促進中性化試験の結果を図 2.66 に示す．コンクリートの中性

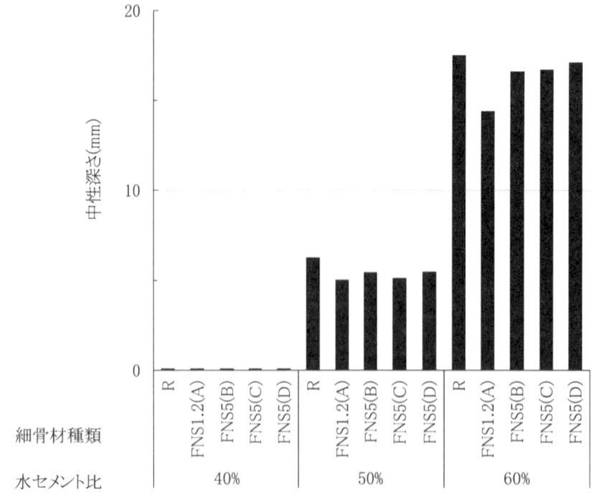

図2.65　促進中性化試験結果[81)]

化深さは，細骨材の種類と関係なく，FNGの混合率の増加につれて小さくなる傾向にある．

また，陸砂(FNS 0％)を用いたコンクリートに比べ，FNSを100％使用したコンクリートの中性化深さが小さく，FNSの混合率が高いほど，中性化深さが小さくなる傾向がある．骨材にFNGとFNSを100％使用したコンクリートは，陸砂と硬質砂岩砕石を使用したコンクリートに比べ，促進試験26週の中性化深さが約3割減少した．

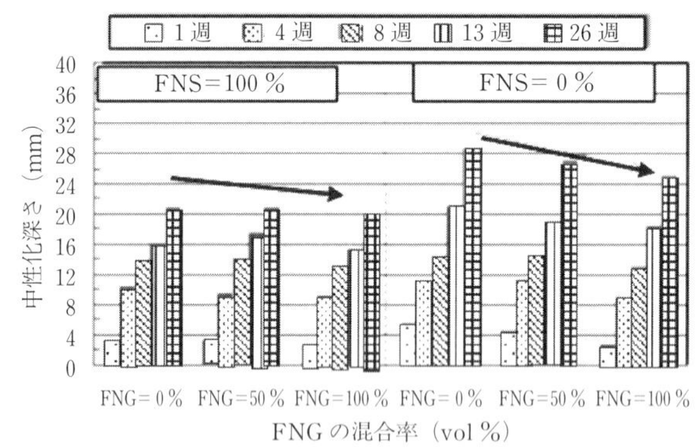

図2.66　コンクリートの中性化抵抗性に及ぼすFNGとFNSの影響[132)]

図2.67に水セメント比50％で乾燥収縮試験終了後の試験体を用いた促進中性化の試験結果を示す[163)]．砕砂または陸砂にFNSを混合した場合の中性化速度係数は，砕砂または陸砂を単独で使用したものとほぼ同等か，それより小さくなる傾向が見られた．また，砕石にFNGを混合したものの中性化速度係数は，砕石単独の場合よりやや大きくなったが，これはFNGを混合したもののほうが砕石単独の場合に比べて空気量が多く，単位セメント量も少なかったことも影響していると考えられる．なお，水セメント比を同一としているため，高炉セメントを使用したこの3つの調合のコンクリートは，普通ポルトランドセメントを使用した場合より中性化速度係数が大きくなっている．

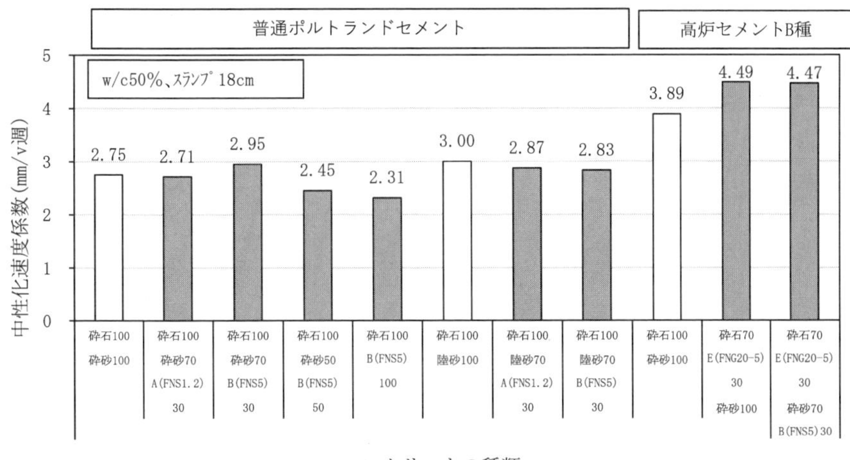

図 2.67　フェロニッケルスラグ骨材を用いたコンクリートの促進中性化の試験結果[163)]

2.2.3.3　水　密　性

表 2.11 に示す配合の FNS コンクリートのインプット法による透水試験の結果を図 2.68 に示す．試験条件は，水圧 10 kgf/cm²，加圧時間 48 時間である．FNS コンクリートの拡散係数は，川砂を用いたコンクリートの場合より小さい．

表 2.11　透水試験に用いたコンクリートの配合[87)]

使用細骨材種類	s/a (%)	単位量 (kg/m³)						
		C	W	FNS	川砂	G	混和剤*	AE 助剤**
R	44	282	155	0	815	1 065	2.82	1.69
A 1.2	44	305	168	474	388	1 037	3.05	1.83
B 5	45	304	167	933	0	1 021	3.04	1.37
B 5-0.3	46	287	158	465	454	1 023	2.87	0.861
C 5	44	304	167	461	396	1 040	3.04	2.28
D 5-0.3	44	291	160	436	399	1 056	2.91	0

[注]　*　AE 減水剤（原液）を使用．
　　　**　100 倍溶液を使用．

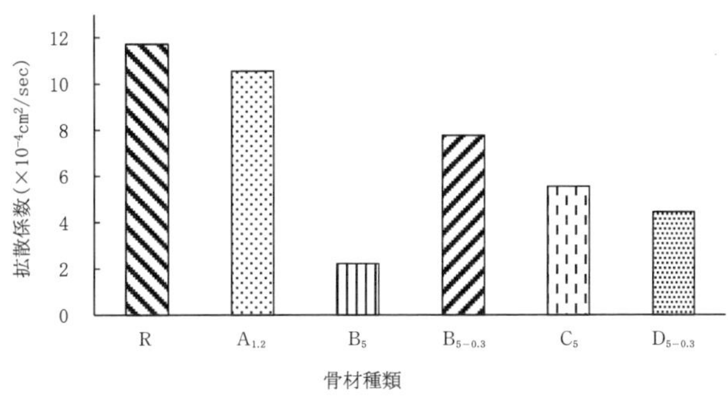

図 2.68　コンクリートの透水試験における拡散係数[87)]

2.2.3.4　遮　塩　性

FNSを用いたモルタルの塩化物イオンの浸透深さを，図2.69に示す．FNSを用いたモルタルの塩化物イオンの浸透深さはFNSの種類によって若干変動しているが，川砂を用いたモルタルとほぼ同様な値を示している．

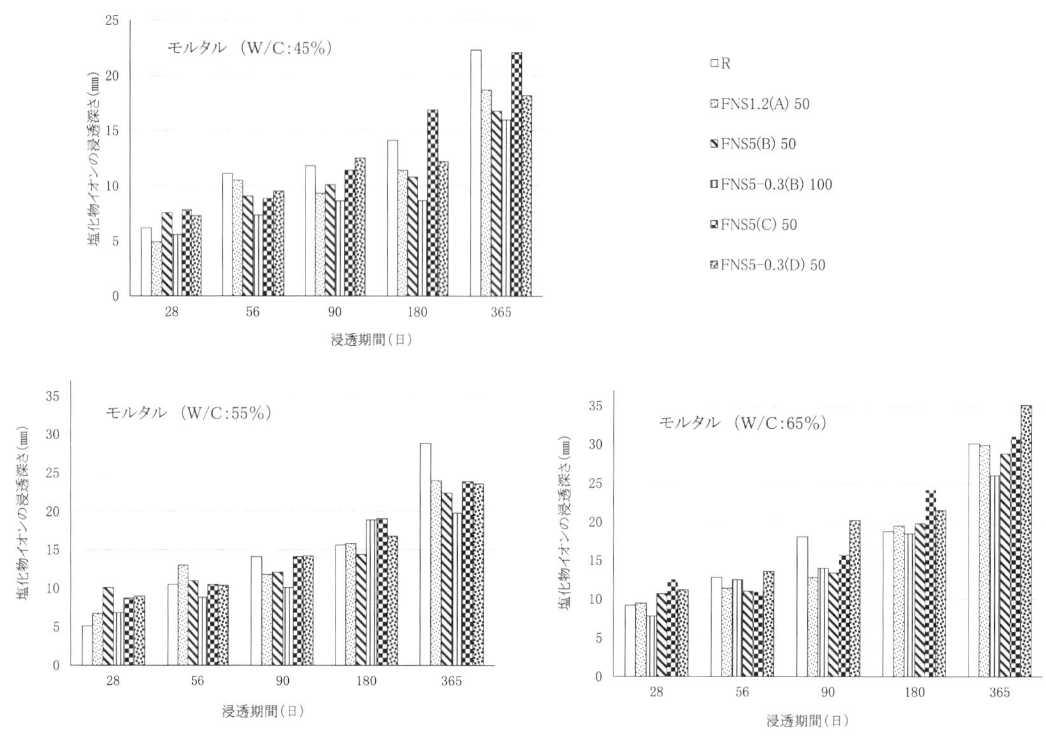

図2.69　塩化物イオンの浸透性状[84)]

2.3　長期屋外暴露したコンクリートの品質変化

2.3.1　圧 縮 強 度

FNSコンクリートの屋外暴露試験体の耐久性調査結果を表2.12に，屋外暴露試験体から採取したコンクリートコアの圧縮強度試験の結果を図2.70に示す．図中の材齢28日の強度は，暴露試験体と同時に作製し標準養生を行った円柱供試体の圧縮強度であり，材齢13日の試験体は，蒸気養生後標準養生を行ったものである．その他の長期材齢における強度は，暴露試験体から採取したコンクリートコアの圧縮強度である．材齢3～13年の長期暴露後のFNSコンクリートのコア強度は，材齢14日および28日の供試体強度より高い値を示し，長期強度発現性状は，川砂および海砂を用いたコンクリートと同様な傾向を示している．

表 2.12　FNS を用いたコンクリートの耐久性試験結果

No	暴露場所	FNS 種類[1) 混合率	供試体の種類	試験開始年月	セメント種類[2)	アルカリ量 (%)	W/C (%)	スランプ (cm)	細骨材率 (%)	単位水量 (kg/m³)	圧縮強度 (N/mm²) 材令28日 [I]	コア試験 [II] 材齢(日)	コア試験 [II] 強度	[II]/[I]	暴露試験体目視試験 試験材齢(日)	ひび割れ・染み・破損	備考
1	*	B·C-100	コンクリート床	1984.11	N	—	64	18	53.0	190	24.8	—	—	—	3 670	異常を認めず	*八戸製錬所倉庫
2	青森県・八戸港	A-100	消波ブロック 5t型*	1988.1	N	0.67	56	8	39.0	154	32.7	—	—	—	2 495	異常を認めず	*コアは同時に作製した寸法 1 650×1 150×450 mm の暴露試験体から採取した. コア試験は圧縮強度, 静弾性係数, 超音波速度, 中性化, 塩分浸透等である. 文献 52), 55), 106) 参照
3		B-100							42.0	132	24.0	—	—	—			
4		C-100							39.0	157	30.5	—	—	—			
5		D-100							43.0	148	26.8	—	—	—			
6		川砂	消波ブロック 5t型*	1988.6	N	0.67	56	7	40.6	148	35.2	2 346	47.8	1.18	2 340		
7		A-100							39.5	160	35.5		51.9	1.46			
8		B-100					54		40.0	134	33.1		46.6	1.41			
9		C-100					56		38.0	160	29.4	640	35.8	1.22			
10		D-100							40.0	148	31.2	2 346	49.3	1.58			
11		D-100			BB	0.57					35.6	365	45.6	1.28			
12		B-100	テトラ 32t 型	1989.6	N	—	54	8	37.4	136	33.6	—	—	—	1 965	異常を認めず	文献 61) 参照
13	八戸市	A-60	壁体パネル*	1989.9	N	0.66	55	18	47.0	190	28.6	1 906	40.7	1.42	1 895		*ポンプ施工試料より作製
14		B-100							46.5	182	30.8		40.6	1.32			
15		C-60								199	29.5		—	—			文献 39), 106) 参照
16		D-60							48.8	177	29.6		35.6	1.24			
17	宮津市	A-60	大型ブロック	1983.2	N	—	60	14	42.0	171	30.6	1 730	32.2	1.05	4 310	異常を認めず	文献 55) 参照
18		川砂	RC コンクリート床版*	1992.4	N	0.61	55	18	46.0	177	32.4	91	35.1	1.08	917	異常を認めず	*生コンクリート運搬試験
19		A-27						8	44.4	153	37.6		43.2	1.15			文献 80) 参照
20		A-27						18	46.0	177	30.5		35.3	1.16			
21	宮崎県日向市	海砂	移動擁壁 (RC)	1981.9	N	0.78	47	7	45.0	190	58.6[3)	4 776	72.8	1.24	4 765	異常を認めず	文献 55), 106) 参照
22		D-100									55.2[3)		56.8	1.03			
23		海砂	舗装コンクリート	1981.9	N	—	55	12	45.0	172	28.9	4 776	37.4	1.29		(一部パネルに微小ひび割れ発生)	
24		D-100								197	28.6		33.4	1.17			
25		D-50	大型ブロック*	1992.3	N	0.58	55	18	45.8	180	32.0	91	36.0	1.13	940	異常を認めず	文献 80), 106) 参照
26		D-50						8	45.2	160	31.1	955	39.7	1.28			
27		D-50			BB	0.53			45.1		33.0	91	39.8	1.21			*生コンクリート運搬試験
28		海砂			N	0.58			40.3	156	32.0	955	41.4	1.29			試料にて作製

[注]　1) A：キルン水砕砂 (FNS 1.2), B：電炉風砕砂 (FNS 5 および FNS 5-0.3), C：電炉徐冷砕砂 (FNS 5), D：電炉水砕砂 (FNS 5)
2) N：普通ポルトランドセメント, BB：高炉セメント B 種　　アルカリ量＝Na_2O_{eq}.
3) 蒸気養生後の材齢 14 日の圧縮強度を示す
*　備考参照

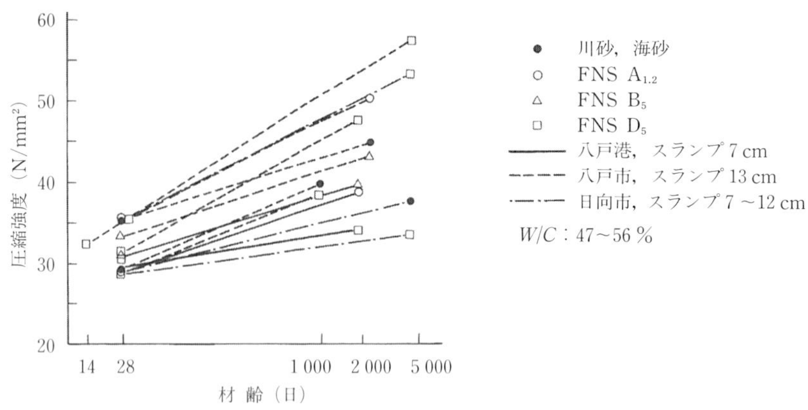

図 2.70　暴露供試体の長期材齢圧縮強度[106)]

2.3.2　ヤング係数

長期暴露後の圧縮強度とヤング係数の関係を図 2.71 に示す．FNS コンクリートは，川砂または海砂を用いたコンクリートよりヤング係数がやや大きくなる傾向を示す．

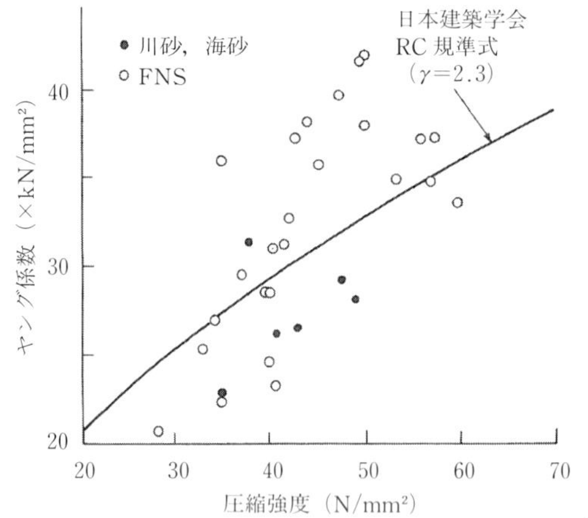

図 2.71　暴露供試体の圧縮強度とヤング係数の関係[106)]

2.3.3　アルカリシリカ反応の潜在反応性

FNS コンクリートによる暴露供試体コンクリートの潜在反応性を調査するために，コンクリートコア試料による促進潜在膨張性試験（建設省土木研究所法）を行った．図 2.72 に膨張率の測定結果を示す．各種 FNS コンクリートの膨張量は，試験材齢 6 か月で 0.02～0.05 %程度である．FNS コンクリートは，非反応性の砂を用いたコンクリートの挙動とほぼ同等であると判断される．

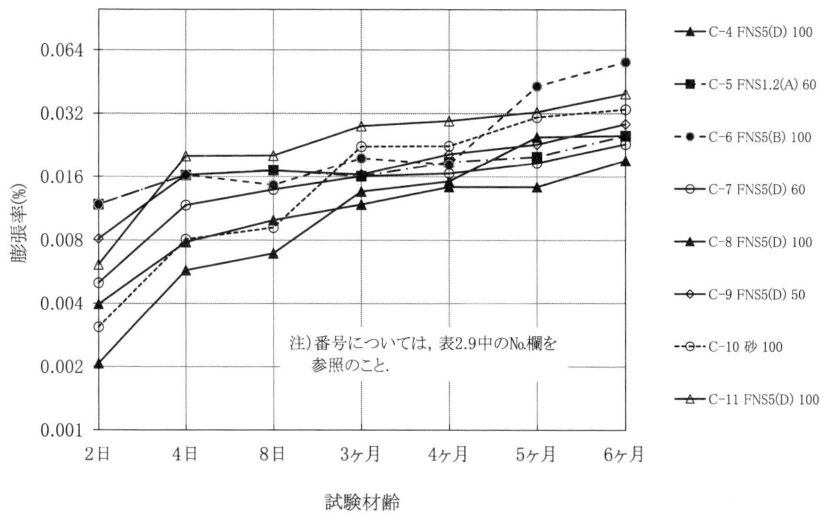

図 2.72　コンクリート試料の試験材齢と膨張量との関係[106)]

2.4　FNS を用いた高流動コンクリート

2.4.1　概　　要

FNS を用いた高流動コンクリートについての実験例を示す．ここでは，FNS を用いた高流動コンクリートについて，フレッシュおよび硬化後の物性の調査を行った．

コンクリートの使用材料を表 2.13 に，配合を表 2.14 に示す．混和材として石灰石微粉末を使用した．コンクリートの配合は，水セメント比を 55 %とし，FNS の混合率を 0 %，50 %および 100 %とした 3 種類を設定した．なお，FNS は粒形が丸みをおびている（B）骨材を用いたため，単位水量は FNS 混合率が増すにつれて低減している．

表 2.13　使用材料[119)]

材料名	記　号	種類・品質		
セメント	C	普通ポルトランドセメント	比重　3.16	比表面積 3 220 cm²/g
細骨材	S	川砂	比重　2.65 f.m.　2.57	吸水率 1.16 %
	FNS	フェロニッケルスラグ	比重　2.97 f.m.　2.48	吸水率 1.37 %
粗骨材	G	石灰石砕石	比重　2.70 f.m.　2.67	吸水率 0.49 % 最大寸法 20 mm
混和剤	L	石灰石微粉末	比重　2.72	比表面積 5 700 cm²/g
混和剤	SP	ポリカルボン酸系高性能 AE 減水剤		

表 2.14　高流動コンクリートの配合[119)]

	調合条件					単位量（kg/m³）					
	W/P (%)	W/C (%)	s/a (%)	C/L	SP (P×%)	水 W	セメント C	石灰石微粉末 L	細骨材 FNS	細骨材 S	粗骨材 G
FNS 0 %	29.5	55	55	1.15	1.15	165	300	260	0	880	740
FNS 50 %	29.5	55	55	1.15	1.15	160	291	252	548	489	664
FNS 100 %	29.5	55	55	1.15	1.15	155	282	282	1 017	0	756

［注］　P＝C＋L

2.4.2　V 型漏斗流下試験

表 2.14 の配合の高流動コンクリートについて，スランプフロー試験および V 型漏斗流下試験を行った．

図 2.73 に相対フロー面積と V 型漏斗試験による相対流下速度の関係を示す．図 2.73 は既往の文献「ロート試験を用いたフレッシュコンクリートの自己充塡性評価，土木学会論文集，No. 490/V-23，pp.61-70，1994.5」で示された図に，本試験結果をプロットしたものである．図中では，高密度配筋充塡試験による結果から，高流動コンクリートの充塡性能を A～C および C 未満の 4 ランクに区分されており，論文中では C ランクを自己充塡性コンクリートとして最低レベルのものと判定している．

プロットした結果によると，FNS 混合率を 100 %および 50 %とした高流動コンクリートは，A ランクの天然砂を用いた高流動コンクリートよりも充塡性は劣る結果となった．これは水セメント比が 55 %の一定の値としたことから，単位水量の少ない FNS コンクリートにおいては，粉体量が天然砂単独使用時の 560 kg/m³に対して，FNS 混合率 100 %の場合は 527 kg/m³と少ないことによると考えられる．

なお，相対フロー面積および相対流下速度は，以下のように定義されている．

相対フロー面積＝$(Sf/60)^2$

Sf：スランプフロー（cm）

相対流下速度＝$5/V$

V：V 型漏斗試験によるコンクリートの流下時間（s）

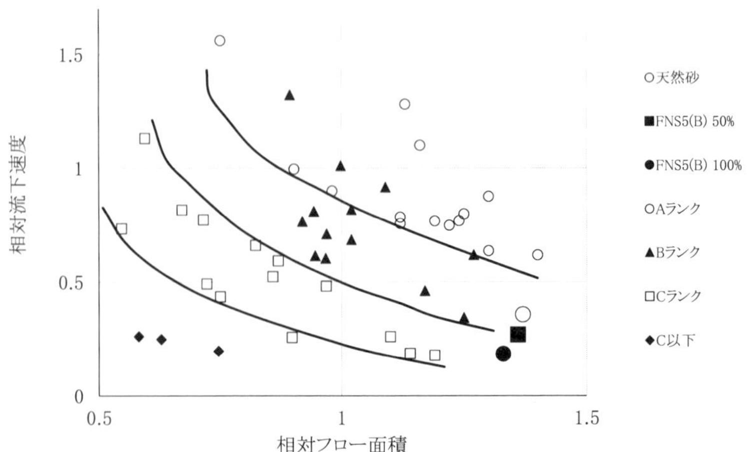

図 2.73　相対フロー面積と相対流下速度の関係[119)]

2.4.3 圧縮強度およびヤング係数

圧縮強度とヤング係数の試験結果を図 2.74, 2.75 に示す．圧縮強度は，FNS 混合率の差による影響はほとんど認められない．しかし，ヤング係数は FNS 混合率が大きくなるほど高くなる傾向を示している．

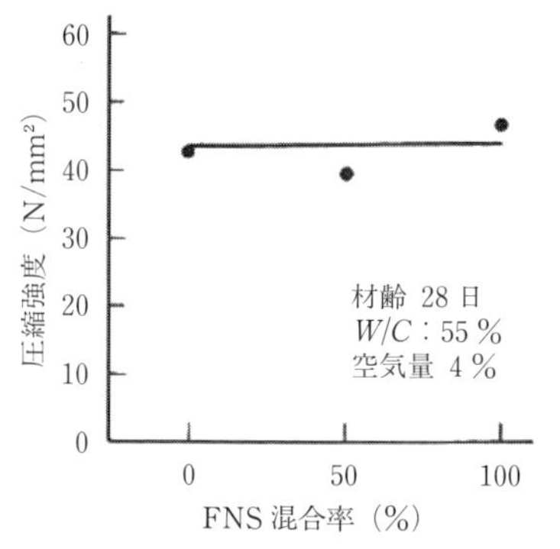

図 2.74　FNS 混合率と圧縮強度の関係[119)]

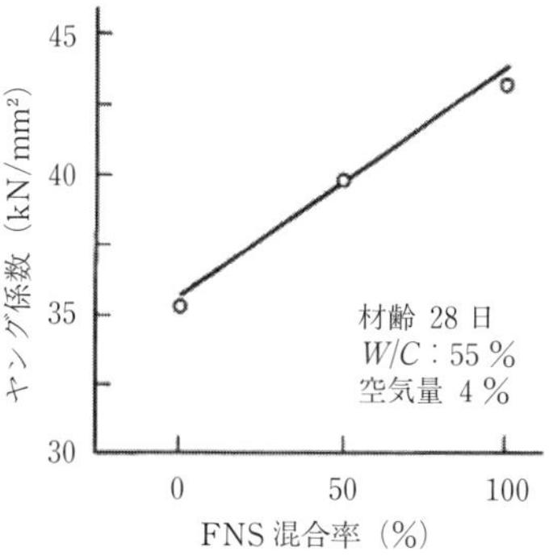

図 2.75　FNS 混合率とヤング係数の関係[119)]

2.4.4 凍結融解抵抗性

凍結融解試験の結果を図 2.76 に示す．FNS を用いた高流動コンクリートは，空気量を 5 %にすることにより，凍結融解繰返し 300 サイクルにおいても相対動弾性係数は 80 %以上を維持し，川砂を用いたコンクリートの場合より高い値を示している．

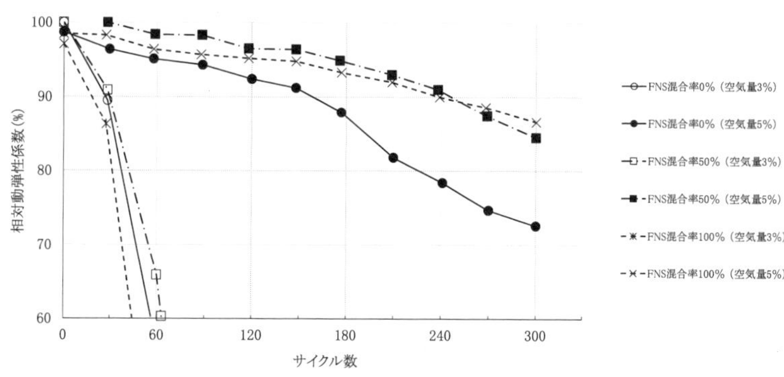

図 2.76　凍結融解試験結果[119)]

2.4.5 中　性　化

促進中性化試験の結果を図 2.77 に示す．中性化の進行速度は，FNS 混合率に関係なく川砂を用いたコンクリートと比較し，減少傾向にある．

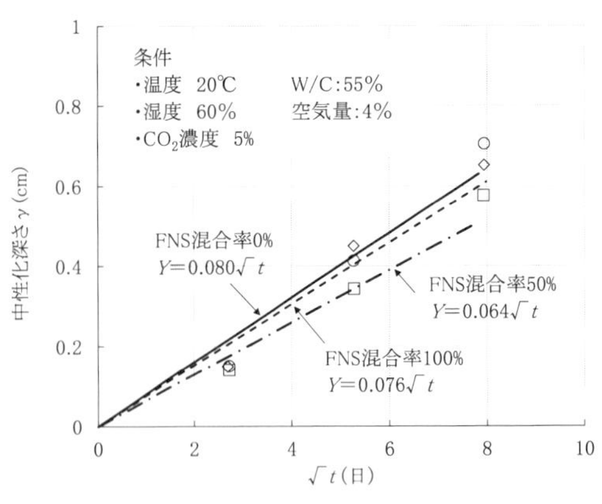

図 2.77　中性化試験結果[119)]

2.4.6　その他試験結果

水の拡散係数，透気係数，91 日における中性化深さおよび 80 日における乾燥収縮量の結果を表 2.15 に示す．拡散係数に関しては，混合率による傾向は見られないが，その他の試験結果においては，FNS を混合することで透気係数および中性化深さは減少傾向，乾燥収縮量は明らかな低下が見られた．

表 2.15　その他試験結果[136)]

配合名	拡散係数 ($\times10^{-4}$) (cm^2/sec)	透気係数 ($\times10^{-12}$) (cm/sec)	91 日 中性化深さ (mm)	80 日 乾燥収縮量 ($\times10^{-5}$)
FNS 混合率 0 %	2.43	2.51	6.97	47
FNS 混合率 50 %	3.38	2.45	5.72	41
FNS 混合率 100 %	2.70	2.44	6.49	40

2.4.7　ま　と　め

FNS（B 骨材）を用いた高流動コンクリートについて，石灰石微粉末を混和材として用いることにより，自己充填コンクリートとしてのフレッシュ時の品質を確保できることが明らかになり，さらに，FNS を用いた高流動コンクリートの硬化後の物性についても，普通細骨材を用いた高流動コンクリートと同等以上の性能を有していることが判明した．

以上から，高流動コンクリートを FNS に用いることが可能であることが示された．

2.5　フェロニッケルスラグ細骨材を用いた高強度コンクリート

2.5.1　シリーズ I

シリーズ I においては，設計基準強度（F_c）36〜80 N/mm²級の高強度コンクリートを対象とし各種試験を行った．水セメント比は 45 %，35 %，25 %の 3 水準とし，比較のために水セメント比 55 %の 1 調合についても試験を行った．FNS 混合率は 0，30，50 %としたが，一部 W/C=35 %の水準において，混合率 100 %についても試験した．

2.5.1.1　概　　要

表 2.16 に実験計画の一覧を，表 2.17 に実験に用いた各種細骨材の品質を示す．

表 2.16　高強度コンクリートの実験計画[110)]

調合番号	細骨材 種類[1)]	細骨材 FNS 混合率 (%)	水セメント比 (%)	目標スランプ (cm)	使用混和剤[2)]	圧縮強度	ヤング係数	乾燥収縮	クリープ	耐薬品性[3)]
1	B_5	50	55	18	I	○	○	×	×	×
2 3 4 5	$A_{1.2}$ B_5 $D_{2.5}$ S-4	30 50 50 0	45	8	II	○	○	○	○	○
6 7 8 9	$A_{1.2}$ B_5 $D_{2.5}$ S-4	30 50 50 0	45	18	II	○	○	×	×	×
10 11 12 13	$A_{1.2}$ B_5 $D_{2.5}$ S-4	30 50 50 0	35	8	II	○	○	×	×	×
14 15 16 17	$A_{1.2}$ B_5 $D_{2.5}$ S-4	30 50 50 0	35	21	II	○	○	×	×	×
18 19 20 21	$A_{1.2}$ B_5 $D_{2.5}$ S-4	30 50 50 0	25	23	II	○	○	×	×	×
22 23	B_5 $D_{2.5}$	100 100	35	8	II	○	○	×	×	×
24 25	B_5 $D_{2.5}$	100 100	35	21	II	○	○	×	×	×
26 27 28	S-1 S-2 S-3	0 0 0	35	8	II	○	○	×	×	×

［注］　1）S-1～4 は天然の砂である．
2）混和剤（Ⅰ）は AE 減水剤，混和剤（Ⅱ）は高性能 AE 減水剤を示す．
3）薬品は硫酸を使用．
＊　○：実施，×：不実施

表 2.17　FNS 高強度コンクリート試験に用いた細骨材の品質[110)]

記号	種類	製造所または産地	表乾比重	吸水率 (%)	単位容積質量 (t/m³)	実積率 (%)	粗粒率	5	2.5	1.2	0.6	0.3	0.15
								粒度分布 (mm) ふるい通過質量百分率 (%)					
A	FNS 1.2	日本冶金	3.17	0.30	1.82	57.4	1.98	100	100	95	63	32	12
	FNS 1.2	同 上					1.90	100	100	96	64	36	14
B	FNS 5	大平洋金属	3.04	0.91	1.98	65.7	2.39	100	99	78	46	25	13
	FNS 5	同 上					2.49	100	99	79	41	21	11
	FNS 5-0.3	同 上	2.88	1.78	1.74	61.5	4.02	100	67	24	6	1	0
D	FNS 2.5	日向製錬所	2.98	0.87	—	—	2.43	100	100	91	38	19	10
D	FNS 5-0.3	同 上	3.04	0.19	1.77	58.3	3.99	98	73	24	5	1	0
S-1	川砂	由良川	2.60	2.46	1.68	66.2	2.87	99	83	64	44	18	5
S-2	陸砂	千葉県	2.58	3.00	1.53	61.1	1.23	100	100	100	100	67	10
	陸砂	同 上	2.57	2.98	—	—	2.46	96	83	74	61	31	3
S-3	海砂	長浜	2.64	2.50	1.58	61.3	1.70	100	98	94	85	45	8
S-4	川砂	大井川	2.63	1.67	1.74	67.3	2.74	100	90	64	40	23	9
	川砂	同 上	2.62	1.50	—	—	2.69	100	88	65	48	22	8

2.5.1.2　圧縮強度およびヤング係数

FNS を用いたコンクリートのセメント水比と圧縮強度の試験結果を表 2.18 および図 2.78 に示す．FNS を用いたコンクリートは，高強度域においても圧縮強度とセメント水比は直線関係を示す．〔D〕骨材を用いたコンクリートは川砂を用いたコンクリートより強度は若干低くなっているが，〔A〕骨材および〔B〕骨材では，川砂を用いた場合と同等か若干高い強度を示している．

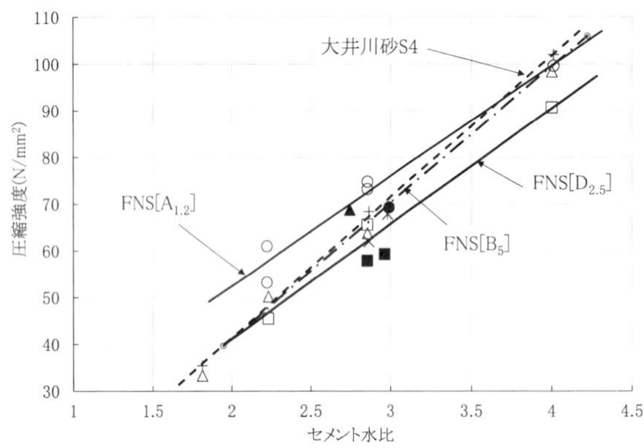

骨材種別	記号	FNS 混合率	単独使用
FNS [$A_{1.2}$]	○	30 %	—
FNS [B_5]	△	50 %	▲
FNS [$D_{2.5}$]	□	50 %	■
天然砂 S 1	—		⊗
天然砂 S 2	—		●
天然砂 S 3	—		＊
天然砂 S 4	—		★

図 2.78　セメント水比と圧縮強度（28 日）との関係[110)]

表 2.18　セメント水比と圧縮強度の関係式[110)]

材齢	コンクリート調合種別	*C/W*—圧縮強度関係式	
7 日	FNS 混合骨材〔$A_{1.2}$〕	$FC_A=-0.5+19.3C/W$	(n=5, r=0.994)
	〔B_5〕	$FC_B=-18.7+24.4C/W$	(n=8, r=0.971)
	〔$D_{2.5}$〕	$FC_D=-2.7+18.4C/W$	(n=7, r=0.991)
	FNS 混合全体	$FC_{(ABD)}=-9.4+21.3C/W$	(n=20, r=0.962)
	大井川砂	FC（川砂）$=-10.5+21.7C/W$	(n=6, r=0.994)
28 日	FNS 混合骨材〔$A_{1.2}$〕	$FC_A=6.3+23.6C/W$	(n=5, r=0.985)
	〔B_5〕	$FC_B=-16.1+29.0C/W$	(n=8, r=0.990)
	〔$D_{2.5}$〕	$FC_D=-6.9+24.6C/W$	(n=7, r=0.975)
	FNS 混合全体	$FC_{(ABD)}=-7.8+26.2C/W$	(n=20, r=0.952)
	大井川砂	FC（川砂）$=-18.3+30.4C/W$	(n=6, r=0.999)
91 日	FNS 混合骨材〔$A_{1.2}$〕	$FC_A=5.3+26.3C/W$	(n=5, r=0.983)
	〔B_5〕	$FC_B=-20.8+33.0C/W$	(n=8, r=0.996)
	〔$D_{2.5}$〕	$FC_D=-10.1+27.9C/W$	(n=7, r=0.993)
	FNS 混合全体	$FC_{(ABD)}=-10.9+29.6C/W$	(n=20, r=0.962)
	大井川砂	FC（川砂）$=-21.2+34.1C/W$	(n=6, r=0.997)

単位：N/mm²，n：試料数，r：試料相関係数

圧縮強度とヤング係数の関係を図 2.79 に示す．ヤング係数は，FNS を単独で用いた場合には川砂を用いた場合より大きくなる傾向があるが，FNS を混合して用いたコンクリートのヤング係数は，川砂を用いたコンクリートとほぼ同等な値を示している．

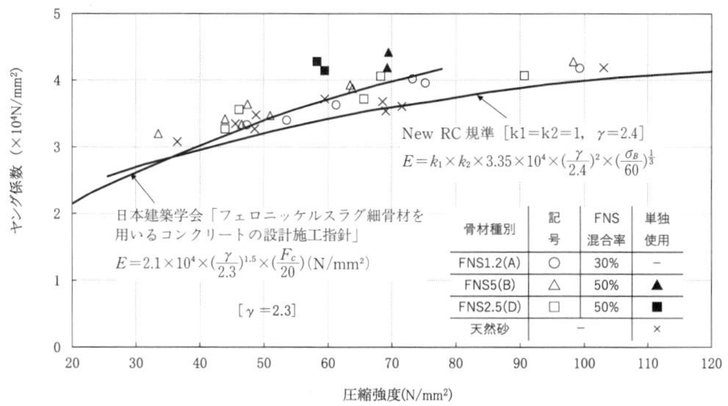

図 2.79　圧縮強度とヤング係数の関係[110)]

2.5.1.3　クリープ

水セメント比 45 %のコンクリートのクリープ試験結果を図 2.80，2.81 に示す．〔A〕骨材および〔B〕骨材を用いたコンクリートのクリープ係数および単位クリープひずみは，川砂を用いたコンクリートの場合と同等か若干小さくなっている．しかし，〔D〕骨材を用いたコンクリートは，川砂を用いたコンクリートの場合より，クリープ係数および単位クリープひずみは若干大きくなっている．

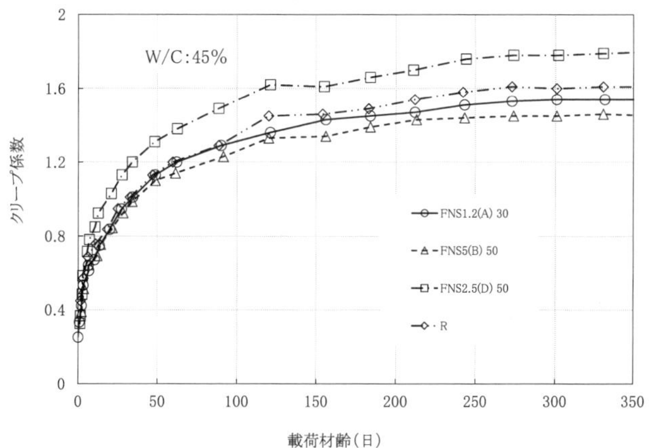

図 2.80　クリープ試験結果（クリープ係数）[110)]

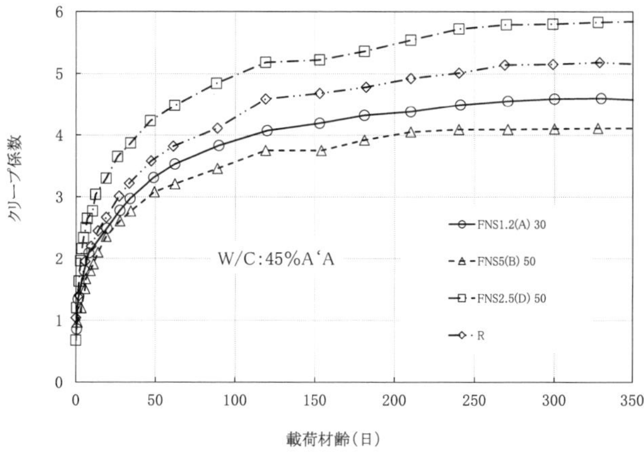

図 2.81　クリープ試験結果（単位クリープひずみ）[110)]

2.5.1.4 乾 燥 収 縮

水セメント比45％のFNSコンクリートの長さ変化試験結果を図2.82に示す．FNSコンクリートと川砂を用いたコンクリートの乾燥収縮には，大きな差異は見られない．

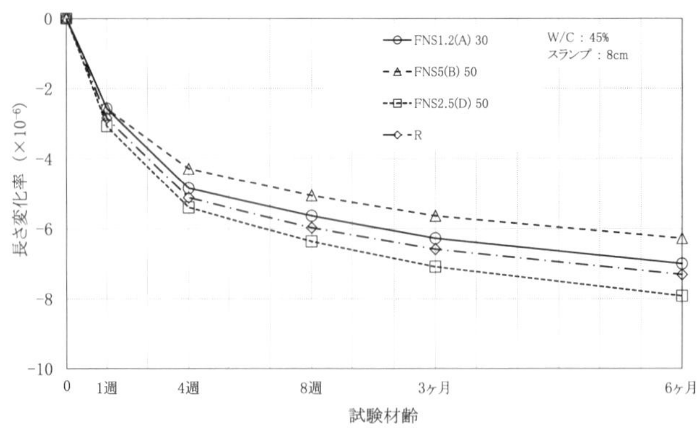

図2.82　試験材齢と長さ変化率の関係

2.5.1.5 耐 薬 品 性

濃度5％の硫酸溶液に水セメント比45％の供試体を浸漬し，質量を測定した．質量変化率の経時変化を図2.83に示す．FNSコンクリートと川砂を用いたコンクリートの質量減少率には，大きな差異は見られない．

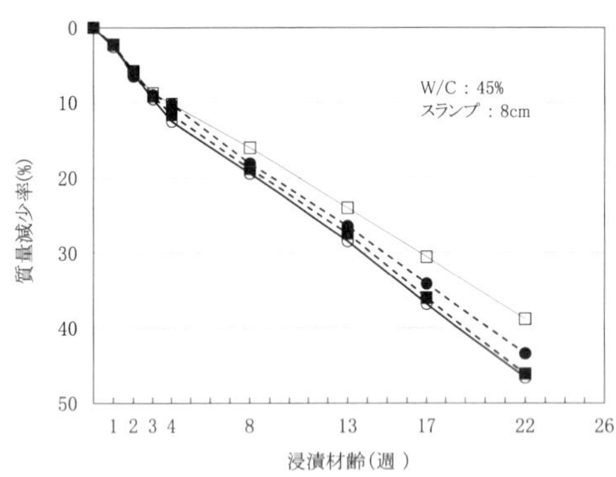

調合* 番号	細骨材 種類	FNS 混合率(％)	記号
2	FNS 1.2 (A)30	30	○
3	FNS 5 (B)50	50	●
4	FNS 2.5 (D)50	50	□
5	大井川砂	0	■

［注］　*　表2.16に同じ

図2.83　質量減少率（希硫酸浸漬試験）[110)]

2.5.2 シリーズII

シリーズIIにおいては，設計基準強度(F_C)60〜80 N/mm²級の高強度コンクリートを対象とし，圧縮強度および自己収縮特性について，FNSの混合率および水セメント比が上記特性に与える影響を明らかにすることを目的とした．W/Cは30％と25％，混合率は0，30，100％とした．本検討で使用したFNSは，アルカリシリカ反応性の試験で区分AとなるB（FNS 5）である．

2.5.2.1 概　　要

表2.19に使用した材料，表2.20に調合およびフレッシュ試験結果を示す．

表 2.19　使用材料[157)]

名称および種類		記　号	物　性
水	イオン交換水	W	—
セメント	普通ポルトランドセメント	C	密度：3.15 g/cm³
	中庸熱ポルトランドセメント	M	密度：3.21 g/cm³
粗骨材	FNS	B（FNS 5）	密度：2.90 g/cm³ 吸水率：2.05 %
	硬質砂岩砕砂	S	密度：2.62 g/cm³ 実績率：0.98 %
粗骨材	硬質砂岩砕石	G	密度：3.15 g/cm³ 実績率：58.6 %
化学混和剤	高性能 AE 減水剤	SP	ポリカルボン酸系

表 2.20　調合およびフレッシュ試験結果[157)]

調合名称	FNS 5（HS）混合率（%）	W/C（%）	単位量（kg/m³）					SP（C×%）	AE 助剤	フロー値（mm）	コンクリート温度（℃）	空気量（%）
			W	C	FNS 5（HS）	S	G					
C 25-0	0	25	175	700	0	682	851	2.90		558	26.0	1.4
C 25-30	30				236	478		2.50		621	24.8	1.2
C 25-100	100				787	0		1.60		633	24.0	1.4
C 30-0	0	30	175	583	0	779		2.00		654	24.9	1.0
C 30-30	30				270	546		1.70		678	24.2	1.2
C 30-100	100				899	0		1.10		645	23.9	1.8
M 25-0	0	25	175	700	0	693		1.30		688	25.0	1.0
M 25-30	30				240	485		1.10		634	24.9	1.6
M 25-100	100				799	0		0.80		615	24.3	1.8
M 30-0	0	30	175	583	0	789		0.85		524	24.3	2.0
M 30-30	30				273	552		0.75	○	533	23.7	1.8
M 30-100	100				909	0		0.65	○	686	22.1	1.8

［注］　調合名称は，（セメントの種類および W/C）−（FNS 5（HS）混合率）を表す．

セメントは，市販品 3 種を 1 ： 1 ： 1 の割合で混合して使用した．細骨材は FNS（以下，FNS 5（HS）という）と硬質砂岩砕砂を使用した．粗骨材は硬質砂岩砕石を使用し，化学混和剤はポリカルボン酸系の高性能 AE 減水剤を用いた．FNS 5（HS）を 0 %，30 %，100 % の 3 水準で細骨材に混合し，水セメント比は 25 %，30 % の 2 種類とした．単位粗骨材かさ容積は 55 % とし，目標スランプフロー（60 cm±10 cm），目標空気量（2 %±1.5 %）に合わせて SP の添加量を調節した．

圧縮強度は JIS A 1108 に準拠し，ϕ 100×200 mm の試験体を用いた．養生条件は標準水中養生および封かん養生とし，養生温度は 20 ℃± 3 ℃とした．試験は各水準 3 本ずつとし，平均値を各材齢の圧縮強度とした．

コンクリートの自己収縮ひずみは，100×100×400 mm の角柱試験体を用い，市販の埋込み型ひずみ計を試験体中央に埋設して計測した．型枠による摩擦を最小限とするため，型枠の内側にテフロンシートを敷設した．各試験体は打込み直後に封かんし，20 ℃一定に制御された環境に存置した．材齢約 24 時間で脱型し，試験体の全面を再度封かんして測定を継続した．

2.5.2.2　圧縮強度試験結果

C 25，C 30，M 25 および M 30 の標準水中養生，封かん養生の圧縮強度と材齢の関係を図 2.84 に示す．C 25 では，標準水中養生，封かん養生ともに FNS 5（HS）の混合率が増えるにつれて強度が増加した．材齢とともに FNS 5（HS）混合率 0 ％と混合率 100 ％の圧縮強度差は増進し，封かん養生の材齢 91 日では約 20 N/mm² の差が認められた．一方，C 30 では，標準水中養生，封かん養生ともに材齢進行に伴う圧縮強度差の増進はわずかであった．

次に M 25 は，標準水中養生では C 25 と比べ，材齢 7 日の圧縮強度は若干低いが，材齢 28 日ではほぼ同等の圧縮強度となった．封かん養生では 28 日から 91 日にかけて，FNS 5（HS）混合率 100 ％の強度が大きく増進し，今回検討した中で一番高い強度を示した．M 30 の標準水中養生では M 25 と同様に，C 30 と比較すると材齢 7 日の圧縮強度は若干低いが，材齢 28 日ではほぼ同じ圧縮強度となった．封かん養生の試験結果についても，材齢 28 日および 91 日は C 30 と同様の値を示した．M 25 と M 30 を比較すると，M 25 の方が混合率による強度の差が大きく見られた．これらのことから，本実験の範囲では，FNS 5（HS）混合率の強度への影響は水セメント比 25 ％で顕著に認められた．

参考として，セメント水比と材齢 28 日の圧縮強度の関係について，前述したシリーズ I の試験結果との比較を行った〔図 2.85〕．ただし，図 2.85 においては，本指針では高強度コンクリートにおいてはアルカリシリカ反応性に関して区分 A と判定されるものを使用すると定めていることから，アルカリシリカ反応性の試験で区分 B となる FNS［$D_{2.5}$］の結果は除外している．FNS の混合率 30 ％の場合を比較すると，シリーズIIの試験結果は指針よりもやや傾きが小さい結果となったが，概ねシリーズ I と同等の結果が得られたものと考えられる．

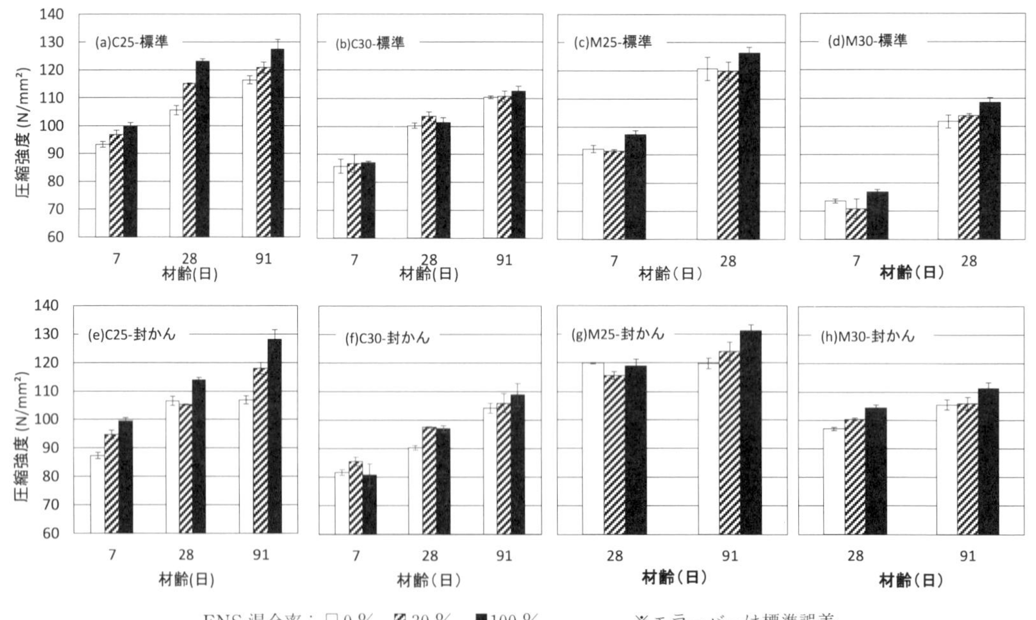

図 2.84　フェロニッケルスラグ細骨材と，硬質砂岩砕砂それぞれを単独使用もしくは併用して使用した高強度コンクリートの圧縮強度[157)]

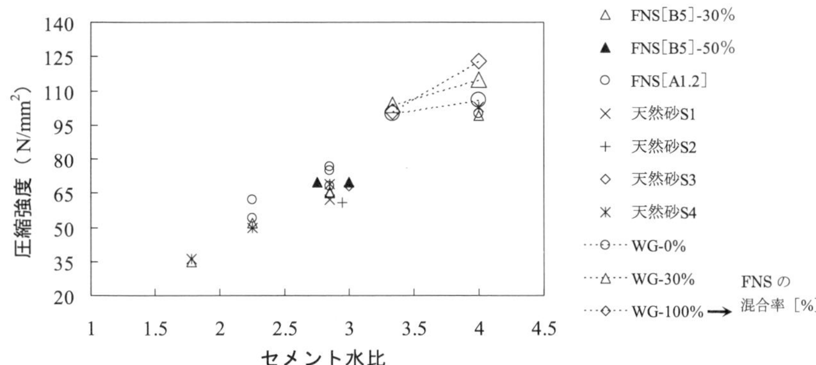

図 2.85　セメント水比と圧縮強度（28 日）との関係（シリーズⅠの結果との比較）

2.5.2.3　自己収縮特性

コンクリートの自己収縮ひずみを図 2.86 に示す．試験体は，各水準 2 体作製した．C 25 と C 30 を比較すると，水セメント比の低い方が自己収縮ひずみは顕著であった．これは，既往の研究 4），5）で報告されている傾向とも合致する．また，水セメント 30 %の方が同調合の 2 体の試験体における自己収縮ひずみの差が大きく表れた．さらに，FNS 5（HS）の混合率が大きいほど，自己収縮の低減効果が高いことが確認された．材齢 7 日において，C 25 の場合，FNS 5(HS) 混合率が 0 %の場合と比べて 100 %は，200×10^{-6}程度の低減効果が確認された．C 30 の場合も同様に 200×10^{-6}程度であった．

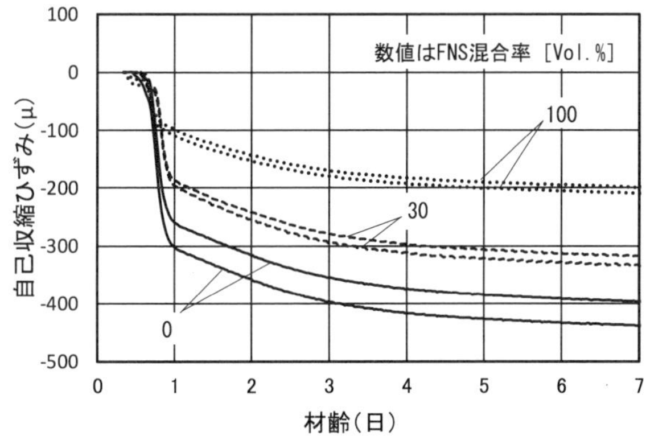

(a)　W/C＝25 %

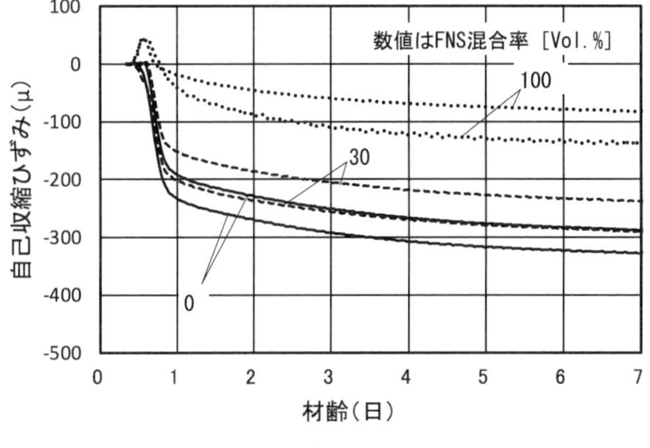

FNS
密度　2.90 g/cm³，吸水率　2.05 %
硬質砂岩砕砂
密度　2.62 g/cm³，吸水率　0.95 %

(b)　W/C＝30 %

図 2.86　自己収縮ひずみ（文献 158）より作図）

2.5.6 ま と め

FNSを用いた高強度コンクリートの圧縮強度特性および耐久性は，一般的な砂や砕砂の場合と同等の性能を有しており，高強度コンクリートにFNSを適用できることが判明した．

また，F_c60〜80 N/mm²の高強度コンクリートに一部のフェロニッケルスラグ細骨材を使用した場合，その混合率を増やすほど圧縮強度が高くなり，自己収縮が低減される傾向が見られた．FNS混合率の増加に伴い圧縮強度が高くなる傾向は，水セメント比が低いほど顕著であった．

2.6 FNSを用いた軽量コンクリート

FNSを軽量コンクリートに用いた場合のフレッシュ時および硬化後の物性について試験を行った（引張強度，ヤング係数および鉄筋との付着強度については，付録II．4章を参照）．コンクリートの使用材料を表2.21に，調合を表2.22に示す．軽量骨材には，構造用軽量コンクリート骨材MA 419（メサライト社製）を使用した．FNS混合率は30％とした．

コンクリートの調合は，水セメント比を55％とし，目標スランプを21 cmとしている．

軽量コンクリートの諸性質は，表2.23に示すとおりである．FNS混合率が30％であることから，FNSを用いた軽量コンクリートのフレッシュコンクリートの単位容積質量は，川砂を用いた軽量コンクリートの単位容積質量と大きな違いはないといえる．硬化後の測定においても同様の結果である．また，テストピースの上，中，下の各部分の単位容積質量に関しては大きな差が見られないことから，川砂に比べて密度が0.44 g/cm³大きなFNSを30％置換しても材料の均質性には問題ないことがわかる．

材齢28日の圧縮強度試験の結果から判断して，川砂の30％をFNSで置換した軽量コンクリートの圧縮強度は，川砂のみを用いた軽量コンクリートの圧縮強度と同等と考えられる．

表2.24に示すように，FNS混合率40％の細骨材を用いた軽量コンクリート1種の気乾単位容積質量の推定値は，1.84 t/m³であり，砂のみ使用の場合の1.78 t/m³に比べ0.06 t/m³重くなる．FNS混合率10％の増加につき，軽量コンクリートの気乾単位容積の推定値の増加量は15 kg/m³である．

表2.21　使用材料[127)]

材　料	種類・品質
セメント	秩父小野田社製普通ポルトランドセメント
細骨材	大井川水系陸砂，絶乾比重2.52，吸水率2.9％，F.M. 2.71
	FNS，絶乾比重2.96，吸水率1.26％，F.M. 2.59
粗骨材	構造用軽量コンクリート骨材（MA 419），日本メサライト工業社製 絶乾比重1.29，吸水率27.6％，F.M. 6.29
混和剤	AE減水剤（ポゾリスNo. 70）

表2.22　軽量コンクリートの計画調合[127)]

種類	粗骨材の最大寸法 (mm)	スランプ (cm)	空気量 (%)	W/C (%)	単位量 水 (kg/m³)	セメント (kg/m³)	細骨材(kg/m³) 川砂	FNS	粗骨材の絶対容積 (l/m³)	混和剤 (kg/m³)
川砂	20	21	5	55	180	327	798	—	359	0.818
FNS	20	21	5	55	180	327	559	272	359	0.818

表 2.23　軽量コンクリートの諸性質[127)]

細骨材種類	フレッシュコンクリートの性状				硬化コンクリートの単位容積質量（t/m³）ϕ 10×20 cm					圧縮強度（材齢 28 日）（N/mm²）	
	スランプ（cm）	空気量（%）	単位容積質量（t/m³）	コンクリート温度（°C）	上 50 mm	中 50 mm	下 50 mm	全体			
								測定値	平均値	測定値	平均値
川砂	22	5.9	1.870	27	1.846	1.838	1.865	1.835 1.842 1.842	1.840	24.1 23.9	24.0
FNS	21.5	6.6	1.894	27	1.888	1.883	1.887	1.872 1.871 1.865	1.869	24.4 23.3	23.9

表 2.24　FNS を混合使用した軽量コンクリートⅠ種の単位容積質量

FNS 混合率（%）	気乾単位容積質量	練上がり時
0	1.78	1.90
10	1.80	1.91
20	1.81	1.92
30	1.83	1.94
40	1.84	1.95

・材料比重（絶乾）
G_0：1.27（吸水率：25 %）
S_0：3.00（吸水率：1 %）
S'_0：2.55（吸水率：3 %）
C_0：3.15

※　気乾単位容積質量の推定は下式による．

$W_D = G_0 + S_0 + S'_0 + 1.25C_0 + 120$（kg/m³）

記号 W_D：気乾単位容積質量の推定値（kg/m³）
G_0：計画調合における軽量粗骨材量（絶乾）（kg/m³）
S_0：計画調合における FNS 細骨材量（絶乾）（kg/m³）
S'_0：計画調合における FNS 以外の普通細骨材量（絶乾）（kg/m³）
C_0：計画調合におけるセメント量（kg/m³）

・調合概要
W/C=55 %
スランプ=18 cm
空気量=5.0 %
単位水量=180 kg/m³
s/a=48 %

3章　フェロニッケルスラグ細骨材を用いたコンクリートの運搬・施工時における品質変化

FNSを用いたコンクリートは，一般にレディーミクストコンクリートとして製造され，トラックアジテータによって製造工場から約30分から1時間の運搬時間をかけて建設現場まで運搬される．このレディーミクストコンクリートの荷卸し地点から打込み箇所までの運搬は，一般にはコンクリートポンプによって施工されている．また，型枠に打ち込まれたコンクリートは，振動機により締め固められる．

これらの運搬･施工手段によるFNSコンクリートの品質変化および施工性について，日本建築学会，土木学会および日本鉱業協会が，FNSを製造している地域のレディーミクストコンクリート工場で製造されたFNSコンクリートと普通コンクリートとの比較試験を行った．以下にFNSコンクリートの特徴について記述する．

3.1　運搬によるレディーミクストコンクリートの品質変化

レディーミクストコンクリートの運搬試験は，宮崎県日向市，京都府宮津市および青森県八戸市の3か所で実施した．レディーミクストコンクリートの製造･運搬は，それぞれの場所でコンクリート温度が約20℃になる時期を選んで行った（日向市：平均21.3℃，宮津市：22.1℃，八戸市：19.6℃）．

水セメント比は55％，スランプの目標値は8 cmおよび18 cm，空気量の目標値は4～5％に設定した．セメントは，〔D〕骨材を用いたスランプ8 cmに対して高炉セメントB種および普通ポルトランドセメントを用い，その他のFNSに対しては普通ポルトランドセメントのみを用いた．FNSの種類を要因とした実験〔図3.1～3.3参照〕では，FNS混合率を，実際の使用を考慮して〔A〕骨材の場合27％，〔B〕骨材の場合100％，〔C〕骨材の場合60％，〔D〕骨材の場合50％とし，普通コンクリートとの比較を行った．また，混合率を要因とした実験〔図3.2，3.4参照〕では，〔$D_{2.5}$〕を使用し，混合率0％，50％および100％とした．

試験項目は，フレッシュコンクリートについては，スランプ，空気量，単位容積質量，コンクリート温度およびブリーディング量，硬化コンクリートについては圧縮強度とした．また，〔D〕骨材を使用した日向市における運搬試験を実施したコンクリートで，厚さ60 cmの大型ブロックを作製し，長期暴露試験に供している〔表2.12のNo.25～28参照〕．

3.1.1　フレッシュコンクリート

3.1.1.1　スランプ

コンクリートの製造後運搬時間120分までのスランプの経時変化を図3.1，3.2に示す．図で明らかなように，FNSを用いたコンクリートのトラックアジテータによる運搬時間とスランプ低下の傾向は，天然砂を用いたコ

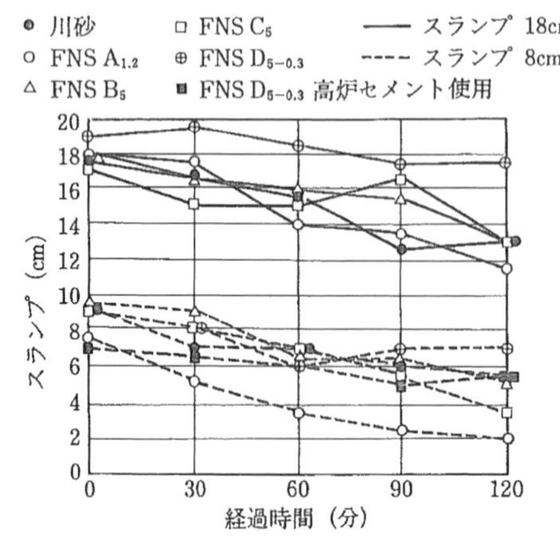

図3.1　スランプの経時変化（FNSの種類）[80]

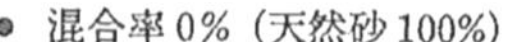

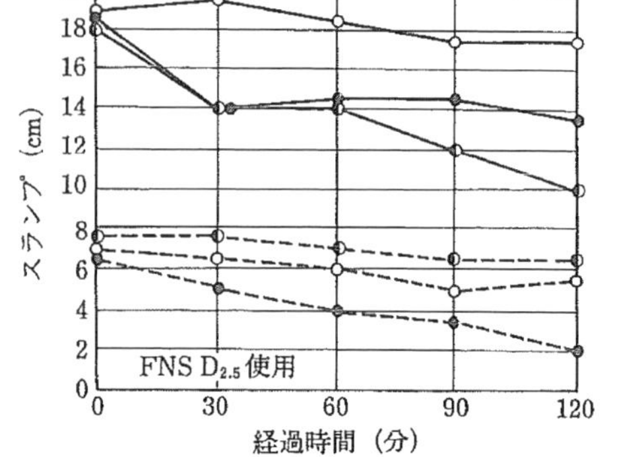

図3.2　スランプの経時変化（FNS混合率）[117]

ンクリートの場合と同様の傾向を示している．一般に，運搬時間30分までのスランプ低下の大きいものは，その後のスランプ低下の傾向は比較的ゆるやかである．FNSを用いたレディーミクストコンクリートの運搬時間とスランプ低下の関係は，一般的なコンクリートのスランプ低下とほぼ同様であるといえる．これまでの知見と同様に，同一試験では気温が高いほどコンクリートの温度の上昇が高く，スランプの低下も大きい傾向を示している．

3.1.1.2　空　気　量

図3.3および図3.4に示すように，運搬時間の経過に伴う空気量の低下は1％程度以下の値を示しており，FNSを用いた場合と天然砂を用いた場合との差は認められない．運搬時間30分後の空気量の低下が1.5～2％の著しいものがある．これらは，コンクリート製造時に巻き込まれた空気が撹拌されることにより急速に抜けるためと思われ，これらの実験結果からは，FNS混合率および細骨材の種類とは関係ないと考えられる．また，図3.1および図3.3と併せて見ると，空気量の低下の大きいものが，スランプの低下も大きい結果となっている．

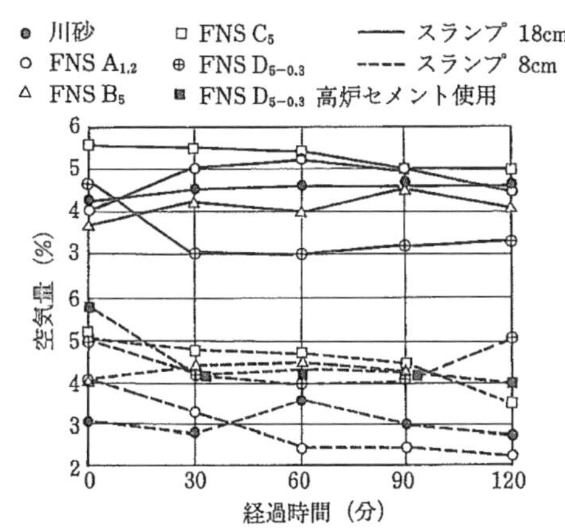

図3.3　空気量の経時変化（FNSの種類）[80]

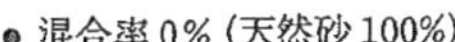

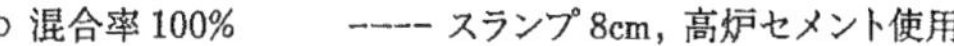

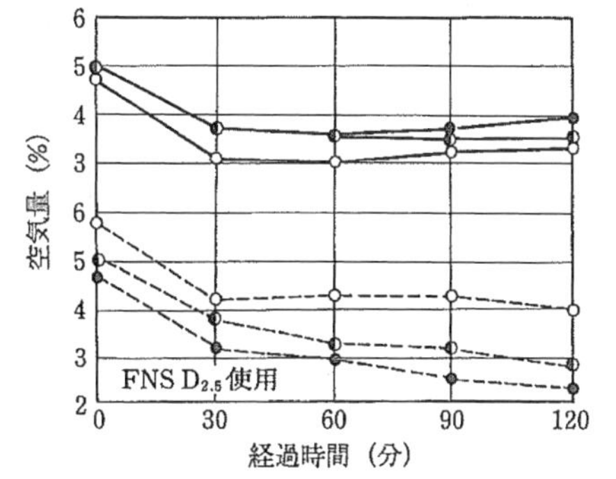

図3.4　空気量の経時変化（FNS混合率）[117]

3.1.1.3　ブリーディング

試験に用いたコンクリートのブリーディング試験結果を図3.5に示す．運搬時間が長いほど，いずれの配合のコンクリートにおいてもブリーディング量は低下する傾向を示し，運搬時間60分後に採取した試料の場合，0.2 cm^3/cm^2の低い値を示している．これは，撹拌の効果とセメントの水和反応の進行とによると考えられる．なお，運搬時間60分におけるコンクリート温度は製造時に比べて，日向市(平均温度21.3℃)の場合は1.6℃，宮津市（平均温度22.1℃）の場合は2.2℃の上昇が認められたが，八戸市（平均温度19.6℃）の場合は温度上昇は認められなかった．

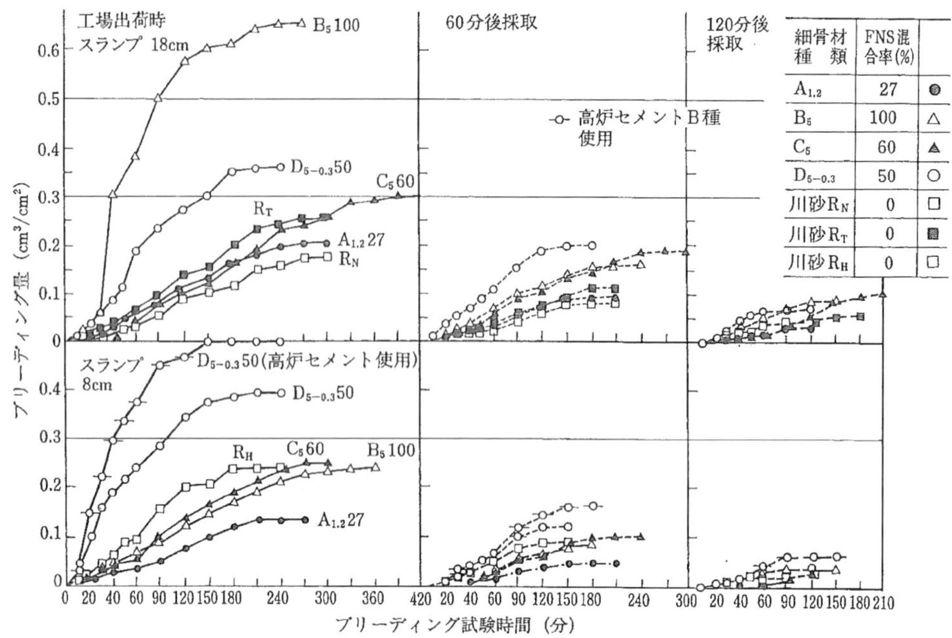

図 3.5 試料採取までの経過時間とブリーディング量との関係[80)]

3.1.2 圧 縮 強 度

コンクリートの製造直後と運搬時間 60 分後に採取した試料の材齢 1 週, 4 週および 13 週の圧縮強度試験結果を図 3.6 に示す. 各材齢とも, 圧縮強度の発現の傾向には細骨材の種類および運搬時間の影響は認められない.

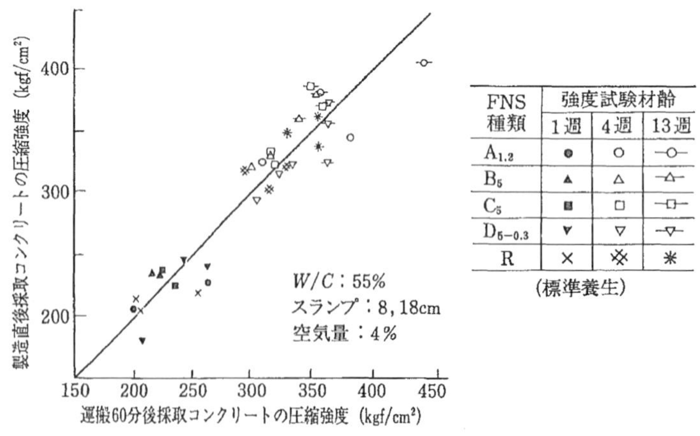

図 3.6 運搬時間の圧縮強度に与える影響[80)]

3.2 ポンプ圧送によるコンクリートの品質変化

現在, 現場施工される大部分のコンクリートはコンクリートポンプを用いて運搬・施工されている. 日本鉱業協会では, 青森県八戸市で 4 種類の FNS(A, C, D は天然砂と混合使用, B は単独使用)を用いて, コンクリートポンプによる圧送性試験を行った. 使用したコンクリートは, 水セメント比 55 %, スランプ 12 cm および 18 cm の調合のものとし, 圧送に伴う品質の変化および圧送量と管内圧力損失との関係を求めた. 図 3.7 に

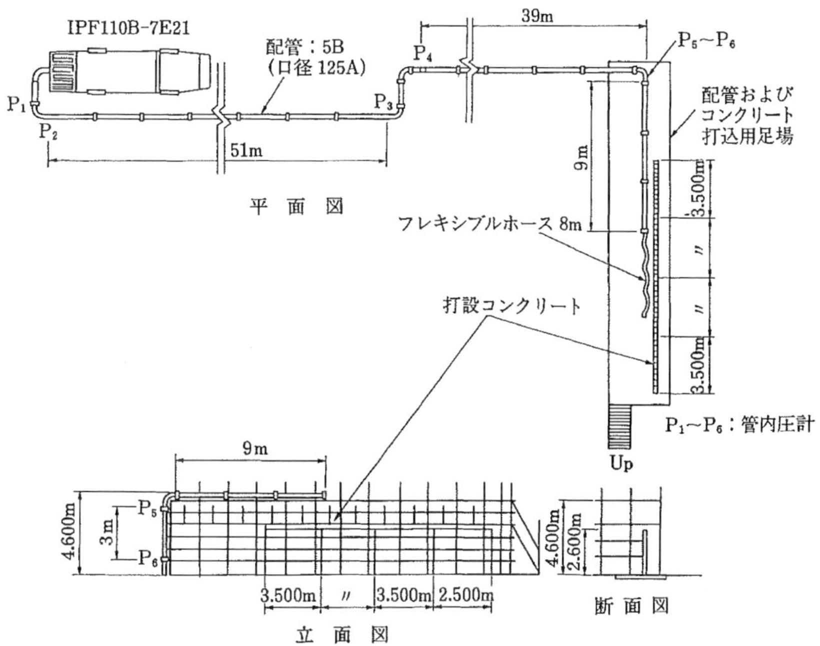

図 3.7　FNS を用いたコンクリートのポンプ圧送試験概要図[39)]

圧送試験の概要図を示す.

3.2.1　フレッシュコンクリート

表 3.1 に圧送試験に用いたコンクリートの調合概要を，表 3.2 に圧送に伴うフレッシュコンクリートの品質変化を示す．フレッシュコンクリートの品質としては，スランプ，空気量，単位容積質量，コンクリート温度およびブリーディング（スランプ 18 cm のみ）の項目を試験した.

表 3.1　圧送試験用コンクリートの計画調合一覧表[39)]

調合番号	細骨材の銘柄	FNS 混合率 (%)	目標スランプ (cm)	空気量 (%)	W/C (%)	s/a (%)	粗骨材かさ容量 (m^3/m^3)	単位量 (kg/m^3) セメント	水	FNS	砂	砕石 2005	減水剤	AE 剤
1	D (FNS 5-0.3)	60	12	5.0	55	46.5	0.659	300	165	571	334**	1 081	3.00	3.5 A
2			18	5.0	55	48.8	0.615	322	177	580	342**	1 008	3.22	2.5 A
3	A (FNS 1.2)	60	12	5.0	55	45.5	0.652	324	178	555	310*	1 069	3.24	5 A
4			18	5.0	55	47.0	0.615	345	190	561	310*	1 008	3.45	4 A
5	C (FNS 5)	60	12	5.0	55	44.5	0.652	338	186	541	297*	1 069	3.38	6 A
6			18	5.0	55	46.5	0.607	362	199	550	300*	996	3.62	5 A
7	B (FNS 5)	100	12	5.0	55	44.5	0.677	309	170	903	—	1 110	3.09	2.5 A
8			18	5.0	55	46.5	0.634	331	182	918	—	1 040	3.31	1.5 A

[注]　*　由良川砂
　　　**　三沢産岡砂

3.2.2 スランプ

表 3.2 および図 3.8 に示すように，FNS を用いたコンクリートの圧送によるスランプの低下は，目標スランプ 12 cm および 18 cm のいずれの場合でも 1 cm 以下と小さい値を示している．

3.2.2.1 空　気　量

表 3.2 および図 3.9 に示すように，圧送による空気量の低下の平均値は 0.3 %，最大値でも 0.8 %であり，変化は少ないといえる．

3.2.2.2 単位容積質量

表 3.2 に示すように，圧送によるコンクリートの単位容積質量の変化は，ほとんど認められない．

3.2.2.3 コンクリート温度

表 3.2 に示すように，圧送による FNS コンクリートの温度上昇は，平均で 2.2 ℃ である．

表 3.2 ポンプ圧送によるフレッシュコンクリートの品質変化[39)]

No.	細骨材の銘柄	目標スランプ (cm)	スランプ (cm)		空気量 (%)		単位容積質量 (kg/l)		コンクリート温度 (℃)		ブリーディング率 (%)		加圧ブリーディング (ml)*
			前	後	前	後	前	後	前	後	前	後	
1	D (FNS 5-0.3)	12	10.5	10.5	5.3	5.2	2.442	2.445	25	27	—	—	—
2		18	17.5	16.0	5.8	5.3	2.420	2.416	25	27	3.19	2.62	114
3	A (FNS 1.2)	12	15.0	15.8	5.7	6.0	2.441	2.416	25	27	—	—	—
4		18	17.0	16.0	5.9	5.1	2.406	2.412	25	27	3.60	2.74	117
5	C (FNS 5)	12	11.5	11.5	6.5	6.5	2.424	2.413	25	27	—	—	—
6		18	17.0	16.0	5.9	5.3	2.399	2.396	25	27.5	3.90	2.94	114
7	B (FNS 5)	12	11.0	12.0	5.7	5.0	2.485	2.487	25	27.5	—	—	—
8		18	17.0	17.0	5.1	5.0	2.467	2.464	25	27.5	4.17	3.01	113
平均値			14.6	14.4	5.74	5.43	2.431	2.431	25	27.2	3.72	2.83	114.5
圧送前後の差**		—	−0.2		−0.3		0.000		+2.2		−0.89		—

［注］　＊　スランプ 18 cm の圧送前コンクリート
　　　＊＊　(圧送後の値)－(圧送前の値)

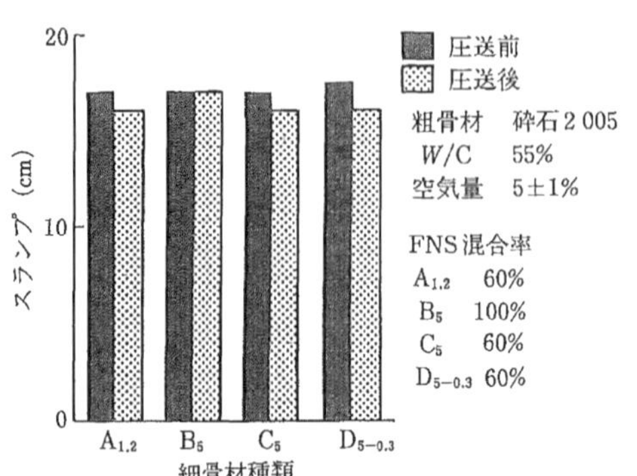

図 3.8　圧送によるスランプの変化[39)]

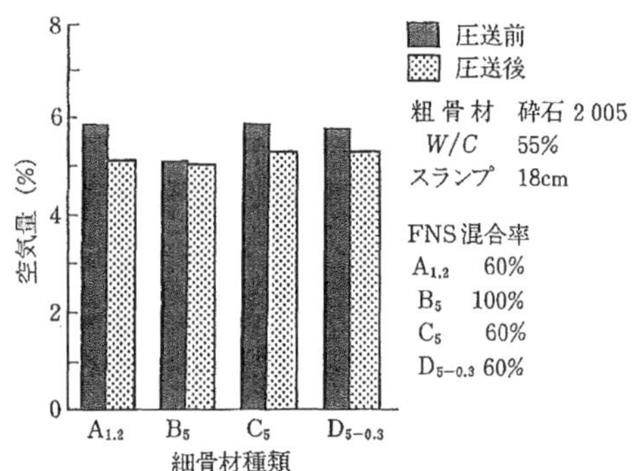

図 3.9　圧送による空気量の変化[39)]

3.2.2.4　ブリーディング

表3.2に示すように，圧送後のコンクリートのブリーディング率は，圧送前に比べて約0.9％低下している．図3.10にブリーディング量の変化を示した．

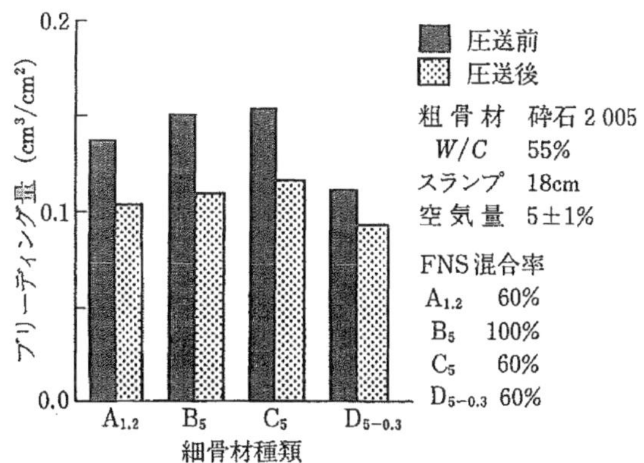

図3.10　圧送によるブリーディング量の変化[39)]

3.2.3　圧縮強度

表3.3に示すように，材齢1週および4週における圧送前後の圧縮強度の差は，ほとんど認められない．

表3.3　圧縮強度I式験結果[39)]

FNS種類	FNS混合率（%）	目標スランプ（cm）	圧縮強度（N/mm²）			
			材齢7日		材齢28日	
			圧送前	圧送後	圧送前	圧送後
キルン水砕砂 A（FNS 1.2）	60	12 18	18.3 19.0	18.9 19.1	27.9 28.6	28.5 28.8
電炉風砕砂 B（FNS 5）	100	12 18	20.9 21.0	21.2 20.6	31.2 31.3	31.7 30.8
電炉徐冷砕砂 C（FNS 5）	60	12 18	19.6 19.6	18.9 19.1	29.4 29.5	28.6 28.8
電炉水砕砂 D（FNS 5-0.3）	60	12 18	20.7 19.9	20.6 19.6	30.8 29.6	30.6 29.5

3.2.4　管内圧力損失

FNSを用いたコンクリートの圧送性は，コンクリートの品質変化の程度による評価とともに，配管閉塞を生ずることなく円滑なコンクリートの圧送が可能であるか否かによって評価される．図3.7に示すように，この圧送試験では，ポンプ主油圧（P_0）の測定を行うとともに，配管の6か所に圧力計測管（P_1～P_6）を設置してコンクリート圧送時の管内圧を測定した．測定は，配合8種類について圧送量20 m³/h，30 m³/hおよび40 m³/hの3水準で行い，各圧送時の水平配管および垂直配管の圧力損失値(kgf/cm²/m)を求め，圧送性の評価を行った．

表3.4に主油圧および管内圧（P_1～P_6）の測定値を，表3.5に水平管，垂直管別の管内圧力損失値を示す．図3.11にスランプ12 cmおよび18 cmのFNSを用いたコンクリートの圧送量と管内圧力損失値との関係を

示す．土木学会「コンクリートのポンプ施工指針（案）」および日本建築学会「コンクリートポンプ工法施工指針・同解説」に示されている普通骨材コンクリートの圧力損失と比較すると，FNS コンクリートの圧力損失は川砂を用いたコンクリートとほぼ同等の値を示し，FNS を用いたコンクリートの圧送量と管内圧力損失値には，川砂を用いたコンクリートと同様に比例関係が見られる．

なお，上向き垂直配管の場合，FNS を用いたコンクリートの 1 m あたりの水平換算長さは，表 3.5 に示すように，スランプ 12 cm で 5.1 m，スランプ 18 cm で 4.7 m である．このことから，普通コンクリートに用いられている上向き垂直配管 1 m の場合の水平換算長さ 4 m に対し，FNS を用いたコンクリートの上向き垂直配管 1 m の場合の水平換算長さには，5 m の値を用いるのがよい．

表 3.4　主油圧および管内圧の試験値[39)]

No.	実測スランプ (cm)	設定吐出量 (m^3/h)	主油圧 (kgf/cm^2)	管内圧 (kgf/cm^2)					
				P_1	P_2	P_3	P_4	P_5	P_6
1	10.5	20	137	19.0	16.5	11.5	11.5	5.0	3.5
		30	150	21.0	19.0	12.0	12.0	5.5	3.5
		40	171	22.7	20.6	13.2	13.0	6.0	3.5
2	17.5	20	98	14.0	11.2	9.0	9.0	5.2	3.0
		30	105	14.0	11.3	7.0	7.0	3.0	2.0
		40	110	15.0	12.3	7.5	7.5	3.2	2.0
3	15	20	90	12.2	9.5	6.3	6.3	3.2	2.0
		30	106	14.7	12.0	7.7	7.7	3.7	2.2
		40	125	17.0	14.2	9.0	9.0	4.7	2.8
4	17	20	79	11.0	8.2	5.2	5.0	2.5	1.5
		30	96	13.3	10.5	7.0	7.0	3.2	1.8
		40	135	18.8	15.8	10.3	10.3	4.8	3.2
5	11.5	20	123	18.0	14.5	9.0	9.0	3.5	2.0
		30	167	24.7	21.2	13.0	13.0	5.5	3.3
		40	201	33.2	30.2	18.5	18.5	8.0	5.3
6	17	20	113	16.8	13.8	8.2	8.0	3.2	1.8
		30	134	20.0	16.8	10.5	10.0	4.8	3.0
		40	159	23.7	19.3	11.7	11.5	4.5	2.5
7	11	20	120	17.5	14.5	9.2	9.0	4.0	2.5
		30	129	18.5	15.0	9.5	9.5	3.8	2.5
		40	161	23.2	18.8	12.0	11.5	5.0	3.0
		50	178	25.0	20.5	13.0	12.8	5.5	3.0
8	17	20	83	12.3	9.3	6.0	6.0	2.5	1.7
		30	111	16.0	12.8	8.0	8.0	3.0	2.2
		40	132	19.2	15.2	9.7	9.7	4.2	2.8

表3.5　水平管・垂直管の圧送量と管内圧力損失値との関係表[39]

スランプ (cm)	圧送量 (m^3/h)	圧力損失 (kgf/cm^2/m) 水平管 (I) P_2～P_3 (l=51 m)	水平管 (II) P_4～P_5 (l=45 m)	垂直管 (III) P_5～P_6 (h=3 m)	(III) / 1/2 {(I)+(II)}	
12	20	0.093	0.097	0.475	5.15	5.07
	30	0.122	0.127	0.583	4.78	
	40	0.156	0.150	0.800	5.30	
18	20	0.069	0.075	0.350	4.98	4.72
	30	0.093	0.097	0.433	4.85	
	40	0.115	0.115	0.517	4.33	

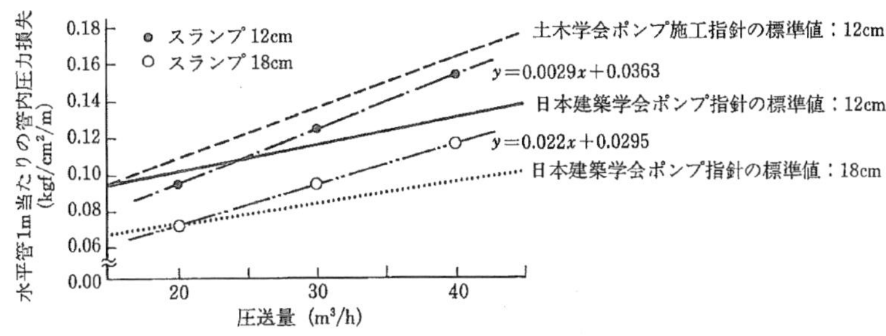

図3.11　圧送量と管内圧力損失値の関係（スランプ12 cm，18 cm）[39]

3.3　コンクリートの締固めにおける分離性状

図3.12は，32 t型テトラポッドの施工試験に際して行った，振動機による振動締固め時間と打込み高さ部位別の単位容積質量との関係を示す．また，図3.13は，同一試料コンクリートの材齢7日および材齢28日の打込み高さ別の圧縮強度を示す．

FNSを用いたコンクリートおよび川砂を用いたコンクリートともに，打込み高さの増加とともに単位容積質量は増加する傾向を示す．川砂を用いたコンクリートの場合，振動時間40秒のものの変動幅が大きくなっているが，その他においては，川砂を用いたコンクリートとFNSを用いたコンクリートの変動の傾向はほぼ同じである．

圧縮強度の発現傾向は，単位容積質量の傾向とおおむね一致している．

以上のように，コンクリート打設高さ95 cmで行った実験の結果，振動時間10～40秒で締固めたコンクリートの均一性は，FNSを100 %用いたコンクリートと川砂を用いたコンクリートとでほとんど差はないといえる．

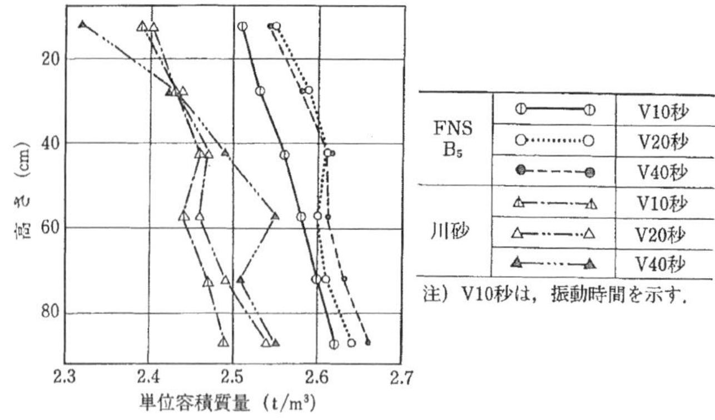

図3.12　垂直方向のコンクリート単位容積質量分布[61)]

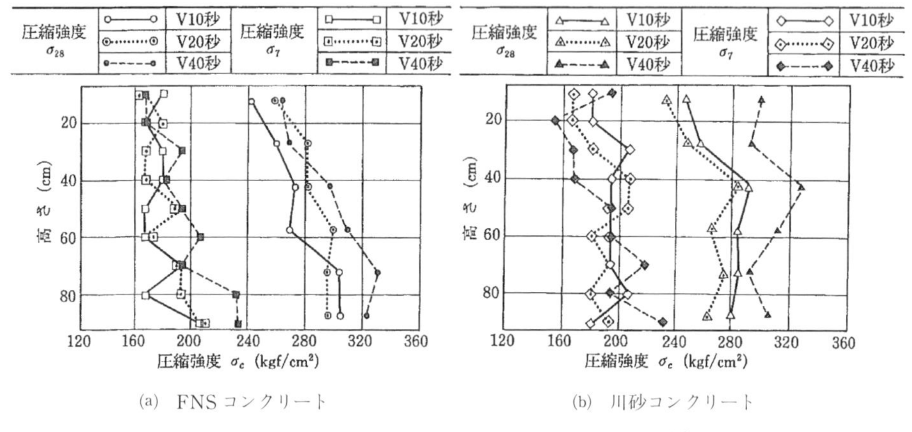

(a)　FNSコンクリート　　(b)　川砂コンクリート

図3.13　垂直方向のコンクリートの強度分布[61)]

4章　フェロニッケルスラグ細骨材を用いた鉄筋コンクリート部材の力学的特性

4.1　はじめに

本研究は，日本建築学会フェロニッケルスラグ調査研究小委員会（主査　加賀秀治）の研究活動の一環として，1982年から1983年にかけて以下に示す2つに大別して実施したものである．

シリーズⅠ：鉄筋コンクリートとの付着性状について（JIS 原案法）

シリーズⅡ：鉄筋コンクリート梁型試験体の曲げ，せん断および付着挙動について

本資料は，これらの実験に基づき，FNSの鉄筋コンクリート用骨材としての適用性に関する検討結果をまとめたものである．

4.2　実験の概要

4.2.1　使用材料

a）セメント：普通ポルトランドセメント（セメント強さ：406 kgf/cm²），R_2O：0.70％）を用いた．

b）骨　　材：細骨材として4種類のFNS（N 1～N 4）および川砂を用いた．また，粗骨材として川砂利および市販人工軽量粗骨材を用いた．使用した骨材の種類およびその主要物性を表4.1に示す．

c）混 和 剤：レジン系AE剤（添加率0.02％）を用いた．

d）鋼　　材：シリーズⅠの実験では16 ϕ，D 16および6 ϕを，シリーズⅡの実験ではD 13，D 16，D 19および6 ϕを用いた．これら鋼材の主要性質を表4.2に示す．

表4.1　使用した骨材の種類，記号およびその主要物性

骨材種類			F.M.	比　重		吸水率	単位容積質量	実積率	製法概要など	使用したシリーズ
区　分	種　類	記　号		表乾	絶乾	(％)	(kg/l)	(％)		
細骨材	FNS	N 1*	2.74	2.61	2.57	1.6	1.75	68.0	ロータリーキルン水砕	Ⅰ
		N 2	2.61	2.94	2.92	0.7	1.88	64.4	電気炉風砕	Ⅰ，Ⅱ
		N 3	2.55	2.95	2.92	1.0	1.88	64.5	電気炉風砕	Ⅰ
		N 4**	2.12	2.74	2.72	0.8	1.77	65.1	溶鉱炉水砕	Ⅰ，Ⅱ
	普通骨材	RS	2.97	2.59	2.59	0.1	1.52	58.7	早川採取	Ⅰ
粗骨材	普通骨材	RG	6.84	2.63	2.62	0.5	1.75	66.8	富士川採取	Ⅰ
	人工軽量	LG	6.43	1.60	1.25	28.0	0.80	65.0	頁岩系造粒型	Ⅰ

［注］　*　実験用として特別に製造したものである．

　　　**　N 4は，現在は製造されていない．

表 4.2　使用した鋼材の種類およびその主要性質

鋼材の種類		降伏点	引張強度	伸　び	ヤング係数	使用した
呼び径	区　分	(kgf/mm²)	(kgf/mm²)	(%)	(×106 kfg/cm²)	シリーズ
6φ	SR 24	51.6	53.4	14.2	2.22	I，II
6φ	SR 24	33.2	51.8	22.6	2.12	I
D 13	SD 30	35.9	55.9	19.4	1.70	II
D 16	SD 30	35.9	54.7	19.1	1.77	I，II
D 19	SD 30	35.3	57.5	20.4	1.83	II

4.3　シリーズ I 実験　JIS 原案法による付着性状

4.3.1　コンクリート

細骨材として，4 種類の FNS および川砂を用い，これに川砂利および人工軽量粗骨材を組み合わせた合計 10 種類のコンクリートを用意した．その種類，調合，練上がり時の性質，硬化したコンクリートの性質などを表 4.3 に示す．

表 4.3　シリーズ I 実験に用いた試料コンクリート

試料コンクリート			調　合			練上がり時の性質			硬化コンクリートの性質		
コンクリート種類	骨材組合せ 粗骨材	骨材組合せ 細骨材	水セメント比 (%)	粗骨材率 (%)	単位水量 (kg/m³)	スランプ (cm)	空気量 (%)	単容* (kg/l)	圧縮強度 (kgf/cm²)	引張強度 (kgf/cm²)	ヤング係数 (×106 kgf/cm²)
普　通	RG	N 1	60	41.1	189	18.0	4.1	2.41	224	26.2	3.40
		N 2		38.0	155	19.0	4.3	2.41	211	26.2	3.52
		N 3		41.1	169	19.0	5.0	2.35	210	20.4	3.55
		N 4		40.9	184	19.0	5.1	2.30	211	25.4	3.71
		RS		45.0	172	18.5	4.3	2.30	230	26.9	3.33
軽　量	LG	N 1	60	46.1	204	19.0	3.7	2.04	255	27.6	2.29
		N 2		46.0	161	18.0	5.8	2.00	211	26.2	2.42
		N 3		46.0	170	18.5	6.2	1.93	187	24.5	2.01
		N 4		45.9	198	18.5	5.5	1.90	205	26.5	2.47
		RS		48.0	176	18.5	5.6	1.87	231	26.2	1.98

[注]　*　単位容積質量の略

4.3.2　試　験　体

a）種　　　類：コンクリートの種類，鉄筋の種類，埋込み方向および埋込み深さを変化させた合計 60 種類について，各 3 体ずつ合計 180 体作製した．

b）形　　　状：試験体の形状・寸法，鉄筋の埋込み方向および深さなどの概略を図 4.1 に示す．なお，埋込み鉄筋の周辺には，割裂防止用のスパイラル筋を配した．

4.3.3 試験方法

JIS 原案「鉄筋とコンクリートとの付着試験方法（案）」に準じて試験した．その概略を図 4.2 に示す．

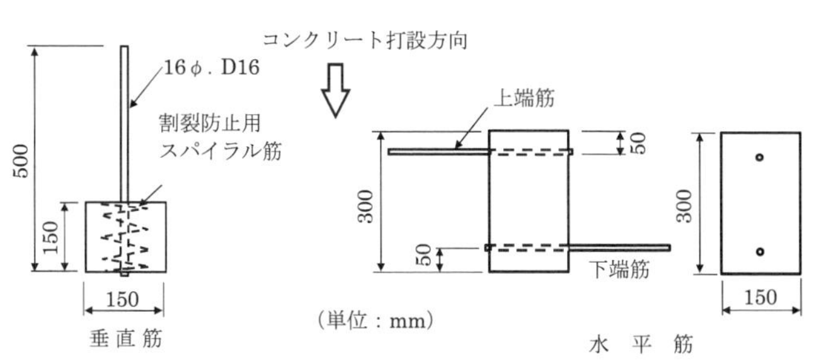

図 4.1　シリーズ I 実験で使用した付着試験体の形状・寸法の概略

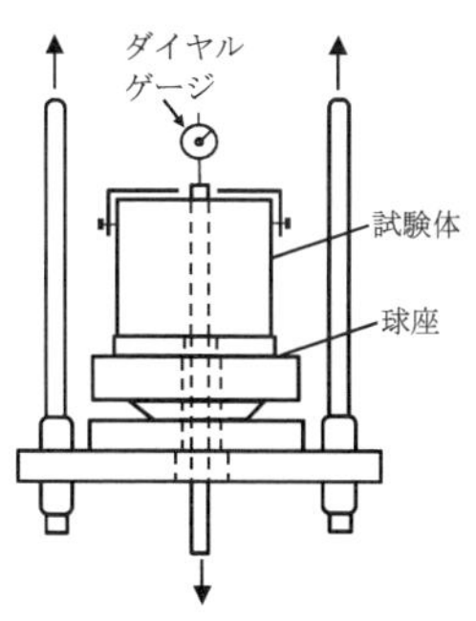

図 4.2　JIS 原案法による付着試験

4.3.4　実験結果および検討

実験結果の一覧を表 4.4 に示す．

表 4.4　シリーズ I 実験：付着試験結果の一覧

試験体種類			丸鋼（16 φ）				異形鉄筋（D 16）			
コンクリート種類	埋込み状況	細骨材記号	付着応力度 (kgf/cm²)		T_b 時すべり量 (10^{-2}mm)	T_b/F_c (%)	付着応力度 (kgf/cm²)		T_b 時すべり量 (mm)	T_b/F_c (%)
			T_i	T_b			T_i	T_b		
普通コンクリート	垂直筋	N 1	27.9	36.1	11.4	16.1	43.1	125.8	1.48	56.2
		N 2	31.8	42.8	15.3	20.3	43.1	121.3	0.80	57.5
		N 3	26.9	38.8	13.4	18.5	53.4	122.2	1.32	58.2
		N 4	27.3	35.4	13.6	16.8	38.6	127.1	1.99	60.2
		RS	23.4	46.9	16.0	20.4	32.7	136.6	1.33	59.1
	水平筋上端	N 1	6.4	13.5	0.7	6.0	2.3	112.4	1.51	50.2
		N 2	12.1	18.9	5.7	9.0	8.1	105.8	1.07	50.0
		N 3	5.0	6.5	6.4	3.1	7.8	106.7	1.92	50.6
		N 4	1.4	8.8	1.4	4.2	6.0	95.8	1.57	45.4
		RS	9.3	18.6	7.2	8.1	14.2	109.6	1.74	47.7
	水平筋下端	N 1	8.1	32.6	8.0	14.6	35.5	139.2	1.00	62.1
		N 2	25.2	35.8	9.6	17.0	6.1	121.2	0.82	57.4
		N 3	11.4	30.2	6.0	14.4	29.5	132.2	1.32	63.0
		N 4	8.3	25.9	5.7	12.3	48.4	121.7	1.37	57.7
		RS	14.0	28.7	12.9	12.5	54.6	135.1	1.53	58.7
軽量コンクリート	垂直筋	N 1	22.3	34.5	13.7	13.5	19.1	126.3	1.7	49.5
		N 2	23.6	37.7	10.8	17.9	33.6	122.2	0.87	57.9
		N 3	17.2	33.4	14.0	17.9	34.7	102.3	0.80	54.7
		N 4	18.3	28.9	16.5	14.1	22.7	113.5	0.87	55.4
		RS	16.6	29.7	12.9	12.9	39.0	133.7	1.53	58.7
	水平筋上端	N 1	3.8	9.5	0.7	3.7	19.5	73.4	1.55	28.3
		N 2	8.9	11.9	0.4	5.6	15.2	71.2	1.07	33.7
		N 3	2.6	10.1	0.6	5.4	14.7	99.8	1.17	53.4
		N 4	2.4	7.6	2.1	3.7	21.8	53.5	1.00	26.1
		RS	4.2	11.6	0.7	5.0	20.6	77.7	1.00	33.6
	水平筋下端	N 1	14.1	26.2	11.3	10.3	26.3	133.1	1.58	52.2
		N 2	10.0	28.8	9.3	13.6	25.9	108.0	1.20	51.2
		N 3	3.6	19.0	8.0	10.2	25.4	124.6	1.03	66.6
		N 4	6.2	20.9	11.5	10.2	27.3	124.6	1.03	66.6
		RS	14.7	26.0	8.2	11.3	21.6	123.5	1.80	53.5

［注］　T_i：鉄筋すべり量が 0.001 mm 時の付着応力度
　　　T_b：最大付着応力度（付着強度）

a）付着強度について

i）骨材種類の影響

図 4.3 に，川砂を用いたコンクリート（粗骨材には普通骨材（RG）または人工軽量骨材（LG）を使用）の付着強度に対する FNS コンクリートの付着強度の平均値の関係を鉄筋の種類，鉄筋の埋込み方向別に示す.

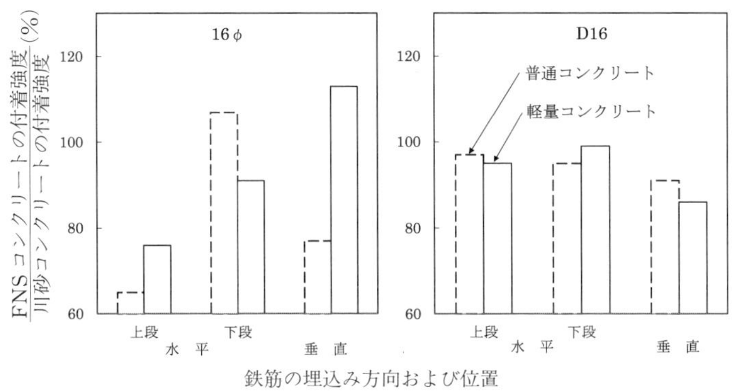

図 4.3　FNS コンクリートの付着強度

これによると，FNS を用いた場合では，川砂を用いた場合に比べて 64～113 %（平均 92.3 %）の値を示し，平均で約 8 %の付着強度の低下が見られた.

また，水平筋の場合，下端筋に対する上端筋の付着強度の低下は，FNS コンクリートでは平均約 44 %であり，丸鋼では平均 60 %の低下を示した.

全体的に見て，川砂コンクリートの約 37 %に比べてやや大きな低下率を示している.

これらのことは，FNS コンクリートのブリーディングの大きさに起因しているものと考えられる.

ii）圧縮強度との関係

圧縮強度（F_c）に対する付着強度（τ_b）の比の関係について，川砂コンクリートに対する FNS コンクリートの比を図 4.4 に示す.

これによると，丸鋼を使用した場合の FNS コンクリートでは，コンクリートの種類，鉄筋の埋込み方向によって大きな違いが見られる. 一方，異形鉄筋を使用した FNS コンクリートの場合では，コンクリートの種類，鉄筋の埋込み方向による違いも小さく，かつ川砂コンクリートの場合と同等の値を示した.

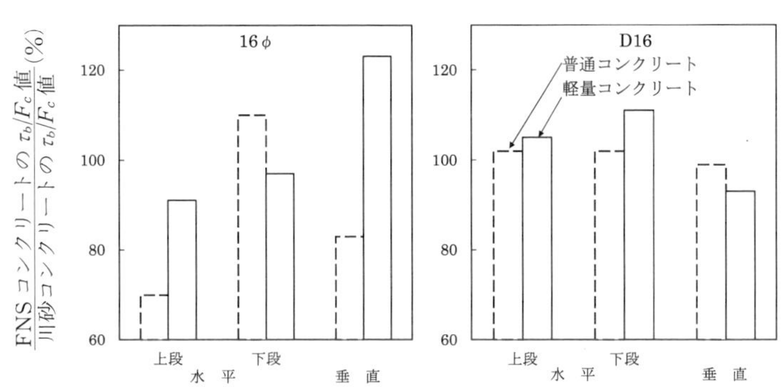

図 4.4　FNS コンクリートの付着強度

iii）許容付着応力度との関係

日本建築学会「鉄筋コンクリート構造計算規準・同解説」に規定されている許容付着応力度との比較では，異形鉄筋を使用した場合には，いずれの FNS コンクリートにおいても，長期および短期許容付着応力度を上回る付着強度を示した．これに対して，丸鋼を用いたFNSコンクリートの一部には，若干ではあるが，許容付着応力度を下回るものが認められた．

b）すべり量について

FNSコンクリートで丸鋼使用の場合，同一すべり量に対する付着応力度（τ_{bs}）は，川砂コンクリートに比べて約20％大きい値を示した．また，最大付着応力度（τ_b）時におけるFNSコンクリートのすべり量は平均0.14 mmで，川砂コンクリートに比べやや小さい値であった．

図4.5は，異形鉄筋を使用した場合の自由端の鉄筋すべり量とτ_{bs}/F_cの関係を示したものである．これによると，自由端の鉄筋のすべり量が小さい段階では，FNSコンクリートと川砂コンクリートの間に若干の相違が見られるものの，全体としては両者の間に明確な差異は認められなかった．

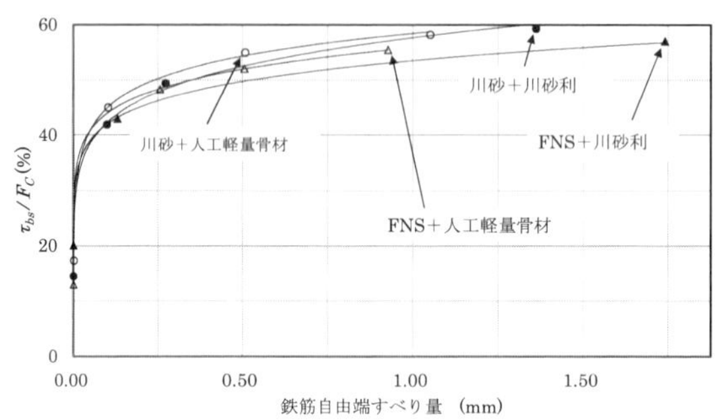

図4.5　FNSコンクリートにおける鉄筋自由端すべり量とτ_b/F_cの関係（異形鉄筋）

4.4　シリーズII実験　鉄筋コンクリートはり型試験体の曲げ，せん断および付着挙動

4.4.1　コンクリート

細骨材として，N 2およびN 4の2種類のフェロニッケルスラグ細骨材および川砂（RS）を用い，これに川砂利を組み合わせた合計3種類のコンクリートを用意した．鉄筋コンクリートはり型試験体の作製に用いたコンクリートの種類，調合の概略およびコンクリートの主要性質を表4.5に示す．

4.4.2　試　験　体

3種類のコンクリートを用いて，曲げ試験体12体，せん断試験体6体および付着試験体6体を作製した．試験体の種類，形状・寸法，配筋方法などの概要を表4.6および図4.6 a，4.6 bに示す．

表4.5　鉄筋コンクリートはり型試験体の作製に用いたコンクリート

コンクリート種類・調合				コンクリートの主要性質							
細骨材記号	W/C (%)	細骨材量 (%)	単位水量 (kg/m³)	スランプ (cm)	空気量 (%)	単容* (kg/l)	強度 (kgf/cm²) 圧縮	強度 (kgf/cm²) 引張	強度 (kgf/cm²) 曲げ	ヤング係数：×105 (kgf/cm²)	圧縮ひずみ度 (%)
N 2	60	39.5	158	19.0	4.0	2.43	276〜307	30.5〜33.2	39.0〜44.6	3.40〜4.01	0.17〜0.21
N 4		41.0	187	18.5	2.8	2.35	268〜317	32.2〜39.0	37.8〜39.8	2.92〜3.11	0.22〜0.28
RS		45.1	173	19.0	3.1	2.32	275〜329	31.1〜32.8	39.9〜45.3	2.99〜3.31	0.20〜0.23

［注］　＊　単位容積質量の略．

表4.6 鉄筋コンクリートはり型試験体の種類および配筋寸法の概略

試験項目	試験体記号	配筋方法				形状・寸法(cm)	試験体数
		主 筋		せん断補強筋			
		引張側	圧縮側	試験区間	試験区間外		
曲 げ	N 2-a N 4-a RS-a	2-D 13 Pt：1.5％	2-6 ϕ	2-6 ϕ@100	2-6 ϕ@40	15×15×180	各2体 合計 12体
	N 2-b N 4-b RS-b	3-D 16 Pt：3.3％					
せん断	N 2 N 4 RS	3-D 16	3-D 16	2-6 ϕ@100	2-6 ϕ@40	20×15×210 シャースパン ：60 cm	各2体 合計 6体
付 着	N 2 N 4 RS	2-D 16	2-D 19	2-6 ϕ@50	2-6 ϕ@50	20×25×78 付着長さ ：15 d	各2体 合計 6体

4.4.3 試験方法

a）曲げ試験：加力は，図4.6 aに示す3等分点加力方法により行い，載荷は一方向漸増加力方法で行った．鉄筋のひずみは，鉄筋に張り付けたワイヤーストレインゲージにより，曲率は，曲げ試験区間内に取り付けた曲率測定装置により，また，たわみは，ダイヤルゲージによりそれぞれを測定した．また，ひび割れの発生および進展状況については，目視により観察し，記録した．

b）せん断試験：図4.6 bに示す逆対称加力方法により，図4.6 cに示す荷重ステップで1方向各1回載荷した．部材角は，せん断スパン内に取り付けたダイヤルゲージの値から計算により求めた．

c）付着試験：付着試験体は試験体の両端から24 cm(付着長さ 15 dに相当)の位置に人工切欠きを設けたもので，この部分が引張側となるように試験機をセットし，図4.6 dに示すような曲げ加力方法により載荷した．切欠き部に張り付けたワイヤーストレインゲージのひずみ度から鉄筋に作用する応力を求めた．

また，鉄筋とコンクリート間のすべり量については，試験体の端部にセットしたダイヤルゲージにより測定した．両端のダイヤルゲージのうち，大きなすべり量を示す端部のすべり量を鉄筋とコンクリートのすべり量とし，0.05～0.3 mmの間で10段階に制御し，各制御すべり量について5回の繰返し載荷を行った．

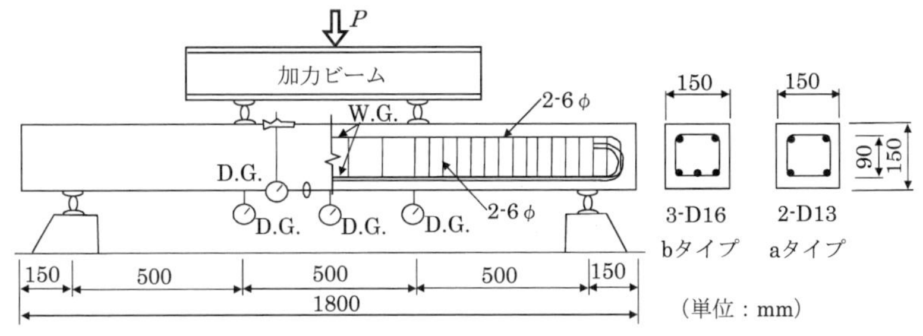

図4.6 a 曲げ試験体および試験方法の概略

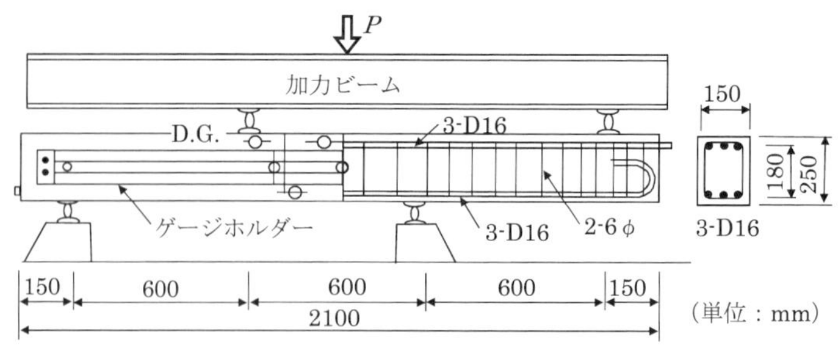

図 4.6 b　せん断試験体および試験方法の概略

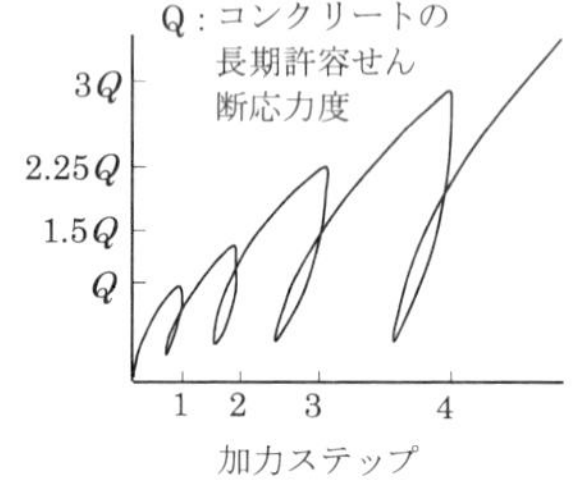

図 4.6 c　せん断試験の加力方法

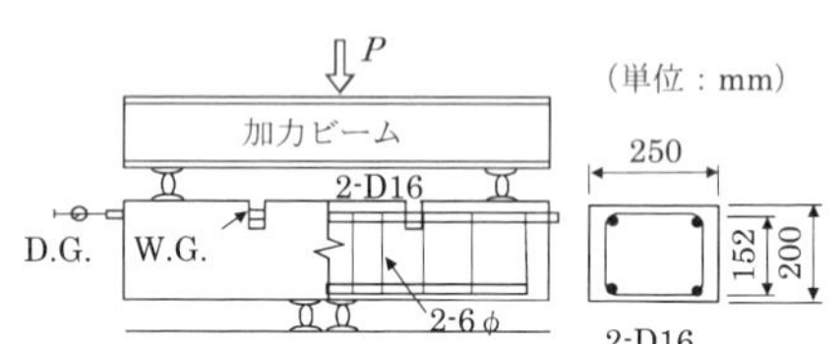

図 4.6 d　付着試験体および試験方法

4.4.4　実験結果および検討

a）曲げ性状について

曲げ試験結果の一覧を表 4.7 に示す．

i）破壊状況：a および b タイプのいずれの試験体においても，引張鉄筋降伏後に圧縮縁のコンクリートが圧壊して，終局破壊を示した．ひび割れの発生や進展の状況については，細骨材の種類による相違は認められなかった．

ii）耐力：表 4.7 によると，同一の配筋方法の場合には，細骨材の種類による曲げ耐力の相違は認められなかった．

表 4.7　曲げ試験結果の一覧

試験体記号		初ひび割れ発生時		引張側主筋降伏時			終局時		破壊モード**
		実験値 (t･cm)	実験値/計算値 (1)	実験値 (t･cm)	実験値/計算値 (2)	実験値/計算値 (3)	実験値 (t･cm)	実験値/計算値 (4)	
N 2	a	25.0	1.48	100.1	0.99	0.93	108.2	1.05	(a)
	b	32.5	1.93	220.8	0.99	0.96	230.5	0.98	(a)
N 4	a	25.0	1.51	100.0	0.98	0.94	108.1	1.05	(a)
	b	37.5	2.26	233.8	1.00	0.97	230.1	0.99	(a)
RS	a	35.0	1.90	97.0	0.95	0.89	108.5	1.00	(a)
	b	30.0	1.63	227.5	1.02	0.98	232.2	1.00	(a)

［注］　*　実験結果は各 2 試験体の平均値を示す

＊＊　(a)引張側主筋降伏後，圧縮縁コンクリートの圧縮による破壊

(1)(2)日本建築学会式　(3)梅村式　(4)日本建築学会略算式

また，既往の耐力算定式との関係についても，FNS コンクリートと川砂コンクリートとの間には相違は認められなかった．

iii）相対たわみ：図 4.7 に各試験体の曲げモーメントと相対たわみの関係を示す．

これによると，引張側主筋降伏時および終局時のたわみは，a タイプ試験体では，RS で 0.90 mm および 5.05 mm，N 4 で 1.02 mm および 5.74 mm，N 2 では 1.07 mm および 5.13 mm であり，FNS コンクリートにおいて若干ではあるが，たわみが大きくなる傾向が認められた．この傾向は，b タイプ試験体においても同様に認められた．

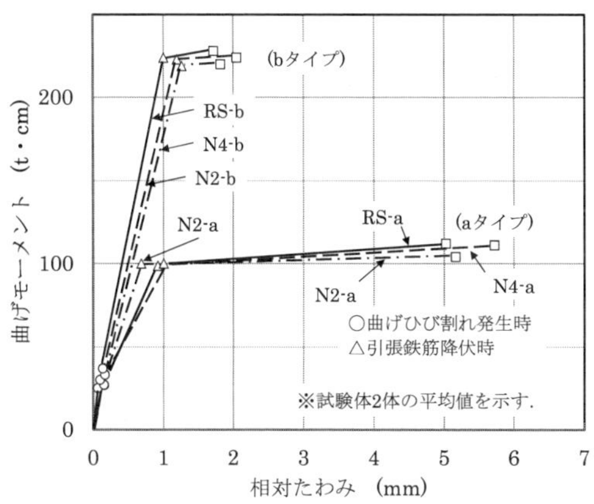

図 4.7　曲げモーメントと相対たわみの関係

iv）曲率：図 4.8 に各種試験体の曲げモーメントと曲率の関係を示す．

これによると，引張側主筋降伏時および終局時の曲率（$1/\rho$：10^{-6} mm^{-1}）は，FNS コンクリートおよび川砂コンクリートの間に差異はほとんど認められなかった．

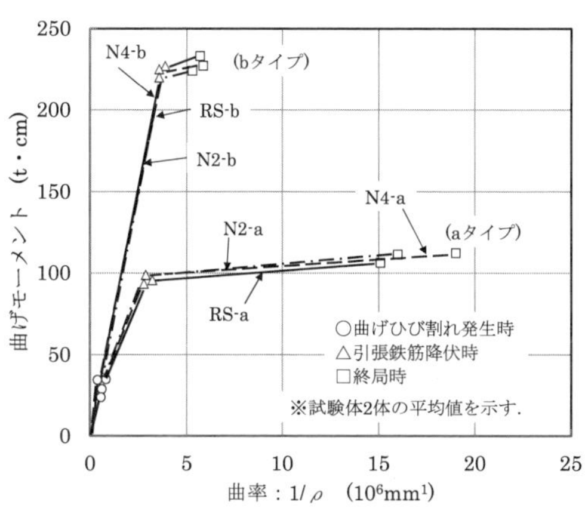

図 4.8　曲げモーメントと曲率の関係

v）靱性率：表 4.8 にコンクリートの靱性率を示す．

これによると，FNS コンクリートの靱性率は，川砂コンクリートに比べて同程度かやや大きいといえる．

以上を総合すると，曲げ性状に関しては FNS を用いることにより，特に問題はないといえる．

表 4.8　各種試験体の靱性率

試験体記号	ϕ_y 10^{-6} mm^{-1}	ϕ_u 10^{-6} mm^{-1}	靱性率 μ
N 2-a	29.9	160.3	5.36
N 4-a	32.3	191.4	5.93
RS-a	29.9	152.5	5.10
N 2-b	35.4	55.8	1.58
N 4-b	34.8	59.9	1.72
RS-b	38.8	58.3	1.51

b）せん断性状について

せん断試験結果の一覧を表 4.9 に示す.

表 4.9　せん断試験結果の一覧

試験体記号	曲げひび割れ発生時		斜めひび割れ発生時		終局時		破壊モード**
	せん断応力度 (kgf/cm^2)	実験値/計算値 (5)	せん断応力度 (kgf/cm^2)	実験値/計算値 (6)	せん断応力度 (kgf/cm^2)	実験値/計算値 (7)	
N 2	97.5	2.09	21.8	1.23	48.4	1.17	(a)
N 4	112.5	2.25	23.9	1.28	54.3	1.24	(b)
RS	114.0	2.45	22.7	1.29	49.6	1.20	(a)(c)

［注］　＊　実験結果は各 2 試験体の平均値を示す.

＊＊　(a)斜め引張破壊　(b)せん断引張破壊　(c)せん断複合破壊

(5)　日本建築学会式.　(6)　および　(7)　大野・荒川式

ｉ）破壊状況

川砂コンクリートの試験体では，せん断引張破壊およびせん断複合破壊を示した. これに対して，FNS コンクリートの N 4 試験体では，２体ともせん断引張破壊を，N 2 試験体では 2 体とも斜め引張破壊を示した.

このように細骨材の種類により異なった破壊モードを示したが，細骨材の特性の影響によるものであるかは明らかにすることはできなかった.

ii）耐力

曲げひび割れ発生時のモーメントは，川砂コンクリートに比べて FNS コンクリートは若干小さくなる傾向が認められた.

一方，斜めひび割れ発生時および終局時では，FNS による差異は多少見られるものの，川砂コンクリートと同程度の耐力を示した.

また，既往のせん断応力算定式との関係においては，FNS を用いた場合でもかなり安全側で適用できることが確かめられた.

iii）部材角

荷重と部材角の関係を図 4.9 に，各荷重時の部材角を表 4.10 に示す.

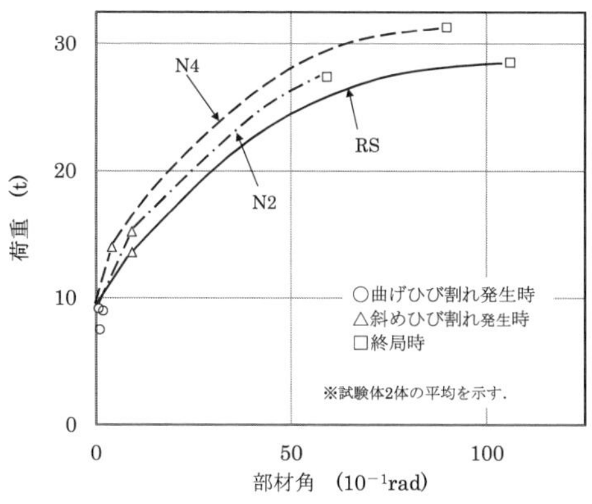

図 4.9　荷重と部材角の関係

表 4.10　せん断試験における各荷重時の部材角

試験体記号	各荷重時の部材角 (10^{-4} rad)				
	1.0Q	1.5Q	2.25Q	3.0Q	Q_{max}
N 2	2.6 (217)	5.8 (121)	17.0 (91)	34.6 (78)	57.6 (55)
N 4	1.7 (100)	2.8 (5.8)	14.5 (78)	33.9 (76)	87.3 (83)
R 5	1.2 (100)	4.8 (100)	18.7 (100)	44.4 (100)	105.4 (100)

[注]　＊　部材角は，各 2 誌検体の平均値
括弧内の数値は，RS を基準としたときの割合
Q：長期許容せん断応力度

FNS コンクリート試験体では，長期許容せん断応力度前後の荷重段階までは，川砂コンクリート試験体に比べて大きな部材角を示した．しかし，その後の荷重段階では，荷重の増加に伴う部材角の増加割合は川砂コンクリートに比べてむしろ小さく，長期許容応力度の 3 倍（短期許容応力度の 2 倍）以上では，川砂コンクリートに比べて 60～80 %程度の部材角を示した．この原因は主として，破壊モードの相違によるものと考えられる．

c）付着性状

付着試験結果の一覧を表 4.11 に，繰返し加力による付着応力の低下状況を図 4.10 に示す．これに基づいて検討を行うと，以下のようである．

表 4.11　付着試験結果の一覧

試験体記号	0.1 mm すべり時応力度 T (kgf/cm^2)	付着強度 (kgf/cm^2)	T 時のすべり量 (mm)	$\frac{T_{0.1}}{T_{max}}$	破壊モード
N 2	91.4	95.2	0.150	0.96	(a)
N 4	92.1	92.4	0.175	1.00	(a)
RS	91.9	95.2	0.075	0.97	(a)

[注]　(a)引張側主筋降伏による曲げ破壊

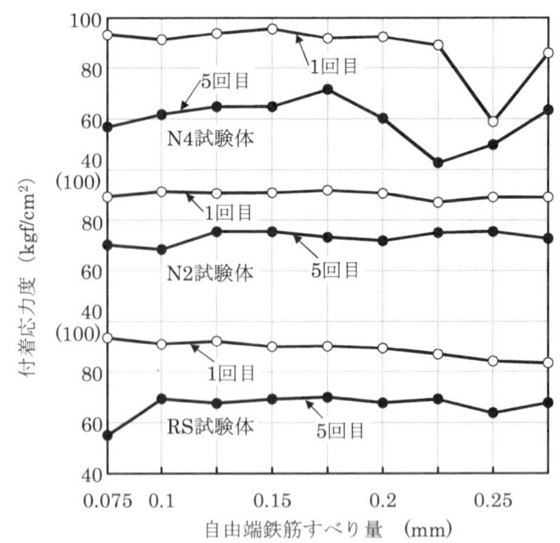

図 4.10　繰返し加力による付着応力の低下状況

ｉ）破壊状況：いずれの試験体においても，主筋近傍に微細なひび割れの発生が認められたが，荷重の増加に伴うひび割れの進展は小さく，主筋の引張降伏により終局破壊に至った．

ii）耐力：すべり量 0.1 mm 時および最大荷重時（付着強度）の付着耐力については，FNS および川砂を用いた場合のいずれにおいても，同等の付着応力度を示した．

iii）すべり量：FNS コンクリートの最大荷重時のすべり量, すなわち主筋が降伏に至るまでのすべり量は，川砂コンクリートに比べてやや大きくなる傾向が認められた．しかし，その値は 0.15～0.17 mm 程度であり，特に問題となることはないといえる．

iv）疲労性：繰返し載荷による 1 回目に対する 5 回目の付着応力の低下状況を図 4.10 に示す．これによると，FNS コンクリートの種類により応力低下率が異なり，川砂コンクリートはこの 2 種類のほぼ中間的な値を示している．

4.5　ま　と　め

FNS を細骨材として全量用いた場合でも，鉄筋コンクリート部材としての力学特性挙動は，川砂を用いた場合とほぼ同様である．したがって，鉄筋コンクリート用細骨材としての適用性を十分に有しているといえる．

5章　長期屋外暴露試験結果

日本鉱業協会は，これまで日本建築学会および土木学会とともにFNSを用いた大型の試験体を製作し，長期屋外暴露試験を行ってきている．表5.1に暴露試験を行っている主要な試験体および調査結果の概要を示す．現在，定期的に目視による調査，非破壊試験およびコア試料による各種試験を行っているが，FNSコンクリートの耐久性は，川砂，海砂，砕砂など通常の細骨材を用いた場合と比べ何ら遜色なく，長期的にも問題の生じないコンクリート用細骨材であることが確認されている．

〔D〕骨材の場合，普通ポルトランドセメントのアルカリ量0.78％（Na_2O_{eq}）程度以下（コンクリート中のアルカリ総量3.0 kg/m³以下）のコンクリートおよび高炉セメントB種を用いたコンクリートの暴露材齢10年以上の試験体においても，通常のコンクリートと同様の性状を示していた．

表5.1　FNSを用いたコンクリートの耐久性試験結果

No	試験開始年月	配合概要					調査時期	材令（日）	調査項目・結果				
		セメントの種類	FNS混合率（%）	圧縮強度（kN/mm²）28日［I］	W/C（%）	スランプ（cm）			ひび割れ・染み・破損	中性化深さ	コア試験 N/mm²[II]	コア試験 [II]/[I]	静弾性係数（kN/mm²）
表2.12-21	1981.9	N	0	58.6	47	7	2015.9	12 410	異常を認めず（一部パネルに微小のひびわれ発生）	0 mm	68.0	1.16	37.3
表2.12-22	1981.9	N	100	55.2	47	7	2015.9	12 410		0 mm	62.9	1.14	41.4
表2.12-25	1992.3	N	50	32.0	55	18	2015.9	8 575	異常を認めず	5 mm	48.1	1.50	32.7
表2.12-26	1992.3	N	50	31.1	55	8	2015.9	8 575	異常を認めず	3 mm	41.6	1.34	29.6
表2.12-27	1992.3	BB	50	33.0	55	8	2015.9	8 575	異常を認めず	3 mm	43.2	1.31	34.2
表2.12-28	1992.3	N	0	32.0	55	8	2015.9	8 575	異常を認めず	0 mm	43.2	1.35	34.2

6章　フェロニッケルスラグ骨材の使用実績

6.1　生産・出荷量の年度別実績

2008年（平成20年）から2017年（平成29年）までの年度別実績について，図6.1および表6.1に記述した．また，最近の配合例についても追記した．

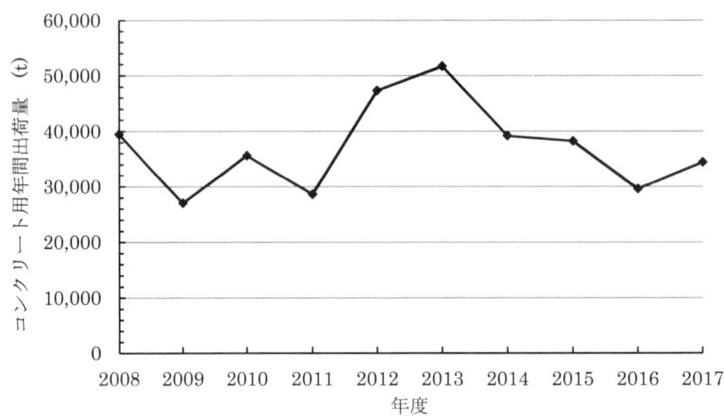

図6.1　コンクリート用年度別出荷量

表6.1　コンクリートのFNS使用実績（出荷ベース）

（単位：t）

年　度	用　途	日本冶金	大平洋金属	日向製錬所	計
		A	B	C	
2008	土木・建築	30 770	2 543	6 106	39 419
2009		24 559	230	2 253	27 042
2010		20 715	10 484	4 399	35 598
2011		20 180	7 428	1 028	28 636
2012		22 101	19 321	5 873	47 295
2013		27 617	18 365	5 680	51 662
2014		19 939	16 394	2 826	39 159
2015		18 034	18 112	2 060	38 206
2016		13 943	13 156	2 497	29 596
2017		14 154	16 872	3 365	34 391
	計	212 012	122 905	36 087	371 004

6.2　コンクリート種別・用途別の使用実績

FNSの使用目的は，既存の普通細骨材の品質，特に粒度分布改善や強度特性改善および消波ブロック用としてのコンクリート単位容積質量の確保などが主要なものである．

表6.2に，各種用途別コンクリートの使用実績および配合・品質の概要を示す．〔A〕骨材は主として粗目の地場産出細骨材の粒度改善用として，一般生コンクリートに使用されている．

〔B〕骨材のうち，微粒分を含んでいないFNS 5-0.3は，混合使用される細目の山砂の粒度分布を改善し，かつ単位水量を減少させる目的で，主として生コンクリート用として使用されている．FNS 5は，コンクリートの質量増加のための使用（消波ブロック用）およびコンクリートパイル用として高強度コンクリートの強度特性や品質改善を主要目的で使用されている．

〔D〕骨材は，コンクリート製品の品質改善を目的として海砂など普通砂と混合使用されている．

今後は，生コンクリート用細骨材にも用いられる予定である．

表 6.2 実施工構造体に用いられたFNSコンクリートの配合例

No.	構造体種別	施工年	FNSまたはFNG銘柄種別[3]	FNSまたはFNG混合率(%)	設計強度[1](N/mm²)	W/C(%)	空気量(%)	スランプ(cm)	単位量(kg/m³)						混和剤種類	備考[2]
									セメント	水	FNS(細骨材)	FNG(粗骨材)	細骨材	粗骨材		
1	一般構造用	1992	A 1.2	50	21	62.0	4.5	8	256	159	457	0	459	1 043	AE 減水剤	京都府宮津市近辺生コン工場
2	一般構造用	1992	A 1.2	27	24	58	4.5	18	309	179	299	0	575	959	AE 減水剤	京都府宮津市近辺生コン工場
3	一般構造用	1992	A 1.2	50	21	62	4.5	8	256	159	457	0	459	1 043	AE 減水剤	京都府宮津市近辺生コン工場
4	一般構造用	1992	A 1.2	27	24	58	4.5	18	309	179	299	0	575	959	AE 減水剤	京都府宮津市近辺生コン工場
5	一般構造用	2002	A 1.2	14	27	52	—	18	354	184	285	0	547	947	AE 減水剤	京都府宮津市近辺生コン工場
6	一般構造用	2012	A 1.2	13	30	48	—	18	385	183	268	0	526	856	AE 減水剤	京都府宮津市近辺生コン工場
7	一般構造用	2013	A 1.2	10	24	55	4.5	15	324	178	216	0	648	1 002	AE 減水剤	京都府宮津市近辺生コン工場
8	砂防ダム	1994	A 1.2	35	21	62	4.5	8	253	157	315	0	599	1 027	AE 減水剤	京都府宮津市近辺生コン工場
9	砂防ダム	2012	A 1.2	10.3	21	56.9	—	5	255	145	230	0	583	1 179	AE 減水剤	京都府宮津市近辺生コン工場
10	ケーソン	2012	A 1.2	14	24	55	—	8	293	161	297	0	573	1 014	AE 減水剤	京都府宮津市近辺生コン工場
11	耐震補強用	2012	A 1.2	14	27	51.1	—	18	358	183	283	0	550	927	AE 減水剤	京都府宮津市近辺生コン工場
12	PC 橋梁	2005	A 1.2	12.8	40	38.5	—	12	429	165	261	0	503	999	高性能 AE 減水剤	京都府宮津市近辺生コン工場
13	消波ブロック	1992	A 1.2	45	21	60	4.5	8	256	159	457	0	459	1 043	AE 減水剤	京都府宮津市近辺生コン工場
14	消波ブロック（異形）	2012	A 1.2	12.7	21	57.3	—	8	262	150	282	0	535	1 108	AE 減水剤	京都府宮津市近辺生コン工場
15	道路橋梁用	2011	A 1.2	12.4	21	59.6	—	8	255	152	274	0	539	1 123	AE 減水剤	京都府宮津市近辺生コン工場
16	道路橋梁用	1994	A 1.2	30	45	39.5	4.5	6.5	377	149	227	0	431	1 194	AE 減水剤	京都府宮津市近辺生コン工場
17	道路橋梁用	2004	A 1.2	10	曲げ 4.5	39	—	2.5	359	140	219	0	421	1 238	AE 減水剤	京都府宮津市近辺生コン工場
18	道路覆工用	2004	B 5	12	21	59.6	—	15	277	165	272	0	524	1 091	AE 減水剤	京都府宮津市近辺生コン工場
19	砂防ダム	1992	B 5	100	19.6	52.8	4.5	5	230	121	915	0	0	1 224	AE 減水剤	青森県八戸市
20	消波ブロック（ドロス）	1987～1988	B 5	25	21	57.1	3	10	280	160	261	0	719	1 193	AE 減水剤	東京都伊豆諸島
21	消波ブロック（テトラ）	1988	B 5	100	21	60.1	3	8	257	160	1 056	0	0	1 147	AE 減水剤	東京都伊豆諸島
22	消波ブロック（テトラ）	1991	B 5	100	21	54	4.5	8	252	138	800	0	0	1 357	AE 減水剤	青森県深浦町
23	道路舗装用	1996	B 5	100	40	26.7	4.5	5	368	135	662	0	0	1 389	AE 減水剤	青森県八戸市
24	道路舗装用	1996	B 5	50	40	39.4	4.5	5	368	145	320	0	309	1 374	AE 減水剤	青森県八戸市
25	コンクリートパイル	1995	B 5	100	83.4	23.8	2	3	500	119	794	0	0	1 155	高性能減水剤	遠心力締固め
26	一般構造用	1992	B 5-0.3	20	21	60.1	4.5	8	257	154	174	0	640	1 087	AE 減水剤	東京都・千葉県生コン工場
27	一般構造用	1992	B 5-0.3	20	21	60.1	4.5	18	291	176	175	0	646	992	AE 減水剤	東京都・千葉県生コン工場
28	擁壁	1989	C 5	60	21	55	5	12	398	186	541	0	297	1 069	AE 減水剤	青森県八戸市
29	一般構造用	1995	D 5	50	21	52	4.5	15	379	197	450	0	388	855	AE 減水剤	高炉 B 種　東予
30	ケーソン上部コンクリート	2008	D 5	30	18	60	4.5	8	255	153	263	0	558	1 095	AE 減水剤	㈱日向製錬所，㈱南栄建設工業

［注］ 1）設計強度は生コンクリートの呼び強度または設計基準強度を示す．
2）備考欄は施工場所や生コン工場を記載．
3）FNS および FNG 銘柄種別はコンクリートライブラリー参照．

表 6.2　実施工構造体に用いられた FNS コンクリートの配合例（つづき）

No.	構造体種別	施工年	FNS または FNG 銘柄種別[3]	FNS または FNG 混合率 (%)	設計強度[1] (N/mm²)	W/C (%)	空気量 (%)	スランプ (cm)	単位量 (kg/m³) セメント	水	FNS (細骨材)	FNG (粗骨材)	細骨材	粗骨材	混和剤種類	備考[2]
31	消波ブロック（テトラ）	1998	D 5	30	24	54	—	8	265	143	270	0	548	1 113	AE 減水剤	㈱日向製錬所，日向アサノコンクリート㈱
32	消波ブロック（三脚）	1999	D 5	30	21	60	—	8	234	140	281	0	587	1 142	AE 減水剤	㈱日向製錬所，延岡小野田レミコン㈱
33	消波ブロック（テトラ）	2000	D 5	30	21	53.4	—	8	247	132	262	0	538	1210	AE 減水剤	㈱日向製錬所，宮崎レミコン㈱
34	道路舗装用	1981	D 5	100	20.6	45	2	12	358	197	858	0	0	957	AE 減水剤	㈱日向製錬所内
35	ボックスカルバート	1995	D 5	30	34.4	38	2	5	427	162	203	0	598	1 068	AE 減水剤	宮崎県コンクリート製品工業
36	PC ボックスカルバート	1995	D 5	30	39.3	35	2	5	450	156	231	0	477	1 025	AE 減水剤	宮崎県コンクリート製品工業
37	擁壁ブロック	1995	D 5	30	29.4	42	2	5	386	162	245	0	505	1 089	AE 減水剤	宮崎県コンクリート製品工業
38	擬岩ブロック	1995	D 5	30	23.5	50	2	5	320	160	261	0	546	1 090	AE 減水剤	宮崎県コンクリート製品工業
39	道路側溝・蓋	1995	D 5	30	26.5	44	2	5	368	192	248	0	513	1 089	AE 減水剤	宮崎県コンクリート製品工業
40	大平洋金属場内防油堤	2013	E 20-5	50	24	49	5.5	18	341	167	0	553	771	502	AE 減水剤	大平洋金属㈱，BB，G 20 mm，八戸市近郊生コン工場
41	【民】一般構造用（土間）	2014	B 5	35	30	47.9	4.5	15	351	168	316	0	508	109	AE 減水剤	大平洋金属㈱，N，G 25 mm，八戸市近郊生コン工場
42	【民】一般構造用（基礎）	2014	B 5	35	30	47.9	4.5	18	366	175	316	0	513	1 055	AE 減水剤	大平洋金属㈱，N，G 25 mm，八戸市近郊生コン工場
43	【民】一般構造用（基礎）	2014	B 5	35	21	59.6	4.5	15	277	165	337	0	546	1 021	AE 減水剤	大平洋金属㈱，N，G 20 mm，八戸市近郊生コン工場
44	【国】堤防補強	2014	B 5	35	21	58.7	4.5	8	251	147	319	0	515	1 228	AE 減水剤	大平洋金属㈱，BB，G 25 mm，八戸市近郊生コン工場
45	【県】送水管付帯	2014	B 5	35	21	59.6	4.5	8	261	155	334	0	541	1 160	AE 減水剤	大平洋金属㈱，N，G 25 mm，八戸市近郊生コン工場
46	【県】消波ブロック（テトラ）	2014～2013	B 5	100	21	52.5	4.5	8	258	135	820	0	0	1 348	AE 減水剤	大平洋金属㈱，BB，G 40 mm，八戸市近郊生コン工場
47	【県】消波ブロック（テトラ）	2014	B 5	100	21	53.8	4.5	8	255	137	825	0	0	1 348	AE 減水剤	大平洋金属㈱，BB，G 40 mm，八戸市近郊生コン工場
48	PHC パイル	2005～2007	B 5	100	93.2	23.8	2	2	500	119	863	0	0	1 118	減水剤	大平洋金属㈱，H，G 20 mm，八戸市近郊パイルメーカー
49	一般構造用	2014	B 5	35	21	59.6	4.5	8	261	156	334	0	541	1 160	AE 減水剤	大平洋金属㈱，N，G 25 mm，八戸市近郊生コン工場
50	一般構造用	2014	B 5	35	21	59.6	4.5	8	252	150	328	0	526	1 207	AE 減水剤	大平洋金属㈱，N，G 40 mm，八戸市近郊生コン工場
51	一般構造用	2015	B 5	35	21	59.4	4.5	8	266	158	310	0	502	1 216	AE 減水剤	大平洋金属㈱，N，G 20 mm，八戸市近郊生コン工場
52	一般構造用	2015	B 5	35	21	59.4	4.5	8	253	150	319	0	513	1 231	AE 減水剤	大平洋金属㈱，N，G 40 mm，八戸市近郊生コン工場
53	一般構造用（基礎）	2014	A 1.2	15	27	51	—	18	353	180	139	0	662	1 006	AE 減水剤標準型 I 種	京都府宮津市周辺生コン工場
54	一般構造用（基礎）	2014	A 1.2	30	27	51	—	15	346	177	280	0	540	966	AE 減水剤標準型 I 種	京都府京丹後市周辺生コン工場
55	一般構造用	2015	A 1.2	15	24	55	—	18	324	178	145	0	685	1 006	AE 減水剤標準型 I 種	京都府宮津市周辺生コン工場
56	一般構造用（基礎）	2015	A 1.2	30	33	42	—	18	439	185	249	0	484	953	AE 減水剤標準型 I 種	京都府京丹後市周辺生コン工場

［注］ 1）設計強度は生コンクリートの呼び強度または設計基準強度を示す.

2）備考欄は施工場所や生コン工場を記載.

3）FNS および FNG 銘柄種別はコンクリートライブラリー参照.

付録II　銅スラグ細骨材に関する技術資料

1章　銅スラグ細骨材の品質

1.1　銅スラグ細骨材の製法と特徴

銅スラグは，連続製銅炉，反射炉または自溶炉によって，原料銅精鉱等より銅を製造する際に生成された溶融スラグを水冷却により水砕物（顆粒状）とする方法で生産されている．この状態では水砕されたスラグ粒相互の弱い表面固着などがあるので，固着を剥離するためのふるい分けまたは破砕などによる粒度調整加工を行って，コンクリート用細骨材として製造されている．

銅スラグ細骨材（以下，CUSという）は，絶乾比重が3.5程度と大きくガラス質であるなどの特徴を有しており，コンクリート用細骨材として単独で用いた場合，コンクリートの単位容積質量およびブリーディングが大きくなるなどの傾向を示す．したがって，一般的な使用にあたっては，他の細骨材と混合して使用する場合が多くなるものと考えられる．CUSの種類は，他のコンクリート用細骨材と同様にJIS規格で5 mm，2.5 mm，1.2 mmおよび5～0.3 mmの4種類の粒度に区分され，混合する細骨材の粒度に応じて選択することができる．また，ブリーディング対策として，微粒分量を増加させることも有効である．

また，CUSは工業製品であるため，コンクリートの品質に悪影響を及ぼす有害物質（例えば，ごみ，泥，有機不純物など）が含まれていない．加えて，溶融スラグの水砕工程において海水は用いていないため，海水由来の塩化物の付着はない．表1.1および図1.1にCUSの製法および製造工程の概要，また写真1.1に各CUSの外観を示す．

表1.1　CUSの製法の概要[68)]

銘　柄	種　類	粒度区分	製　法	製造所
A	連続製銅炉 水砕砂	CUS 2.5 CUS 5-0.3	連続製銅法による製錬時に発生する溶融状態のスラグを水（循環式）で急冷し，粒度調整したもの	三菱マテリアル㈱直島製錬所 香川県香川郡直島町
B	反射炉 水砕砂	CUS 2.5 CUS 5-0.3	反射炉法による銅製錬時に発生する溶融状態のスラグを水（循環式）で急冷し，粒度調整したもの	小名浜製錬㈱小名浜製錬所 福島県いわき市小名浜
C	自溶炉 水砕砂	CUS 5-0.3	自溶炉法による銅製錬時に発生する溶融状態のスラグを水（循環式）で急冷し，粒度調整したもの	パンパシフィック・カッパー㈱ 佐賀関製錬所 大分県大分市佐賀関町
E	自溶炉 水砕砂	CUS 5-0.3	自溶炉法による銅製錬時に発生する溶融状態のスラグを水（循環式）で急冷し，粒度調整したもの	日比共同製錬㈱玉野製錬所 岡山県玉野市日比
F	自溶炉 水砕砂	CUS 2.5	自溶炉法による銅製錬時に発生する溶融状態のスラグを水（循環式）で急冷し，粒度調整したもの	住友金属鉱山㈱ 金属事業本部東予工場 愛媛県西条市船屋

［注］ D：DOWAメタルマイン㈱小坂製錬所は，現在銅スラグ製造を休止しており，欠番とした．

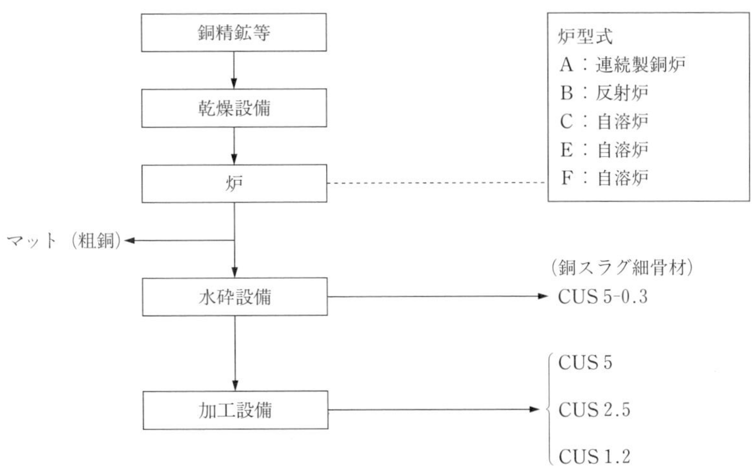

図 1.1　CUS の製造工程

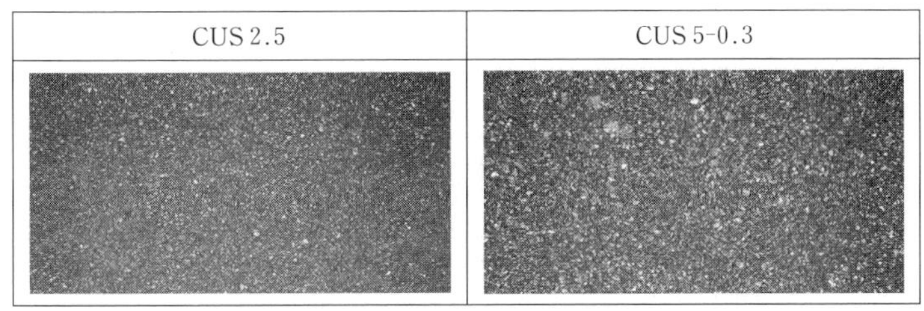

写真 1.1　CUS の外観例（銘柄 B）

1.2　銅スラグ細骨材の化学成分と鉱物組成および環境安全品質

1.2.1　銅精鉱の化学成分

CUS の製造に用いられている原料精鉱は，主として銅鉱石とけい酸鉱（SiO_2）である．銅精鉱の化学成分は表 1.2 に示すとおりであり，各製錬所の製錬操業の条件に応じて精鉱は調合されるので，原料の化学成分は非常に安定している．

表 1.2　銅精鉱の化学成分[68)]

成　分	Cu	Fe	SiO_2	S
含有率（%）	19.8～32.7	22.0～23.6	7.0～14.9	26.0～29.8

［注］　含有率は，5 製錬所における平均値の範囲を示す．

1.2.2　銅スラグ細骨材の化学成分と塩化物量

CUS の主要な化学成分は，表 1.3 に示すように全鉄（FeO）が 41～53 %，二酸化けい素（SiO_2）が 31～41 % の値を示し，この両者で大半を占めている．

表 1.3　CUS の化学成分と塩化物量（2017 年 1 月～12 月）

製造所名	試験値	JIS に規定されている化学成分（%）				化学成分（参考）(%)		JIS
		酸化カルシウム (CaO)	全硫黄 (S)	三酸化硫黄 (SO_3)	全　鉄 (FeO)	二酸化けい素 (SiO_2)	銅 (Cu)	塩化物量 (NaCl として) (%)
製造所 A（直島製錬所）	平均値	6.8	0.7	0.1	46.0	—	—	＜0.002
	最大値	7.7	0.8	0.1	47.6	—	—	＜0.002
	最小値	5.0	0.6	0.1	43.9	—	—	＜0.002
	標準偏差	0.8	0.09	0	1.1	—	—	—
製造所 B（小名浜製錬所）	平均値	3.6	0.76	0.1	44.5	31.3	0.78	＜0.001
	最大値	3.9	0.88	0.1	45.2	33.3	1.29	＜0.001
	最小値	3.0	0.66	0.1	43.9	28.6	0.4	＜0.001
	標準偏差	0.4	0.08	—	0.6	1.9	0.14	—
製造所 C（佐賀関製錬所）	平均値	2.38	0.71	0.07	50.2	—	—	＜0.001
	最大値	2.60	0.76	0.08	51.3	—	—	＜0.001
	最小値	2.16	0.65	0.05	49.1	—	—	＜0.001
	標準偏差	0.31	0.08	0.02	1.56	—	—	—
製造所 E（玉野製錬所）	平均値	3.55	0.49	＜0.1	51.0	—	0.71	＜0.005
	最大値	3.60	0.54	＜0.1	51.5	—	0.71	＜0.005
	最小値	3.50	0.44	＜0.1	50.4	—	0.71	＜0.005
	標準偏差	0.07	0.07	—	0.8	—	—	—
製造所 F（東予工場）	平均値	1.4	0.35	＜0.05	47.9	35	0.98	0.001
	最大値	1.9	0.50	＜0.05	49.3	36	1.20	0.007
	最小値	1.1	0.16	＜0.05	43.7	34	0.85	＜0.001
	標準偏差	0.2	0.08	—	0.8	0.5	0.09	0.001
基　準	JIS	≦12.0	≦2.0	≦0.5	≦70.0	—	—	≦0.03

1.2.3　銅スラグ細骨材の鉱物組成

CUS の鉱物組成は，顕微鏡観察，X 線回折および示差熱分析の結果から，その大部分がガラス質のファイアライト（$2FeO \cdot SiO_2$）と判定されており，鉄分の結晶鉱石としてはマグネタイト（Fe_3O_4），ヘマタイト（Fe_2O_3）およびけい酸鉱物が存在している．硫黄分は，輝銅鉱（Cu_2S）や斑銅鉱（Cu_5FeS_4）の鉱物として存在するが，その量は少ない．これらの鉄分および硫黄分をはじめとする諸成分は，ガラス質のスラグ中に安定した状態で存在しており，外部への溶出やセメントペーストとの反応は認められていない．なお，原料精鉱には塩化物はほとんど含まれていない．

1.2.4　銅スラグ細骨材の環境安全品質

CUSからは，表1.4に示すように化学物質の溶出は認められず，一般用途基準，港湾用途基準および土壌環境基準を満足している．しかしながら，表1.5に示すように，ひ素と鉛の含有量は一般用途基準および土壌基準を超過している．そのため，港湾用途での単独使用は問題ないが，一般用途では混合使用による利用模擬試料で評価したうえで使用することが必要である．

表1.4　CUSの化学物質の溶出量（2017年1月～12月）

製造所名	分析値	化学成分（mg/l）							
		カドミウム	鉛	六価クロム	ひ素	水銀	セレン	ほう素	ふっ素
製造所A（直島製錬所）	平均値	0.007	0.002	—	0.004	—	—	—	—
	最大値	0.016	0.01	—	0.008	—	—	—	—
	最小値	0.003	0.001	—	0.001	—	—	—	—
	標準偏差	0.005	0.002	—	0.002	—	—	—	—
製造所B（小名浜製錬所）	平均値	0.002	<0.005	<0.02	<0.005	<0.0002	<0.005	<0.01	<0.1
	最大値	0.003	<0.005	<0.02	<0.005	<0.0002	<0.005	<0.01	<0.1
	最小値	0.001	<0.005	<0.02	<0.005	<0.0002	<0.005	<0.01	<0.1
	標準偏差	0.001	—	—	—	—	—	—	—
製造所C（佐賀関製錬所）	平均値	0.005	<0.005	<0.02	<0.005	<0.0005	<0.005	<0.1	<0.1
	最大値	0.005	<0.005	<0.02	<0.005	<0.0005	<0.005	<0.1	<0.1
	最小値	0.005	<0.005	<0.02	<0.005	<0.0005	<0.005	<0.1	<0.1
	標準偏差	—	—	—	—	—	—	—	—
製造所E（玉野製錬所）	平均値	0.01	<0.005	<0.02	0.004	<0.0005	<0.005	<0.1	<0.1
	最大値	0.014	<0.005	<0.02	0.006	<0.0005	<0.005	<0.1	<0.1
	最小値	0.006	<0.005	<0.02	<0.005	<0.0005	<0.005	<0.1	<0.1
	標準偏差	0.006	—	—	0.002	—	—	—	—
製造所F（東予工場）	平均値	0.008	<0.005	<0.02	<0.005	<0.0005	<0.005	<0.1	<0.1
	最大値	0.014	0.005	<0.02	0.012	<0.0005	<0.005	<0.1	<0.1
	最小値	0.001	<0.005	<0.02	<0.005	<0.0005	<0.005	<0.1	<0.1
	標準偏差	0.003	—	—	0.001	—	—	—	—
基　準		≦0.01	≦0.01	≦0.05	≦0.01	≦0.0005	≦0.01	≦1	≦0.8

表 1.5　CUS の化学物質の含有量（2017 年 1 月～12 月）

製造所名	分析値	化学成分（mg/kg）							
		カドミウム	鉛	六価クロム	ひ素	水銀	セレン	ほう素	ふっ素
製造所 A（直島製錬所）	平均値	17	431	—	508	—	—	—	—
	最大値	20	500	—	637	—	—	—	—
	最小値	13	333	—	273	—	—	—	—
	標準偏差	3	47	—	123	—	—	—	—
製造所 B（小名浜製錬所）	平均値	<15	800	<25	141	< 1	<34	<400	<400
	最大値	<15	933	<25	223	< 1	<34	<400	<400
	最小値	<15	600	<25	31	< 1	<34	<400	<400
	標準偏差	—	168	—	99	—	—	—	—
製造所 C（佐賀関製錬所）	平均値	24	725	—	560	—	—	—	—
	最大値	26	980	—	760	—	—	—	—
	最小値	22	470	—	360	—	—	—	—
	標準偏差	2.8	361	—	283	—	—	—	—
製造所 E（玉野製錬所）	平均値	<15	240	<25	450	<1.5	<15	<400	<400
	最大値	20	240	<25	540	<1.5	<15	<400	<400
	最小値	<15	240	<25	360	<1.5	<15	<400	<400
	標準偏差	8.8	—	—	127	—	—	—	—
製造所 F（東予工場）	平均値	23	755	<25	660	<1.5	<15	<400	<400
	最大値	40	950	<25	930	<1.5	<15	<400	<400
	最小値	<15	460	<25	330	<1.5	<15	<400	<400
	標準偏差	5.8	112	—	120	—	—	—	—
基　準		≦150	≦150	≦250	≦150	≦15	≦150	≦4 000	≦4 000

1.2.5　利用模擬試料による形式検査と受け渡し判定値の設定

CUS の混合率 30 %における，利用模擬試料による形式検査結果を図 1.2～1.11 に示す．それに基づく受け渡し判定値の一例を表 1.6 に示す．

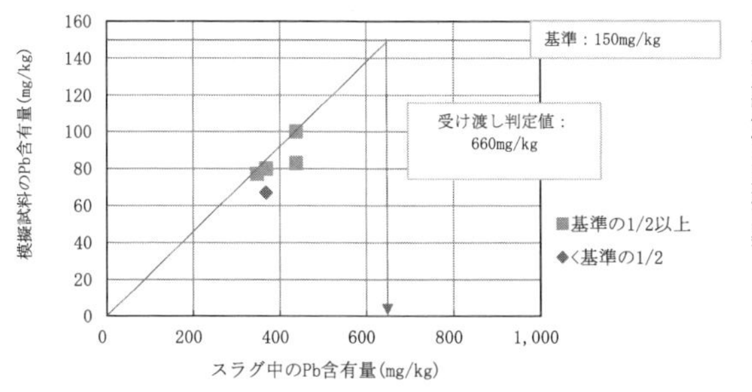

図 1.2　直島製錬所 CUS の鉛の形式検査結果

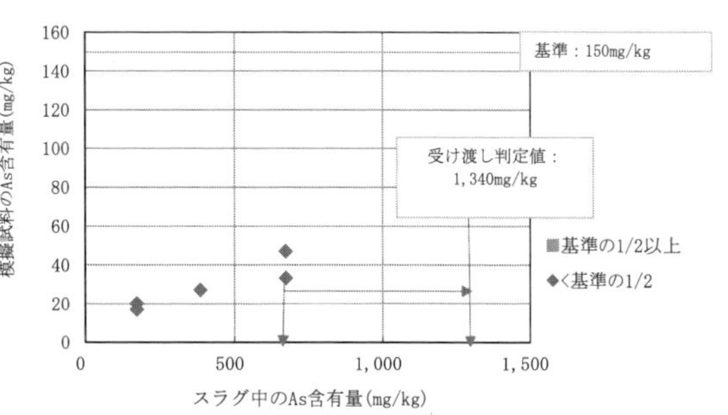

図 1.3　直島製錬所 CUS のひ素の形式検査結果

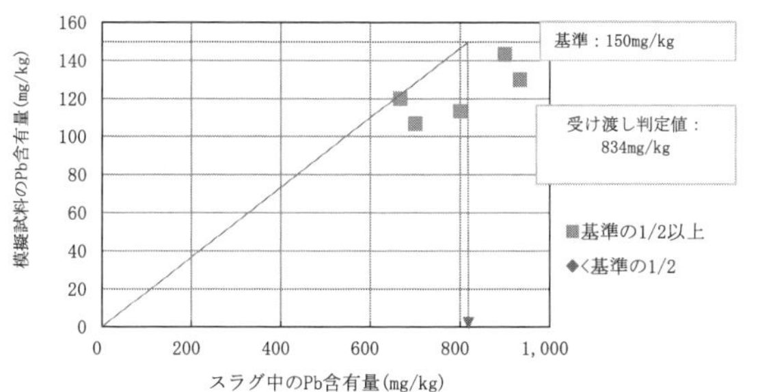

図 1.4　小名浜製錬所 CUS の鉛の形式検査結果

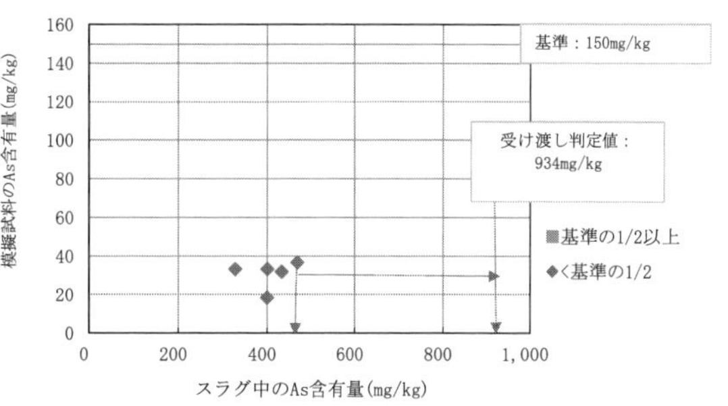

図 1.5　小名浜製錬所 CUS のひ素の形式検査結果

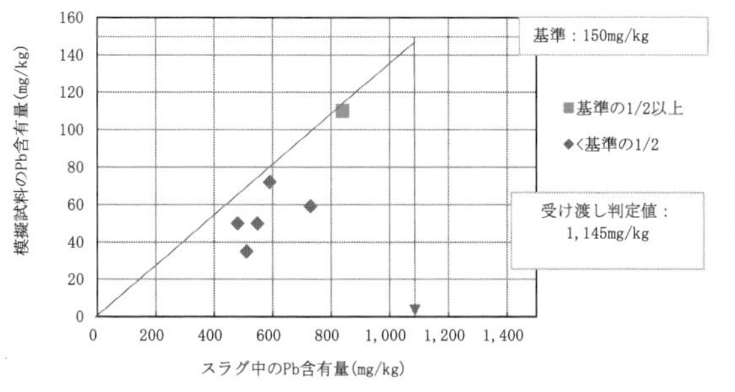

図 1.6　玉野製錬所 CUS の鉛の形式検査結果

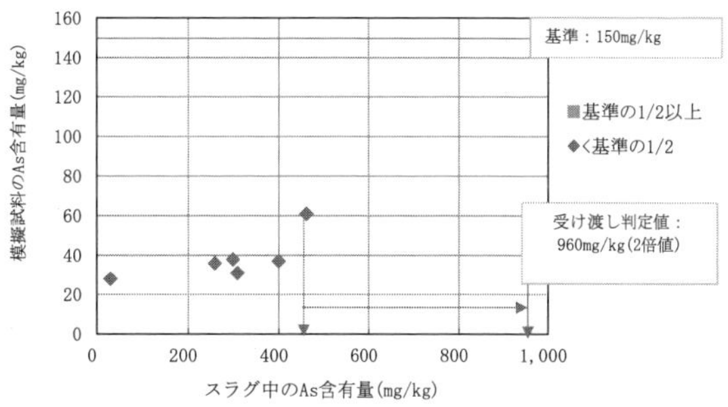

図 1.7　玉野製錬所 CUS のひ素の形式検査結果

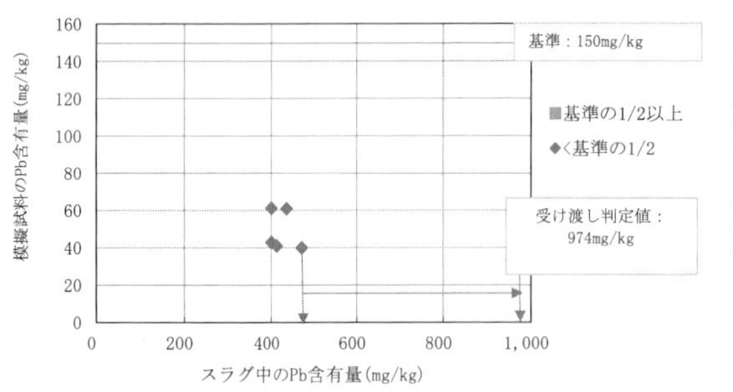

図 1.8　佐賀関製錬所 CUS の鉛の形式検査結果

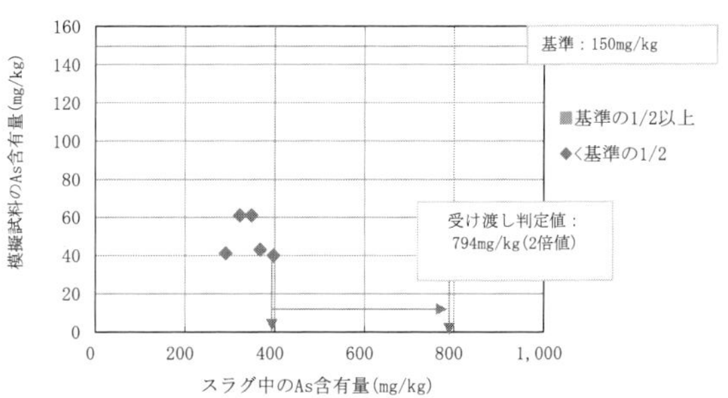

図 1.9　佐賀関製錬所 CUS のひ素の形式検査結果

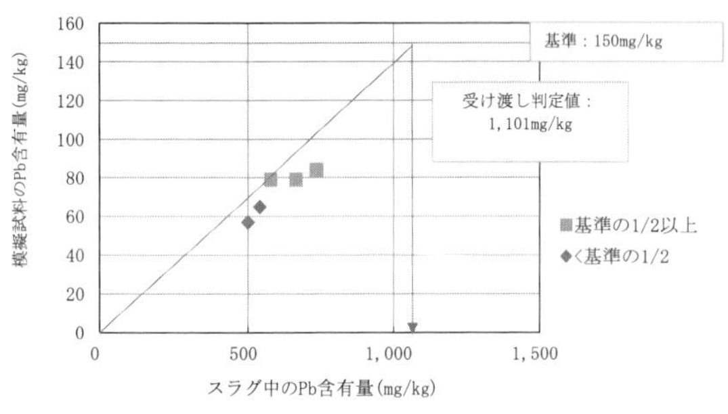

図 1.10　東予工場 CUS の鉛の形式検査結果

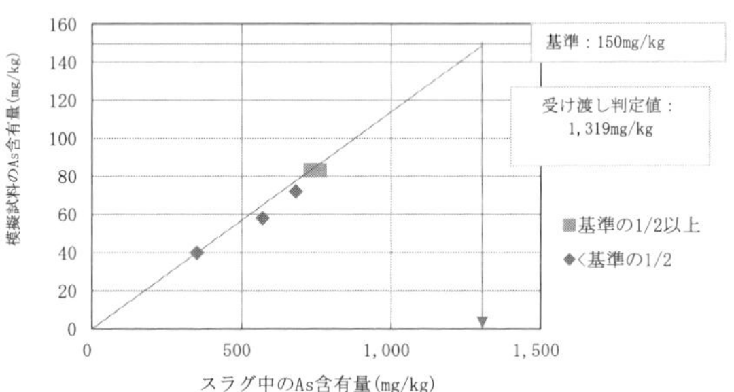

図 1.11　東予工場 CUS のひ素の形式検査結果

表 1.6　受け渡し判定値の一例

（単位：mg/kg）

成　分	製造所 A（直島製錬所）	製造所 B（小名浜製錬所）	製造所 C（玉野製錬所）	製造所 E（佐賀関製錬所）	製造所 F（東予工場）
鉛	660	834	960	974	1 101
ひ　素	1 340	934	1 145	794	1 319

1.2.6　銅スラグ細骨材の環境安全品質と受け渡し判定値

CUS の環境安全品質と受け渡し判定値を図 1.12～1.21 に示す．すべての CUS 製造所のコンクリート用銅スラグ細骨材は，銅スラグ混合率 30 %で問題ない品質となっている．

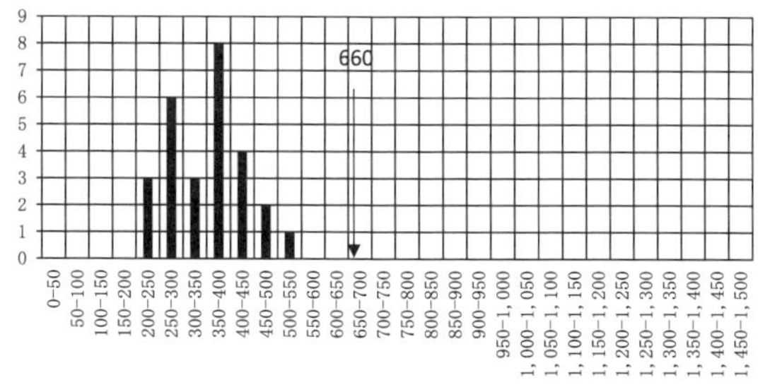

図 1.12　直島 CUS の鉛含有量と受け渡し判定値

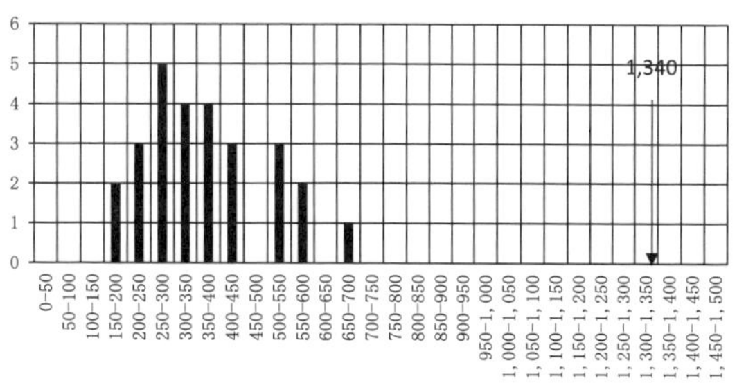

図 1.13　直島 CUS のひ素含有量と受け渡し判定値

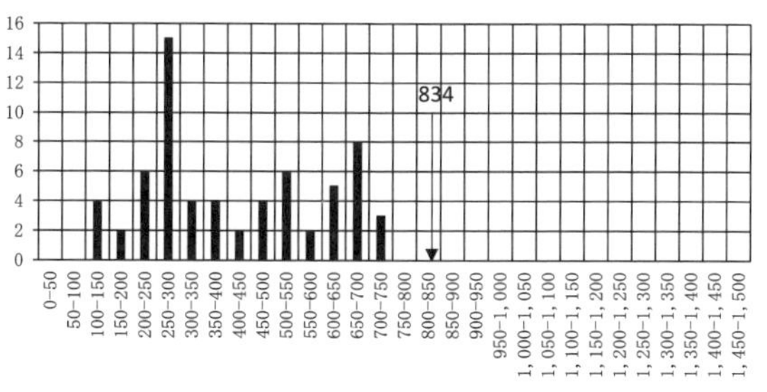

図 1.14　小名浜 CUS の鉛含有量と受け渡し判定値

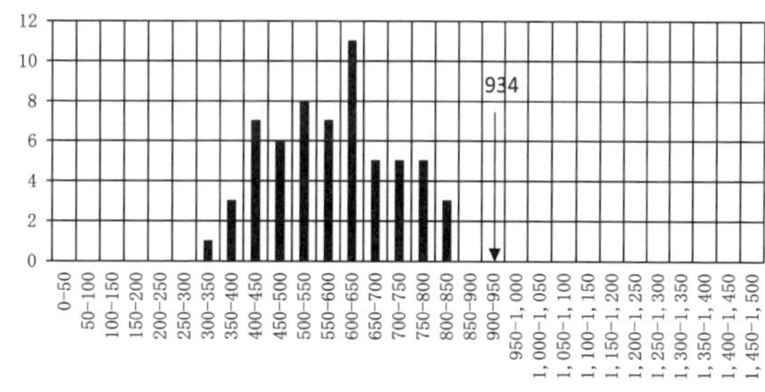

図 1.15　小名浜 CUS のひ素含量量と受け渡し判定値

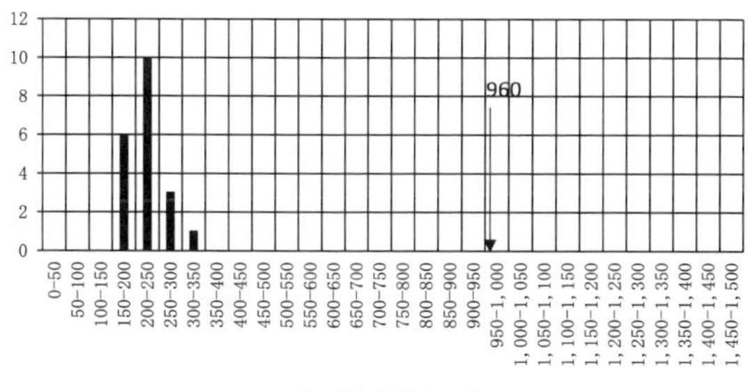

図 1.16　玉野 CUS の鉛含有量と受け渡し判定値

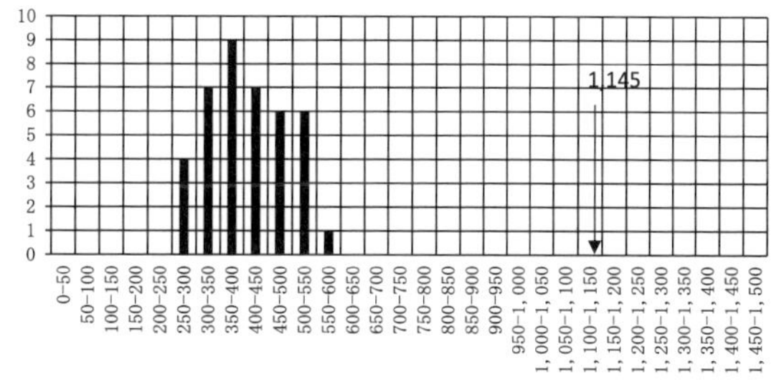

図 1.17　玉野 CUS のひ素含有量と受け渡し判定値

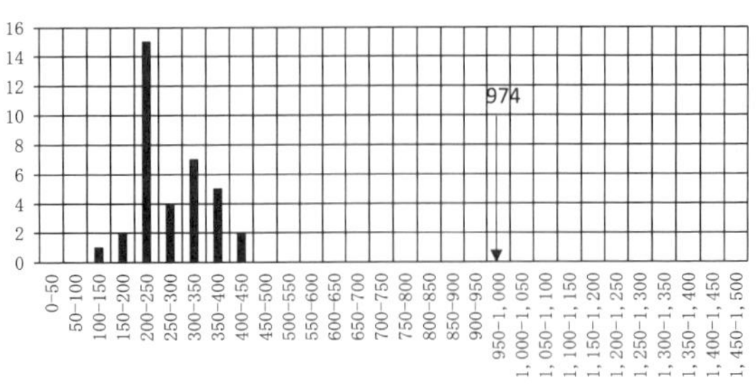

図 1.18　佐賀関 CUS の鉛含有量と受け渡し判定値

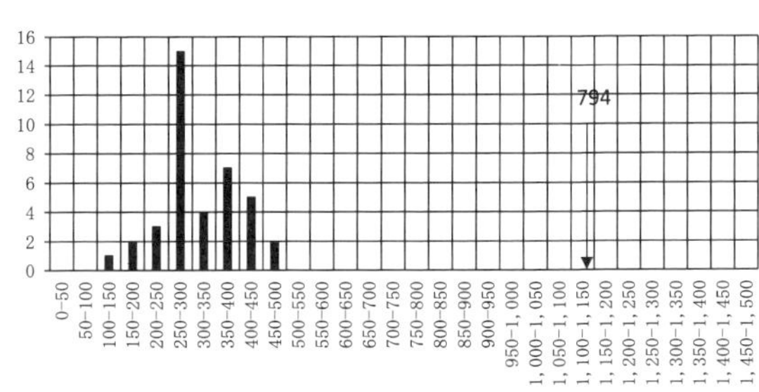

図 1.19　佐賀関 CUS のひ素含有量と受け渡し判定値

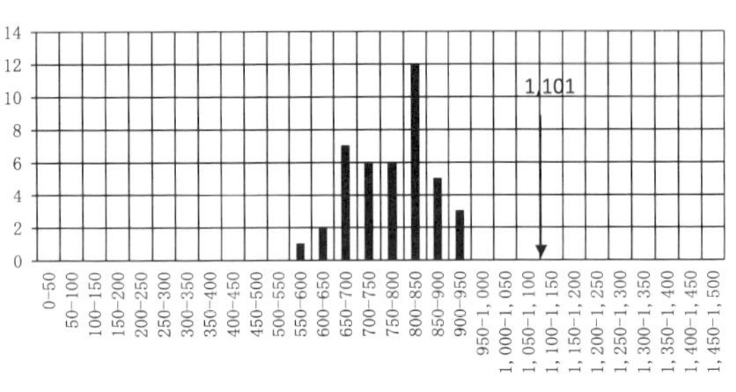

図 1.20　東予 CUS の鉛含有量と受け渡し判定値

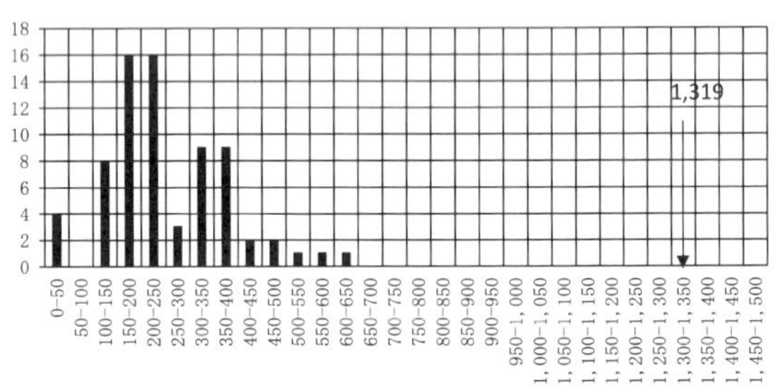

図 1.21　東予 CUS のひ素含有量と受け渡し判定値

1.3　銅スラグ細骨材および銅スラグ細骨材混合細骨材

1.3.1　銅スラグ細骨材の物理的品質

2017 年 1 月～12 月に製造された 6 種類の CUS の物理試験結果を表 1.7 に示す．表 1.7 のいずれの品質項目も JIS A 5011-3 の規格値を満足している．

表 1.7　CUS の物質的性質（2017 年 1 月～12 月）

製造所名	骨材呼び名	試験値	絶乾密度 (g/cm³)	吸水率 (%)	単位容積質量 (kg/l)	実績率 (%)	粗粒率	0.15 mm ふるい通過率 (%)	0.075 mm ふるい通過率 (%)
製造所 A（直島製錬所）	CUS 2.5	平均値	3.52	0.26	2.22	62.87	2.58	8.8	3.6
		最大値	3.60	0.40	2.30	64.20	2.70	12.0	4.5
		最小値	3.50	0.20	2.20	61.99	2.40	7.0	3.0
		標準偏差	0.02	0.09	0.02	0.75	0.09	1.59	0.42
	CUS 5-0.3	平均値	3.50	0.38	1.93	—	3.36	1.1	0.46
		最大値	3.53	0.53	1.98	—	3.50	2.0	0.5
		最小値	3.49	0.18	1.91	—	3.31	0.0	0.4
		標準偏差	0.02	0.14	0.02	—	0.07	0.64	0.05
製造所 B（小名浜製錬所）	CUS 2.5	平均値	3.47	0.27	2.27	65.44	2.34	13	4.9
		最大値	3.48	0.29	2.30	66.47	2.41	13	5.2
		最小値	3.46	0.21	2.23	64.37	2.25	13	4.3
		標準偏差	0.01	0.04	0.04	1.19	0.07	—	0.4
	CUS 5-0.3	平均値	3.39	0.48	1.9	56.05	3.41	1	0.4
		最大値	3.39	0.48	1.9	56.05	3.41	1	0.4
		最小値	3.39	0.48	1.9	56.05	3.41	1	0.4
		標準偏差	—	—	—	—	—	—	—
製造所 C（佐賀関製錬所）	CUS 5-0.3	平均値	3.64	0.30	2.16	59.4	3.60	2	0.5
		最大値	3.65	0.42	2.17	59.5	3.65	2	1
		最小値	3.63	0.18	2.15	59.3	3.54	1	0
		標準偏	0.01	0.17	0.01	0.14	0.08	0.7	0.7
製造所 E（玉野製錬所）	CUS 5-0.3	平均値	3.50	0.27	1.95	55.6	3.42	1	0
		最大値	3.51	0.33	1.95	55.9	3.49	1	0
		最小値	3.49	0.20	1.94	55.3	3.34	1	0
		標準偏差	0.01	0.09	0.01	0.42	0.11	—	—
製造所 F（東予工場）	CUS 2.5	平均値	3.48	0.54	2.24	64.5	2.59	7.2	3.7
		最大値	3.50	0.89	2.29	65.4	2.68	8	4.1
		最小値	3.41	0.21	2.21	63.4	2.46	6	3.2
		標準偏差	0.02	0.16	0.02	0.46	0.04	0.43	0.20

1.3.2　銅スラグ細骨材の粒度および混合後の粒度

5 銘柄 7 種類の CUS の粒度分布を表 1.8 に示す．いずれも JIS A 5011-3 の規格を満足している．

CUS 混合率の算定には，各骨材の絶対容積による比率を用いる必要がある．これは，質量比率を用いると，両骨材の密度差に起因して粒度分布や粗粒率を正しく求められないからである．

例えば，表乾密度 $\gamma_n = 2.55\ \mathrm{g/cm^3}$，粗粒率 $FM_n = 3.77$ の一般の細骨材（砂または砕砂）と表乾密度 $\gamma_s = 3.50\ \mathrm{g/cm^3}$，粗粒率 $FM_s = 1.73$ の CUS とを用いて，目標粗粒率 $FM_n = 2.75$ の混合細骨材を得る場合の計算は，以下のとおりである．

容積による混合率（m）は (1.1) 式により 50.0 %となり，これを質量による混合率（n）に換算すると，(1.2) 式により 57.9 %となる．すなわち，約 8 %の差を生じることになる．

$$m = \frac{FM_m - FM_n}{FM_s - FM_n} \times 100 = \frac{2.75 - 3.77}{1.73 - 3.77} \times 100 = 50.0\ \% \tag{1.1}$$

$$n = \frac{100m(1 + p_s/100)\gamma_s}{(100 - m)(1 + p_n/100)\gamma_n + m(1 + p_s/100)\gamma_s} = 57.9\ \% \tag{1.2}$$

（ただし，一般の細骨材および CUS の表面水率 p_n および p_s は 0 %として計算）

CUS を混合した細骨材の粒度分布を検討する場合にも，それぞれの骨材粒子の構成を絶対容積による分布で表示するのがよい．表 1.9 の粗粒率の計算例では，銅スラグ混合細骨材の絶対容積による粗粒率は 2.75 であるのに対し，質量による粗粒率は 2.59 となり，0.16 小さく評価されることになる．

なお，骨材粒子の構成については，それぞれの骨材の絶対容積による分布で判断・表示すべきであることに対し，環境安全品質上確認すべき化学物質の含有量の評価については，最終形態であるコンクリートの配合上での質量比率にて判断することになるので，注意が必要である．

表 1.8　CUS の粒度分布

粒度分布	銘柄	粗粒率の範囲	ふるいの呼び寸法（mm） ふるいを通るものの質量百分率（%）					
			5	2.5	1.2	0.6	0.3	0.15
CUS 2.5	A	2.61	100	99	73	38	19	10
	B	2.43-2.22	100	100—99	87—84	50—43	27—21	14—10
	F	2.80-2.56	100	100—99	84—72	37—30	16—12	8—6
	ふるい通過率範囲		100	100—99	87—72	50—30	27—12	14—6
	JIS 規格値		100—95	100—85	95—60	70—30	45—10	20—5
CUS 5-0.3	A	3.53-3.12	100	99—94	62—44	19—8	6—1	2—0
	B	3.46-3.21	100	95—89	59—50	14—12	3	1—0
	C	3.91-3.66	100—98	82—72	39—27	11—7	3—2	1
	E	3.37-3.28	100	97—94	53—50	15—13	5—4	2—1
	ふるい通過率範囲		100—98	99—72	62—27	19—7	6—1	2—0.3
	JIS 規格値		100—95	100—45	70—10	40—0	15—0	10—0

［注］　A 製錬所の CUS 2.5 のデータは代表値（JIS 取得が 2015 年 11 月のため）

表 1.9　銅スラグ混合細骨材の容積および質量による粒度分布の比較例

ふるいの呼び寸法(mm)	単独細骨材の残留百分率の試験結果(%)		銅スラグ混合率 50 %の混合細骨材の容積百分率による粒度分布計算結果(%)	同左の質量百分率による粒度分布計算結果(%)
	普通	銅スラグ細骨材		
10	0.0	0.0	(0×0.5)＋　(0×0.5)＝ 0.00	0.00
5	5.0	0.0	(5.0×0.5)＋　(0×0.5)＝ 2.50	2.11
2.5	33.0	0.0	(33.0×0.5)＋　(0×0.5)＝16.50	13.91
1.2	67.0	1.5	(67.0×0.5)＋(1.5×0.5)＝34.25	29.11
0.6	82.0	33.0	(82.0×0.5)＋(33.0×0.5)＝57.50	53.65
0.3	93.0	58.0	(93.0×0.5)＋(58.0×0.5)＝75.50	72.75
0.15	97.0	80.5	(97.0×0.5)＋(80.5×0.5)＝88.75	87.45
F.M.	3.77	1.73	2.75	2.59

［注］　1）質量百分率による算定例（1.2 mm ふるいの場合）

$$\frac{\{67.0\times(1-0.5)\times2.55\}+0.5\times0.5\times3.50\}}{\{100\times0.5\times2.55\}+100\times(1-0.5)\times3.50\}}\times100=29.11$$

1.4　銅スラグ細骨材のアルカリシリカ反応性

CUS のアルカリシリカ反応性は，JIS A 1145（骨材のアルカリシリカ反応試験方法（化学法））または JIS A 1146（骨材のアルカリシリカ反応試験方法（モルタルバー法））で評価する．化学法の結果を表 1.10 に，モルタルバー法の結果を図 1.22 に示す．化学法では，溶解シリカ量（Sc）およびアルカリ濃度減少量（Rc）は，ともに 40 mmol/l 以下の低い値を示し，反応性の判定が困難な領域となる．しかし，図 1.22 にあるとおり，モルタルバー法では全ての CUS において無害となっており，判定値である 0.1 %を大きく下回る 0.025 %以下の低い膨張率を示している．

なお，JIS A 5011-3 では，規格対象とする CUS を，アルカリシリカ反応性の区分が A（無害）に限定している．したがって，アルカリシリカ反応性の区分が B（無害でない）の CUS は，JIS A 5308（レディーミクストコンクリート）の適用範囲から除外される．

表 1.10　化学法によるアルカリシリカ反応試験結果[47)]

銘　柄	分析結果（mmol/l）		判　定
	Sc	Rc	
A	9	15	無　害
B	31	20	無害でない
C	36	18	無害でない
E	25	13	無害でない
F	33	19	無害でない

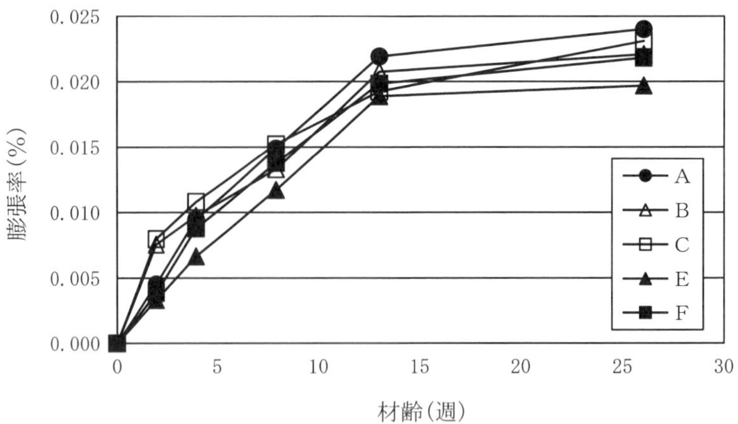

図 1.22　モルタルバー法によるアルカリシリカ反応試験結果[47)]

2章　銅スラグ細骨材を用いたコンクリートの性質

2.1　フレッシュコンクリートの性質

2.1.1　単位水量とスランプ

CUSを用いたコンクリートの所要のスランプを得るために必要な単位水量は，図2.1に示すように，CUSを単独（CUS混合率100％）で使用した場合，スランプが15cm以下の範囲では，細骨材に良質の川砂を用いた場合に比較して増加する．これに対し，目標とするスランプを18cmとした場合には，所要の単位水量は，川砂を用いた場合と同等となる傾向を示す．また，細骨材に川砂とCUSを体積で等量ずつ混合した場合には，図2.2に示すように，CUS2.5を用いたコンクリートの所要のスランプを得るために必要な単位水量は，川砂に対し細骨材としてCUS2.5を50％混合で使用した場合では，川砂を単独で用いたコンクリートと同程度となる．

また，図2.3に示すように，同一の単位水量におけるCUS2.5を用いたコンクリートのスランプは，CUS2.5を単独（CUS2.5混合率100％）で使用した場合，細骨材に良質な川砂を用いたコンクリートに比較して小さくなるが，川砂とCUS2.5を混合率70％以下で使用する場合のスランプは，川砂を単独で用いたコンクリートと同程度であることがわかる．近年，良質骨材の枯渇が顕在化している地域もあり，CUS利用で単位水量の抑制効果が期待できる場合もある．混合率が高くなるとスランプが小さくなる傾向がある．

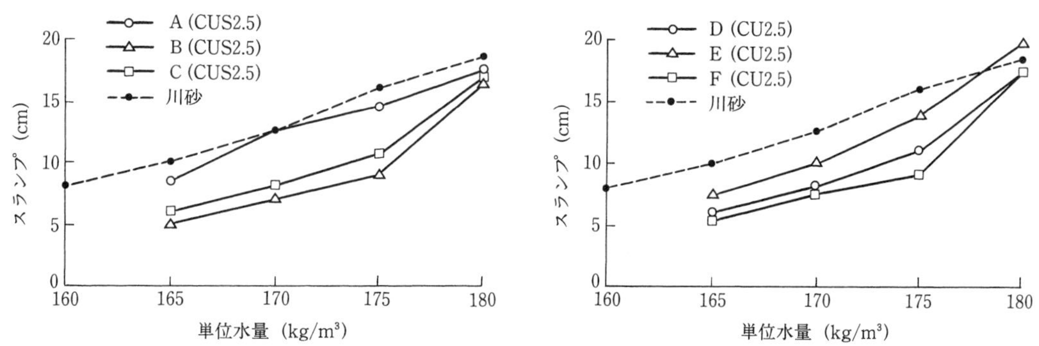

図2.1　単位水量とスランプの関係（CUS混合率100％）[21]

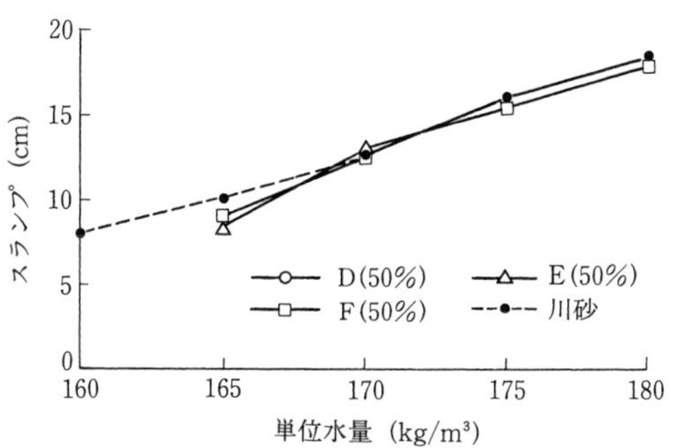

図2.2　単位水量とスランプの関係（CUS混合率50％）[21]

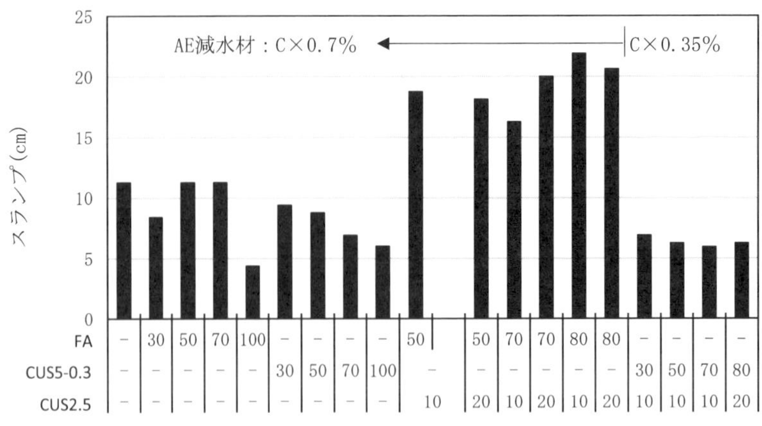

図 2.3　CUS 混合率とスランプの関係[109)]

2.1.2　空　気　量

図 2.4 にプレーン (non-AE) コンクリートの空気量と 5 %の空気量を得るために必要な空気量調整剤使用量の関係を示す. 5 %の空気量を得るために必要な空気量調整剤使用量は, CUS の銘柄および CUS 混合率によって異なるが, 川砂 (大井川産, F.M.2.75) を単独で用いた場合に比較して, 減少する傾向にある. すなわち, CUS の使用に伴い, エントラップトエアが増加する傾向にあることがわかる. 特に, CUS 混合率を 100 %とした場合には, 川砂を単独で用いた場合に比較して, エントラップトエアが最大で 2 %程度増加する場合もある. なお, 実験に用いた CUS は, いずれの銘柄においても CUS 2.5 を用いた結果である.

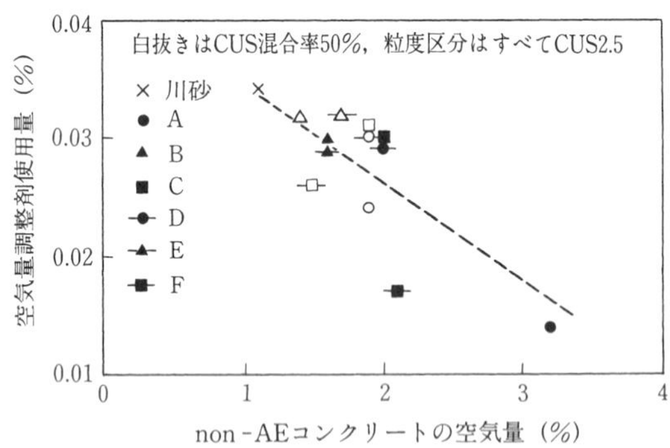

図 2.4　空気量 5 %を得るため必要な空気量調整剤使用量と non-AE コンクリートの空気量の関係[35)]

2.1.3　ブリーディング

CUS を用いたコンクリートのブリーディングは, 図 2.5～2.10 に示すように, 川砂などを用いた場合に比較して増加する傾向にある. 特に, CUS を単独使用 (CUS 混合率を 100 %) した場合には, 川砂を単独で用いた場合に比較して, ブリーディング率は 2 倍以上となることもあり, ブリーディングの終了時間も 60 分以上遅延することもある. 図 2.8 は砕砂を CUS 2.5 に置換した場合であるが, こちらも CUS を混合することによりブリーディング量は増加する傾向が見られる. しかし, 極端に多くなるわけではなく, 終了時間は混合率 0 %と同程度の値を示している.

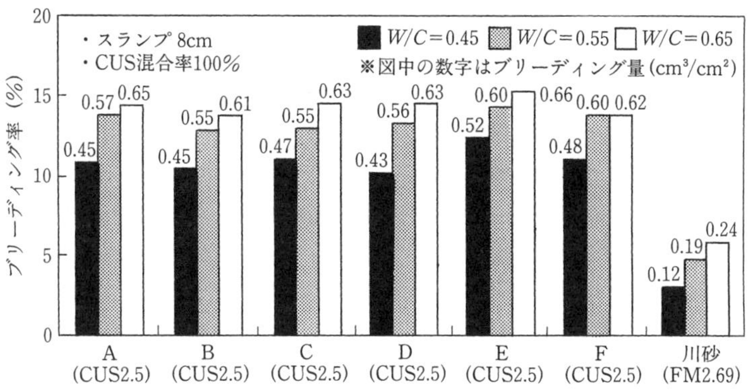

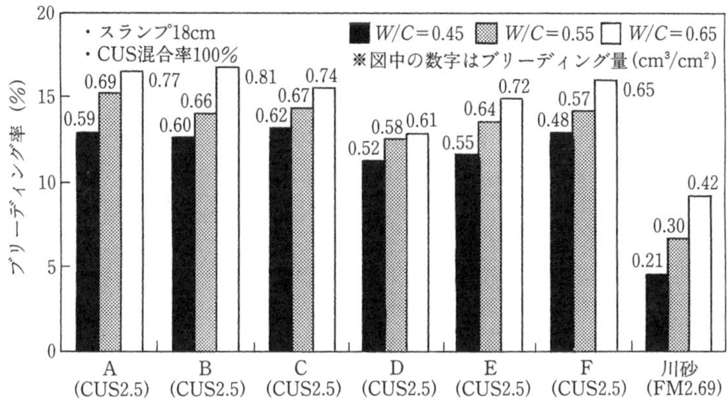

図2.5　CUS を単独使用（CUS 混合率 100 %）した場合のブリーディング率[26)]

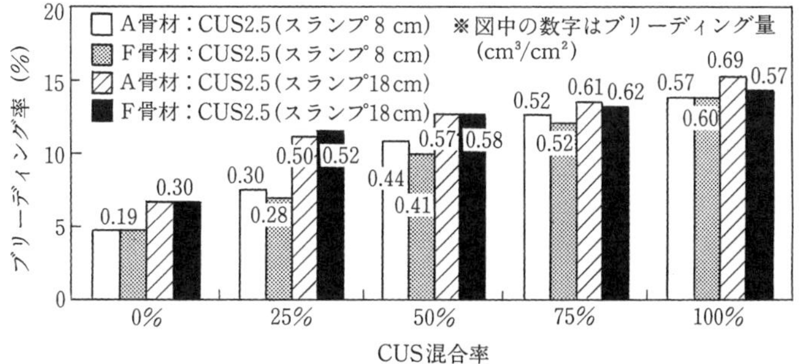

図2.6　CUS 混合率とブリーディング率の関係（W/C=55 %）[26)]

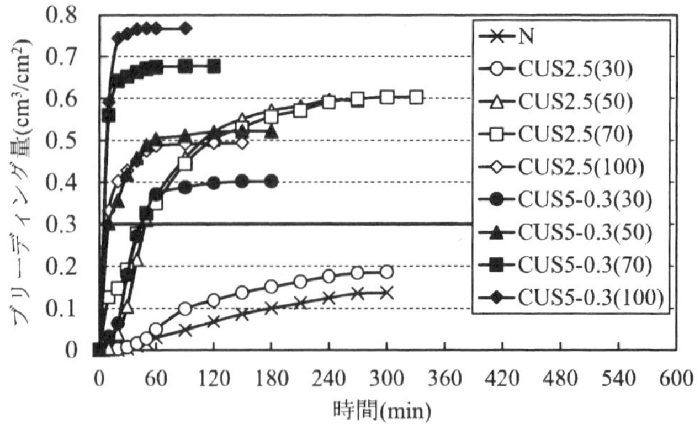

※(30)：銅スラグ混合率 30 %

図 2.7　ブリーディング量と経過時間の関係（W/C＝55 %）[109)]

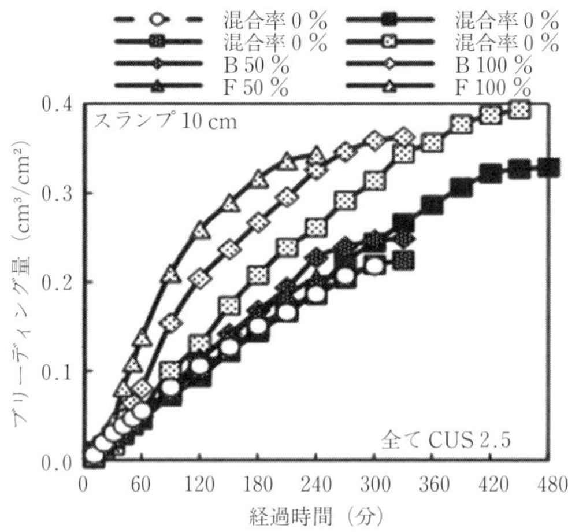

図 2.8　ブリーディング量と経過時間の関係（W/C＝47 %）[114)]

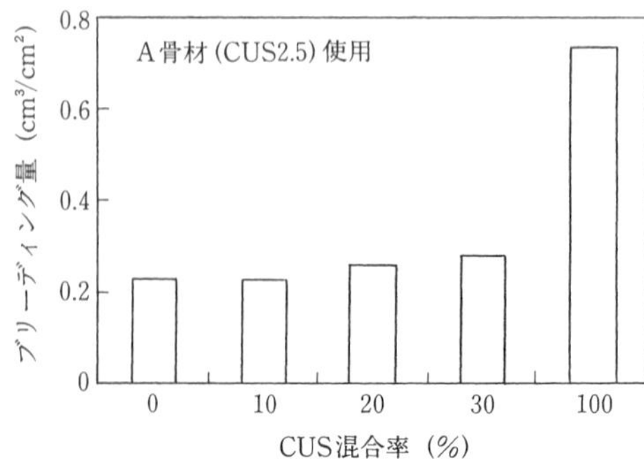

図 2.9　CUS 混合率の低い場合におけるブリーディング性状[75)]

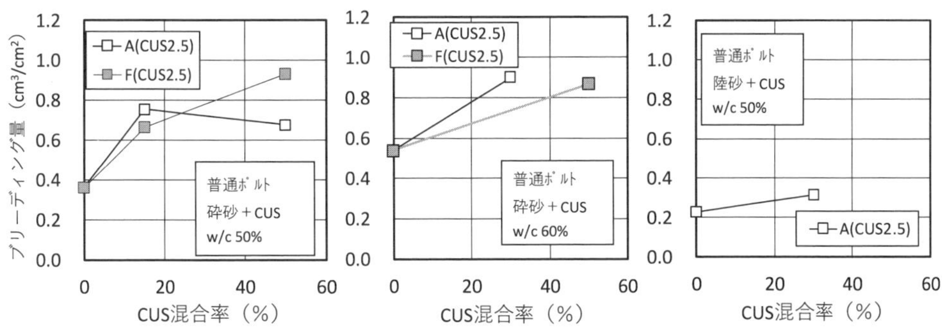

図 2.10　CUS の種類・混合率とブリーディング量の関係[125)]

ブリーディングの発生を抑制する方法として，CUS 混合率を小さくすることのほか，微粒分量の多い CUS を用いる，混和剤（高性能 AE 減水剤など）を用いて単位水量を減じるなどの方法がある．

図 2.11〜2.13 は，これらの方法によるブリーディング抑制効果を示したものである．これらの図では，前述した適切な対策を施すことによって，ブリーディングの発生を川砂（天然砂）を用いたコンクリートと同程度

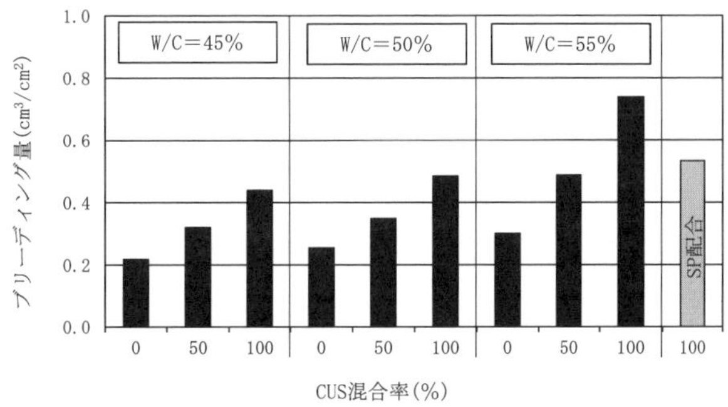

図 2.11　水セメント比あるいは AE 減水剤とブリーディング量の関係[112)]

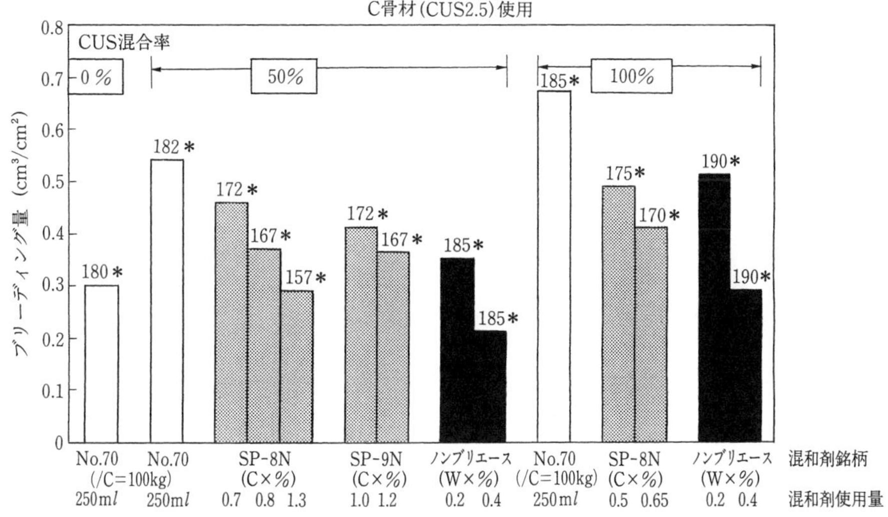

＊　数値は単位水量（kg/m³）を示す

図 2.12　各種混和剤を用いた場合のブリーディング低減効果[22)]

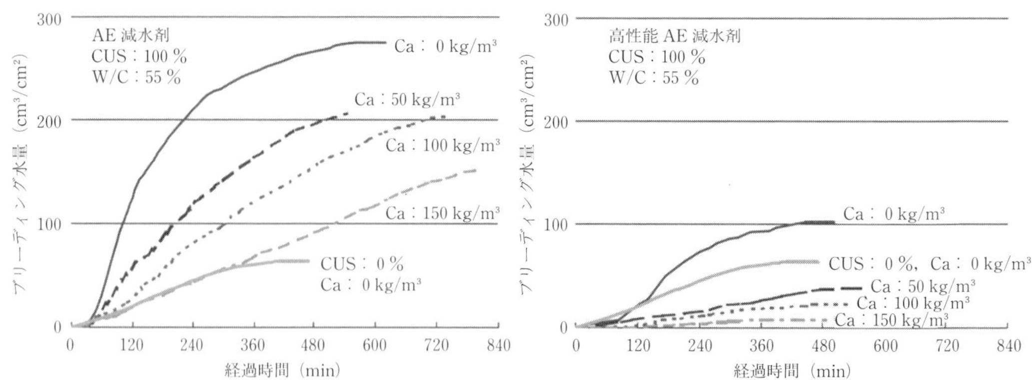

図 2.13　高性能 AE 減水剤を用いた場合のブリーディング低減効果[92)]

に抑制できることが示されている．なお，CUS の微粒分量とブリーディングの関係については，2.1.4 に記述する．

2.1.4　銅スラグ細骨材の 0.15 mm ふるい通過量とフレッシュコンクリートの性状

図 2.14 は，CUS 2.5 の 0.15 mm ふるいを通過する量がスランプ，空気量およびブリーディング性状に及ぼす影響について示したものである．

0.15 mm 通過量が 20 %以下の範囲であれば，配合条件（CUS 混合率およびスランプなど）の相違にかかわらず，0.15 mm 通過量が増加してもスランプに大きな変化は見られない．しかし，CUS 2.5 混合率 100 %のスランプ 8 cm のコンクリートで 0.15 mm 通過量を 30 %まで増加させた場合には，スランプが低下している．

スランプ 8 cm，CUS 混合率 100 %のコンクリートの空気量は，微粒分量の増加に伴い，若干減少する傾向にある．

一方，スランプ 18 cm，CUS 2.5 混合率 30 %のコンクリートでは，0.15 mm 通過量が 7 ～15 %の範囲では，スランプおよび空気量に大きな変化は見られない．

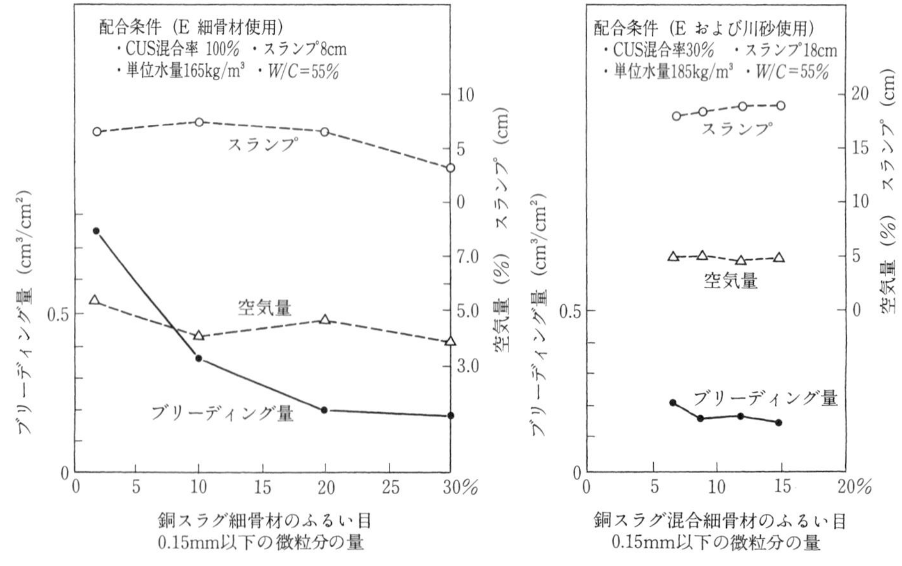

図 2.14　CUS の 0.15 mm ふるい通過量とスランプ，空気量およびブリーディング量との関係[70),77)]

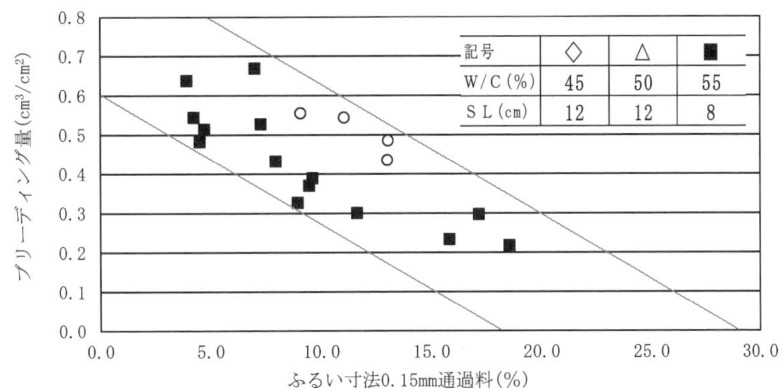

図 2.15　CUS の 0.15 mm ふるい通過量とブリーディング量の関係[45),49),103)]

ブリーディング量と 0.15 mm 通過量の関係では，CUS の 0.15 mm 通過量が増加するに伴い，ブリーディングの発生が抑制されていることが示されている〔図 2.14，2.15 参照〕．

2.2.1.5　凝結性状

CUS を用いたコンクリートの凝結時間は，これを用いないコンクリートに比較して遅延する傾向にある．水セメント比を 45，50，55 %としたコンクリートの凝結試験結果を図 2.16 に示す．

CUS 2.5 を単独使用（CUS 2.5 混合率 100 %）した場合には，天然砂を用いたコンクリートよりも終結時間で 5 時間程度遅延している．一方，天然砂に対し CUS 2.5 を 50 %混合（CUS 2.5 混合率 50 %）で使用した場合には，天然砂を用いた場合と同程度であることが示されている．なお，CUS 2.5 単独使用（CUS 2.5 混合率 100 %）においても，高性能 AE 減水剤を使用するなどの対応で天然砂を用いた場合と同等の凝結時間となることもある．

図 2.17 に示す水セメント比を 55 %とした CUS 混合率の低い場合の凝結試験結果では，CUS 2.5 混合率が 30 %以下の範囲であれば，CUS を用いた場合の凝結時間は，川砂を用いた場合と同程度であることが示されている．

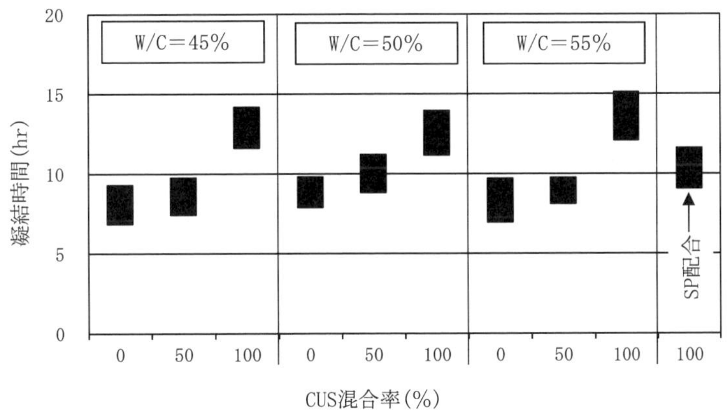

図 2.16　CUS を用いたコンクリートの凝結性状[112)]

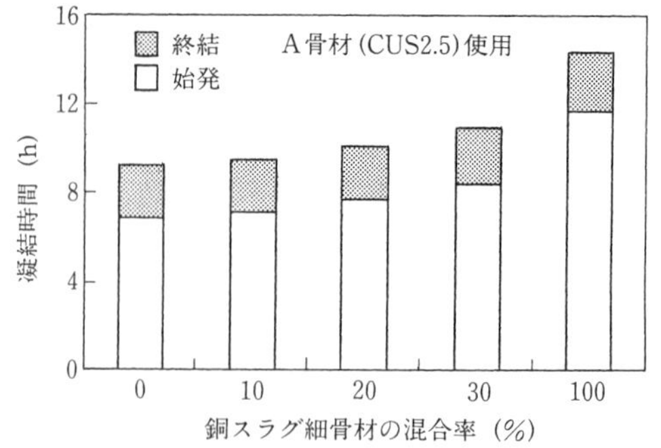

図 2.17　CUS を低混合率で用いたコンクリートの凝結性状[75)]

図 2.18 は，スランプ 18 cm のコンクリートの凝結時間を CUS 混合率との関係で示したものである[153)]. 前述のとおり，CUS を混合した場合にはやや遅れの傾向が強くなっており，条件によっては混合率 50 %でかなり遅れる場合も認められた.

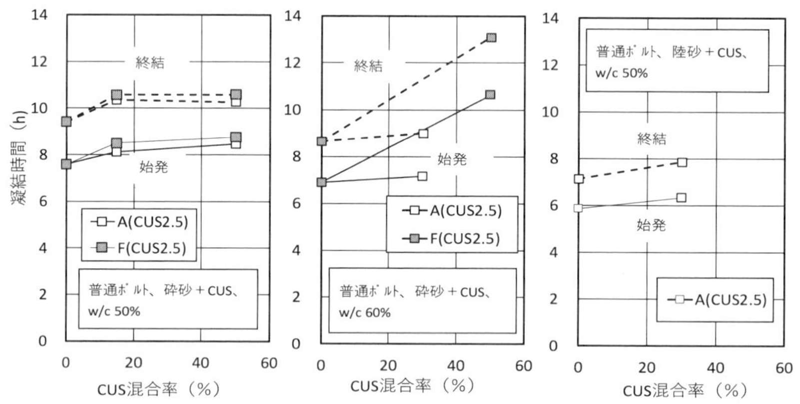

図 2.18　CUS の種類・混合率と凝結時間の関係[153)]

2.1.6　単位容積質量

CUS 混合率とフレッシュコンクリートの単位容積質量（計算値）との関係を図 2.19 に示す．水セメント比を 55 %とし，CUS 2.5 を単独使用（CUS 2.5 混合率 100 %）した場合，フレッシュコンクリートの単位容積質量は約 2 530 kg/m³となり，CUS 混合率を 0 %とした場合と比較して 1 m³あたり約 250～350 kg 質量が増加する．また，この図より，コンクリートの単位容積質量を 2 300 kg/m³とするためには，使用材料の表乾密度によっても異なるが，CUS 2.5 混合率を概ね 20～40 %以下にする必要があることがわかる．

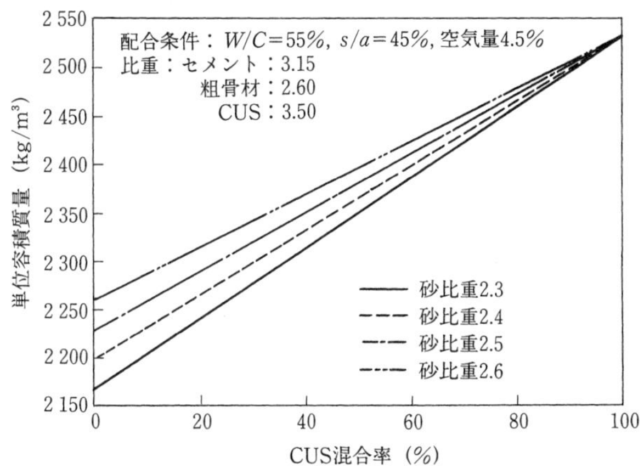

図 2.19　CUS 混合率とフレッシュコンクリートの単位容積質量の関係[71)]

2.1.7　銅スラグ細骨材を用いたモルタルおよびコンクリートの流動性・分離抵抗性

図 2.20 に，CUS の円形度と粒度の関係を示す[148)]．ここで，円形度は，値が大きくて 1 に近いほど輪郭が円に近い形状であることを表す．CUS は，この実験で取り上げた細骨材の範囲では，川砂よりも円形度がやや低い程度となっており，比較的角張った形状を呈しているといえる．

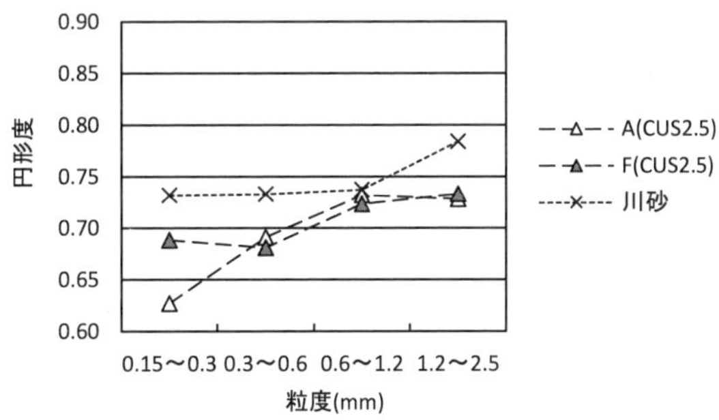

図 2.20　CUS の円形度と粒度の関係

図 2.21 にスラグ細骨材の種類および混合率を変化させたモルタル（水セメント比 50 %）の降伏値（球引上げ試験で測定された値）を示す[148)]．CUS を用いた場合，混合率が高いほどモルタルの降伏値が小さくなり，流動性が向上している．また，降伏値の減少の度合いは，他のスラグ細骨材を用いた場合よりも大きい．

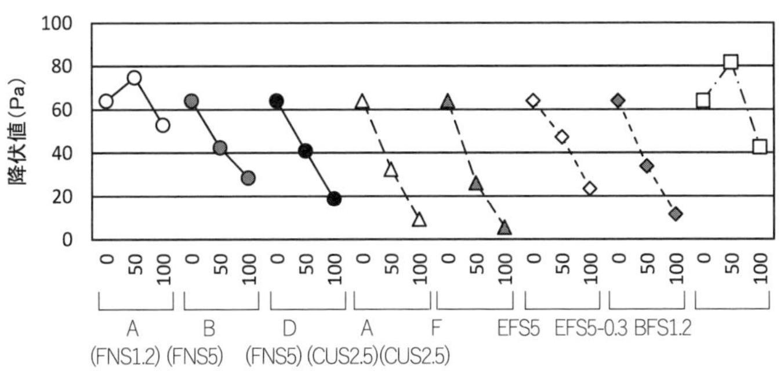

図 2.21　モルタルの降伏値とスラグ細骨材混合率の関係

図2.22に使用材料，調合を図中の凡例に示すようにさまざまに変化させたCUSを用いたコンクリート（スランプ18±2.5 cm，空気量4.5±1.0％）の流入モルタル値（円筒貫入試験の結果）を示す[149]．同図からわかるように，CUSを用いたコンクリートの流入モルタル値は，いずれも，日本建築学会「コンクリートの調合設計指針・同解説」（2015年版）に示された材料分離の目安である30 mmを下回っている．

以上の結果をふまえ，この研究では，CUSを混合するコンクリートであっても，通常どおりの調合設計を行えば，骨材とマトリックス間の分離に対する抵抗性は，一般的な砂を用いた場合とほぼ同程度に確保されると報告している．

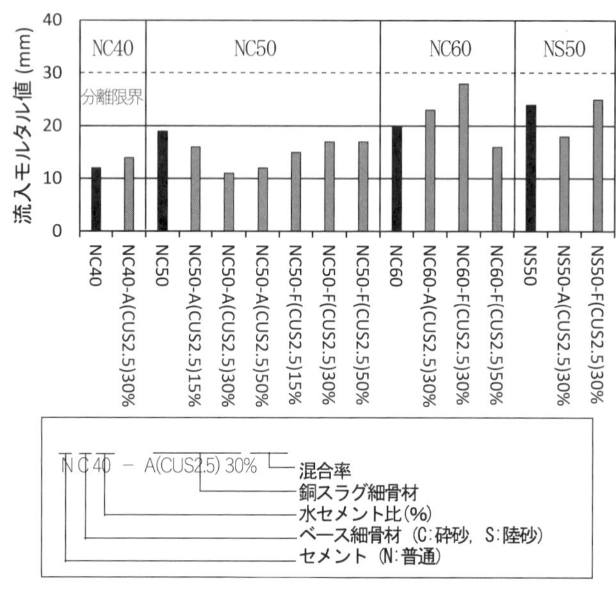

図2.22　CUSを用いたコンクリートの流入モルタル値

2.1.8　粗骨材の分離性状

図2.23に中性化試験[87]に用いたCUSを用いたコンクリートの大型暴露試験体におけるコア試料表面の粗骨材面積率の高さ方向の分布を示す．細骨材の種類によって粗骨材面積率の分布は異なっているが，水セメント比を55％とした場合のいずれのコンクリート（A-100％，F-100％，川砂単独）においても，コンクリート中の粗骨材分離性状に大きな差は認められない．なお，これらの試験結果は，高さ60 cmの型枠内にコンクリートを一気に打ち込み，その後に振動機による締固めを行った硬化コンクリートの粗骨材面積率を測定したものである．

また，図2.24に施工性試験[23]の際に作製した大型暴露試験体における粗骨材面積率の調査結果を示す．この図から明らかなように，打込み高さが2 mであっても，水セメント比を55％としたC-100％，C-50％および砂単独使用（C-0％）のコンクリートに，粗骨材分離性状は，細骨材による大きな差は認められない．

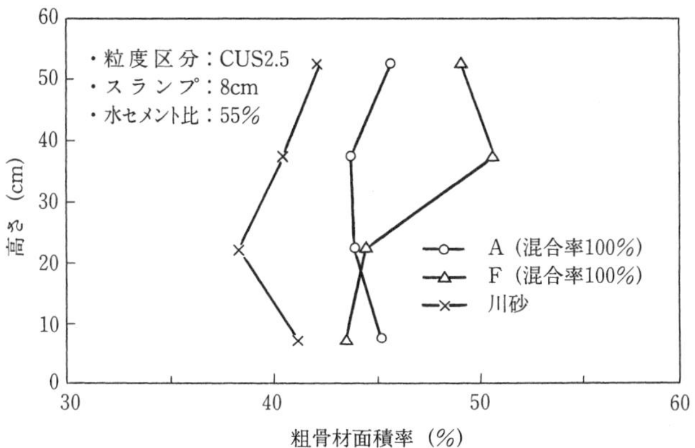

図 2.23　打込み面からの距離と粗骨材面積率との関係[87)]

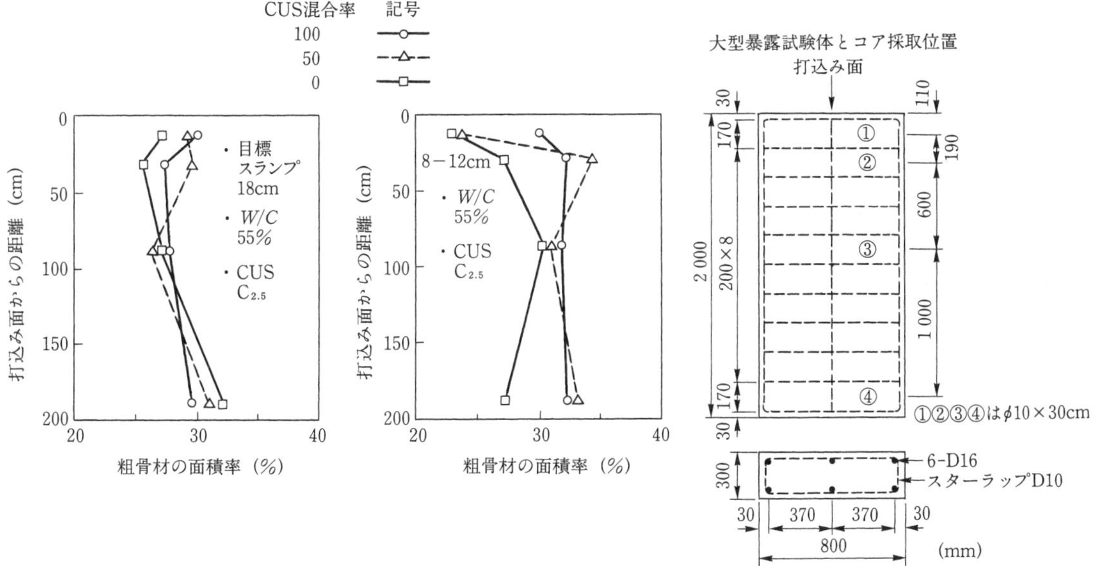

図 2.24　打込み面からの距離と粗骨材面積率との関係[34)]

2.2　硬化コンクリートの性質

2.2.1　圧 縮 強 度

2.2.1.1　セメント水比と圧縮強度との関係

CUS を用いたコンクリートのセメント水比と圧縮強度の関係を図 2.25，2.26 に示す．これらの図によると，CUS の銘柄，材齢にかかわらず，いずれの場合もセメント水比と圧縮強度の関係は，一般のコンクリートと同様に直線回帰式で示すことができる．

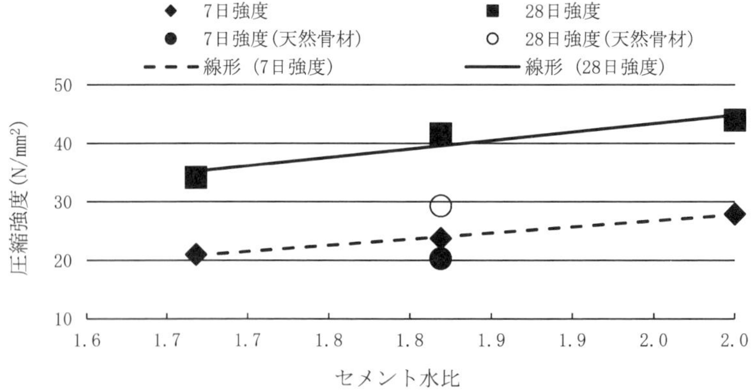

図 2.25　セメント水比とコンクリートの圧縮強度との関係(1)[95)]

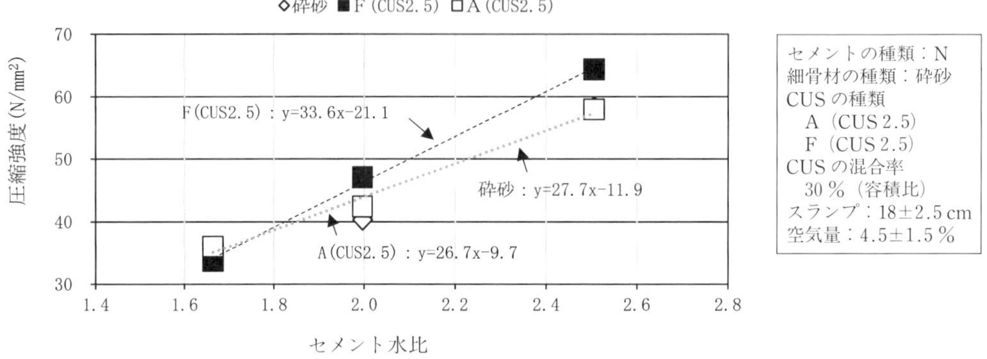

図 2.26　セメント水比とコンクリートの圧縮強度との関係(2)

2.2.1.2　銅スラグ細骨材の微粒分量と圧縮強度との関係

CUS の微粒分量と圧縮強度の関係を図 2.27 に示す．図 2.27 によると，CUS の微粒分量の増加は，ブリーディング抑制の観点だけでなく，圧縮強度の観点からも有効であることがわかる．

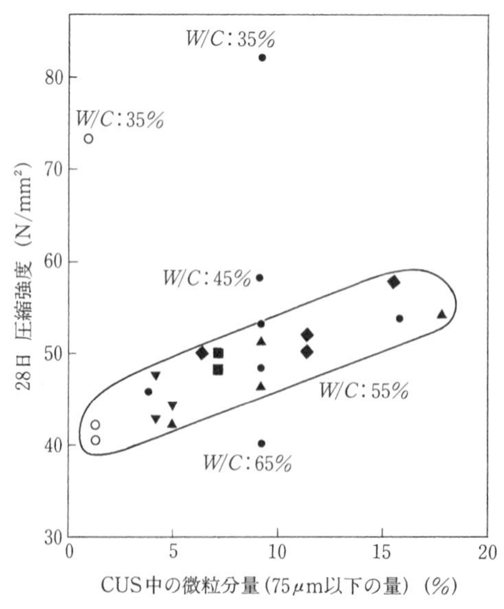

粒度区分	細骨材の微粒分量（%）				
	A	C	E	F	川砂
	■	●	◆	▲	○
2.5(粗)	—	3.6	6.7	4.8	1.0
2.5(細)	7.1	9.2	11.2	9.3	
1.2	—	16.6	15.4	17.7	

図 2.27　CUS の微粒分量と材齢 28 日の圧縮強度の関係[49),64)]

2.2.1.3　材齢と圧縮強度との関係

CUS を混合使用したコンクリートの材齢と圧縮強度との関係を図 2.28～2.30 に示す．これらの図によると，両者の関係は，砂や砕砂を単独使用したコンクリートとおおむね同様であると判断される．ただし，比較用細骨材の種類，CUS の銘柄･種類によって，材齢 28 日（材齢 4 週）以降の強度発現性がやや緩慢になる場合も認められる．

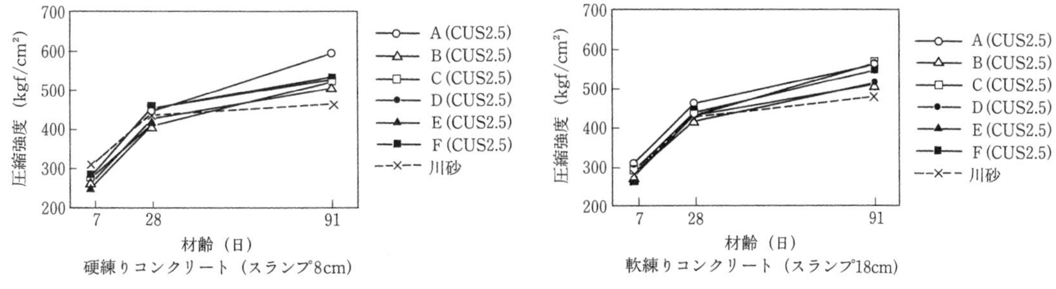

図 2.28　材齢と圧縮強度との関係（W/C＝55 %，CUS の混合率 100 %）[45]

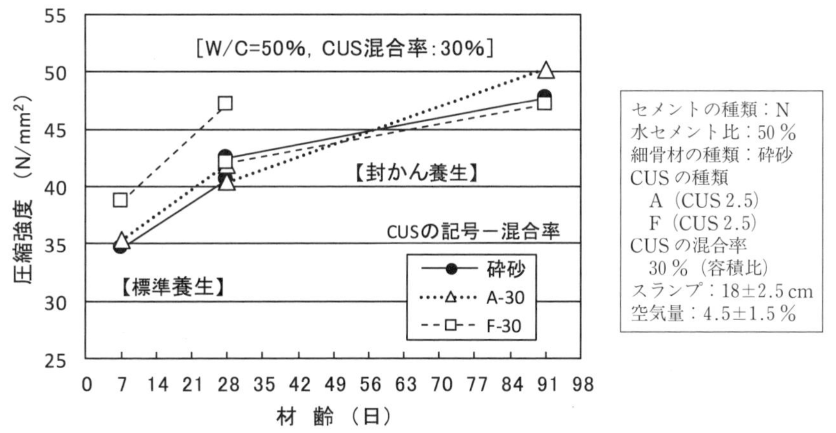

図 2.29　材齢と圧縮強度との関係（砕砂使用，W/C＝50 %）

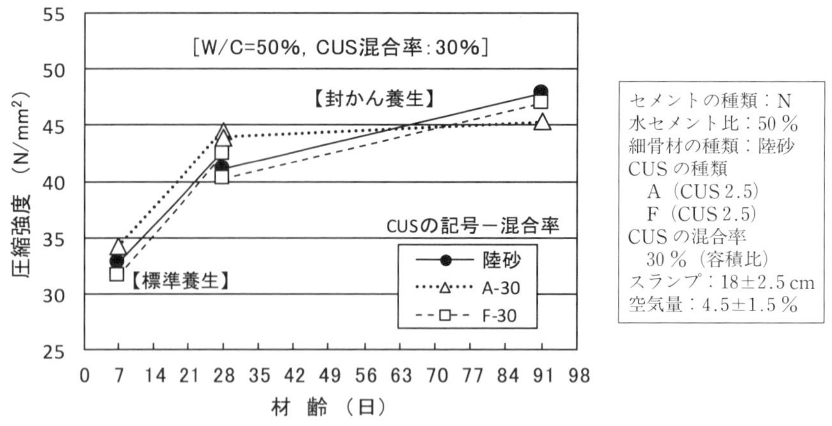

図 2.30　材齢と圧縮強度との関係（陸砂使用，W/C＝50％）

2.2.1.4　養生方法と圧縮強度との関係

CUS を混合使用したコンクリートの養生方法と材齢 28 日の圧縮強度との関係を図 2.31 に示す．図 2.31 によると，標準養生強度と封かん養生強度との関係は，砕砂や陸砂を単独使用したコンクリートとおおむね同様な傾向にあるといえる．ただし，混合使用する CUS の銘柄･種類および混合率によって，封かん養生強度の低下割合が大きくなる場合がある．

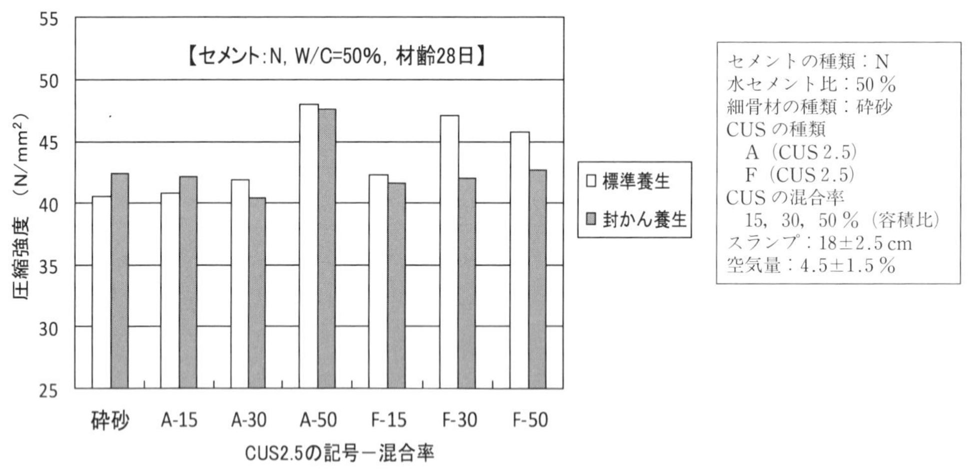

図 2.31　養生方法と圧縮強度との関係（材齢 28 日）

2.2.1.5　銅スラグ細骨材の混合率と圧縮強度との関係

CUS の混合率と圧縮強度との関係を図 2.32～2.37 に示す．なお，これらの図には，CUS の混合使用のほか，各種混和材（石灰石微粉末，フライアッシュ）を併用した実験結果も含まれている．

図 2.32～2.37 によると，CUS を混合使用したコンクリートの圧縮強度は，基準コンクリート（CUS の混合率 0 %）と比較して，高くなる場合，低くなる場合，同程度の場合などさまざまである．また，CUS の混合率の増加に伴って圧縮強度が増加する場合，低下する場合も認められる．

ただし，最新の報告〔図 2.31，2.36 参照〕では，CUS の混合使用に特化すると，CUS の混合率にかかわらず，圧縮強度は基準コンクリートと同程度か，それ以上の値となっている．

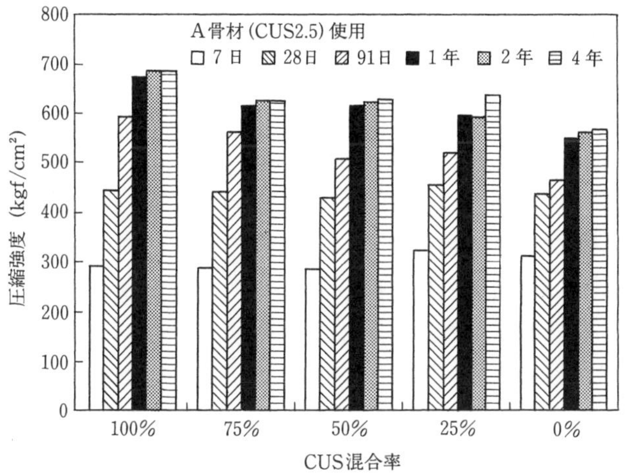

図 2.32　CUS の混合率と圧縮強度との関係(1)（W/C＝55 %）[21)]

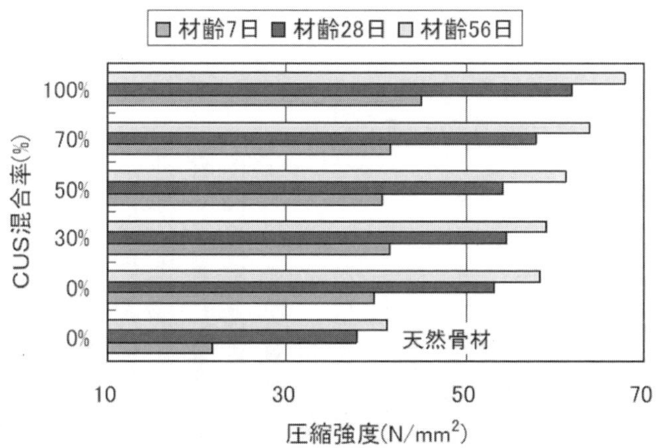

図 2.33　CUS の混合率と圧縮強度との関係(2)（W/C＝50 %）[97)]

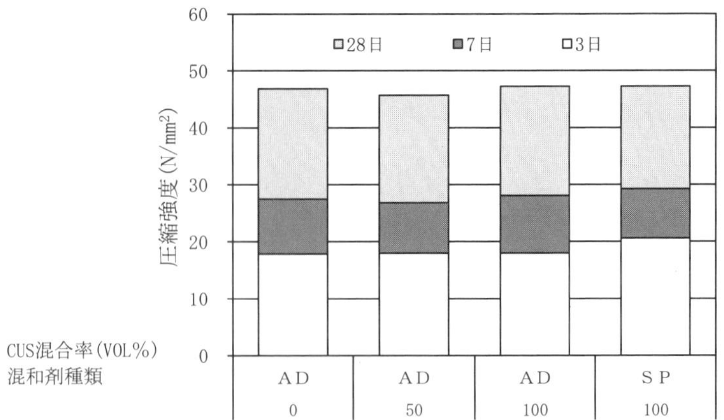

図 2.34　CUS の混合率と圧縮強度との関係(3)（W/C＝50 %）[102)]

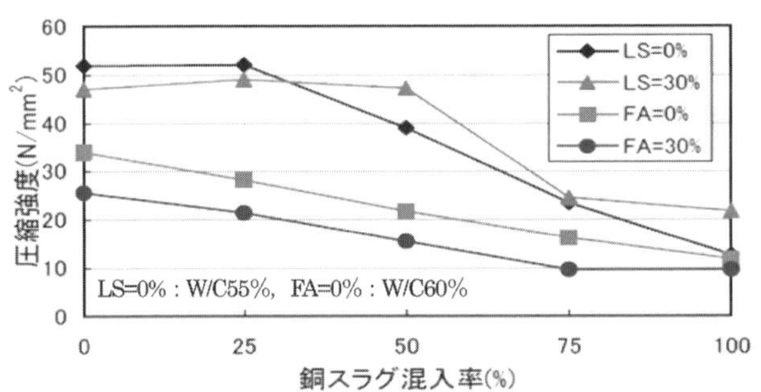

図 2.35　CUS の混合率と圧縮強度との関係(4)（LS：石灰石微粉末，FA：フライアッシュ）[94)]

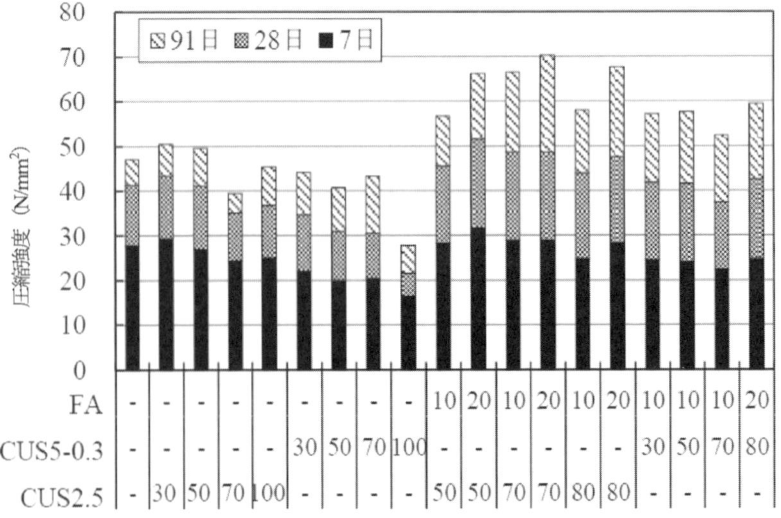

FA	-	-	-	-	-	-	-	-	-	10	20	10	20	10	20	10	10	10	20
CUS5-0.3	-	-	-	-	-	30	50	70	100	-	-	-	-	-	-	30	50	70	80
CUS2.5	-	30	50	70	100	-	-	-	-	50	50	70	70	80	80	-	-	-	-

図 2.36　CUS の混合率と圧縮強度との関係(5)（W/C＝55 %，FA 使用）[109)]

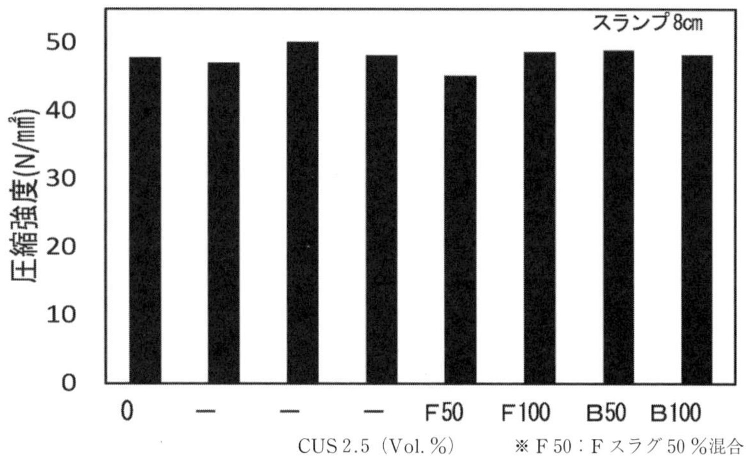

図 2.37　CUS の混合率と圧縮強度との関係(6)（W/C＝47 %）[113)]

2.2.2　非破壊検査による圧縮強度の推定

大型暴露試験体から採取したコア供試体の圧縮強度と複合非破壊試験法（反発度法と超音波伝搬速度法の組合せ）によって推定した圧縮強度との関係を図 2.38 に示す．この図によると，CUS を混合使用したコンクリートについても，一般のコンクリートと同様，非破壊試験によって圧縮強度を推定することが可能であるといえる．なお，図中の推定圧縮強度は，日本建築学会式によるものである．

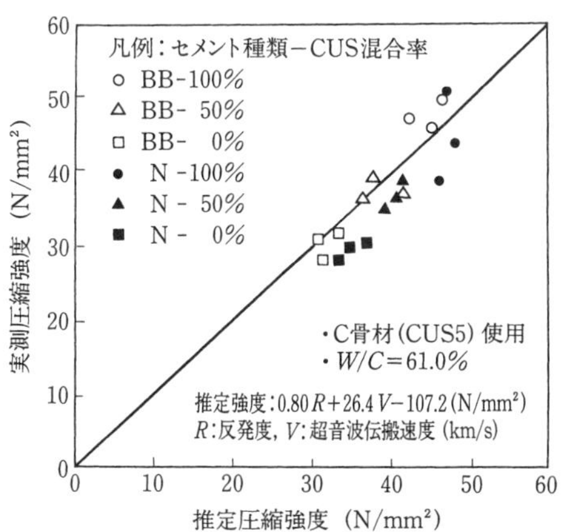

図 2.38　複合非破壊試験方法による圧縮強度の推定[82)]

2.2.3　その他の強度

CUSを用いたコンクリートの引張強度は，図2.39に示すように圧縮強度の1/10から1/15の範囲にあり，川砂を用いたコンクリートと同様の傾向を示す．

CUSを用いたコンクリートの曲げ強度は，図2.40に示すように圧縮強度の1/5から1/8の範囲にあり，川砂を用いたコンクリートと同様の傾向を示す．

CUSを用いたコンクリートの鉄筋との付着強度は，図2.41に示すように，CUSの種類（銘柄）によって多少異なるが，川砂を用いたコンクリートと同程度となっている．また，図2.42に示すように，鉄筋の配置方向と付着強度との関係は，川砂を用いたコンクリートと同様の傾向にある．

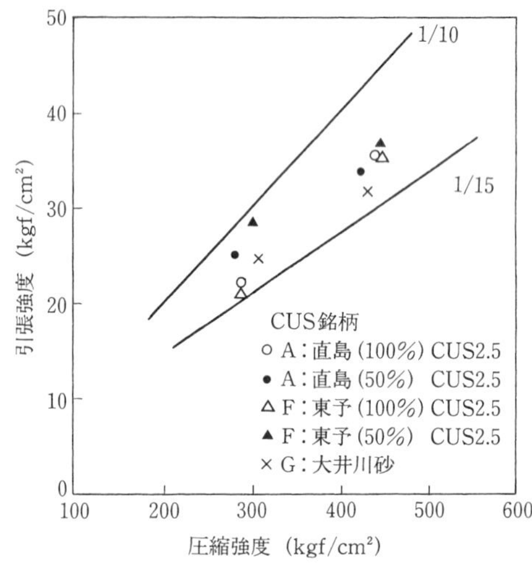

図2.39　圧縮強度と引張強度の関係（W/C＝55％，材齢7，28日）[21)]

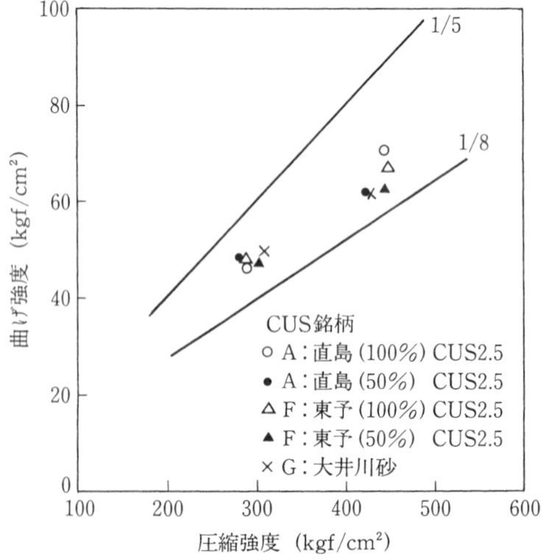

図2.40　圧縮強度と曲げ強度との関係（W/C＝55％，材齢7，28日）[21)]

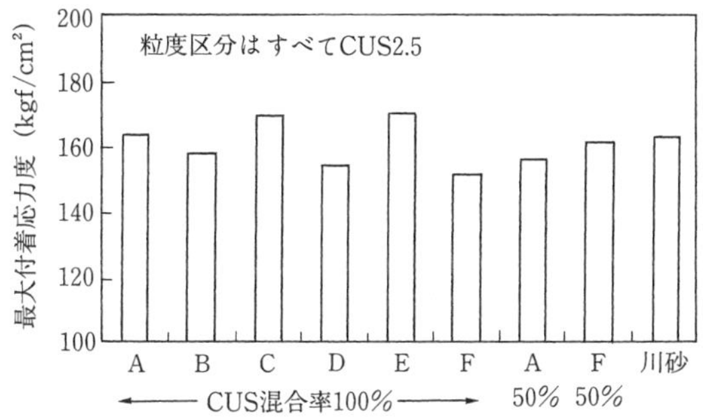

図 2.41　CUS の銘柄と付着強度との関係（W/C＝55 %）[21)]

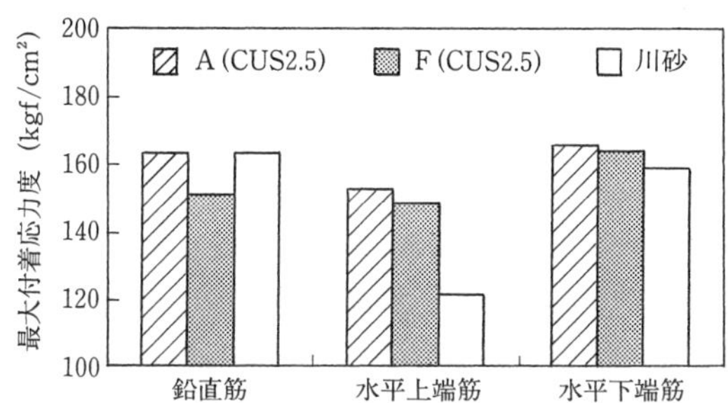

図 2.42　鉄筋の配置方向と付着強度との関係（CUS 混合率 100 %，W/C＝55 %）[21)]

2.2.4 ヤング係数およびポアソン比

CUS を用いたコンクリートのヤング係数は，図 2.43，2.44 に示すように，同一圧縮強度で比較した場合，川砂を用いたコンクリートのヤング係数と比較して，2割程度大きくなる傾向にある．また，図中に示した ACI 式と比較した場合でも，ヤング係数は，同等またはそれ以上の値となっている．ただし，強度が大きくなるに従い，$\gamma=2.3$ の場合の ACI 式に漸近した値となっている．長期材齢における圧縮強度とヤング係数との関係を図 2.45，2.46 に示す．この図においても，両者の関係は前述とほぼ同様である．CUS の混合率とヤング係数との関係を図 2.47 に示す．図によると，CUS を用いたコンクリートのヤング係数は，CUS を混合した全調合において混合率 0 %の場合を上回り，混合率の増加に伴い大きな値を示していることがわかる．この結果は，上記ヤング係数の結果を裏打ちしていると言える．

CUS は密度が大きいため，それを用いたコンクリートの単位容積質量は大きくなり，ヤング係数も大きくなるが，図 2.48 に示すように，CUS を砕砂と置換した場合には，CUS を用いたコンクリートの修正係数は 1 未満となり，CUS を陸砂と置換した場合には，CUS を用いたコンクリートの修正係数は 1 以上となっている．これは，CUS の混合による単位容積質量の増加に起因するヤング係数の増加ほど，CUS の混合による圧縮強度の増加が見込めないことの表れであるといえる．

CUS を用いたコンクリートのポアソン比は，表 2.1 に示すように，川砂を用いたコンクリートのポアソン比と比べて大差はない．

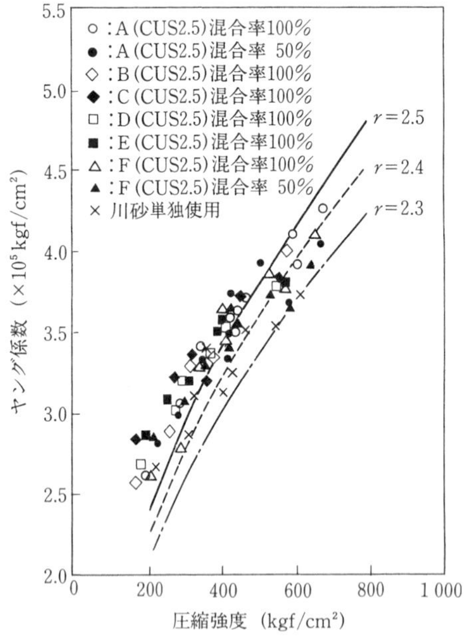

図 2.43　圧縮強度とヤング係数の関係[21)]
(材齢 7，28，91 日，スランプ 8 cm，W/C 45〜65 %)

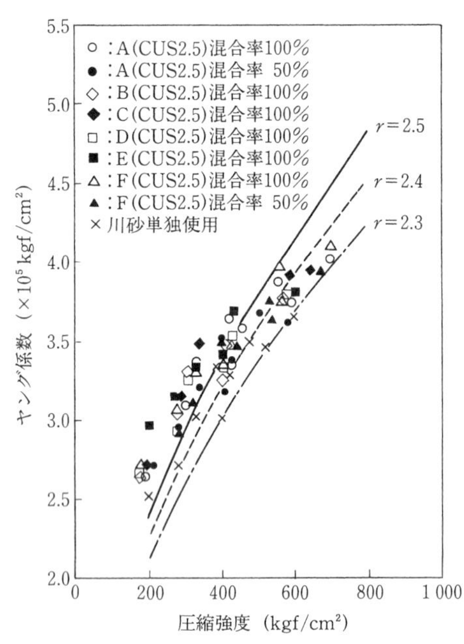

図 2.44　圧縮強度とヤング係数の関係[21)]
(材齢 7，28，91 日，スランプ 18 cm，W/C 45〜65 %)

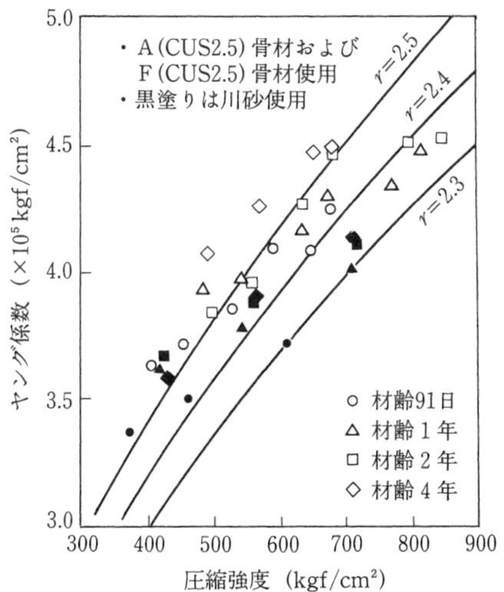

図 2.45　長期材齢における圧縮強度とヤング係数との関係[21)]

（CUS 混合率 100 %，スランプ 8 cm，W/C 45，55，65 %）

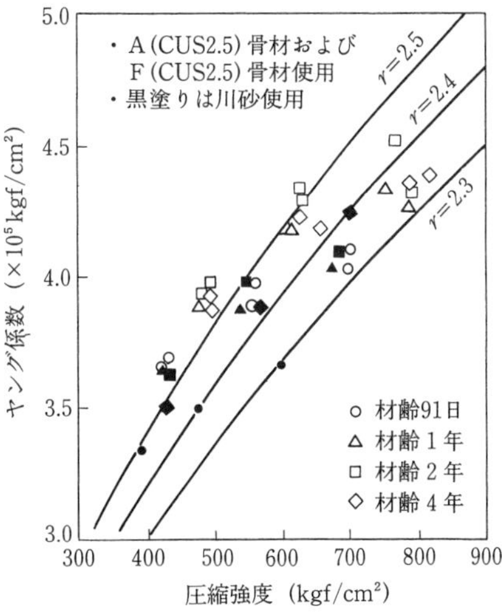

図 2.46　長期材齢における圧縮強度とヤング係数の関係[21)]

（CUS 混合率 100 %，スランプ 18 cm，W/C 45，55，65 %）

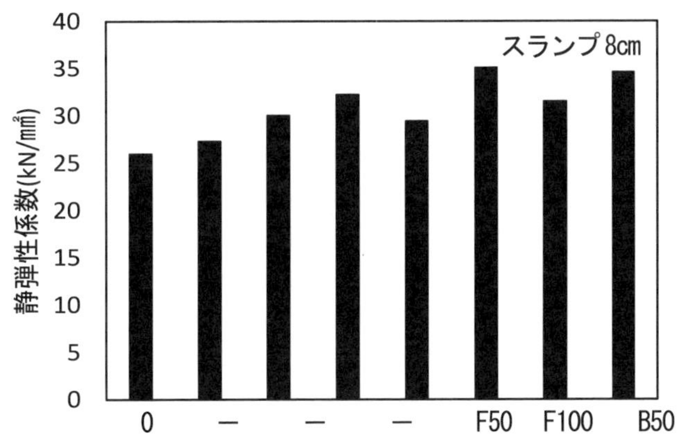

CUS 2.5（Vol. %）　※ F 50：F スラグ 50 %混合

図 2.47　CUS 混合率と静弾性係数の関係（材齢 28 日，W/C=47 %）[113)]

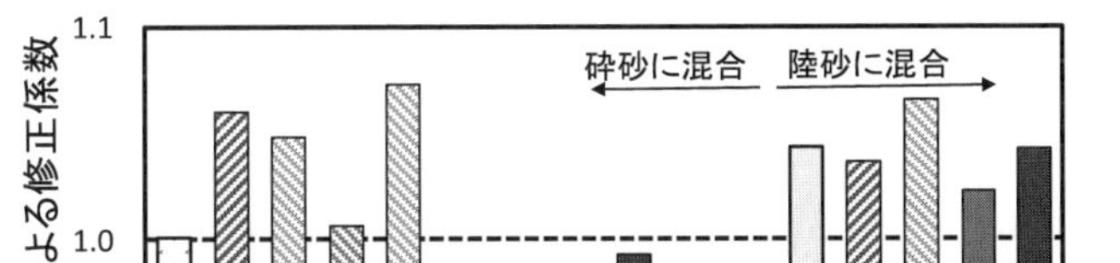

図 2.48　日本建築学会式から逆算した骨材の修正係数

表 2.1　CUS を用いたコンクリートの圧縮強度，ヤング係数およびポアソン比

細骨材種　類	スランプ (cm)	W/C (%)	圧縮強度 (N/mm²)		ヤング係数 (kN/mm²)		ポアソン比	
			7 日	28 日	7 日	28 日	7 日	28 日
CUS 2.5(F)	15.0	55	27.5	43.7	29.9	33.2	0.219	0.194
川　砂	14.0	55	27.9	41.9	25.0	30.2	0.187	0.186

2.2.5　クリープ

CUS を用いたコンクリートのクリープ係数は，図 2.49 に示すように，川砂を用いた場合に比較して，やや小さくなる傾向にある．なお，この試験における応力導入の材齢は 28 日である．

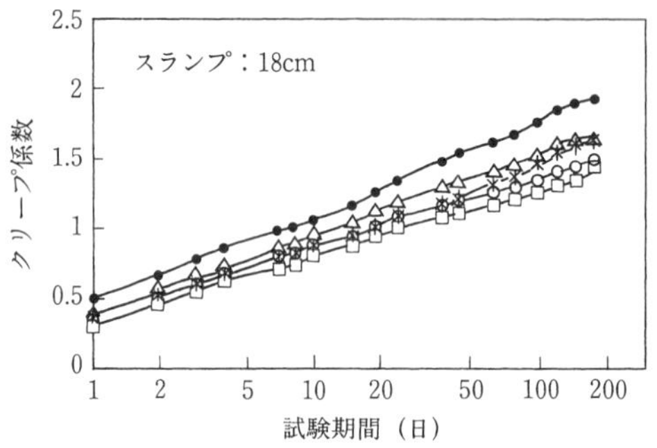

種類	絶乾比重	吸水率(%)	粗粒率	混合率(%)	記号
CUS 2.5 (A)	3.62	0.26	2.45	100 50	＊ △
CUS 2.5 (F)	3.50	0.38	2.45	100 50	□ ○
川砂	2.59	1.46	2.74	0	●

図 2.49　CUS を用いたコンクリートのクリープ係数（W/C＝55 %）[36)]

2.2.6　乾燥収縮

CUS を用いたコンクリートの長さ変化率は，図 2.50〜2.53 に示すように，CUS 混合率にかかわらず，同程度または CUS 混合率の増加に伴い若干小さくなる傾向を示す．混合する相手の細骨材の種類により長さ変化率への影響は異なり，CUS 混合率 100 %で砕砂に比べて 50 %程度小さくなることもある〔図 2.52，2.53〕．

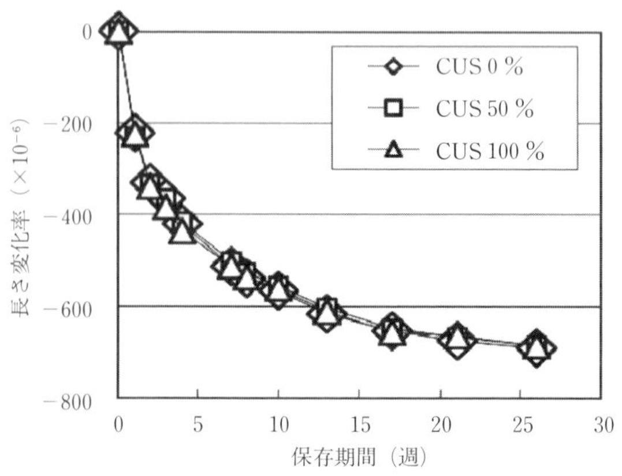

図 2.50　CUS を用いたコンクリートの乾燥収縮（W/C＝50 %）[115)]

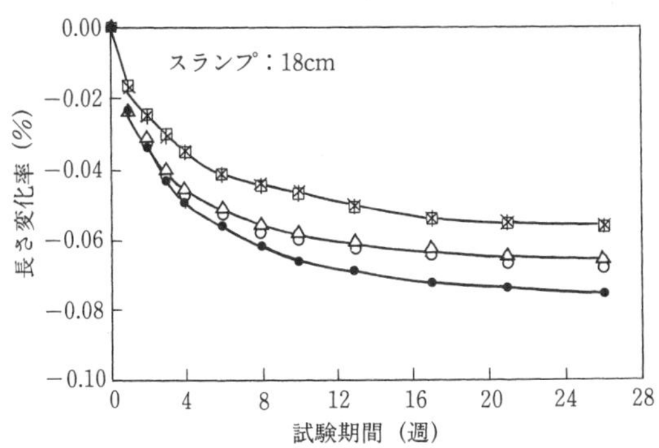

種類	絶乾比重	吸水率（%）	粗粒率	混合率（%）	記号
CUS 2.5 (A)	3.62	0.26	2.45	100 50	＊ △
CUS 2.5 (F)	3.50	0.38	2.45	100 50	□ ○
川砂	2.59	1.46	2.74	0	●

図 2.51　CUS を用いたコンクリートの乾燥収縮（W/C＝55 %）[36)]

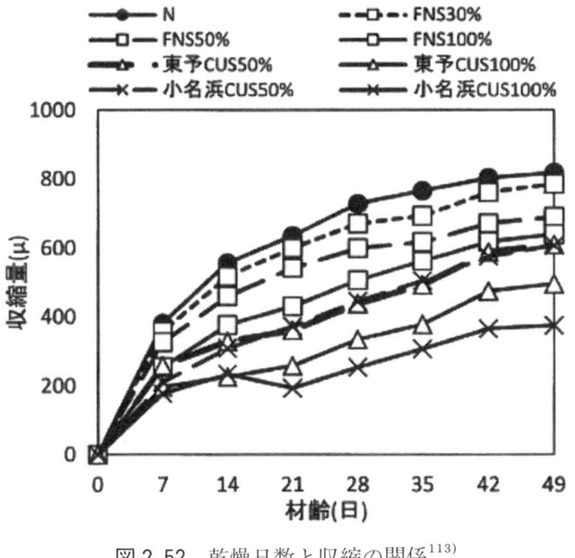

図 2.52　乾燥日数と収縮の関係[113)]

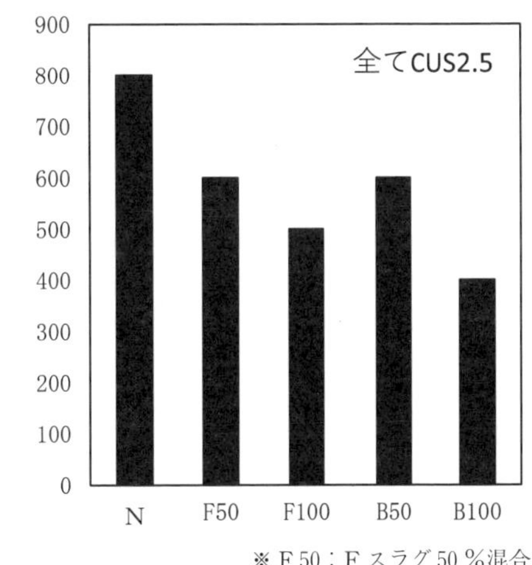

※ F 50：F スラグ 50 %混合

図 2.53　終局収縮量（角柱）[113)]

図 2.54 に示す外径 390 mm，高さ 120 mm，コンクリート部分の厚さ 45 mm のリング供試体におけるひび割れは，表 2.2 に示すように，CUS 混合率 100 %で発生しないことが報告されている．図 2.55 に示すリング試験によるそのひび割れは，CUS を置換することで小さくなることが示されている．

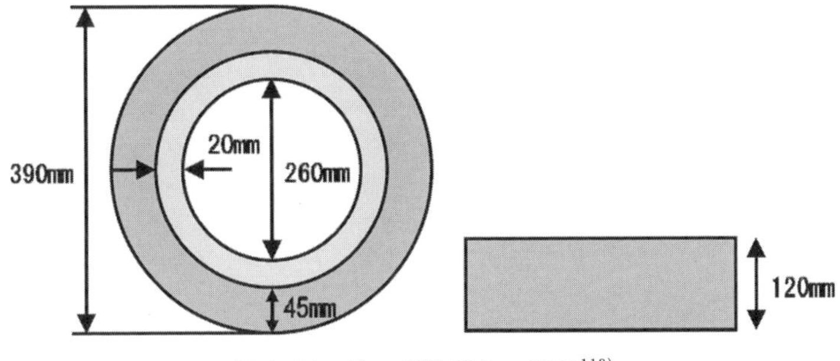

図 2.54　リング供試体の形状[113)]

表 2.2　ひび割れ発生本数および発生日[113)]

ひび割れ	N	CUS 2.5 (B) 50 %	CUS 2.5 (B) 100 %
本　数	1	1	0
発生日	8	8	—

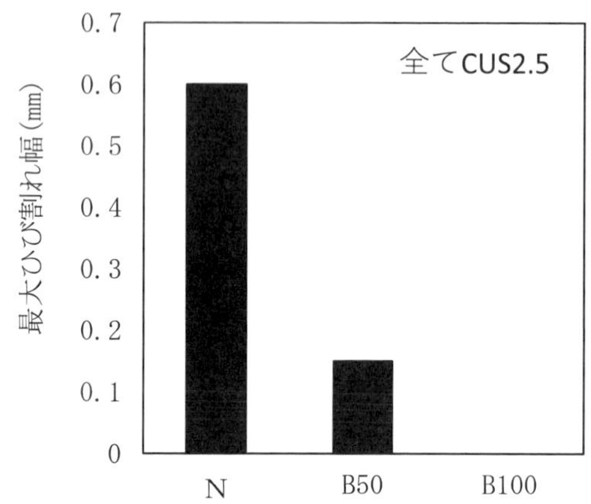

図 2.55　CUS 混合とひび割れ幅の関係（リング供試体）[113)]

2.2.7　熱　特　性

CUS の比熱の測定結果を表 2.3 に示す．また，CUS を用いたコンクリートの比熱，熱膨張係数および熱伝導率の測定結果を表 2.4 に示す．

CUS の比熱は，川砂に比較して，常温で約 85 %程度，200 °C で約 80 %程度となっている．また，CUS を用いたコンクリートの比熱は，一般のコンクリートに比較して，若干小さくなる傾向にある．熱膨張係数は，概ね 8 ～10×10^{-6}/°C の範囲にあり，一般のコンクリートと同程度と考えることができる．また，熱伝導率は，CUS 混合率の増加に伴いわずかに小さくなる傾向にあるが，川砂を単独で用いた場合に比較して大差はない．

CUS を用いたコンクリートの断熱温度上昇試験結果を図 2.56 に示す．温度上昇速度は，川砂を用いたコンクリートよりわずかに小さいが，終局断熱温度上昇量は同程度である．

表 2.3　CUS の比熱（測定法：断熱型連続法）[59]

（単位：kcal/kg/°C）

温度(°C)	CUS の銘柄					大井川産川砂	青梅産硬質砂岩砕石
	A (CUS 2.5)	B (CUS 2.5)	C (CUS 2.5)	E (CUS 2.5)	F (CUS 2.5)		
20	0.154	0.147	0.147	0.145	0.146	0.175	0.181
40	0.161	0.153	0.154	0.153	0.154	0.188	0.192
60	0.168	0.159	0.160	0.160	0.161	0.200	0.202
80	0.173	0.164	0.165	0.166	0.168	0.212	0.210
100	0.177	0.169	0.169	0.171	0.174	0.222	0.217
120	0.182	0.173	0.174	0.175	0.179	0.228	0.224
140	0.184	0.176	0.176	0.178	0.181	0.232	0.228
160	0.185	0.179	0.179	0.182	0.183	0.235	0.233
180	0.186	0.181	0.181	0.184	0.185	0.239	0.238
200	0.188	0.183	0.183	0.186	0.187	0.241	0.242
220	0.189	0.185	0.184	0.188	0.189	0.243	0.246
240	0.190	0.186	0.186	0.189	0.190	0.246	0.250
260	0.191	0.187	0.187	0.191	0.191	0.247	0.252
280	0.192	0.188	0.188	0.192	0.192	0.248	0.256
300	0.192	0.189	0.188	0.193	0.192	0.250	0.258

表 2.4　CUS を用いたモルタルおよびコンクリートの熱特性[48]

供試体の種類	CUS		比熱 kcal/kg･°C	熱伝導率 kcal/m･n･°C	線膨張係数
	種類・銘柄	混合率			
モルタル	川　砂	0 %	0.246	—	13.3
	A (CUS 2.5)	50 %	0.223	—	12.3
		100 %	0.218	—	9.4
	F (CUS 2.5)	50 %	0.224	—	11.0
		100 %	0.215	—	10.3
コンクリート	川　砂	0 %	0.245	1.22～1.23	10.6
	A (CUS 2.5)	50 %	0.219	1.33～1.35	8.3
		100 %	0.216	1.02～1.04	8.2
	F (CUS 2.5)	50 %	0.248	1.29～1.30	8.9
		100 %	0.205	0.95～0.98	10.0

【使用材料】　セメント：普通ポルトランドセメント，川砂：大井川産
粗骨材：青梅産硬質砂岩砕石 2005

【調合条件】　水セメント比：50 %，単位水量：170 kg/m^3，スランプ：18±1.0 cm，空気量：4.0±1.0 %

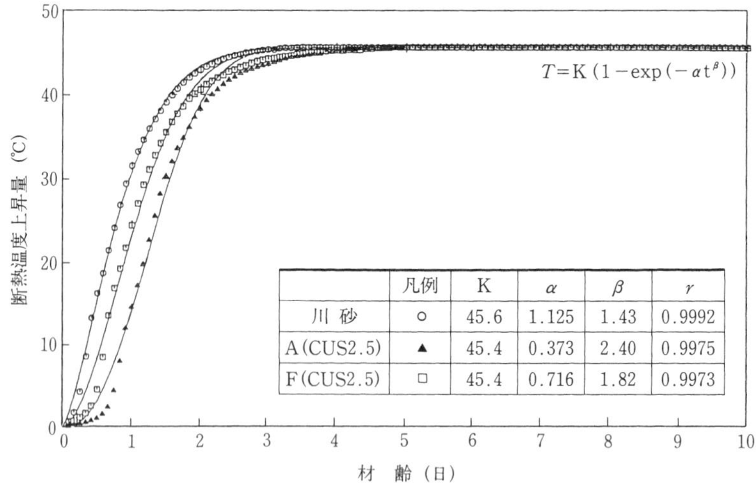

	凡例	K	α	β	r
川 砂	○	45.6	1.125	1.43	0.9992
A(CUS2.5)	▲	45.4	0.373	2.40	0.9975
F(CUS2.5)	□	45.4	0.716	1.82	0.9973

（単位セメント量　300 kg/m³，コンクリート練上がり温度　20± 1 ℃，銅スラグ細骨材混合率　100 %）

図 2.56　CUS を用いたコンクリートの断熱温度上昇量[38)]

2.2.8　凍結融解抵抗性

CUS を用いたコンクリートのブリーディング量と耐久性指数の関係を図 2.57 に示す．この結果では，ブリーディング量が大きくなるに従い，コンクリートの耐凍害性が低下することが示されている．良好な耐凍害性（耐久性指数 60 以上）を得るためには，水セメント比および空気量によっても異なるが，ブリーディングの発生を概ね 0.6 cm³/cm²以下に抑制する必要があると考えられる．

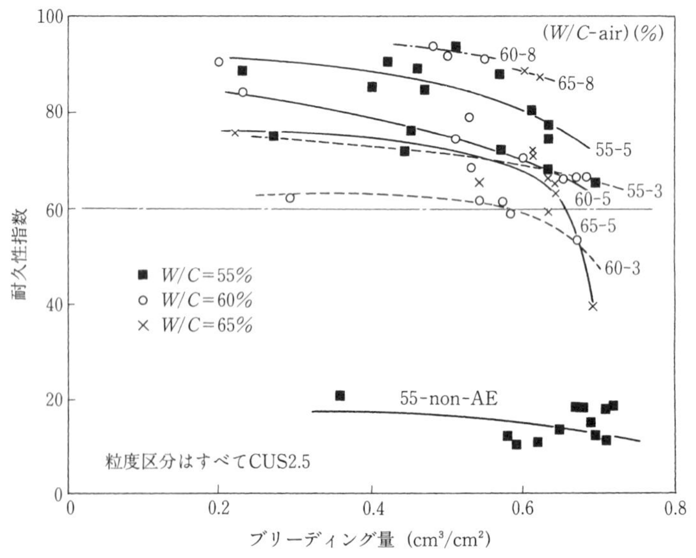

図 2.57　ブリーディング量と耐久性指数の関係[35)]

気泡間隔係数と耐久性指数の関係を図 2.58 に示す．両者の関係は一般のコンクリートとほぼ同様であり，CUS を用いたコンクリートであっても，気泡間隔係数が 250 μm 以下であれば，良好な耐凍害性を得られることが示されている．CUS の粗粒率とコンクリートの AE 剤添加率の関係を図 2.59 に示す．この結果では，CUS の粗粒率が小さいほど AE 剤添加率は高くなり，粗粒率が 2.42 のときに山砂とほぼ同等の AE 剤添加率となることが示されている．

水セメント比を 55 %, 空気量を 4.3～5.1 %とした CUS を用いたコンクリートの凍結融解抵抗性は，図 2.60 に示すように一般のコンクリートと同程度であり，適切な空気量が混入されれば，良好な耐凍害性を確保できることが示されている．なお，ここでは，ブリーディング量が 0.6 cm³/cm²以下のコンクリートが試料として用いられている．

その一方で，図 2.61 に示すように，前提条件が異なるものの相対動弾性係数が 60 %を下回るという結果も報告されている．

図 2.62 は，低品質細骨材（絶乾比重 2.40，吸水率 7.90 %）を CUS で置換した場合の耐凍害性について示したものである．この図では，低品質細骨材を CUS で置換することは，耐凍害性の改善に有効な手段の 1 つとなり得ることが示されている．

なお，この実験では目標空気量を 4 %としたコンクリートが用いられている．

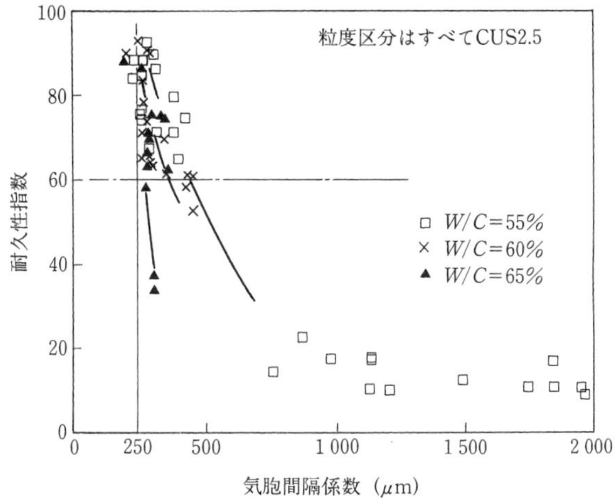

図 2.58　気泡間隔係数と耐久指数の関係[35)]

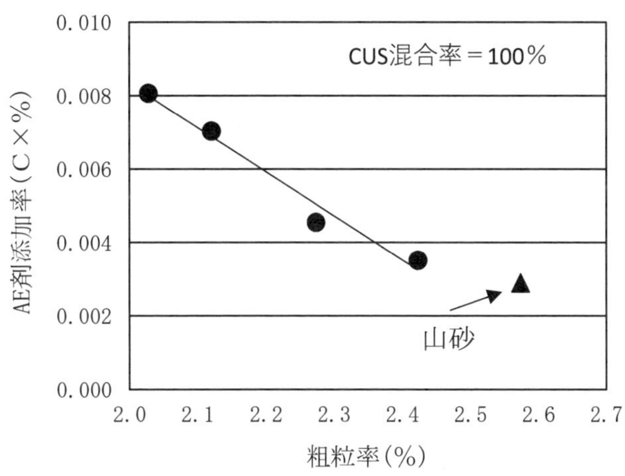

図 2.59　CUS の粗粒率とコンクリートの AE 剤添加率の関係[112)]

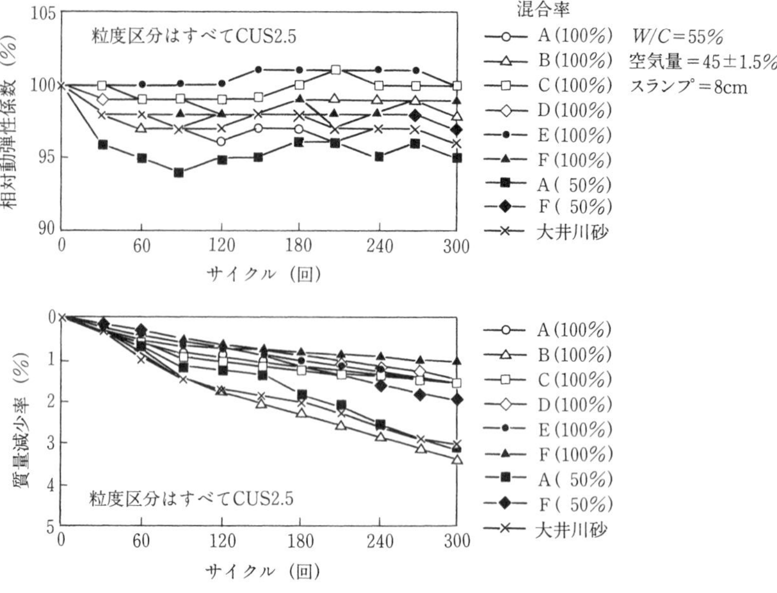

図 2.60　凍結融解試験結果(1)[21)]

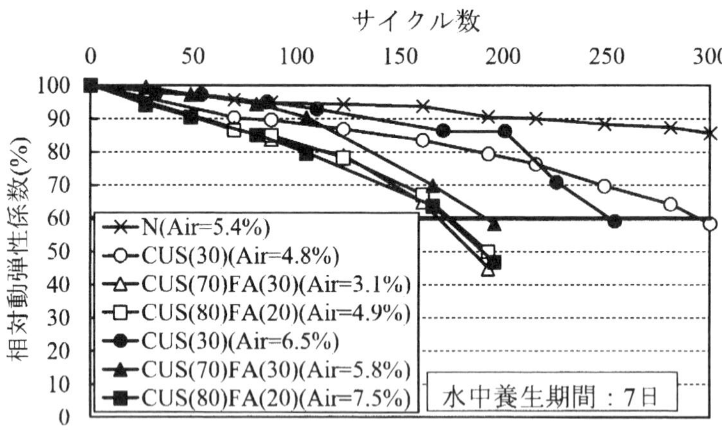

図 2.61　凍結融解試験結果(2)（W/C＝55％）[109)]

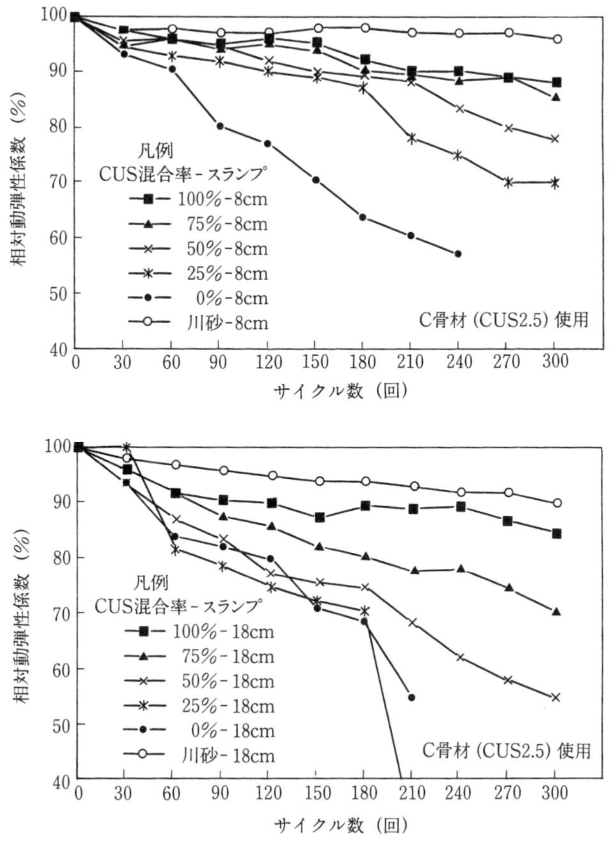

（図中の川砂，他派低品質材との混合を示す）

図 2.62　低品位細骨材に CUS を混合した場合のコンクリートの耐凍害性能改善[72)]

2.2.9　中　性　化

中性化促進試験結果を図 2.63～2.65 に，暴露試験体の中性化深さの測定結果を図 2.66，2.67 に示す．コンクリートの中性化は，CUS 混合率の増加に伴い抑制される傾向にある．特に，CUS 混合率を 100 %とした場合には，中性化深さは著しく小さくなっている．なお，促進試験は日本建築学会「高耐久性コンクリート設計施工指針（案）・同解説」の付 1．「コンクリートの促進中性化試験方法（案）」に準じたものである．ただし，図 2.65 は乾燥収縮試験終了後の供試体を用いた促進試験結果で，CUS 混合率 30 %では，砕砂や陸砂を用いた場合と同等の中性化速度係数を示している．

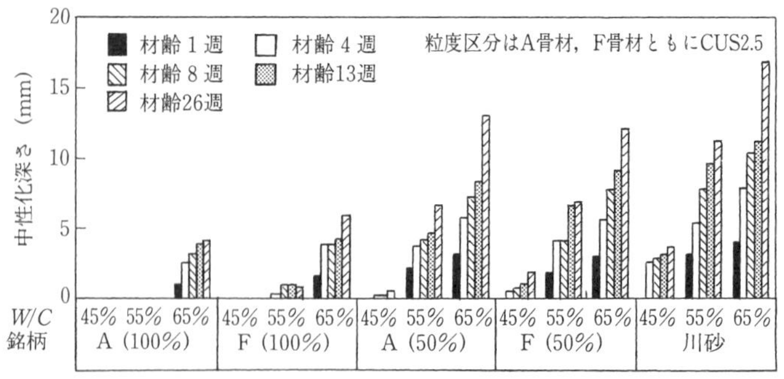

図 2.63　水セメント比，CUS 混合率と中性化深さの関係（促進試験体）[42)]

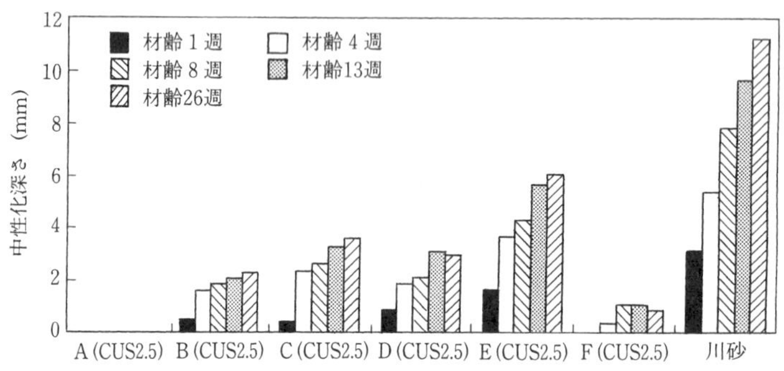

（促進試験体：W/C＝55 %，CUS 混合率 100 %）

図 2.64　CUS の銘柄と中性化深さの関係[42)]

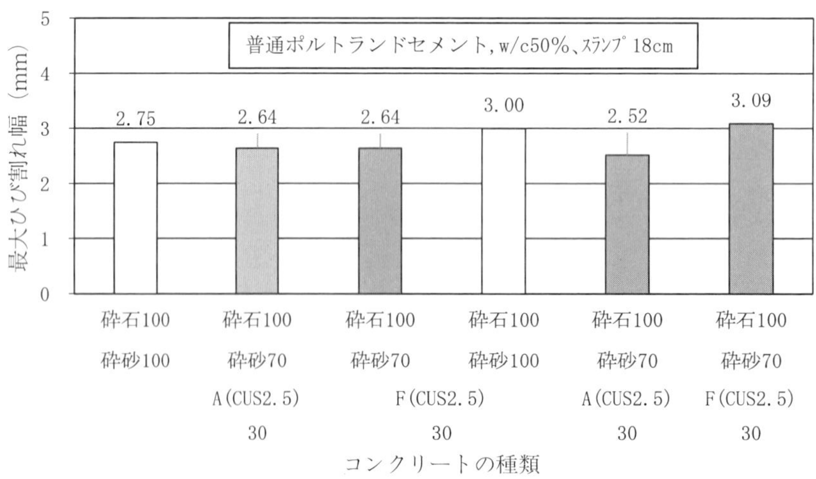

図 2.65　CUS を用いたコンクリートの中性化[128)]

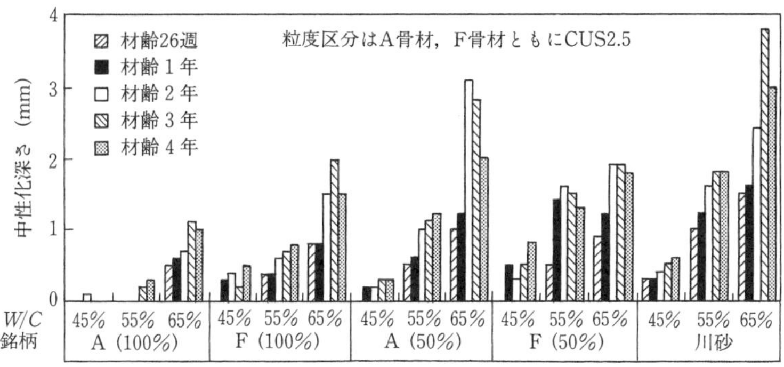

図 2.66　水セメント比，CUS 混合率と中性化深さの関係（暴露試験体）[42)]

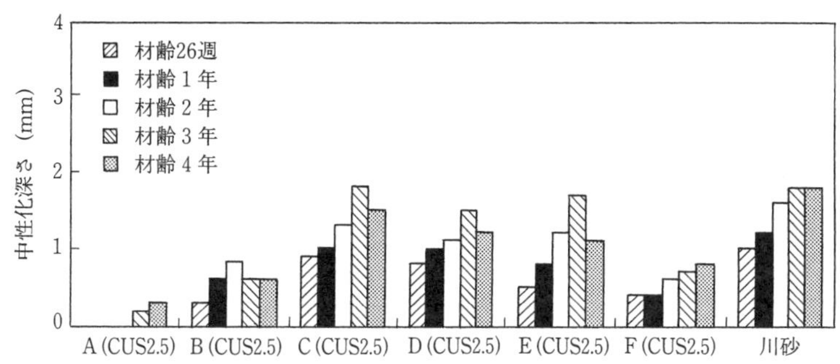

（暴露試験体：W/C＝55 %，CUS 混合率 100 %）

図 2.67　CUS の銘柄と中性化深さの関係[42)]

2.2.10　水　密　性

表 2.5 に示した暴露供試体の透水試験（インプット法）の結果では，CUS 混合率の大小にかかわらず，CUS を用いたコンクリートの拡散係数は，川砂を用いたコンクリートの場合と同程度の値を示している．

表 2.5　暴露供試体の透水試験結果（C 骨材 CUS 2.5 使用）[21)]

CUS 混合率 (%)	平均浸透深さ (cm)	拡散係数 (cm^2/sec)
0	8.43	0.0124
50	9.70	0.0162
100	9.10	0.0145

2.2.11　遮　塩　性

図 2.68 に示す供試体による干満帯での暴露試験を行った結果では，CUS を用いたコンクリートと川砂を用いたコンクリートの塩分含有量には，図 2.69 に示すように大差が認められていない．

（使用材料）
セメント：普通ポルトランドセメント
細骨材：CUS 2.5 および大井川産川砂

凡　例	CUS 混合率（%）	W/C（%）	s/a（%）	スランプ（cm）	空気量（%）	混和剤
①-100	100					
①-50	50	55	45	8±2.5	4.5±15	No.70
①-0	0					

（暴露条件）
干満帯（運輸省港湾技術研究所の海洋暴露試験場）において暴露し，
塩分測定，試験時期：1994 年から 1999 年

（測定方法）
JCI-SC 5「硬化コンクリート中に含まれる塩分の簡易分析方法」による．

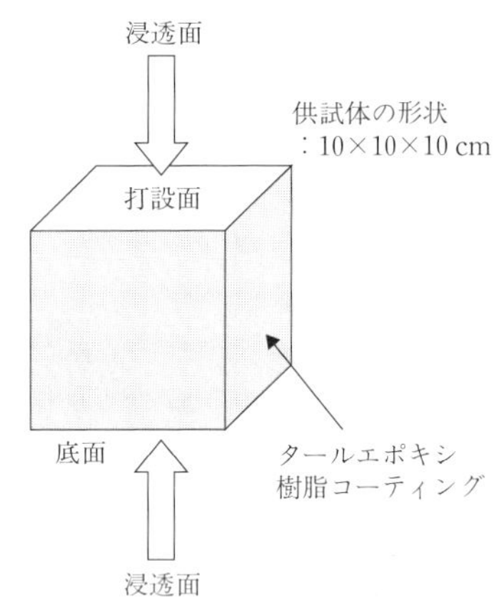

図 2.68　供試体の形状寸法と試験条件など[23),34),43),69)]

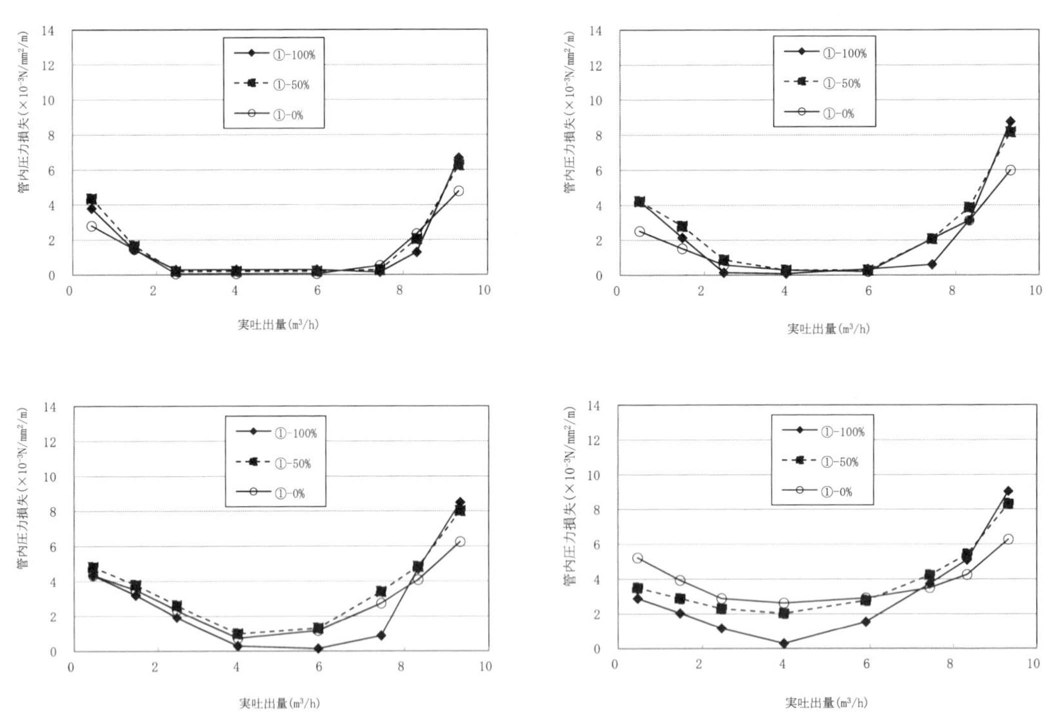

図 2.69　塩分含有量測定結果（暴露試験体：材齢 6 か月～ 5 年）

2.2.12　細　孔　量

CUS を用いたコンクリートと川砂を用いたコンクリートの総細孔容積量の測定結果を図 2.70 に示す．この図では，CUS 混合率が大きくなるに伴い，総細孔容積量が小さくなることが示されている．

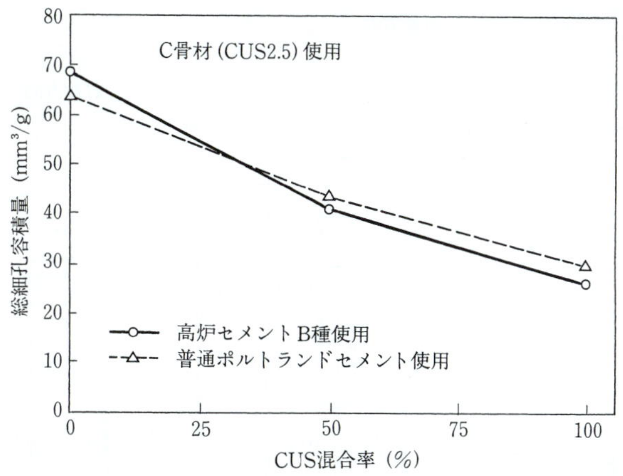

図 2.70　CUS 混合率と総細孔容積量の関係（W/C＝61.0 %）[43)]

2.2.13　色　　調

CUS は黒色を帯びているので，高い混合率でこれをコンクリートに使用した場合には，コンクリートが黒灰色となる．写真 2.1 は，CUS を用いた乾燥状態のコンクリートの色調を示したものである．CUS 混合率が 30 %以下の範囲であれば，CUS 混合率 0 %のコンクリートと比較して，色調はほとんど変わらない．CUS 混合率を 100 %とした場合には，コンクリートの色調が大きく異なっている．

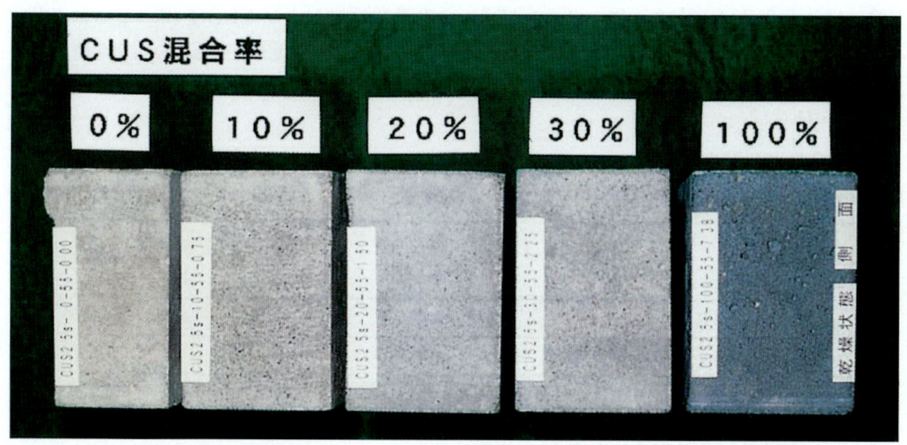

写真 2.1　CUS 混合率とコンクリートの色調（A 骨材（CUS 2.5）使用）[86)]

2.3　銅スラグ細骨材を用いたコンクリート（高流動コンクリートを含む）の長期屋外暴露試験[43),69)]

CUS を用いた高流動コンクリートの長期屋外暴露試験を日本鉱業協会が実施した．長期屋外暴露試験では，実機プラントミキサで製造されたコンクリート（高流動コンクリートを含む）を用いて，大型暴露試験体〔図 2.71 参照〕および消波ブロックを作製した．

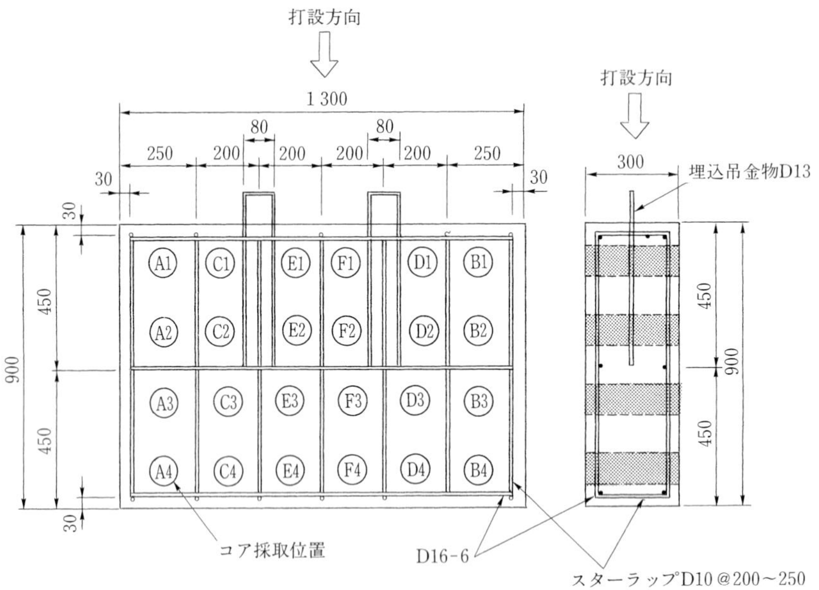

図 2.71　大型暴露試験体の形状および寸法

ここでは，フレッシュコンクリートの試験結果や大型暴露試験体から採取されたコア試験体の力学性状および耐久性状に関する試験結果について紹介する．

なお，実験には，表 2.7 に示すように，スランプ 8 cm の普通骨材および CUS を用いたコンクリート（以下，ここではこの 2 種類のコンクリートを通常コンクリートという）および CUS を用いた高流動コンクリートが使用された．

2.3.1　使用材料および配合

使用材料を表 2.6，コンクリートの配合を表 2.7 に示す．高流動コンクリートには増粘剤（水溶性セルロースエーテル）を使用した．

表 2.6　使用材料[43)]

材料名	種類・銘柄など	記　号
水	大分県佐賀関町水道水	W
セメント	高炉セメント B 種（比重 3.02）	C
細骨材	川砂（表乾比重 2.54，吸水率 1.97 %，FM 2.62）	S
	銅スラグ細骨材(C)：CUS 2.5	CUS
粗骨材	砕石 2005（表乾比重 2.72，吸水率 0.42 %，FM 6.66）	G
混和剤	AE 減水剤（標準形）	AE 1
	AE 助剤	AE 2
	高性能 AE 減水剤（ポリカルボン酸系）	SP
	増粘剤（水溶性セルロースエーテル）	V

表 2.7　実験で使用したコンクリートの配合[43)]

種　類	W/C (%)	s/a (%)	単位量（kg/m³）								
			W	C	S	CUS	G	AE 1	AE 2	SP	V
普通-8	55.0	44.3	156	284	792	—	1 069	0.852	5.25 A	—	—
CUS-8*	55.0	43.0	151	275	—	1 131	1 104	0.852	2.5 A	—	—
高流動**	45.0	51.4	170	378	—	1 248	873	—	—	7.56	0.35

［注］　*　CUS-8 は，銅スラグ骨材 100 %使用スランプ 8 cm.
　　　**高流動コンクリートには，CUS 100 %を使用.

2.3.2　製造および打込み方法

コンクリートの製造は，2 軸強制練りミキサを用いて図 2.72 に示す方法で行われた.

また，コンクリートの打込みは，大型暴露試験体および消波用ブロックともに容量 0.5 m³のバケットを用いて行われ，それぞれ，2 層および 3 層に分けて打ち込まれた．なお，高流動コンクリートの打込みには，締固めなどの作業は行われていない.

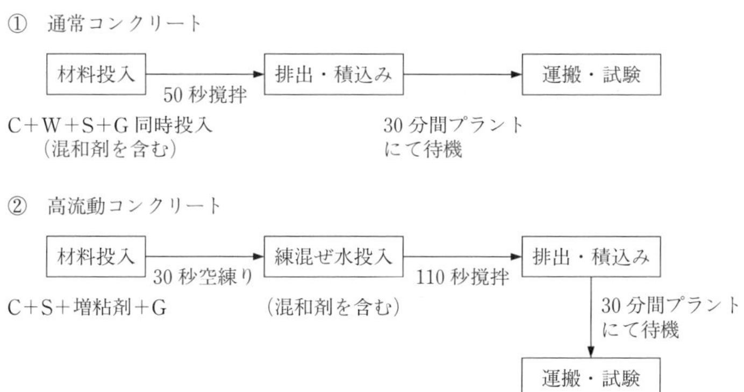

［注］　増粘剤は CUS に添加し，CUS の計量槽へ投入

図 2.72　コンクリートの練り混ぜ方法[43)]

2.3.3　フレッシュコンクリートの性状

フレッシュコンクリートの性状を表 2.8 に示す．この試験結果では，CUS 2.5 を用いた場合でも，高流動コンクリートの製造が十分可能であることが示されている.

表 2.8　フレッシュコンクリートの性状[43)]

種　類	スランプ (cm)	空気量 (%)	単位容積質量 (t/m³)	コンクリート温度 (°C)	気温 (°C)	ブリーディング	
						量（cm³/cm²）	率（%）
普通-8	7.5	5.4	2.265	11.5	8.0	0.13	3.1
CUS-8	11.5	5.0	2.635	12.5	10.0	0.46	11.9
高流動	64.5*	5.1	2.665	15.0	12.0	0.00	0.0

［注］　*スランプフロー値（練上がり直後は 61.5 cm）

ブリーディング率は，スランプ 8 cm のコンクリートの場合，CUS を用いたもので約 12 %，用いなかったもので約 3 %となっている．これに対し，高流動コンクリートの場合は，ブリーディングの発生は認められていない．しかし，凝結時間は高流動コンクリートにあっては，約 24 時間を要した．

なお，フレッシュコンクリートの試験は，出荷から 30 分経過後の荷卸し地点で行ったものである．

2.3.4 硬化コンクリートの性状

コアの力学性状を表 2.9 に示す．通常のコンクリートの普通-8 と CUS-8 を比較すると，圧縮強度およびヤング係数ともに CUS-8 の方が大きな値を示している．また，高流動コンクリートの材齢 1 年の圧縮強度試験結果では，80 N/mm²以上の高強度を示したコア供試体も認められている．

表 2.9　コアの力学性状[43),69)]

コンクリート種類		コア採取位置		圧縮強度（N/mm²）		ヤング係数（KN/mm²）	
		材齢 8 か月	材齢 1 年	材齢 8 か月	材齢 1 年	材齢 8 か月	材齢 1 年
通常	普通-8	A 1	B 1	33.1	36.9	36.2	36.7
		A 2	B 2	50.3	44.0	38.6	37.7
		A 3	B 3	47.0	47.0	36.0	37.7
		A 4	B 4	45.8	48.5	36.5	39.1
	CUS-8	A 1	B 1	38.3	40.0	40.4	42.4
		A 2	B 2	48.9	50.4	40.9	44.5
		A 3	B 3	48.1	51.1	41.6	45.1
		A 4	B 4	60.4	52.7	46.2	42.8
高流動		A 1	B 1	77.5	61.0	48.4	52.3
		A 2	B 2	76.1	80.1	47.4	46.2
		A 3	B 3	75.9	80.4	46.8	48.9
		A 4	B 4	75.1	73.4	45.3	48.5

2.3.5 中　性　化

中性化深さの測定結果は，図 2.73 に示すように通常のコンクリートの普通-8 と CUS-8 では大差ない結果となっている．これに対し，高流動コンクリートの中性化深さは，材齢 1 年においても 3 mm 未満と極めて小さな値となっている．

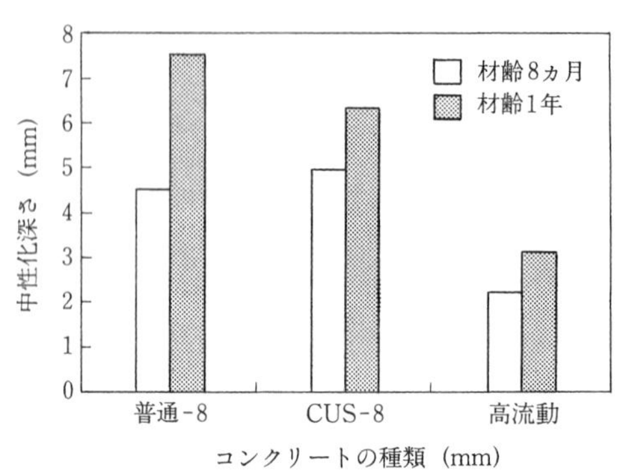

図 2.73　大型暴露試験体の中性化深さ測定結果[43),69)]

2.4 銅スラグ細骨材を用いた軽量（骨材）コンクリート

日本鉱業協会では，日本メサライト工業㈱の協力を得て，CUSの軽量（骨材）コンクリートへの適用性を検討する目的で室内試験を行った．室内試験では，フレッシュコンクリートの性状，硬化コンクリートの単位容積質量および圧縮強度について検討された．

2.4.1 使用材料

使用材料を表2.10に示す．細骨材には川砂とCUSを併用したもの，粗骨材には人工軽量粗骨材MA-419が使用された．また，比較用として細骨材に川砂を単独で用いたコンクリートも使用されている．

2.4.2 コンクリートの調合

コンクリートの調合は，表2.11に示す2種類である．CUS混合率は30％で，いずれの調合も目標スランプは21 cm，目標空気量は5％とした．

表2.10 CUSを用いた軽量（骨材）コンクリートの使用材料

材料名	種類・銘柄・品質
セメント	普通ポルトランドセメント（比重3.16）
細骨材	川砂（絶乾比重2.52，吸水率2.9％，FM 2.71）
	CUS（絶乾比重3.68，吸水率0.36％，FM 2.42）
粗骨材	人工軽量骨材MA-419（絶乾比重1.29，吸水率27.6％，実積率63.0％，FM 6.29）
混和剤	AE減水剤（No. 70），AE助剤（303 A）

表2.11 計画調合

細骨材種類	CUS混合率(%)	W/C(%)	空気量(%)	スランプ(cm)	s/a(%)	単位水量(kg/m³)	単位量（絶対容積）（l/m³）				単位量（質量）（kg/m³）			
							セメント	細骨材		軽量粗骨材	セメント	細骨材		軽量粗骨材
								川砂	CUS			川砂	CUS	
CUS	30	55	5.0	21	46.2	180	103	216	92	359	327	559	339	592
川砂	30	55	5.0	21	46.2	180	103	308	—	359	327	798	—	592

2.4.3 フレッシュコンクリートの性状

表2.12にフレッシュコンクリートの性状を示す．CUSを用いたコンクリートの空気量は目標値に対してかなり大きな値となっているが，スランプは目標値に近い値となっている．また，CUS混合率30％のコンクリートの単位容積質量の試験値が1.94 t/m³であるのに対し，川砂を単独使用したコンクリートは1.87 t/m³となっている．

表2.12 フレッシュコンクリートの性状

種　類	スランプ(cm)	空気量(%)	単位容積質量(t/m³)	コンクリート温度(°C)
CUS	22.0	7.5	1.94	28.0
川砂	22.0	5.9	1.87	27.0

2.4.4　硬化の性状

表 2.13 に水中養生を行った硬化コンクリートの単位容積質量の測定結果を示す．表中の①の数値は圧縮強度試験に用いた供試体の値，②の上中下の数値は円柱形試験体（直径：10 cm，高さ：20 cm）の上端部，中央部および下端部からそれぞれ 5 cm の厚さに切断された供試体の値を示す．②の試験結果から，CUS 混合率を 30 %とした場合でも，川砂単独使用の場合と比べ材料の均一性に大差はないことがわかる．また，CUS 混合率 30 %の軽量コンクリート 1 種の気乾単位容積質量の推定値は，設計気乾単位容積質量の 1.9 t/m³に対しては十分安全に使用できる．

材齢 28 日の圧縮強度は，川砂単独使用の 24.0 N/mm²に対し，CUS 混合率 30 %の場合は 26.1 N/mm²の値を示し，同等以上の結果であった．

表 2.13　硬化コンクリートの単位容積質量（kg/l）

細骨材 CUS 混合率（%）	計画調合時の値	フレッシュコンクリート	気乾コンクリート推定値	供試体の単位容積質量実測値			
				① 全体	② 高さ別 上	中	下
CUS-30	1.997	1.940	1.868	1.930	1.936	1.941	1.944
川砂- 0	1.897	1.870	1.768	1.840	1.846	1.838	1.865

［注］　供試体の寸法：10 ϕ×20 h

表 2.14 に，CUS 混合率 10，20，30 %の場合および川砂単独使用の，軽量コンクリート 1 種の気乾単位容積質量の推定値と計画調合に基づく練上がり時の単位容積質量の計算値を示す．なお，材料比重と調合概要は表中に示す．川砂単独使用時の気乾単位容積質量の推定値 1.78 t/m³に対し，CUS 混合率 30 %の場合は 1.88 t/m³の値を示しており，CUS 混合率 10 %あたりの単位容積質量の増加は，33 kg/m³になる．

表 2.14　CUS を混合使用した軽量コンクリート 1 種の単位容積質量の推定値

（単位：t/m³）

CUS 混合率（%）	気乾単位容積質量	練上がり時
0	1.78	1.89
10	1.81	1.93
20	1.85	1.96
30	1.88	1.98

※　気乾単位容積質量の推定は下式による．

$W_D = G_0 + S_0 + S'_0 + 1.25C_D + 120$（kg/m³）

記号　W_D：気乾単位容積質量の推定値（kg/m³）
G_0：計画調合における軽量粗骨材量（絶乾）（kg/m³）
S_0：計画調合における CUS 量（絶乾）（kg/m³）
S'_0：計画調合における CUS 以外の細骨材量（絶乾）（kg/m³）
C_n：計画調合におけるセメント量（kg/m³）

［材料比重（絶乾）］
G_0：1.27（吸水率：25 %）
S_0：3.50（吸水率：1 %）
S'_0：2.55（吸水率：3 %）
C_0：3.15

［調合概要］
W/C＝55 %
スランプ＝18 cm
空気量＝5.0 %
単位水量＝180 kg/m³
s/a＝48 %

3章　運搬・施工時における銅スラグ細骨材を用いたコンクリートの品質変化試験

3.1　レディーミクストコンクリートの運搬に伴うコンクリートの品質変化

図3.1〜3.4は，日本鉱業協会が実施したレディーミクストコンクリートプラントから現場までの運搬に伴うコンクリートの品質の変化に関する現場実験の結果を示したものである．

コンクリートの使用材料を表3.1に示す．この実験では，表3.2に示す6種類のコンクリートを用いて，表3.3に示す試験が実施されている．

表3.1　使用材料

材料名	物性・成分など
セメント	普通ポルトランドセメント（比重3.15）
細骨材	普通細骨材（川砂と海砂の混合砂，表乾比重2.55，吸水率1.98％，粗粒率2.68）
	CUS 2.5（C骨材，表乾比重3.61，吸水率0.45％，粗粒率2.56）
粗骨材	砕石2005（表乾比重2.70，吸水率0.41％，粗粒率6.61，実積率60.5％）
混和剤	AE減水剤（遅延形），AE助剤

表3.2　コンクリートの調合

調合番号	目標スランプ(cm)	目標空気量(%)	水セメント比(%)	細骨材率(%)	CUS混合率(%)	単位量（kg/m³）						
						水 W	セメント C	細骨材S 普通	細骨材S CUS	粗骨材 G	AE減水剤	AE助剤[1)
Ⅰ－1	18	4.5	55	44.4	100	183	333	0	1 074	1 002	0.999	0
Ⅰ－2	8	4.5	55	43.8	100	161	293	0	1 114	1 064	0.879	0
Ⅰ－3	18	4.5	55	44.6	50	181	329	380	545	1 002	0.987	0.8 A
Ⅰ－4	8	4.5	55	44.0	50	159	289	395	563	1 064	0.867	0.6 A
Ⅰ－5	18	4.5	55	44.9	0	179	325	770	0	1 002	0.975	2.0 A
Ⅰ－6	8	4.5	55	44.4	0	157	285	801	0	1 064	0.855	1.5 A

［注］　1）1 A＝C×0.001％

表3.3　各運搬時間における試験項目

採取時間	スランプ	空気量	ブリーディング	圧縮強度
工場出荷時	○	○		
運搬30分後	○	○	○	○
運搬60分後	○	○		
運搬90分後	○	○	○	○

図3.1に示した運搬時間とスランプとの関係では，Ⅰ－2のコンクリートを除き，いずれのコンクリートも運搬時間の経過に伴うスランプの低下は小さいことがわかる．Ⅰ－2のコンクリートは，製造直後から運搬30分までの間にスランプが約5 cm低下している．この理由については不明であるが，これを除けば，運搬時間の経過に伴うスランプの低下は，普通骨材を用いたコンクリートと変わりはない．なお，Ⅰ－2のコンクリートにおいても，運搬30分以降のスランプの低下は認められていない．

図3.2に示されるように，運搬に伴う空気量の変化は小さく，製造直後から運搬90分までの空気量の変化は±１％の範囲にある．

図 3.3 の試験結果では，ブリーディング量は，各運搬時間において CUS 混合率を 100 %とした場合が最も大きくなっている．運搬時間とブリーディング量との関係に着目すると，いずれのコンクリートにおいても，運搬 90 分後に試料を採取した場合のブリーディング量は，運搬 30 分後に採取した場合に比較して小さくなっている．

CUS を用いたコンクリートの圧縮強度に及ぼす運搬時間の影響は，図 3.4 に示すように普通骨材を用いたコンクリートの場合と同様であり，運搬時間の経過に伴う圧縮強度の大きな変化は認められていない．

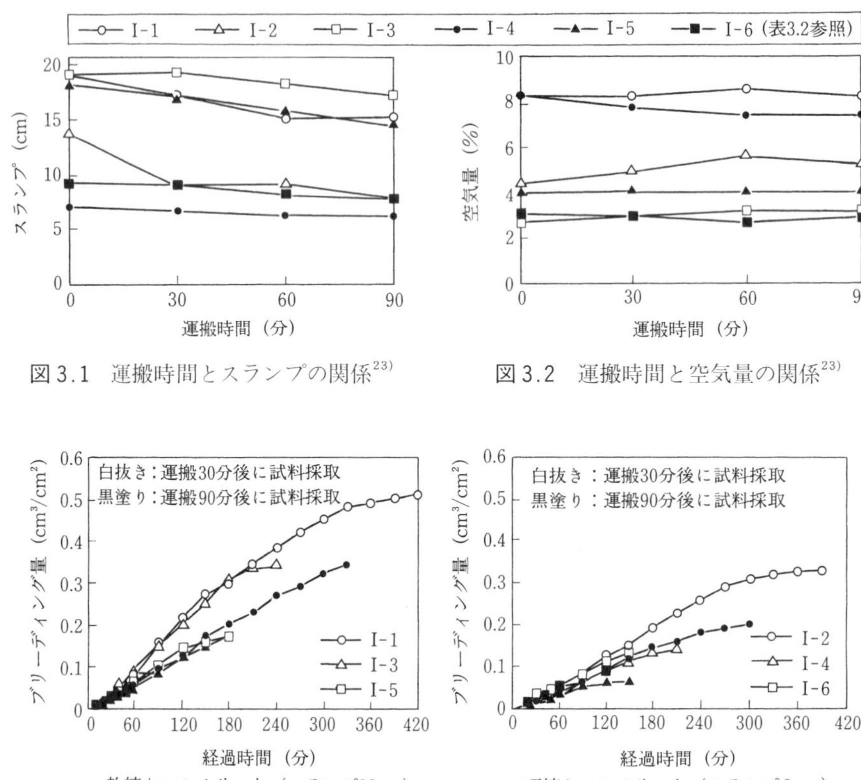

図 3.1　運搬時間とスランプの関係[23)]

図 3.2　運搬時間と空気量の関係[23)]

図 3.3　運搬時間とブリーディング量の関係[23)]

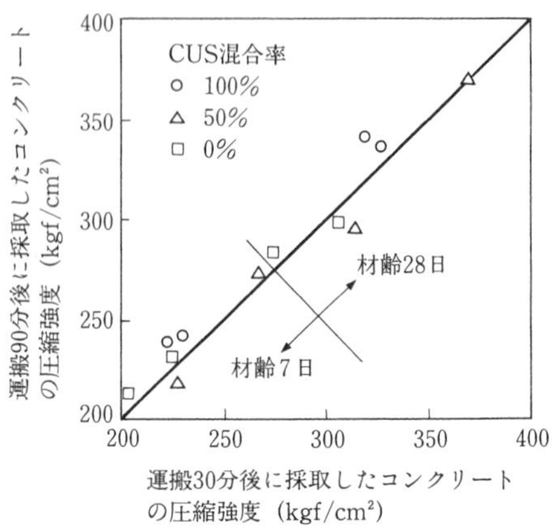

図 3.4　運搬時間と圧縮強度の関係[23)]

3.2　圧送に伴うコンクリートの品質変化

図3.5〜3.8および表3.6，3.7は，日本鉱業協会が行った圧送に伴うコンクリートの品質変化に関する実験結果を示したものである．なお，実験では，表3.4に示す材料を用い，表3.5に示す6種類のコンクリートが使用されている．

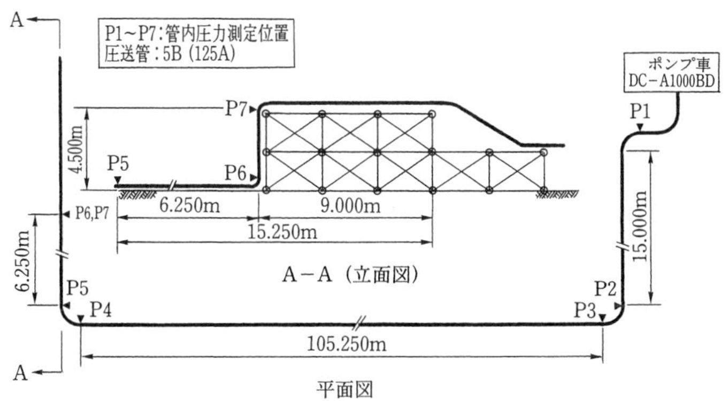

図3.5　圧送実験における配管条件[23)]

表3.4　コンクリートの使用材料[23)]

材料名	物性・成分など
セメント	普通ポルトランドセメント（比重3.15）
細骨材	普通細骨材（川砂と海砂の混合砂，表乾比重2.55，吸水率2.00％，粗粒率2.66）
	CUS 2.5（C骨材，表乾比重3.61，吸水率0.45％，粗粒率2.56）
粗骨材	砕石2005（表乾比重2.70，吸水率0.42％，粗粒率6.59，実積率60.6％）
混和剤	AE減水剤（遅延形），AE助剤

表3.5　実験に使用したコンクリートの種類[23)]

配合番号	目標スランプ(cm)	目標空気量(%)	水セメント比(%)	細骨材率(%)	CUS混合率(%)	単位量（kg/m³）					
						水 W	セメント C	細骨材		粗骨材G	AE減水剤
								普通	CUS		
I−1	18	4.5	55	44.4	100	183	333	0	1 074	1 002	0.999
I−2	12[1)]	4.5	55	43.8	100	161	293	0	1 114	1 064	0.879
I−3	18	4.5	55	44.6	50	181	329	380	545	1 002	0.987
I−4	12[1)]	4.5	55	44.0	50	159	289	395	563	1 064	0.867
I−5	18	4.5	55	44.9	0	179	325	770	0	1 002	0.975
I−6	12[1)]	4.5	55	44.4	0	157	285	801	0	1 064	0.855

［注］　1）8 cmから12 cmに流動化

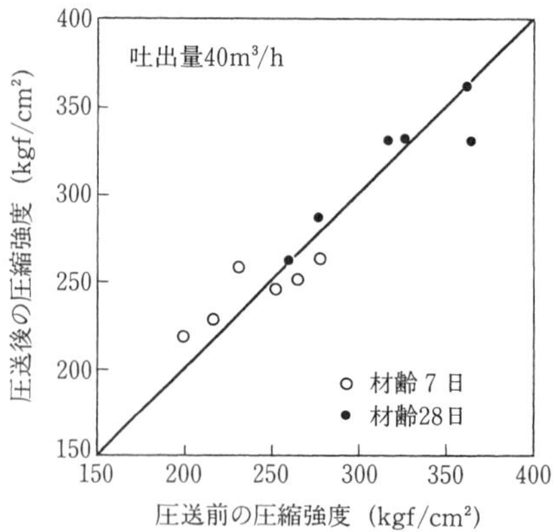

図 3.6　圧送前後の圧縮強度[23)]

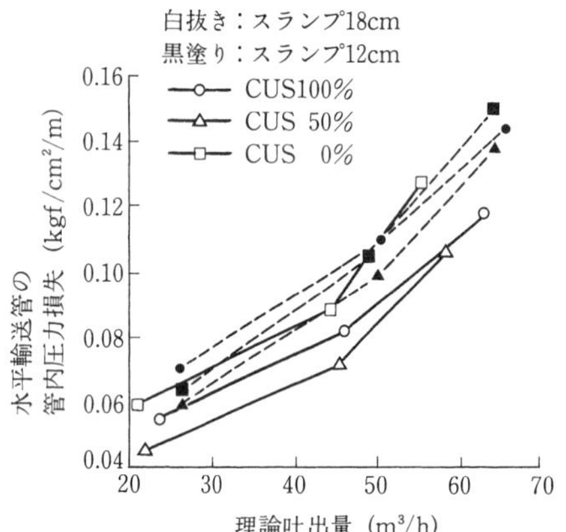

図 3.7　水平輸送管 1 m あたりの管内圧力損失と吐出量の関係[23)]

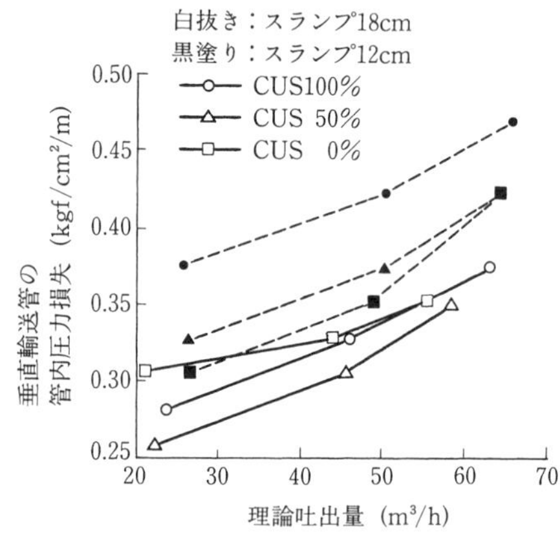

図 3.8　垂直輸送管 1 m あたりの管内圧力損失と吐出量の関係[23)]

圧送前後におけるスランプの変化は，表 3.6 に示すように，目標スランプを 12 cm および 18 cm のいずれとした場合においても 2 cm 未満であり，CUS の吸水率が小さいことが圧送に伴うスランプの低下を小さくしている．一方，空気量は圧送によってわずかに減少する傾向にあるが，その値は最大でも 0.7 %であり，CUS を用いないコンクリートと大差はない．

表 3.6　圧送前後のフレッシュコンクリートの品質[23)]

吐出量 40 m³/h の時の試験結果

配合番号	CUS混合率(%)	目　標スランプ	スランプ (cm)		空気量 (%)		単位容積質量 (t/m³)		備　考
			圧送前	圧送後	圧送前	圧送後	圧送前	圧送後	
I－1	100	18 cm	19.6	18.3	5.6	4.9	2.58	2.59	
I－2	100	8 → 12 cm	11.3	9.3	5.0	5.0	2.61	2.61	流動化
I－3	50	18 cm	19.4	19.1	3.7	3.7	2.46	2.46	
I－4	50	8 → 12 cm	11.9	13.0	4.5	4.4	2.47	2.48	流動化
I－5	0	18 cm	19.3	17.8	4.4	4.0	2.30	2.31	
I－6	0	8 → 12 cm	9.6	9.9	4.7	4.7	2.28	2.28	流動化

配合番号	CUS混合率(%)	目　標スランプ	コンクリート温度 (℃)		ブリーディング率 (%)		ブリーディング量 (cm³/cm²)		備　考
			圧送前	圧送後	圧送前	圧送後	圧送前	圧送後	
I－1	100	18 cm	29.0	31.0	11.00	9.67	0.51	0.45	
I－2	100	8 → 12 cm	30.0	31.5	7.93	6.76	0.33	0.27	流動化
I－3	50	18 cm	29.0	31.0	6.83	5.36	0.31	0.26	
I－4	50	8 → 12 cm	29.5	31.0	4.08	3.39	0.16	0.14	流動化
I－5	0	18 cm	29.0	30.5	4.15	3.02	0.19	0.14	
I－6	0	8 → 12 cm	29.0	30.5	2.12	1.20	0.08	0.05	流動化

圧送に伴うブリーディング率の変化は，コンクリートの種類による明確な相違はなく，圧送前後で 1 ~1.5 % 程度減少している．

圧送前後における圧縮強度の変化は，図 3.6 に示すように，コンクリートの種類，材齢にかかわらず，認められてない．

管内圧力損失の測定結果を図 3.7，3.8 に示す．CUS を用いたコンクリートの水平輸送管の管内圧力損失は，これを用いないコンクリートのそれと同程度の値が示されている．一方，垂直輸送管の管内圧力損失は，CUS 混合率 100 %のコンクリートが，最も大きな値を示している．特に，目標スランプを 12 cm とした場合の CUS 混合率 100 %と 0 %のコンクリートの管内圧力損失を比較すると，前者の方が 10 %程度大きな値となっている．なお，表 3.7 に示した結果では，CUS を用いたコンクリートの上向き垂直管 1 m あたりの管内圧力損失の平均値は，水平管の 4 ~4.5 倍となっている．

表 3.7　水平管・垂直管の圧送量と管内圧力損失値との関係[23)]

配合番号	目標スランプ (cm)	CUS混合率 (%)	目標吐出量 (m³/h)	圧力損失 (kgf/cm²/m) ①水平管 P 3～P 4 (105 m)	②垂直管 P 6～P 7 (4 m)	②/①	
I — 1	18	100	20	0.055	0.282	5.13	4.12
			40	0.082	0.329	4.01	
			60	0.117	0.376	3.21	
I — 2	8 → 12	100	20	0.070	0.376	5.37	4.18
			40	0.109	0.424	3.89	
			60	0.144	0.471	3.27	
I — 3	18	50	20	0.045	0.259	5.76	4.45
			40	0.072	0.306	4.25	
			60	0.106	0.353	3.33	
I — 4	8 → 12	50	20	0.060	0.329	5.48	4.12
			40	0.099	0.376	3.80	
			60	0.138	0.424	3.07	
I — 5	18	0	20	0.059	0.306	5.19	3.90
			40	0.088	0.329	3.74	
			60	0.127	0.353	2.78	
I — 6	8 → 12	0	20	0.063	0.306	4.86	3.69
			40	0.104	0.353	3.39	
			60	0.150	0.424	2.83	

3.3　銅スラグ細骨材を用いたコンクリートの圧送性[108)]

細骨材として CUS 2.5 を単独使用（CUS 混合率 100 %）した重量コンクリートの圧送試験について紹介する．試験では，圧送前後のフレッシュ性状，強度性状，管内圧力損失について報告されている．

3.3.1　試 験 概 要

コンクリートの配合と使用材料を表 3.8，3.9 に示す．配合は，防波堤築造における上部コンクリートを想定したものである．配管と圧力計の位置を図 3.9 に示す．圧送管は，5 B（125 A）を用い，配管実長は 79.2 m，水平換算距離は，127.0 m である．圧送方法および試験項目を表 3.10，3.11 に示す．

表 3.8　コンクリートの配合[108)]

W/C (%)	s/a (%)	単位量 (kg/m³) W	C	CUS 2.5	G	AD (C×%)	単位容積質量 (kg/m³)
47.7	43.0	167	350	1 019	1 004	1.0	2 540

表 3.9　使用材料[108)]

材　料		記　号	備　考
セメント	普通ポルトランドセメント	C	密度 3.16 g/m³
細骨材	2.5 mm 銅スラグ細骨材	CUS 2.5	密度 3.50 g/m³，吸水率 0.43 %，FM 2.44
粗骨材	山砂利	G	密度 2.60 g/m³，吸水率 0.87 %，FM 6.86
混和剤	AE 減水剤標準型	AD	リグニンスルホン酸系

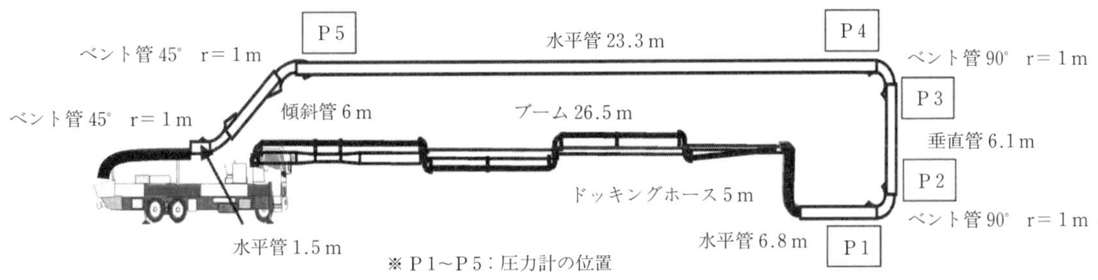

図 3.9　配管レイアウト[108)]

表 3.10　圧送方法[108)]

圧送方法	記　号	試験内容
シリーズ 1	S 1	設定吐出量ごとに 10 ストローク分のコンクリートを圧送し，圧送前後のコンクリート性状，管内圧力，実吐出量等を測定
シリーズ 2	S 2	シリーズ 1 の試験終了後，配管内のコンクリートを 15 分間循環による圧送を行い，圧送後のコンクリート性状，管内圧力等を測定

表 3.11　試験項目[108)]

測定項目	内　容	実施シリーズ
理論吐出量	シリンダ容積と時間あたりのストロークから算出	シリーズ 1
実吐出量	10 ストローク分の排出時間からおよび立方体容器に受けた容積から算出	シリーズ 1
管内圧力	圧力計 5 か所で測定	シリーズ 1，2
ポンプ主油圧	ピストン主油圧計で測定	シリーズ 1，2
スランプ	荷卸し時，圧送後および 15 分間の循環圧送後で測定	シリーズ 1，2
空気量		
単位容積質量		
ブリーディング		
圧縮強度		

3.3.2　管内圧力

管内圧力の測定結果を図3.10～3.12に示す．CUSを用いたコンクリートの水平管の管内圧力損失は，土木学会「ポンプ工法施工指針」に記載されている普通コンクリートの圧力損失の範囲内であることが示されている．

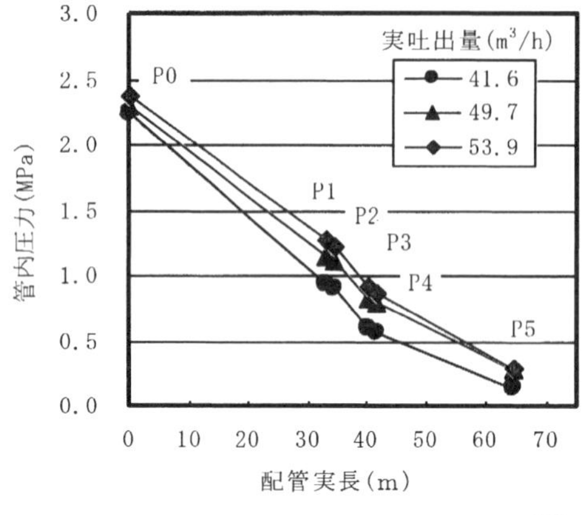

図3.10　管内圧力測定結果（シリーズ1）[108)]

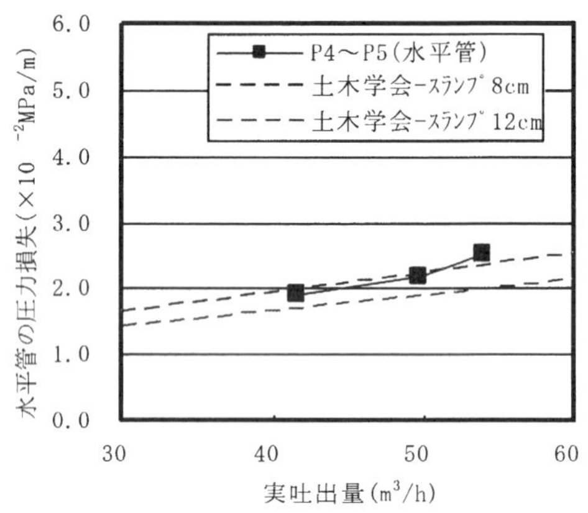

図3.11　水平間の圧力損失（シリーズ1）[108)]

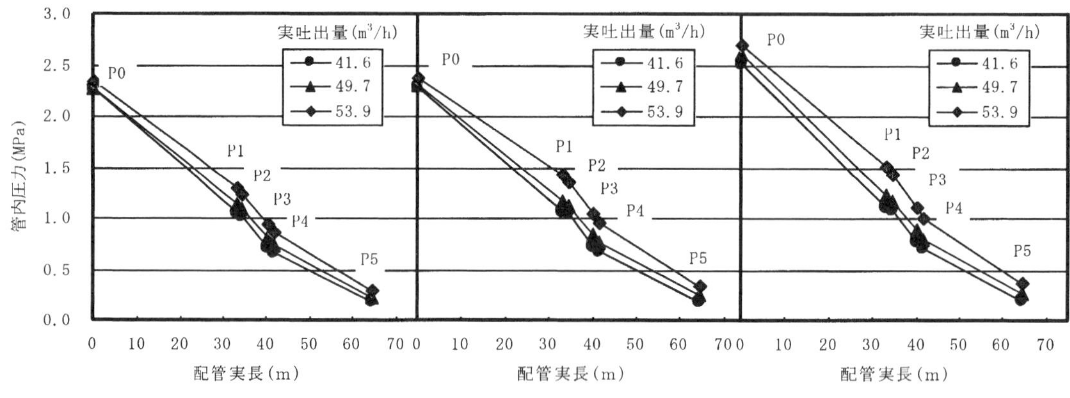

図3.12　管内圧力測定結果（シリーズ2）[108)]

3.3.3　圧送前後の品質変化

圧送前後のフレッシュ性状の試験結果を表3.12，図3.13～3.15に示す．シリーズ1での圧送後のスランプは，概ね土木学会「ポンプ工法施工指針」に示されている普通コンクリート同程度であると示されている．圧送後の空気量については，明確な傾向が見られなかった．圧送後の単位容積質量については，空気量の増減によって変化している．

循環による長距離圧送を模擬したシリーズ2では，圧送後のスランプ，空気量の低下量は小さいと評価でき，相当に厳しい圧送条件においても，フレッシュ性状の変化は小さいことが示されている．

圧送前後の圧縮強度，静弾性係数の試験結果を図3.16，3.17に示す．圧縮強度および静弾性係数は，圧送前後で大差はない結果となっている．

表 3.12　フレッシュ性状の試験結果[108)]

実吐出量 (m³/h)	採取条件	スランプ (cm)	空気量 (%)	単位容積質量 (kg/m³)	コンクリート温度 (℃)	ブリーディング	
						量(cm³/cm²)	率 (%)
41.6	圧送前（荷卸時）	12.5	4.7	2 518	21.0	—	—
	圧送後（循環圧送前）	13.0	4.2	2 527	21.0	0.13	3.19
	循環圧送後	8.0	3.4	2 544	23.0	0.03	0.74
49.7	圧送前（荷卸時）	15.0	4.9	2 527	21.0	0.32	7.54
	圧送後（循環圧送前）	8.0	3.6	2 541	23.0	0.03	0.78
	循環圧送後	6.5	3.4	2 553	25.0	0.04	0.92
53.9	圧送前（荷卸時）	12.5	3.8	2 551	21.0	—	—
	圧送後（循環圧送前）	9.5	4.5	2 533	23.0	0.08	2.02
	循環圧送後	5.0	3.2	2 564	24.4	0.02	0.37

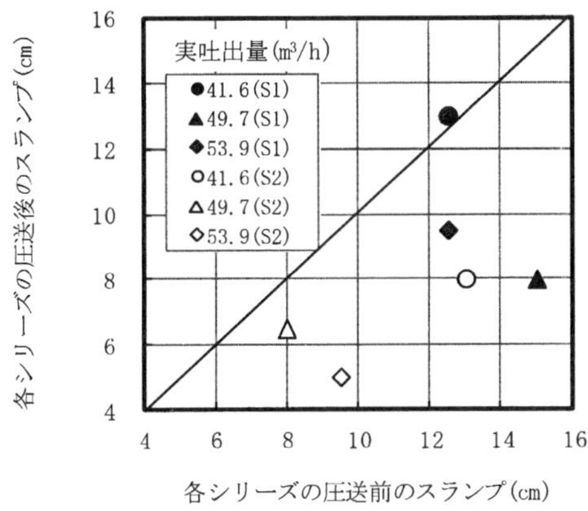

図 3.13　圧送前後のスランプの変化[108)]

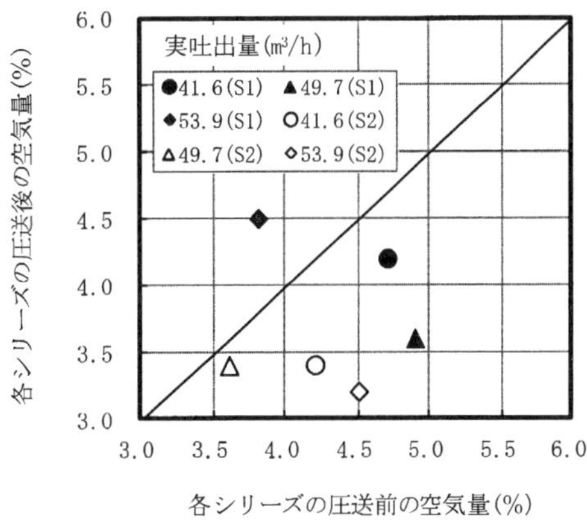

図 3.14　圧送前後のスランプの空気量の変化[108)]

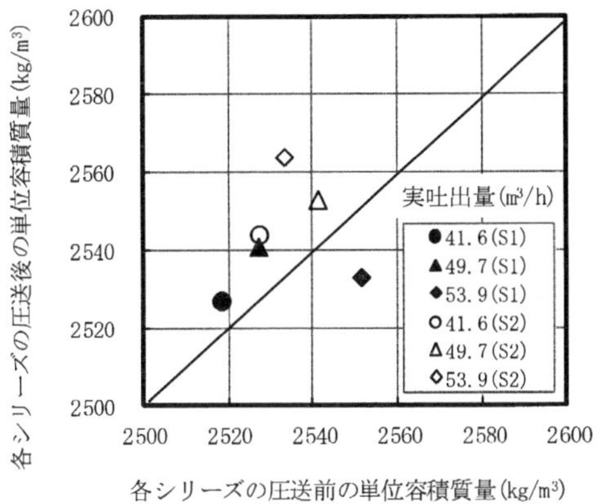

図 3.15　圧送前後の単位容積質量の変化[108)]

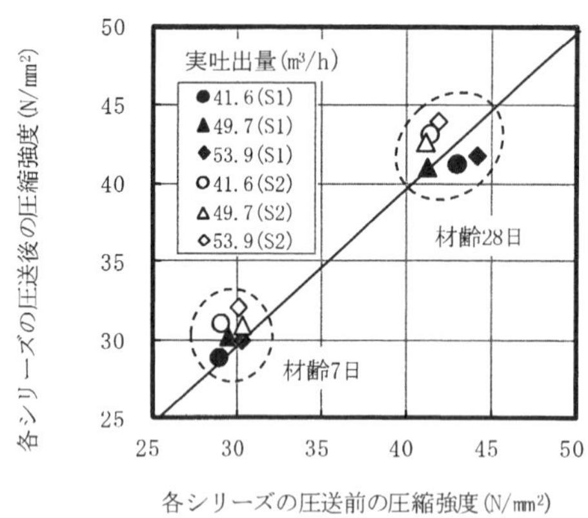

図 3.16　圧送前後の圧縮強度の変化[108)]

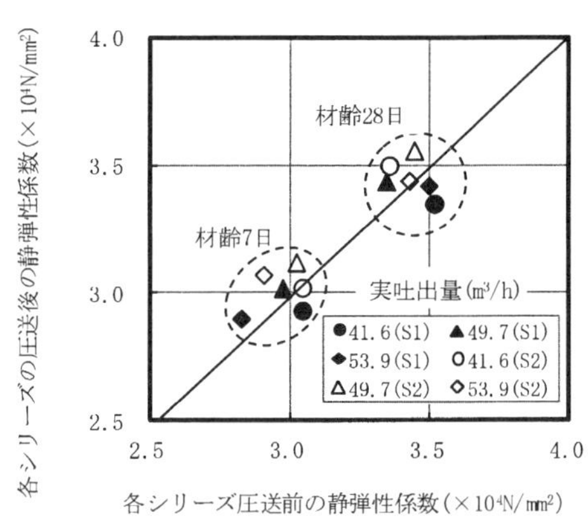

図 3.17　圧送前後の静弾性係数の変化[108)]

3.4　銅スラグ細骨材を用いたコンクリートの調合と管内圧力損失の関係

図 3.18 には，CUS の使用の有無による，直管の管内圧力損失の違いを比較して示している．125 A 管および 100 A 管ともに，呼び強度 30 の場合には CUS を使用した調合の方が管内圧力損失は小さくなっている．しかし，呼び強度 18 の場合には，逆に CUS を使用した調合の方が大きい傾向を示した．これは，表 3.13 に示すように，コンクリートの単位容積質量が CUS を使用した方が大きくなるため，せん断変形しにくい呼び強度 18 の調合においてその影響を大きく受けたことが推察される．しかし，管内圧力損失は大きいが，CUS を使用しなかった調合に関しては，閉塞の兆候が認められたことから，圧送性の改善効果があると考えられる．

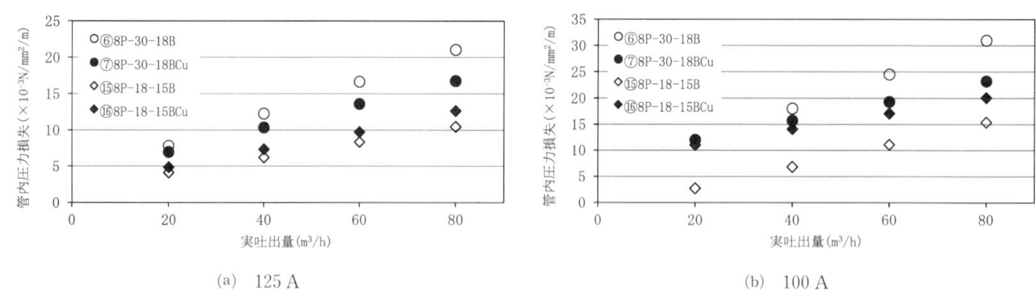

(a)　125 A　　　(b)　100 A

図 3.18　実吐出量と管内圧力損失の関係（CUS 細骨材の影響）

表 3.13　コンクリートの調合の比較（CUS 細骨材の影響）

実験記号	W/C (%)	s/a (%)	単位量（kg/m³）							混和剤（C×%）		単位容積質量 (kg/m³)
			水	セメント	細骨材 1	細骨材 2	細骨材 3	粗骨材 1	粗骨材 2	高性能 AE 減水剤	AE 減水剤	
⑥ 8 P-30-18 B	50	49.9	180	360	222	636		432	432	0.65	—	2 262
⑦ 8 P-30-18 BCu	50	49.9	180	360		636	289	432	432	0.7	—	2 329
⑮8 P-18-15 B	68	52.4	180	265	243	698		430	429	—	1.3	2 245
⑯8 P-18-15 BCu	68	52.4	180	265		698	317	430	429	—	1.35	2 319

4章　銅スラグ細骨材の使用実績

4.1　銅スラグ細骨材を用いたコンクリートの施工実績

これまでに，CUSを用いたコンクリート構造体は各スラグ製造工場内に多数存在しているが，配合や施工詳細の記録が不明なものも多い．表4.1にCUSを用いたコンクリートの実施配合および施工の概要を示す．構造体No.2および7は1975年および1965年にそれぞれ施工され，その施工記録が報告されているが，構造体の品質については調査が困難なため，明らかになっていない．その他の構造体は品質調査が可能であり，大部分のものについては継続した調査が行われている．CUSを用いたコンクリートの耐久性は，普通細骨材コンクリートの場合とほぼ同等であるかそれ以上であることが報告されている[16),17)]．

なお，実施工に使用されたCUSのうち，1994年以前のものは粗目のものであるが，1995年以後は適度に粉砕されたもので，JIS規格に適合したもの（CUS 2.5）が使用されおり，現在の主流となっている．

4.2　長期暴露試験体による耐久性調査

現在，表4.2に示すCUSを用いたコンクリート試験体が屋外暴露試験に供されている．試験体No.1～17については，非破壊試験やコア試料による強度特性試験，ひび割れ調査，中性化試験などが定期的に行われ，これまでの調査結果では同時に製造した普通骨材コンクリートに比べ，これらの性質は同等以上であることが報告されている[43),50),69),87),88)]．また，表4.3に示すように，愛媛県新居浜市で施工されているCUSを用いたコンクリートの強度発現性状および耐久性は良好である．

表 4.1　CUS を用いたコンクリートの施工実績

No.	構造体種別	施工年	CUS 銘柄種別	CUS 混合率 (%)	設計[1] 強度 (N/mm²)	W/C (%)	空気量 (%)	スランプ[2]	単位量 (kg/m³) セメント	水	CUS	普通砂	粗骨材	混和剤種類	備考
1	コンクリート土間	1975	$A_{5-0.3}$	100	—	65	405	8	322	209	1 087	0	921	AE 減水剤	直島製錬所構内
2	コンクリートケーソン蓋	1968	$B_{5-0.3}$	70	—	49	4.0	8	311	151	580	187	1 280	AE 減水剤	小名浜港防波堤
3	製品置場床舗装（RC 造）	1994	$C_{2.5}$	100	—	55	4.5	8 → 12	293	161	1 114	0	1 004	AE 減水剤	日鉱佐賀関製錬所構内
4	同上	1994	$C_{2.5}$	50	—	55	4.5	8 → 12	289	159	563	395	1 054		
5	原料倉庫床舗装（RC 造）	1996	$C_{2.5}$	100	24	55	4.5	15	284*	156	1 114	0	1 064		
6	同上擁壁基礎（RC 造）	1996	$C_{2.5}$	100	21	60	4.5	16	260	156	1 174	0	1 064		
7	バース防波堤嵩上げ	2015	$C_{5-0.3}$	30	18	62	4.5	8 → 12	262	163	344	592	1 025	AE 減水剤	パンパシフィック・カッパー㈱佐賀関製錬所構内
8	重量コンクリート	1995	$D_{5-0.3}$	100	—	55	—	3	346	191	1 040	0	1 541		文献 3）
9	バース（磯浦）建設工事	1990	$F_{5-0.3}$	50	21	56.5	—	12	350	198	593	440	796	AE 減水剤	住友金属鉱山㈱東予工場構内
10	ポータブル擁壁	1990	$F_{5-0.3}$	100	—	40.0	4.5	—	400	160	900	0	1 140	高性能 AE 減水剤	
11	研究所建屋	1994	$F_{2.5}$	50	21	52.5	4.5	15	371	195	531	394	868		
12	沈殿池	1995	$F_{5-0.3}$	50	21	56.5	4.5	12	350	198	593	440	796	AE 減水剤	
13	工場設備基礎	1996	$F_{2.5}$	50	21	59.0	4.5	12	314	185	542	402	926		
14	電解建屋	1997	$F_{2.5}$	50	21	59.0	4.5	15	320	189	526	390	931		
15	消波ブロック	2002	$F_{2.5}$	70	—	43.3	—	6.5	300	130	773	257	1 094	高性能 AE 減水剤	宮崎県日向市細島港内
16	砂防堰堤	2003	$F_{2.5}$	30	21	60.0	4.5	5	235	141	295	531	1 226	—	高知県
17	工場建屋基礎	2011	$F_{2.5}$	20	24	54.0	4.5	15	326	176	230	676	902	AE 減水剤	住友金属鉱山㈱ニッケル工場港内
18	工場建屋基礎	2013	$F_{2.5}$	20	24	54.0	4.5	15	326	176	230	676	902	AE 減水剤	
19	工場事務所基礎	2013	$F_{2.5}$	10	30	51.0	4.5	15	341	174	119	833	871	AE 減水剤	
20	工場建屋基礎	2014	$F_{2.5}$	10	24	55.0	4.5	15	307	169	126	851	882	AE 減水剤	
21	防波堤上部工	2014 -2017	$B_{2.5}$	100	18	57.0	4.5	8	307	175	1 075	0	985	AE 減水剤	福島県
22	防波堤上部工	2014 -2015	$B_{2.5}$	30	18	65.0	4.5	8	229	149	329	568	1 126	AE 減水剤	福島県
23	防波堤上部工	2014 -2015	$B_{2.5}$	30	18	66.0	4.5	12	248	164	357	617	994	AE 減水剤	福島県
24	建築構造物（基礎・スラブ・躯体）	2016	$F_{2.5}$	20	30	51.0	4.5	15	276	176	221	670	928	AE 減水剤	大阪府
25	建築構造物（基礎・スラブ・躯体）	2017	$F_{2.5}$	20	27	51.0	—	18	359	183	224	664	887	—	愛媛県
26	建築構造物（基礎・スラブ・躯体）	2017	$F_{2.5}$	20	30	48.0	—	18	383	184	214	640	895	—	愛媛県
27	建築構造物（基礎・スラブ・躯体）	2017	$F_{2.5}$	20	33	45.0	—	18	409	184	206	614	904	—	愛媛県
28	消波ブロック	2017	$B_{2.5}$	85	21	57.0	4.5	12	289	165	923	120	1 119	AE 減水剤	岩手県

［注］　1）生コンクリートの呼び強度または設計基準強度を示す．
　　　2）スランプの値 8 → 12 は，ベースコンクリートのスランプ 8 cm，流動化後のコンクリートのスランプ 12 cm を示す．
　＊　高炉セメント B 種を示す．

表 4.2　CUS を用いた暴露試験体概要と試験結果

No.	暴露場所	施工期間	CUS 種類 混合率	試験体 種類	W/C (%)	スランプ (cm)	単位量 (kg/m³)					圧力強度 (N/mm²)				備考
							セメント[1]	水	CUS[2]	普通砂	粗骨材	材齢 28 日 [I]	コア試験		[II] / [I]	
													材齢	強度		
1	大分・佐賀関	1995 7 月	C-100	テトラポッド 10 t 型[3]	61	8	262※	160	0	0	1 061	34.5	2 年 6 か月	47.2	1.37	指針文献 No. 23), 34), 50), 82)
2			C-50				259※	158	1 147	405	1 061	25.9		37.3	1.44	
3			0				256※	156	581	821	1 061	21.4		29.9	1.40	
4		1995 8 月	C-100				262	160	0	0	1 061	34.8		44.0	1.26	
5			C-50				259	158	411	411	1 061	30.5		36.6	1.22	
6			0				256	156	829	829	1 061	26.9		29.1	1.08	
7		1995 7 月	C-100	壁体ブロック (ポンプ圧送後)	55	18	333	183	0	0	1 002	33.0	9 か月	50.7	1.54	23), 34), 50)
8			C-100			8 → 12	293	161	0	0	1 064	33.4		53.5	1.60	
9			C-50			18	329	181	380	380	1 002	28.9		41.9	1.45	
10			C-50			8 → 12	289	159	395	395	1 064	31.0		41.4	1.34	
11			0			18	325	179	770	770	1 002	29.2		34.0	1.16	
12			0			8 → 12	285	157	801	801	1 064	27.9		31.5	1.13	
13		1996 12 月	0	テトラポッド 10 t 型[3]	55	8	284	158	792	792	1 069	34.6	1 年	44.1	1.27	43), 69)
14			C-100						0	0	1 069	37.9		48.6	1.28	
15			C-100				275	151	0	0	1 104	42.0		47.4	1.15	
16			C-100		50.2			138	0	0	1 126	46.6		62.7	1.35	
17			C-100		45	高流動	378	170	0	0	873	55.5		73.7	1.33	
18	玉野	1996 11 月	0	大型ブロック	55	8 → 12	300※	149	784	784	1 030	24.2	3 か月[5]	32.0	1.32	銅スラグ研究委員会資料
19			E-100						0	0	1 067	27.9		38.9	1.39	
20	東予	1989	F-90	護岸	55	12	360	198	100	100	915	24.6	5 年 9 か月	35.8	1.45	16), 17) 銅スラグ研究委員会資料
21		1990	F-90	擁壁	56.5	15	349	197	328	328	829	25.0	6 年 3 か月	40.7	1.63	
22		1990	F-50	護岸 パラペット	56.5	12	350	198	440	440	796	24.6	5 年 6 か月	28.7	1.17	
23		1994	F-50	研究所	52.5	15	371	195	394	394	868	30.4	3 か月[5]	35.1	1.16	

［注］　1）※は，高炉セメント B 種を示す．
2）＊は，粒独文 CUS-0.3 を示す．その他 CUS 2.5 を使用．
3）壁形の大型ブロックを別途制作し暴露試験体に使用．
4）スランプの値 8 → 12 は，ベースコンクリートのスランプ 8 cm，流動化のスランプ 12 cm を示す．
5）材齢 3 か月の圧縮試験強度試験は，円柱供試体による．

表 4.3　CUS を用いたコンクリート構造体の暴露試験結果（銘柄 E）[1)]

No.	施工製造月日	配合概要					調査時期	試験材齢（月）	調査項目			
		CUS混合率（%）	強度（N/mm²）		W/C（%）	スランプ（cm）			外観調査	中性化深さ	コア強度	
			設計	28 日							N/mm²	比[4)]
表 4.1-9[3)]	H 2 年 10 月	100	—	35.4	40.4	—	H 4 年 3 月	17 か月	特記すべきひび割れなし	1 mm 以下（一部 2 mm 程度）	46.7	1.32
							H 7 年 12 月	66 か月	同上	3 mm 以下（一部 7 mm 程度）	56.3	1.56
表 4.2-20	H 1 年 10 月	90	21	24.6	55	12	H 4 年 3 月	17 か月	特記すべきひび割れなし	1 mm 以下（表面のみ）	31.1	1.26
							H 7 年 7 月	69 か月	同上	1 から 23 mm（表面のみ）	35.8	1.46
表 4.2-21	H 2 年 4 月	70	21	25	56.5	15	H 4 年 9 月	30 か月	特記すべきひび割れなし	1 mm 以下（表面のみ）	31.6	1.26
							H 8 年 7 月	75 か月	同上	1 mm 程度（表面のみ）	40.7	1.63
表 4.2-22	H 2 年 12 月	50	21	24.6	56.5	12	H 5 年 3 月	17 か月	特記すべきひび割れなし	1 mm 以下（一部最大 2 mm）	31.8	1.29
							H 7 年 12 月	62 か月	微小ひび割れ一部発生	2 ～ 3 mm 程度に進行	40.7	1.63

［注］　1）試験場所：愛媛県 新居浜市 住友金属鉱山㈱東予工場内
2）表 4.1 および表 4.2 参照
3）表 4.1-9 は表 4.1 に示す No. 9 資料を意味する．同様に表 4.2-20 は表 4.2 に示す No. 20 資料を意味する．以下同じ．
4）調査時圧縮強度と材齢 28 日の圧縮強度との比．

付録III　日本鉱業協会発行の非鉄スラグ製品の製造・販売管理ガイドライン

日本鉱業協会は，非鉄スラグ製品の製造販売が適正に実施され廃掃法，環境安全品質等に関する不具合の防止対策として「非鉄スラグ製品の製造・販売ガイドライン」を規定している．非鉄スラグ製品の取扱いを行う上での参考資料として付録IIIとして掲載した．なお，本ガイドラインは日本鉱業協会のホームページに掲示されている〔日本鉱業協会　ホームページ：www.kogyo-kyokai.gr.jp/〕.

非鉄スラグ製品の製造・販売管理ガイドライン

1．主　　旨

日本鉱業協会スラグ委員会の「各会員及び製造販売する関係会社」(以下「各会員」という.）が非鉄スラグ製品（ここで非鉄スラグとは，フェロニッケルスラグ，銅スラグ，亜鉛スラグをいう.）を製造・販売するにあたり，取引を円滑に行うとともに，需要家（ここで需要家とは，各会員が行う非鉄スラグ製品の販売先のみではなく，非鉄スラグ製品の使用方法や施工方法を実質的に決定する者を含むものとする．また，ここで各会員の販売先とは，売買契約によって非鉄スラグ製品を購入する者をいう.）での利用に際し，適切な使用がなされるために，製造・販売者として遵守すべき事項を，本ガイドラインで定める．

なお，フェロニッケルスラグとは，JIS A 5011-2 の規定に準じ，ニッケル鉱石等を原料としてフェロニッケルを製造する際に副生するスラグを指し，銅スラグとは，JIS A 5011-3 の規定に準じ，銅精鉱等を原料として銅を製造する際に副生するスラグを指し，亜鉛スラグとは，亜鉛製錬所で亜鉛を製造する際に副生するスラグを指す．また，非鉄スラグ製品の使用方法や施工方法を実質的に決定する者とは，施主，施工業者，設計コンサルタントなどを指す．

なお，各会員とは，日本冶金工業㈱，大平洋金属㈱，住友金属鉱山㈱，三菱マテリアル㈱，パンパシフィック・カッパー㈱，三井金属鉱業㈱，DOWA メタルマイン㈱を指す．また，対象となる製造・販売する関係会社及び事業所は，日本冶金工業㈱大江山製造所，宮津海陸運輸㈱，大平洋金属㈱八戸本社(製造所)，住友金属鉱山㈱東予工場，㈱日向製錬所，住鉱物流㈱，日比共同製錬㈱玉野製錬所，パンパシフィック・カッパー㈱日比製煉所，パンパシフィック・カッパー㈱佐賀関製錬所，小名浜製錬㈱，三菱マテリアル㈱直島製錬所，八戸製錬㈱，三池製錬㈱とする．

2．非鉄スラグ製品の適用範囲

2-1．非鉄スラグ製品

本ガイドラインは,「各会員」が製造・販売する全ての非鉄スラグ製品に適用する．

(1)　非鉄スラグの用途は，別紙１—非鉄スラグ製品の使用場所・用途に示されているものに限定し，それ以外の用途に使用してはならない．新たな用途を追加する場合は，各会員が，日本鉱業協会に申請・協議し追加するものとする．

(2)　非鉄スラグ製品は，製造を行う主体により下記の様に区分する．

①「各会員」が自ら非鉄スラグのみで製品を製造する場合

「各会員」が自ら非鉄スラグのみで非鉄スラグ製品を製造する場合には，その製品を本ガイドラインにおける非鉄スラグ製品とする．

②「各会員」が自ら他の材料と混合調製（非鉄スラグを破砕・整粒し，他材と混合し，非鉄スラグ製品を加工・製造すること）する場合

「各会員」が自ら非鉄スラグ（他の各会員及び製造・販売する関係会社から購入したものを含む）と他の材料を混合調製した後，そのままの状態で使用される場合には，混合調製後の製品を本ガイドラインにおける非鉄スラグ製品とする．

③「各会員」が販売した後,「各会員」以外の第三者が他の材料と混合調製する場合

「各会員」が非鉄スラグを「各会員」以外の第三者に販売した後で,「各会員」以外の第三者が非鉄ス

ラグと他の材料を混合調製した場合は，非鉄スラグ製品の対象外とする．但し，「各会員」は販売に際し，第三者が遵守すべき事項（混合率等の使用条件等）を提示し，その内容について第三者との契約を取り交わさなければならない．

また，第三者が契約時に締結した事項が確実に実施されている事を確認しなければならない．

(3)「各会員」が非鉄スラグをブラスト材として販売する場合，使用後，廃掃法等を遵守し処理されることを確認しなければならない．

2-2．廃棄物として処理される非鉄スラグの扱い

「各会員」は，使用場所・用途に応じて適用する品質及び/又は環境安全品質を満たさない非鉄スラグは非鉄スラグ製品として販売しない．「廃棄物の処理及び清掃に関する法律」に従って，適正に処理しなければならない．

3．各会員及び製造・販売する関係会社の責務

「各会員」は，本ガイドラインに定める事項に従い，自社の「非鉄スラグ製品に関わる管理マニュアル」を整備するものとし，非鉄スラグ製品の製造・販売にあたっては，本ガイドライン並びに当該自社のマニュアルを遵守しなければならない．

「各会員」は，本ガイドライン等を遵守することを通じて，法令遵守はもとより，非鉄スラグ製品の品質に対する懸念，非鉄スラグ製品に起因する生活環境の保全上の支障が発生するおそれ等を未然に防止するとともに，非鉄スラグ製品への信頼の維持・向上に努めなければならない．

4．非鉄スラグ製品の品質管理

4-1．備えるべき環境安全品質

① 「各会員」は，非鉄スラグ製品が備えるべき環境安全品質として，法律，法律に基づく命令，条例，規則及びこれらに基づく通知（以下「法令等」という．），JIS，国・自治体の各種仕様書や学会・協会等の最新の要綱・指針で定められているものがある場合は，これを遵守しなければならない．

② 「各会員」は，非鉄スラグ製品の使用場所を管轄する自治体が定めるリサイクル認定等の独自の認定制度に適合する製品として，非鉄スラグ製品を販売するときは，当該認定に関して自治体が定める環境安全品質基準に従わなければならない．

③ 「各会員」は，法令等，JIS，国・自治体の各種仕様書や学会・協会等の最新の要綱・指針などに明確な環境安全品質の定めがない場合は，非鉄スラグ製品の環境安全品質の適合性については，使用される場所等や用途に応じて適用される基準（別紙2—非鉄スラグ製品の使用場所・用途に応じて適用する環境安全品質基準参照）を遵守しなければならない．

4-2．前項の環境安全品質以外の品質規格等

① 非鉄スラグ製品が備えるべき品質規格等として，法令等，JIS，国・自治体の各種仕様書や学会・協会等の最新の要綱・指針等で定められているものがある場合は，「各会員」は，これを遵守しなければならない．

② 「各会員」は，非鉄スラグ製品の使用場所を管轄する自治体が定めるリサイクル認定等の独自の認定制度に適合する製品として，非鉄スラグ製品を販売するときは，当該認定に関して自治体が定める品質規格等に従わなければならない．

③ 法令等，JIS，国・自治体の各種仕様書や学会・協会等の最新の要綱・指針等で明確な品質規格等の定めがない場合は，各会員及び製造・販売する関係会社は，需要家との間で品質規格等を取り決め，これを遵守しなければならない．

4-3．出荷検査

非鉄スラグ製品の出荷検査は，原則として，「各会員」により，JIS，本ガイドラインまたは需要家との間

の取り決めに従い行われることとする．

但し，非鉄スラグ製品の環境安全品質に係る環境安全形式検査は，JIS Q 17025 若しくは JIS Q 17050-1 及び JIS Q 17050-2 に適合している試験事業者，または環境計量証明事業者として登録されている分析機関により，別紙 2 に示す試験頻度で実施しなければならない．環境安全受渡検査は，社内分析で行ってもよい．但し，JIS Q 17025 若しくは JIS Q 17050-1 及び JIS Q 17050-2 に適合している試験事業者，または環境計量証明事業者として登録されている分析機関での分析を 1 年に 1 回以上行い，社内分析の検証を行うことが必要である．別紙 2 に示す製造ロットとは，工場ごとの製造実態，品質管理実態に応じて，「各会員」が規定するものとする．

また，その結果に係る記録については，少なくとも 10 年以上の保管期限を定めて保管されなければならない．なお，保管記録は，電子データでも可とする．また，本ガイドラインにおいての環境計量証明事業者とは，計量法に基づく計量証明の事業区分が「水又は土壌中の物質の濃度に係わる事業」の登録を受けた者とする．

また，需要家から要求があった場合には，「各会員」は，環境安全品質に係る記録を提出することとする．

5．非鉄スラグ製品の置場・保管管理

「各会員」は，スラグ専用置場を設けて，置き場外への流出や異物が混入しないよう，また，周辺地域への飛散などによる悪影響を避けるなどの対策を講じて，適切な保管管理を行う．仮設の置き場を設置する場合には，特に置き場外への飛散防止や異物混入防止に留意し，適切に管理を行うものとする．

6．非鉄スラグ製品の販売管理

6-1．非鉄スラグ製品の用途指定

「各会員」は，非鉄スラグ製品が，適切に有効活用されるように，別紙 1 の用途にのみ販売するものとする．

6-2．需要家の審査

「各会員」は，需要家の用途などの適合性を審査し，適合した需要家にのみ販売するものとする．また，以下の項目について需要家の審査を行う．販売先が需要家と異なる場合は，販売先と需要家について審査するものとする．

■審査事項

・当該取引の用途などの内容説明にあいまいな点の有無
・各会員及び製造・販売する関係会社の社内コンプライアンス規定に基づく確認
・需要家の過去の行政処分情報（入札停止処分等）の有無，（内容の確認）
・需要家の過去の取引履歴における問題の有無
・需要家の会社の業務内容，経営情報に不審な点の有無

6-3．受　注　前

(1)　需要家への品質特性の説明

「各会員」は，需要家から非鉄スラグ製品の引合いがあった場合は，需要家が法令を遵守するとともに，不適切な使用により生じ得る環境負荷に関する理解を深めるために，用途に応じてパンフレットや技術資料を提供するなど，需要家に対して書面で非鉄スラグ製品の品質特性と使用上の注意事項を説明しなければならない．

(2)　受注前現地調査要否の判断，受注可否の判断，施工中及び施工後の調査要否の判断

「各会員」は，需要家から非鉄スラグ製品の引合いがあった場合は，需要家から使用場所（運送，施工中の一時保管場所を含む．以下同じ），使用状態，施工内容，施工方法などの説明を受けた上で，使用場所の現地調査の要否を判断し，必要と判断される場合には現地調査を行わなければならない．当該現地調査を踏まえ，事前に関係者間で協議した結果，施工中（一時保管場所を含む），施工後を通じて必要な対策を講じてもなお，法令違反を惹起する疑い，または生活環境の保全上の支障が発生するおそれがある場合は，

各会員及び製造・販売する関係会社は，販売を見合わせなければならない．また，販売可能と判断したものについて，各会員及び製造・販売する関係会社は，施工中・施工後の調査の要否を判断し，必要と判断される場合には施工中・施工後の調査をしなければならない．

使用場所の現地調査項目は，「各会員」にて，予め定めるものとする．

受注前現地調査により販売可能と判断した場合においても，「各会員」は，施工中及び施工後の留意点について，需要家に説明するとともに，必要に応じて行政・近隣住民との事前協議を行うこととする．

(3) 受注前現地調査の実施基準，受注可否の判断基準，施工中及び施工後の調査の実施基準

① 使用場所の受注前現地調査の実施基準，② 受注前現地調査の結果に基づいた受注可否判断基準，③ 施工中・施工後の現地調査の実施基準は，各会員及び製造・販売する関係会社にて予め定めるものとする．但し，少なくとも3 000 t以上の案件については，各会員及び製造・販売する関係会社は，受注前現地調査を実施しなければならない．

(4) 販売上の留意点

① 「各会員」は，非鉄スラグ製品の販売において，販売先に対し，有償で販売しなければならない．

各会員及び製造・販売する関係会社が支払う運送費が販売代金以上となるおそれがある場合は，各会員及び製造・販売する関係会社は，販売先及び施工業者以外の第三者を運送業者として選定しなければならない．

② 出荷場所と使用場所の関係から，運送費が販売代金以上となるおそれがある場合は，「各会員」は，あらかじめ複数の運送業者から見積もりを取るなど運送費の妥当性を検証しなければならない．

③ 「各会員」は，販売した非鉄スラグ製品は原則転売・転用を禁止とし，転売・転用をする場合は販売者の了解を得ることを購入者に書面にて周知徹底しなければならない．

(5) 受注前現地調査，需要家との面談等の記録

受注前現地調査，需要家との面談，需要家に非鉄スラグ製品の品質特性と使用上の注意事項の説明を行った事実等については，「各会員」は，予め各会員にて定める様式により記録に留め，少なくとも納入完了から10年以上の保管期限を定めて保管しなければならない．また，需要家との間で取り決めた品質規格等については，「各会員」は書面で需要家に提出しなければならない．

≪調査項目≫

①調査年月日　②工事名　③施工場所　④施主名　⑤施工業者名　⑥用途：具体的な用途を記入　⑦規格，非鉄スラグ製品の種類　⑧納入時期・工期　⑨数　量　⑩他のリサイクル材との共同使用の有無　⑪施工場所の状況　⑫施工中の保管場所　⑬輸送方法，輸送中の一時保管場所

≪決定項目≫

① 施工中状況調査の要否

② 施工後の追跡調査の要否

(6) 新規納入事案に対する社内承認

「各会員」は，量の多少を問わず，新規納入事案については，事前入手情報・現地調査結果等を基に各社で定める審査・承認を受ける．審査結果は様式に定めるところに記入し，関係者回覧の上，期限を定めて保管する．

6-4．受注・納入

(1) 受注を決定し，非鉄スラグ製品を納入する場合には，「各会員」は，需要家との契約条件に従って試験成績表を提出しなければならない．

(2) 非鉄スラグ製品が使用される場所に応じて適用される環境安全品質とそれへの適合性については，「各会員」は，契約書あるいはその他の方法で需要家に提示しなければならない．コンクリート用銅スラグ骨材及びアスファルト混合物用銅スラグ骨材は，環境安全形式検査成績表と単位量の上限を提出しなければならない．また，銅スラグ骨材，亜鉛スラグ骨材を，二次製品の意匠材として使用する場合も，単位量の上限を規定しなければならない．その場合，単位量は，二次製品全体で評価するものとする．

(3) 各会員及び製造・販売する関係会社は，非鉄スラグ製品を納入する場合は，法に基づき，需要家に安全

性データシート（英：Safety Data Sheet，略称 SDS）を発行しなければならない．

6-5．非鉄スラグ製品の運送

非鉄スラグ製品の運送に際しては，「各会員」は，代金受領，運搬伝票等で非鉄スラグ製品が確実に需要家に届けられたこと確認しなければならない．また，需要家が製造元及び販売元を確認できるように，納入伝票等には，製造元及び販売元の各会員名称を記載しなければならない．

6-6．施工中の調査

(1)「各会員」は，必要に応じて施工場所（運送，一時保管を含む）の調査を実施しなければならない．特に，粉塵対策が重要である．但し，3 000 t 以上の案件については，各会員及び製造・販売する関係会社は，施工中の調査を必ず実施しなければならない．なお，「各会員」は，施工中の調査結果を記録に留め，少なくとも 10 年以上の保管期限を定め保管しなければならない．

(2) 状況確認の結果，運送，保管，施工に際して，非鉄スラグ製品の取扱い等に不具合が認められる場合は，「各会員」は，必ず需要家に正しい取扱い方法について注意喚起し，それを記録に留め，少なくとも 10 年以上の保管期限を定めて保管しなければならない．また，必要に応じて行政庁と協議し，それを記録に留め，少なくとも 10 年以上の保管期限を定めて保管しなければならない．

特に，施工中の非鉄スラグ製品の「各会員」および需要家による製造事業所外での一時保管については，各会員及び製造・販売する関係会社は，定期的に見回り調査を実施し，粉塵対策等の実施状況を調査・点検し，記録するとともに，「各会員」および需要家による一時保管において在庫過多による野積みが生じないよう，「各会員」および需要家での在庫は使用量の 3 ヵ月分を上限の目処とする．3 ヵ月以上の長期間にわたり利用されずに放置されている場合には，「各会員」は，速やかにその解消を指導し，指導に従わない場合は，行政と相談の上，撤去を含め，速やかな対策を講じなければならない．

(3) 6-3 (2)で受注前に施工中の調査を不要と判断したものについても，問題発生のおそれのあるものについては，「各会員」は，調査を実施しなければならない．

7．施工後の調査

(1)「各会員」は，施工場所や利用用途等の特徴に応じて，施工後の調査の期間，頻度についての判断基準を定めなければならない．また，「各会員」は，施工後の施工場所の状況に応じて，調査期間の延長や頻度の見直しを実施しなければならない．但し，少なくとも 3 000 t 以上の案件については，「各会員」は，施工後の調査を実施しなければならない．尚，ケーソン中詰材，SCP 等の事後確認が不可能な場合は，施工中の確認で代用してもよい．

(2) 事前の現地調査で施工後の調査が必要と判断された場合は，「各会員」は，需要家と相談の上，施工後の調査を必要な期間，必要な頻度で行い，調査結果を記録に留め，少なくとも 10 年以上の保管期限を定め保管しなければならない．

(3) 施工後の調査の結果，施工後使用場所に環境への影響が懸念される場合は，「各会員」は，速やかに需要家と協議し，それが非鉄スラグ製品の品質に起因する場合，必要な措置を講じなければならない．需要家における使用が原因の場合，「各会員」は，需要家に対して，必要な注意喚起を行わなければならない．これらにあたり，「各会員」は，必要に応じ行政と協議することとする．「各会員」は，これらについて記録に留め，少なくとも 10 年以上の保管期限を定め保管しなければならない．

(4)「各会員」は，施工後の調査を必要なしと判断した案件においても，使用場所に異常が認められた場合は，前項に準じる．

8．行政・住民等からの指摘・苦情等が発せられたとき及びその懸念が生じたときの対応

非鉄スラグ製品の運送・一時保管・施工中・施工後の一連のプロセスにおいて，行政・住民等からの指摘・苦情等が発せられたとき，またはその懸念が生じたときは，その原因が非鉄スラグ製品に起因するか否かを問わず，「各会員」は，需要家と協力して速やかに原因究明にあたるとともに，非鉄スラグ製品に起因する場合は，

需要家と，必要に応じて行政・住民等と協議の上，適切な対策をとることとし，需要家その他の関係者の行為に起因する場合には，必要に応じ当該関係者に注意喚起を行い，必要に応じて行政庁と協議することとする．

また，非鉄スラグ製品に起因するか否かを問わず，「各会員」は，非鉄スラグ製品に対する信頼･評価が毀損されることがないよう適切かつ迅速な対応を図ることとする．これらの対応は「各会員」が主導し，販売会社と相互協力して行うこととする．本項の措置については記録に留め，少なくとも10年以上の保管期限を定め保管しなければならない．

行政・住民等からの重大な指摘・苦情等が発せられたときは，日本鉱業協会に報告する．

9．マニュアルの整備と運用遵守状況の点検及び是正措置

「各会員」は，本ガイドラインに定める事項を，自社の非鉄スラグ製品に関わる管理マニュアルとして整備しなければならない．

「各会員」は，ガイドライン及びマニュアルの社内教育を定期的に実施し，自社のマニュアルの規定に従い運用しているかどうか，保管すべき記録を保管しているかどうか等マニュアルの運用遵守状況について，定期的に点検を行い，不適正な運用がなされている場合には是正措置を講じなければならない．なお，教育・点検及びその是正措置については記録に留め，少なくとも10年以上の保管期限を定め保管しなければならない．

また，「各会員」は，需要家（販売会社や販売代理店を含む）に対しても，ガイドライン及びマニュアルの教育を実施し，非鉄スラグ製品の製造・販売に関わる遵守事項を周知徹底することとする．

10．日本鉱業協会への報告と点検

⑴　「各会員」は，ガイドラインに基づく活動状況を半期毎に日本鉱業協会に報告しなければならない．

⑵　「各会員」は，自社の運用マニュアルに基づいた運用状況を確認するために，第三者機関による監査を1年に1回定期的に実施することとする．

⑶　日本鉱業協会は，各社から提出された半期ごとの報告及び1年毎の第三者機関による監査報告書を有識者の助言を得て確認するものとする．

11．ガイドラインの定期的な点検・整備

本ガイドラインは，有識者の助言を得て少なくとも1回/年の点検を行い，日本鉱業協会は必要に応じて改正を行う．

（本ガイドライン制定・改正）

2005年9月30日制定
2008年2月1日改正
2015年9月30日改正
2016年2月25日改正
2017年9月30日改正

以上

別紙 1

非鉄スラグ製品の使用場所・用途

使 用 可：○

使用不可：—

<table>
<tr><th colspan="3">用　途</th><th colspan="3">非鉄スラグ</th></tr>
<tr><th>大区分</th><th>中区分</th><th>小区分</th><th>フェロニッケルスラグ</th><th>銅スラグ</th><th>亜鉛スラグ</th></tr>
<tr><td rowspan="5">コンクリート工</td><td rowspan="3">一般用途</td><td>細骨材</td><td>○</td><td>○</td><td>—</td></tr>
<tr><td>粗骨材</td><td>○</td><td>—</td><td>—</td></tr>
<tr><td>レジコン用混和材</td><td>○</td><td>—</td><td>—</td></tr>
<tr><td rowspan="2">港湾用途</td><td>細骨材</td><td>○</td><td>○</td><td>—</td></tr>
<tr><td>粗骨材</td><td>○</td><td>—</td><td>—</td></tr>
<tr><td colspan="2">コンクリート二次製品</td><td>細骨材</td><td>○</td><td>○</td><td>○</td></tr>
<tr><td rowspan="5">舗装工</td><td>アスファルト混合物</td><td>アスファルト混合物用骨材</td><td>○</td><td>○</td><td>—</td></tr>
<tr><td rowspan="2">路盤材</td><td>路盤材用骨材</td><td>○</td><td>—</td><td>—</td></tr>
<tr><td>路盤材</td><td>○</td><td>—</td><td>—</td></tr>
<tr><td rowspan="2">路床材</td><td>路床材用骨材</td><td>○</td><td>—</td><td>—</td></tr>
<tr><td>路床材</td><td>○</td><td>—</td><td>—</td></tr>
<tr><td rowspan="9">土工</td><td rowspan="4">一般用途</td><td>盛土材，覆土材，積載盛土材</td><td>○</td><td>—</td><td>—</td></tr>
<tr><td>造成材，埋戻材</td><td>○</td><td>—</td><td>—</td></tr>
<tr><td>地盤改良材</td><td>○</td><td>—</td><td>—</td></tr>
<tr><td>その他</td><td>○</td><td>—</td><td>—</td></tr>
<tr><td rowspan="5">港湾用途</td><td>ケーソン中詰材</td><td>○</td><td>○</td><td>○</td></tr>
<tr><td>地盤改良材</td><td>○</td><td>○</td><td>—</td></tr>
<tr><td>裏込材</td><td>○</td><td>○</td><td>—</td></tr>
<tr><td>藻場，浅場，干潟，覆砂材</td><td>○</td><td>—</td><td>—</td></tr>
<tr><td>埋立材，裏埋材</td><td>○</td><td>—</td><td>—</td></tr>
<tr><td colspan="2" rowspan="2">建築用途</td><td>建材用原料</td><td>○</td><td>○</td><td>○</td></tr>
<tr><td>建築資材</td><td>○</td><td>—</td><td>—</td></tr>
<tr><td colspan="2">ブラスト材</td><td>サンドブラスト材</td><td>○</td><td>○</td><td>○</td></tr>
<tr><td colspan="2" rowspan="6">原　料</td><td>鋳物砂</td><td>○</td><td>—</td><td>—</td></tr>
<tr><td>セメント用原料</td><td>○</td><td>○</td><td>○</td></tr>
<tr><td>肥料材料</td><td>○</td><td>—</td><td>—</td></tr>
<tr><td>造滓材</td><td>○</td><td>—</td><td>—</td></tr>
<tr><td>製鉄用鉄源</td><td>—</td><td>○</td><td>—</td></tr>
<tr><td>溶接用フラックス</td><td>○</td><td>—</td><td>—</td></tr>
</table>

別紙2
2017.9.30

非鉄スラグ製品の製造・販売管理ガイドラインの環境安全品質基準

用途 大区分	用途 中区分	用途 小区分	試料の種類	判定基準値 フェロニッケルスラグ	判定基準値 銅スラグ	判定基準値 亜鉛スラグ	試験方法	分析項目	試験頻度	根拠
コンクリート工	一般用途	細骨材	＜環境安全形式検査＞ スラグ骨材又は利用模擬試料 ＜環境安全受渡検査＞ スラグ骨材試料	＜環境安全形式検査＞ 環境安全品質基準 （土壌環境基準） ＜環境安全受渡検査＞ 環境安全受渡判定値	＜環境安全形式検査＞ 環境安全品質基準 （土壌環境基準） ＜環境安全受渡検査＞ 環境安全受渡判定値		JIS A 5011-2，3	＜環境安全形式検査＞ FNS・FNG・CUS 8項目（Cd，Pb，Cr（VI），As，Hg，Se，F，B） ＜環境安全受渡検査＞ FNS・FNG：1項目（F） CUS：3項目（Cd，Pb，As）	＜環境安全形式検査＞ 3年以内に1回 ＜環境安全受渡検査＞ 1回/製造ロット	FNS・FNG　JIS A 5011-2 CUS　JIS A 5011-3
		粗骨材								
		レジコン用混和材								
	港湾用途	細骨材	＜環境安全形式検査＞ スラグ骨材又は利用模擬試料 ＜環境安全受渡検査＞ スラグ骨材試料	＜環境安全形式検査＞ 環境安全品質基準 （港湾用溶出基準） ＜環境安全受渡検査＞ 環境安全受渡判定値	＜環境安全形式検査＞ 環境安全品質基準 （港湾用溶出基準） ＜環境安全受渡検査＞ 環境安全受渡判定値		JIS A 5011-2，3	＜環境安全形式検査＞ FNS・FNG・CUS 8項目（Cd，Pb，Cr（VI），As，Hg，Se，F，B） ＜環境安全受渡検査＞ FNS・FNG：1項目（F） CUS：3項目（Cd，Pb，As）	＜環境安全形式検査＞ 3年以内に1回 ＜環境安全受渡検査＞ 1回/製造ロット	FNS・FNG　JIS A 5011-2 CUS　JIS A 5011-3
		粗骨材								
		レジコン用混和材								
コンクリート二次製品		細骨材	＜環境安全形式検査＞ スラグ骨材又は利用模擬試料*2 ＜環境安全受渡検査＞ スラグ骨材試料	＜環境安全形式検査＞ 環境安全品質基準 （土壌環境基準） ＜環境安全受渡検査＞ 環境安全受渡判定値	＜環境安全形式検査＞ 環境安全品質基準 （土壌環境基準） ＜環境安全受渡検査＞ 環境安全受渡判定値	＜環境安全形式検査＞ 環境安全品質基準 （土壌環境基準） ＜環境安全受渡検査＞ 環境安全受渡判定値	JIS A 5011-2，3	＜環境安全形式検査＞ FNS・FNG・CUS 8項目（Cd，Pb，Cr（VI），As，Hg，Se，F，B） ZNS：1項目（Pb） ＜環境安全受渡検査＞ FNS・FNG：1項目（F） CUS：3項目（Cd, Pb, As）　ZNS：1項目（Pb）	＜環境安全形式検査＞ 3年以内に1回 ＜環境安全受渡検査＞ 1回/製造ロット	FNS・FNG　JIS A 5011-2 CUS　JIS A 5011-3 ZNS　JIS A 5011-3に準拠
舗装工	アスファルト混合物	アスファルト混合物用骨材	＜環境安全形式検査＞ スラグ骨材又は利用模擬試料 ＜環境安全受渡検査＞ スラグ骨材試料	＜環境安全形式検査＞ 環境安全品質基準 （土壌環境基準） ＜環境安全受渡検査＞ 環境安全受渡判定値	＜環境安全形式検査＞ 環境安全品質基準 （土壌環境基準） ＜環境安全受渡検査＞ 環境安全受渡判定値		JIS A 5011-2，3	＜環境安全形式検査＞ FNS・FNG・CUS 8項目（Cd，Pb，Cr（VI），As，Hg，Se，F，B） ＜環境安全受渡検査＞ FNS・FNG：1項目（F） CUS：3項目（Cd，Pb，As）	＜環境安全形式検査＞ 3年以内に1回 ＜環境安全受渡検査＞ 1回/製造ロット	土壌環境基準 建設分野の規格への環境側面の導入に関する指針 付属書II 道路用スラグに環境安全性品質及びその検査法を導入するための指針（暫定的に適用）
	路盤材	路盤材用骨材	＜環境安全形式検査＞ スラグ骨材又は利用模擬試料 ＜環境安全受渡検査＞ スラグ骨材試料	＜環境安全形式検査＞ 環境安全品質基準 （土壌環境基準） ＜環境安全受渡検査＞ 環境安全受渡判定値			JIS K 0058-1	＜環境安全形式検査＞ FNS・FNG 8項目（Cd，Pb，Cr（VI），As，Hg，Se，F，B） ＜環境安全受渡検査＞ FNS・FNG：1項目（F）		
		路盤材	＜環境安全形式検査＞ 利用模擬試料 ＜環境安全受渡検査＞ 非鉄スラグ試料							
	路床材	路床材用骨材	＜環境安全形式検査＞ スラグ骨材又は利用模擬試料 ＜環境安全受渡検査＞ スラグ骨材試料							
		路床材	＜環境安全形式検査＞ 利用模擬試料 ＜環境安全受渡検査＞ 非鉄スラグ試料							
土工	一般用途	盛土材，覆土材，積載盛土材	非鉄スラグ試料	土壌汚染対策法・ 土壌環境基準			環告18，19号	8項目（Cd，Pb，Cr（VI），As，Hg，Se，F，B）	1回/製造ロット	土壌汚染対策法・ 土壌環境基準
		造成材，埋戻材								
		地盤改良材								
		その他								
	港湾用途	ケーソン中詰材	非鉄スラグ試料	港湾用溶出基準	港湾用溶出基準	港湾用溶出基準	JIS K 0058-1	8項目（Cd，Pb，Cr（VI），As，Hg，Se，F，B）	1回/製造ロット	港湾用溶出量基準 建設分野の規格への環境側面を導入する為の総合報告書 （暫定的に適用）
		地盤改良材		港湾用溶出基準	港湾用溶出基準	—	JIS K 0058-1			
		裏込材，裏埋材		土壌汚染対策法・ 土壌環境基準 （港湾用溶出基準*1）	土壌汚染対策法・ 土壌環境基準 （港湾用溶出基準*1）	土壌汚染対策法・ 土壌環境基準 （港湾用溶出基準*1）	環告18，19号 （JIS K 0058-1，2）			
		藻場，浅場，干潟覆砂材		港湾用途基準・ 土壌汚染対策法（含有量）	—	—	JIS K 0058-1 環告19号			
		埋立材		土壌汚染対策法・ 土壌環境基準	—	—	環告18，19号			土壌汚染対策法・ 土壌環境基準
建築用途		建材用原料	非鉄スラグ試料	原料としての納入であり，協議により決定						
		建築資材	非鉄スラグ試料	土壌汚染対策法・ 土壌環境基準			環告18，19号	8項目（Cd，Pb，Cr（VI），As，Hg，Se，F，B）	1回/製造ロット	土壌汚染対策法・ 土壌環境基準
ブラスト材		サンドブラスト材	非鉄スラグ試料	使用者と協議により決定	■使用後の処理は，廃棄物の処理及び清掃に関する法律の基準遵守					
原料		鋳物砂	非鉄スラグ試料	原料としての納入であり，協議により決定						
		セメント用原料	非鉄スラグ試料	原料としての納入であり，協議により決定						
		肥料材料	非鉄スラグ試料	原料としての納入であり，協議により決定						
		造滓材	非鉄スラグ試料	原料としての納入であり，協議により決定						
		製鉄用鉄源	非鉄スラグ試料	原料としての納入であり，協議により決定						
		溶接用フラックス	非鉄スラグ試料	原料としての納入であり，協議により決定						

＊1）土壌と区分されている場合は，港湾用溶出量基準を適用する．
＊2）銅スラグ細骨材，亜鉛スラグ細骨材の形式検査の判定は，二次製品として評価するものとする．
＊3）別紙2でFNSはフェロニッケルスラグ細骨材，FNGはフェロニッケル粗骨材，CUSは銅スラグ細骨材，ZNSは亜鉛スラグ細骨材を指す．

付録IV　フェロニッケルスラグ骨材に関する文献リスト

1）フェロニッケルスラグのコンクリート用細骨材としての利用に関する研究（中間報告），土木学会コンクリート委員会スラグ小委員会，1984.7

2）フェロニッケルスラグのコンクリート用細骨材としての利用に関する研究，土木学会コンクリート委員会スラグ小委員会，1985.7

3）コンクリート用細骨材としてのフェロニッケルスラグの利用に関する研究(中間報告)，日本建築学会材料施工委員会第1分科会骨材小委員会フェロニッケルスラグ検討ワーキンググループ，1984.4

4）コンクリート用細骨材としてのフェロニッケルスラグの利用に関する研究，日本建築学会材料施工委員会第1分科会骨材小委員会フェロニッケルスラグ検討ワーキンググループ，1985.7

5）コンクリート用細骨材としてのフェロニッケルスラグの品質基準(案)，日本建築学会材料施工委員会第1分科会骨材小委員会フェロニッケルスラグ検討ワーキンググループ，1986.3

6）廃棄物の建築事業への利用可能性に関する研究（その1），建設省建築研究所，1983.3

7）廃棄物の建築事業への利用可能性に関する研究（その2），建設省建築研究所，1984.3

8）廃棄物の建築事業への利用可能性に関する研究（その3），建設省建築研究所，1985.3

9）廃棄物の建築事業への利用可能性に関する研究（その4），建設省建築研究所，1986.3

10）ニッケルの概要，日本鉱業協会ニッケル委員会，1981.5

11）秋山　淳，山本泰彦：コンクリート用細骨材としてのフェロニッケルスラグの利用，土木学会論文集，第366号/V4，pp.103-112，1986.2

12）秋山　淳，山本泰彦：フェロニッケルスラグのアルカリシリカ反応性，土木学会論文集，第378号/V6，pp.157-163，1987.9

13）秋山　淳，山本泰彦：フェロニッケルスラグ微粉末のアルカリシリカ反応抑制効果，第3回コンクリート工学年次講演会論文集，pp.603-608，1987

14）嵩　英雄，和泉意登志，篠崎征夫，奥野　亨：蛇紋岩骨材に起因するコンクリートのポップアウト，セメント，コンクリート，No.426，pp.8-15，1982.8

15）和泉意登志，嵩　英雄，篠崎征夫，奥野　亨：蛇紋岩骨材に起因するコンクリートのポップアウトについて，第3回コンクリート工学年次講演会論文集，pp.149-152，1981

16）椥場重正，川村満紀，本多宗高，助田佐古エ門：コンクリート用骨材としての高炭素フェロクロームスラグおよび高炭素フェロニッケルスラグの利用に関する研究，セメント，コンクリート，No.348，pp.30-38，1976.2

17）川村満紀，椥場重正：アルカリシリカ反応とその防止対策，土木学会論文集，第348号/V1，pp.13-26，1984.8

18）森野圭二：コンクリート骨材のポップアウトに関する研究，土木学会年次講演会概要集，Vol.90，pp.173-174，1978.9

19）川瀬清孝，飛坂基夫：フェロニッケルスラグのコンクリート用細骨材への利用に関する研究，日本建築学会大会学術講演会梗概集，pp.77-78，1983.9

20）沼沢秀夫，飛坂基夫：フェロニッケルスラグのコンクリート用細骨材への利用に関する基礎的実験，建材試験情報1，pp.7-14，1982.1

21）向井　毅，菊池雅史，石垣泰樹：産業廃棄物のコンクリート用骨材としての利用に関する基礎的検討，その1，日本建築学会大会学術講演会梗概集，pp.79-80，1983.9

22）向井　毅，菊池雅史，宮本俊次，石垣泰樹：産業廃棄物のコンクリート用骨材としての利用に関する基礎的検討，その2，日本建築学会大会学術講演会梗概集，pp.35-36，1984.10

23）児島孝之，和田教志，神谷　敏，春名義則：フェロニッケルスラグ細骨材を用いたコンクリートの乾燥収縮性状に関する一実験，土木学会関西支部年次学術講演会概要集，V-12，pp.1-2，1983.5

24）魚本健人，星野富夫：フェロニッケルスラグ細骨材を用いたコンクリートの強度特性，第38回セメント技

術大会議演要旨，pp.88-89，1984.5
25）小林正儿，田中　弘，高橋幸一，前原泰史：フェロニッケルスラグ細骨材を用いたコンクリートの耐凍害性，第6回コンクリート工学年次講演会論文集，pp.73-76，1984.7
26）秋山　淳，山本泰彦：コンクリートにおけるフェロニッケルスラグの利用に関する基礎研究，土木学会第38回年次学術講演会議演概要集，V-81，pp.161-162，1983.9
27）山本泰彦，秋山　淳：フェロニッケルスラグを用いたコンクリートの耐久性，第11回セメント，コンクリート討論会講演要旨集，pp.13-16，1984.10
28）秋山　淳，山本泰彦：フェロニッケルスラグを用いたコンクリートの長期安定性，土木学会第39回年次学術講演会議演概要集，V-62，pp.123-124，1984.10
29）魚本健人，星野富夫：フェロニッケルスラグ細骨材を用いたコンクリート強度，土木学会第38回年次学術講演会議演概要集，V-80，pp.159-160，1983.9
30）庄谷征美，杉田修一，菅原　隆：非鉄金属スラグコンクリートの2，3の問題点について，土木学会第41回年次学術講演会講演概要集，V-219，pp.435-436，1986.11
31）菅原　隆，庄谷征美，杉田修一：非鉄金属スラグコンクリートの耐久性について，土木学会第41回年次学術講演会議演概要集，V-220，pp.437-438，1986.11
32）菅原　隆，庄谷征美，杉田修一：非鉄金属スラグを用いたコンクリートの凍結融解抵抗性，セメント技術年報，Vol.41，pp.363-366，1987
33）魚本健人，出頭圭三：フェロニッケルスラグ製造時温度と骨材の反応性，セメント技術年報，Vol.40，pp.150-153，1986
34）秋山　淳，山本泰彦：フェロニッケルスラグを用いたコンクリートのポップアウト，土木学会論文集，第390号/V-8，pp.171-178，1988.2
35）小林正儿，加賀秀治，横山昌寛，杉山鉄男：フェロニッケルスラグのアルカリ骨材反応性について，コンクリート工学年次論文報告集11-1，pp.111-116，1989
36）佐々木政雄，渡辺正実，橋谷正泰：フェロニッケルスラグのポップアウト現象に関する実験研究，足利工業大学卒業研究梗概集，pp.55-58，1989
37）松尾泰明，武部博倫，太田能生，森永健次：フェロニッケルスラグの冷却条件と組織に関する研究，資源，素材学会誌，No.14，pp.1067-1071，1989
38）平井　宏，鍋谷　裕，竹内　甫，板迫征二：フェロニッケルスラグを用いたコンクリート，<消波ブロックの製造と暴露試験>，セメント，コンクリート，No.514，pp.41-48，1989.12
39）友澤史紀，加賀秀治，横山昌寛：フェロニッケルスラグ細骨材を用いたコンクリートのポンプ施工性に関する実験研究，日本鉱業協会フェロニッケルスラグ利用研究委員会報告書，pp.146-192，1990.3
40）横山昌寛：FNS細骨材JIS化に関する検討と今後の作業方針の提案，日本鉱業協会フェロニッケルスラグ利用研究委員会報告書，pp.193-222，1990.3
41）岡田　清：回転炉ニッケルスラグのコンクリート用細骨材としての利用研究，日本材料学会報告書，1980.2
42）杉田修一，庄谷征美，村井浩介：フェロアロイスラグを粗骨材として用いたコンクリートの諸性質について，土木学会第40回年次学術講演会議演概要集，V-5，pp.9-10，1985
43）杉田修一，庄谷征美，菅原　隆：フェロアロイスラグのコンクリート用粗骨材としての利用に関する基本的研究，コンクリート工学年次論文報告集，9-1，pp.1-6，1987
44）磯島康雄，庄谷征美，菅原　隆：フェロアロイスラグコンクリートの短長期力学特性について，土木学会東北支部技術研究発表会議演概要集，pp.420-421，1987
45）佐藤眞吾，庄谷征美，菅原　隆：フェロニッケルスラグのコンクリート用細骨材としての利用に関する2，3の研究，土木学会東北支部技術研究発表会話演概要集，pp.426-427，1989
46）再資源化の開発状況調査報告書，クリーンジャパンセンター，pp.189-201，1985.3
47）フェロニッケルスラグ細骨材JIS化に関する研究，日本鉱業協会フェロニッケルスラグ利用研究委員会，1988.11
48）星野富夫，魚本健人：フェロニッケルスラグ細骨材を用いたコンクリート強度とポロシチー，土木学会関

東支部技術研究発表会議演梗概集，pp.147-148，1984
49）長田紀晃，鍋谷　裕，庄谷征美：重量コンクリートを用いた消波ブロックの施工試験について，土木学会東北支部技術研究発表会，pp.540-541，1989.4
50）FNS モルタルポップアウト発現試験，日本鉱業協会ニッケル委員会，1985.7
51）フェロニッケルスラグ細骨材の各工場製造管理データ，日本鉱業協会フェロニッケルスラグ利用研究委員会報告書，1990.3
52）テトラポッド供試体による施工，暴露試験（中間報告書），日本鉱業協会フェロニッケルスラグ利用研究委員会，1988.5
53）フェロニッケルスラグコンクリート施工実績リスト，日本鉱業協会コンクリート用フェロニッケルスラグ細骨材の研究報告書，pp.377-455，1991.10
54）依田彰彦，横室　隆：フェロニッケルモルタルのポップアウトについて，日本建築学会大会学術講演梗概集，pp.563-564，1991.9
55）友澤史紀，横山昌寛：フェロニッケルスラグコンクリートの耐久性調査，日本鉱業協会フェロニッケルスラグ細骨材利用研究委員会報告書，pp.25-53，1990.3
56）加賀秀治，横山昌寛，鍋谷　裕：フェロニッケルスラグ細骨材の膨張性について，日本鉱業協会フェロニッケルスラグ細骨材利用研究委員会報告書，pp.54-65，1990.3
57）横山昌寛：フェロニッケルスラグ細骨材のアルカリシリカ反応におけるペシマム量に関するモルタルバー膨張試験，日本鉱業協会フェロニッケルスラグ細骨材利用研究委員会報告書，pp.67-72，1990.3
58）飛坂基夫，横山昌寛：フェロニッケルスラグ細骨材の膨張量抑制方法に関する基礎研究，日本鉱業協会フェロニッケルスラグ細骨材利用研究委員会報告書，pp.73-78，1990.3
59）阿部道彦：フェロニッケルスラグ細骨材の強度に関する品質評価，日本鉱業協会コンクリート用フェロニッケルスラグ細骨材研究委員会報告書，pp.51-76，1991.10
60）陳　庭，友澤史紀，田村政道：細骨材の表面乾燥飽水状態の測定に関する研究，日本建築学会大会学術講演梗概集，pp.77-78，1991.9
61）重量コンクリートによる 32 T 型テトラポッドの施工試験について，日本テトラポッド㈱，大平洋金属㈱，1990.10
62）依田彰彦：高性能 AE 減水剤を用いた FNS 細骨材コンクリートの品質に関する実験研究，日本鉱業協会コンクリート用フェロニッケルスラグ細骨材研究委員会報告書，pp.79-133，1991.10
63）松下公大，田村敬二：細骨材にフェロニッケルスラグを用いたコンクリートの配合と強度に関する実験，水曜会誌，Vol.16，No.7，pp.410-415，1968.10
64）横田　啓，西山　孝，平井　宏，村井浩介，鍋谷　裕：フェロニッケルスラグの骨材化―アルカリ骨材反応性について―，資源，素材学会秋期大会，pp.5-8，1990
65）フェロニッケルスラグ細骨材の基本的性能調査研究，建材試験センター，1980.3
66）非鉄製錬からみ類の実態と活用について，日本鉱業協会技術部，1963.9
67）庄谷征美：フェロニッケル砂と天然砂を混合使用したモルタル及びコンクリートの品質に関する基礎的検討，日本鉱業協会コンクリート用フェロニッケルスラグ細骨材研究委員会報告書，pp.135-223，1991.10
68）長瀧重義：FNS を用いたモルタルの ASR による膨張特性とフライアッシュによる反応性抑制効果に関する研究，日本鉱業協会コンクリート用フェロニッケルスラグ細骨材研究委員会報告書，pp.225-236，1991.10
69）田村　博：FNS 細骨材使用コンクリートのアルカリ骨材反応性試験，日本鉱業協会コンクリート用フェロニッケルスラグ細骨材研究委員会報告書，pp.237-258，1991.10
70）片山哲哉：フェロニッケルスラグの鉱物組成の検討，日本鉱業協会コンクリート用フェロニッケルスラグ細骨材研究委員会報告書，pp.259-288，1991.10
71）國府勝郎，横山昌寛：フェロニッケルスラグ細骨材の熱的性質に関する調査研究，日本鉱業協会コンクリート用フェロニッケルスラグ細骨材研究委員会報告書，pp.289-299，1991.10
72）コンクリート用フェロニッケルスラグ細骨材品質規準（案），日本鉱業協会コンクリート用フェロニッケル

スラグ研究委員会，1991.10

73) コンクリート用フェロニッケルスラグ細骨材研究報告概要集，日本鉱業協会コンクリート用フェロニッケルスラグ研究委員会，1991.12

74) M. Shoya, S. Sugita and Y. Tsukinaga : Freeze-Thaw Resistance of Ferro-Nickel Slag Sand Concrete, Proceedings of Workshop on Low Temperature Effects on Concrete, National Research Council Canada, 1991

75) 庄谷征美，杉田修一，鍋谷　裕：二種類のフェロニッケルスラグ細骨材を混合使用したコンクリートの品質について，セメント，コンクリート論文報告集，No. 46，pp.210-213，1992.12

76) F. Tomosawa, M. Yokoyama : An Experimental Study on Alkali Reactivity of Ferro-Nickel Slag Aggregate for Concrete, The 9th International Conference on Alkali-Aggregate Reaction in Concrete, pp.1067-1076, 1992.7

77) 横山昌寛，友澤史紀：コンクリート用フェロニッケルスラグ細骨材のアルカリ骨材反応性に関する研究，日本建築学会大会学術講演梗概集，pp.545-546，1992.8

78) フェロニッケルスラグ細骨材を用いたコンクリートのブリーディング特性と耐凍性に関する実験研究，日本建築学会フェロニッケルスラグ研究委員会資料，1992.10

79) 横山昌寛，飛坂基夫，川瀬清孝：フェロニッケルスラグ細骨材を用いたコンクリートのブリーディング特性および耐凍性に関する研究，日本建築学会大会学術講演会梗概集，1993.9

80) フェロニッケルスラグ細骨材コンクリートの運搬に伴う品質変化に関する実験研究，土木学会，日本建築学会フェロニッケルスラグ委員会資料，1992.9

81) 横室　隆，依田彰彦：フェロニッケルスラグを細骨材として用いたコンクリートの性質，コンクリート工学年次講演会論文集，15-1，pp.239-244，1993.6

82) 黒井登起雄，梶原敏孝，菊池雅史：混合細骨材中のフェロニッケルスラグ細骨材混合率の推定，日本建築学会大会学術講演梗概集，pp.427-428，1993.9

83) 黒井登起雄，梶原敏孝：混合細骨材中のフェロニッケルスラグ細骨材混合率の推定，土木学会第48回年次学術講演会議演概要集，pp.488-489，1993.9

84) 松村仁夫，黒井登起雄：フェロニッケルスラグ細骨材を用いたコンクリートの諸性質に関する研究，土木学会第48回年次学術講演会議演概要集，pp.486-487，1993.9

85) 庄谷征美，杉田修一，徳橋一樹：フェロニッケルスラグ砂を用いたコンクリートの凍結融解抵抗性，土木学会第46回年次学術講演会，pp.558-559，1991.9

86) 庄谷征美，杉田修一，戸川一夫，中本純次，平石信也：フェロニッケルスラグ細骨材コンクリートの品質について，セメント，コンクリート論文集，No. 47，pp.166-171，1993.12

87) 戸川一夫，庄谷征美，高津行秀，斉藤賢三：フェロニッケルスラグ細骨材を用いたコンクリートの諸性質，コンクリート工学年次論文報告集，pp.245-250，1993.6

88) 依田彰彦，横室　隆：フェロニッケルモルタルのポップアウトについて，日本建築学会大会学術講演梗概集，pp.563-564，1991.9

89) 黒井登起雄，松村仁夫，梶原敏幸，鍋谷　裕，庄谷征夷：混合細骨材の混合率推定及び均一性試験方法の提案，第20回セメント，コンクリート研究討論会論文報告集，1993.11

90) 依田彰彦，横室　隆：フェロニッケルスラグ細骨材コンクリート，10年までの性質，第20回セメント，コンクリート研究討論会論文報告集，pp.31-36，1993.11

91) 依田彰彦：高性能AE減水剤を用いたFNS細骨材コンクリートの品質に関する実験研究，日本鉱業協会コンクリート用フェロニッケルスラグ細骨材研究委員会報告書，pp.79-133，1991.10

92) 日本工業規格：JIS A 5011（コンクリート用スラグ骨材）および同解説，日本規格協会，1991.10

93) 横室　隆，依田彰彦：コンクリート硬化体の組織に関する実験的研究（その2　細骨材としてフェロニッケルスラグを用いた場合），足利工業大学研究集録第18号，pp.133-136，1992.3

94) 日本鉱業協会：コンクリート用フェロニッケルスラグ細骨材について，月刊　生コンクリート，Vol. 12，No. 2，1993.2

95) 横室　隆，依田彰彦：フェロニッケルスラグを細骨材として用いたコンクリートの性質，コンクリート工学協会年次論文報告集，第18号，15-Ⅰ，pp.239-244，1993.6

96) 土木学会：コンクリートライブラリー　78　フェロニッケルスラグ細骨材コンクリート施工指針（案），1994

97) 日本建築学会：フェロニッケルスラグ細骨材を用いるコンクリートの設計施工指針（案），同解説，1994

98) GUIDLINES FOR CONSTRACTION USING FERRONICKEL SLAG FINE AGGREGATE, JSCE Committee on Ferronickel Slag Fine Aggregate, January 1994

99) 國府勝郎，川瀬清孝：フェロニッケルスラグ細骨材のコンクリートへの利用，コンクリート工学，Vol. 32，No. 2，pp.15-22，1994.2

100) 横山昌寛：フェロニッケルスラグ細骨材，セメント，コンクリート，No. 569，pp.49-51，1994.7

101) 庄谷征美，杉田修一，月永洋一：フェロニッケルスラグ細骨材を用いたコンクリートの凍結融解抵抗性に関する研究，材料，Vol. 43，No. 491，pp.976-982，1994.8

102) 横山昌寛：フェロニッケルスラグ細骨材のアルカリ骨材反応性および反応性抑制対策方法に関する調査研究報告書のレビュー，日本鉱業協会フェロニッケルスラグ細骨材研究委員会資料，1994.8

103) 村井浩介，川崎康一，鍋谷　裕：フェロニッケルスラグを用いたコンクリート用細骨材について，フェロアロイ，Vol. 38，No. 1，pp.53-62，1994

104) フェロニッケルスラグ〔D〕骨材のアルカリシリカ反応性抑制対策に関する実験研究報告書
〔Phase Ⅰ〕　各種細骨材の化学法による ASR 試験，　1995.11
〔Phase Ⅱ〕　モルタルバー法による反応性抑制対策試験（その1），　1995.11
〔Phase Ⅲ〕　モルタルバー法による反応性抑制対策試験（その2），　1996.2
〔Phase Ⅳ〕　コンクリートバー法による反応性抑制対策試験（その1），　1996.4
コンクリートバー法追加試験（その2），　1996.10
日本鉱業協会　フェロニッケルスラグ細骨材研究委員会

105) 庄谷征美，國府勝郎：フェロニッケルスラグ細骨材<使い方のポイント>，セメント，コンクリート，No. 571，pp.19-28，1994.9

106) フェロニッケルスラグ細骨材を用いたコンクリート暴露試験体の耐久性調査（その2）報告書，日本鉱業協会フェロニッケルスラグ研究委員会，1995.11

107) 戸川一夫，庄谷征美，國府勝郎：フェロニッケルスラグ細骨材コンクリートのブリーディングの低減と耐凍害性および水密性に関する研究，材料，第45巻，第1号，pp.101-109，1996.1

108) 高強度フェロニッケルスラグ細骨材コンクリート関連資料集，日本鉱業協会フェロニッケルスラグ細骨材研究委員会，1996.4

109) 梶原敏孝，横山昌寛：フェロニッケルスラグ細骨材，コンクリート工学，Vol. 34，No. 7，pp.31-33，1996.7

110) フェロニッケルスラグ細骨材の高強度コンクリート用細骨材への適用性に関する試験報告書，日本建築学会フェロニッケルスラグ小委員会資料，日本鉱業協会，1996.6

111) 大川原修，笠井芳夫，松井　勇，湯　法界，蓮沼輝臣：フェロニッケル砂を用いたモルタルの耐熱性に関する実験研究（その1　実験概要と熱質量減少，熱収縮），日本建築学会大会学術講演梗概集，pp.647-648，1996.9

112) 笠井芳夫，松井　勇，湯浅　昇，大川原修，浅沼輝臣：フェロニッケルスラグ細骨材を用いたモルタルの耐熱性に関する実験研究（その2　圧縮強度，静弾性係数，引張強度の熱変化），日本建築学会大会学術講演梗概集，pp.649-650，1996.9

113) フェロニッケルスラグ細骨材の微粒分がコンクリートの物性に及ぼす影響に関する研究，土木学会スラグ研究委員会資料，日本鉱業協会，1997.3

114) フェロニッケルスラグ細骨材を用いたコンクリートのブリーディング特性に及ぼす諸要因の影響に関する研究－コンクリート温度，微粒分量，FNS 混合率の影響，日本鉱業協会，1997.6

115) 横山昌寛：フェロニッケルスラグを用いたコンクリートの運搬，施工による空気量，単位容積質量の変動の解析と質量管理規準の提案，日本建築学会フェロニッケルスラグ細骨材研究委員会報告，1997.6

116) 関川定美，月永洋一，庄谷征美：フェロニッケルスラグ細骨材の高強度コンクリートへの適用性に関する研究，日本建築学会東北支部研究報告集，No. 60，pp.305-308，1997.6

117) フェロニッケルスラグ細骨材（D）を用いた生コンクリートの運搬による品質変化に関する試験報告書（FNS〔D〕2.5を用いた生コンクリートの試験），日本鉱業協会，1997.6

118) M. Shoya, K. Togawa, K. Kokubu: On Properties of Freshly Mixed and Hardend Concrete with Ferro-Nickel Slag Fine Aggregate, 1997 International Conference on Engineering Materials, pp.759-774, Ottawa Canada, 1997.6

119) 庄谷征美：フェロニッケルスラグ細骨材を用いた高流動コンクリートの研究，日本建築学会　フェロニッケルスラグ細骨材研究委員会資料，1997.7

120) 笠井芳夫：フェロニッケルスラグ砂を用いたモルタルの耐熱性に関する実験報告書—1996年度，1997.6

121) 日本工業規格 JIS A 5011-2（コンクリート用スラグ骨材—第2部）：フェロニッケルスラグ骨材，日本規格協会，1997.8

122) M. Shoya, S. Togawa, S. Sugita and Y. Tukinaga: Freezing and Thawing Resistance of Concrete with Excessive Bleeding and its Improvement, Fourth CANMET/ACI International Conference on Durability of Concrete, pp.1591-1602, 1997.8

123) S. Nagataki, F. Tomosawa, T. Kaziwara, M. Yokoyama: PROPERTIES OF NONFERROUS METAL SLAG USED AS AGGREGATE FOR CONCRETE, International Conference on Engineering Materials, Ottawa Canada, Vol. I. pp.733-743, 1997.6

124) 野中　英，笠井芳夫，松井　勇，湯浅　昇：フェロニッケルスラグ砂を用いたモルタルの加熱および冷却繰返しに対する抵抗性，日本建築学会大会学術講演会梗概集，pp.21-22，1997.9

125) 関川定美，月永洋一，庄谷征美：フェロニッケルスラグ細骨材の高強度コンクリートへの適用性に関する基礎的研究，日本建築学会大会学術講演梗概集，pp.23-24，1997.9

126) フェロニッケルスラグ細骨材および銅スラグ細骨材を用いたコンクリートの気乾単位容積質量に関する調査研究報告書，日本鉱業協会，1997.10

127) CUSおよびFNSと軽量粗骨材を用いたコンクリートの品質，日本鉱業協会，1997.10

128) CUSおよびFNSを用いたコンクリートのポアソン比に関する試験研究，日本鉱業協会，1997.11

129) 梶原敏幸，武田重三：「JIS A 5011　コンクリート用スラグ骨材」の改正にかかわる主要点について，月刊　生コンクリート，Vol. 16，No. 9，1997.10

130) 依田彰彦，横室　隆：フェロニッケルを骨材として用いたコンクリートの性質，コンクリート工学年次論文報告集，20-2，1998

131) 阿波　稔，迫井裕樹，庄谷征美，月永洋一，長瀧重義：フェロニッケルスラグを粗骨材として用いたコンクリートの基礎的性質，コンクリート工学論文集，第21巻，第3号，2010.9

132) 呉　承寧，長瀧重義：フェロニッケルスラグ細，粗骨材が高炉セメントコンクリートの特性に及ぼす影響，第42回セメント，コンクリート研究討論会論文集，2015.10

133) 日本工業規格：JIS A 5011-2　コンクリート用スラグ骨材—第2部フェロニッケルスラグ骨材（改正案），日本規格協会，2016.3

134) 依田彰彦，横室　隆：論文　フェロニッケルスラグを骨材として用いたコンクリートの性質，コンクリート工学年次論文報告書，Vol. 20，No. 2，1998

135) 中島和俊，渡辺　健，橋本親典，石丸啓輔：論文　拘束条件の有無による非鉄スラグ細骨材を用いたコンクリートの乾燥収縮特性の評価，コンクリート工学年次論文集，Vol. 37，No. 1，2015

136) 太田貫之，庄谷征美，阿波　稔：スラグ細骨材を用いた自己充填型高流動コンクリートの品質に関する研究，土木学会第53回年次学術講演会，pp.534-535，1998.10

137) 小出貴夫，長岡誠一，西本好克，河上浩司：論文　200 N/mm²級超高強度コンクリートにおける使用材料が強度特性に及ぼす影響の検討，コンクリート工学年次論文報告書，Vol. 30，No. 2，2008

138) 阿波　稔，迫井裕樹：フェロニッケルスラグ粗骨材のアルカリシリカ反応に関する試験（迅速法およびモルタルバー法），八戸工業大学土木建築工学科コンクリート工学研究室報告書，2013.3

139）岡友　貴，山田悠二，橋本親典，渡邉　健：論文　非鉄スラグ細骨材を用いたコンクリートの施工性能および強度に関する実験的検討，コンクリート工学年次論文集 Vol. 37，No. 1，2015
140）丸岡正知：フェロニッケルスラグ細骨材を用いた加熱養生コンクリートの物性，土木学会非鉄スラグ骨材コンクリート研究小委員会資料，2015
141）呉　承寧：フェロニッケルスラグ骨材コンクリートの性能評価，土木学会非鉄スラグ骨材コンクリート研究小委員会資料，2015
142）呉　承寧：愛知工業大学土木工学科材料研究室試験報告書，愛知工業大学，2014.12
143）金子宝似，金本啓一，清原千鶴，原品　武，真野孝次：フェロニッケルスラグ骨材を用いた高炉セメントコンクリートの収縮ひび割れ特性，第86回日本建築学会関東支部研究報告集，pp.137-140，2016.3
144）小沢優也，永田剛志，鹿毛忠継，阿部道彦：非鉄スラグを使用したコンクリートのブリーディング，凝結，第86回日本建築学会関東支部研究報告書，pp.141-144，2016.3
145）原品　武，今本啓一，清原千鶴，金子宝似，阿部道彦，真野孝次：非鉄スラグ骨材を用いた高炉セメントコンクリートの収縮抑制効果に関する研究，第86回日本建築学会関東支部研究報告書，pp.145-148，2016.3
146）永田剛志，阿部道彦：各種スラグ細骨材を用いたモルタルのブリーディング，第86回日本建築学会関東支部研究報告書，pp.149-152，2016.3
147）西村名央，Sungchul Bae，松田　拓，兼松　学：フェロニッケルスラグを用いた高強度コンクリートの自己収縮および圧縮強度特性に関する研究，コンクリート工学年次論文集，Vol. 38，No. 1，pp.1461-1466，2017.7
148）津坂智輝，寺西浩司，丹羽大地：非鉄スラグ骨材を用いたコンクリートの基礎的性質（その1．スラグ骨材を用いたモルタルのオレロジー定数），日本建築学会大会学術講演梗概集，pp.97-98，2016.8
149）丹羽大地，寺西浩司，鹿毛忠継：非鉄スラグ骨材を用いたコンクリートの基礎的性質（その2．スラグ骨材を用いたコンクリートのワーカビリティー），日本建築学会大会学術講演梗概集，pp.99-100，2016.8
150）佐藤晴香，寺西浩司，加納千智：非鉄スラグ骨材を用いたコンクリートの基礎的性質（その3．スラグ骨材の乾燥収縮ひずみ），日本建築学会大会学術講演梗概集，pp.101-102，2016.8
151）阿部道彦，野口貴文，鹿毛忠継，真野孝次：非鉄スラグ骨材を使用したコンクリートに関する研究　その1　研究概要，日本建築学会大会学術講演梗概集，pp.103-104，2016.8
152）伊藤康司，鹿毛忠継，陣内　浩，寺西浩司：非鉄スラグ骨材を使用したコンクリートに関する研究　その2　調合，日本建築学会大会学術講演梗概集，pp.105-106，2016.8
153）小沢優也，永田　剛，鹿毛忠継，阿部道彦：非鉄スラグ骨材を使用したコンクリートに関する研究　その3　ブリーディング，凝結，日本建築学会大会学術講演梗概集，pp.107-108，2016.8
154）石黒朝也，早川光敬：フェロニッケルスラグ細骨材を用いたモルタルの研究，日本建築学会大会学術講演梗概集，pp.111-112，2016.8
155）江　詩唯，今本啓一，清原千鶴，原品　武，金子宝似，真野孝次：フェロニッケルスラグ骨材を用いた高炉セメントコンクリートの収縮ひび割れ特性，日本建築学会大会学術講演梗概集，pp.175-176，2016.8
156）原品　武，今本啓一，清原千鶴，金子宝似，真野孝次：非鉄スラグ骨材を使用したコンクリートの収縮ひび割れ特性に関する実験的研究，日本建築学会大会学術講演梗概集，pp.177-178，2016.8
157）丹羽章暢，西村名央，Bae Sungchul，松田　拓，兼松　学，野口貴文：フェロニッケルスラグ細骨材を用いた高強度コンクリートの検討　その1　実験概要及び圧縮強度発現特性，日本建築学会大会学術講演梗概集，pp.561-562，2016.8
158）西村名央，Bae Sungchul，松田　拓，兼松　学，野口貴文：フェロニッケルスラグ細骨材を用いた高強度コンクリートの検討　その2　自己収縮特性および水和生成物の評価，日本建築学会大会学術講演梗概集，pp.563-564，2016.8
159）松田　拓，蓮尾孝一，峯竜一郎，野口貴文，兼松　学：超低水結合材比コンクリートの流動性および練混ぜ負荷への使用材料の影響，日本建築学会大会学術講演梗概集，pp.565-566，2016.8
160）原品　武，今本啓一，清原千鶴：非鉄スラグ骨材を用いた高炉セメントコンクリートの収縮抑制効果に関

する研究，第 87 回日本建築学会関東支部研究報告書，pp.25-28，2017.2

161）小沢優也，真野孝次，鹿毛忠継，阿部道彦：非鉄スラグ骨材を使用したコンクリートの耐久性，第 87 回日本建築学会関東支部研究報告書，pp.29-32，2017.2

162）真野孝次，鹿毛忠継，兼松　学，松田　拓，今本啓一，阿部道彦：非鉄スラグ骨材を使用したコンクリートの圧縮強度，乾燥収縮，第 87 回日本建築学会関東支部研究報告書，pp.45-48，2017.2

163）小沢優也，真野孝次，鹿毛忠継，阿部道彦：非鉄スラグ骨材を使用したコンクリートの中性化･気泡組織，日本建築学会大会学術講演梗概集，pp.85-86，2017.9

164）原品　武，今本啓一，清原千鶴，真野孝次：非鉄スラグ骨材を使用したコンクリートの細骨材海面の状況と力学的性質に関する実験的研究，日本建築学会大会学術講演梗概集，pp.87-88，2017.9

165）徐　建恒，今本啓一，清原千鶴，原品　武：非鉄スラグ細骨材を用いた高炉セメントコンクリートの収縮抑制効果に関する研究，日本建築学会大会学術講演梗概集，pp.255-256，2017.9

166）西村名央，塩塚瑤子，松田　拓，兼松　学，野口貴文：モルタルによるフェロニッケルスラグ骨材の内部養生効果に関する研究　その 1　骨材の水蒸気等吸着及びモルタル内部の相対湿度，日本建築学会大会学術講演梗概集，pp.355-356，2017.9

167）塩塚瑤子，西村名央，松田　拓，兼松　学，野口貴文：モルタルによるフェロニッケルスラグ骨材の内部養生効果に関する研究　その 2　圧縮強度および水和度，日本建築学会大会学術講演梗概集，pp.355-356，pp.357-358，2017.9

168）松田　拓，峯竜一郎，蓮尾孝一，野口貴文，兼松　学：ポルトランドセメントを使用しない超低収縮，高強度コンクリート，日本建築学会大会学術講演梗概集，pp.369-370，2017.9

169）原品　武，今本啓一，阿部道彦，清原千鶴：非鉄スラグ細骨材を用いたコンクリートの中性化特性に関する基礎的研究，日本建築学会大会学術講演梗概集，pp.223-224，2018.9

170）塩塚瑤子，西尾悠平，松田　拓，野口貴文，兼松　学：フェロニッケルスラグ細骨材の自己養生効果と強度発現に関する基礎的研究，日本建築学会大会学術講演梗概集，pp.823-824，2018.9

付録Ⅴ　銅スラグ細骨材に関する文献リスト

1）からみ類の実態調査，日本鉱業協会，からみ活用研究委員会，1960.3
2）非鉄製錬からみ類の実態と活動について，日本鉱業協会，からみ活用研究委員会，1963.8
3）毛見虎雄，平賀友晃：重量骨材とコンクリートの品質について，日本大学理工学部学術講演会講演要旨集，pp.119-120，1966
4）赤塚雄三，前川　淳：細骨材として銅からみを用いたコンクリートの性質，コンクリートジャーナル，Vol. 8，No. 6，pp.19-22，June 1970
5）J.J. Emery, R. D Hooton and R.P. Gupta : Utilization of blastfurnace, nonferrous and boiler Slags : SILICATES INDUSTRIES, 4-5, pp.111-120, 1977
6）R.J. Collins : CONSTRUCTION INDUSTRY EFFORTS TO UTILIZE MINING AND METALLURGICAL WASTE, Proceedings of The 6th Mineral Waste Utilization, U.S. Bureau of Mines and IT Research Institute, pp.133-143, May 2-3, 1978
7）村田二郎，大下政美：銅滓骨材を用いた重量ブロックの基礎的研究，土木コンクリートブロック，No. 105，12.1月号，pp.10-18，1978
8）村田二郎，鈴木一雄，大作　淳，清水　昭：銅スラグを用いたプレパックドコンクリートに関する研究，セメント技術年報，Vol. 35，pp.250-253，1981
9）J.R. Baragano, P. Rey : The study of a non traditional pozzolan ≪Copper Slags≫, Proc. The 7th Int. Cong. Cement Vol. 2, III, pp.37-42, 1980
10）AFG Rossouw, JE Kuger and J van Dijk : Report on the Suitability of Some Metallurgical Slags as Aggregate for Concrete, NATIONAL BUILDING RESEARCH INSTITUTE COUNCIL FOR SCIENTIFIC AND INDUSTRIAL RESEARCH, Pretoria, South Africa, pp.1-25, 1981
11）AUSTRALIAN STANDARD : AGGREGATES AND ROCK FOR ENGINEERING PUR-POSES Part 1 CONCRETE AGGREGATES, AS 2758.1, 1985
12）村田二郎，清水　昭，斎藤良夫，大作　淳：銅スラグ微粉末を用いたプレパックドコンクリート用グラウトの充填性および均等性に関する研究，土木学会論文集　第366号/Ⅴ-4，pp.242-249，1986.2
13）銅スラグの利用に関する調査，試験資料集，日本鉱業協会銅スラグ利用研究委員会，1989.3
14）秋田県工業技術センター，同和鉱業株式会社：銅製錬工程で発生するスラグの再利用に関する研究成果報告書，1989.3
15）神山行男，吉岡保彦，山崎武久：銅水砕スラグの重量モルタル用細骨材への適用性に関する基礎研究，土木学会第44回年次学術諸演会，pp.158-159，1989.10
16）銅スラグ研究委員会資料：コンクリート用細骨材としての住友スラグサンドの利用に関する試験結果報告書，住友金属鉱山株式会社，鹿島建設株式会社，1989.12
17）深谷正和，竹谷正造，小谷一三：銅水砕スラグのコンクリート用細骨材としての活用技術，日本鉱業協会，第39回全国鉱山・製錬所現場担当者会議工務講演集，pp.149-172，1991.11
18）銅スラグのコンクリートへの利用に関する調査，資料集，日本鉱業協会非鉄スラグのコンクリートへの利用研究会，1992.5
19）銅スラグ砂を用いたコンクリート予備試験（STEP 1），日本鉱業協会　銅スラグ研究委員会，1993.6
20）銅スラグ砂を用いたコンクリート予備試験（STEP 2），日本鉱業協会　銅スラグ研究委員会，1993.8
21）銅スラグ砂を用いたコンクリート試験（STEP 3），日本鉱業協会　銅スラグ研究委員会，1994.9
22）銅スラグ砂を用いたコンクリート試験結果（STEP 4）
　［1］　混和剤によるブリーディングの抑制に関する試験結果
　［2］　水中不分離性コンクリートに関する試験結果，日本鉱業協会銅スラグ研究委員会，1994.12
23）銅スラグコンクリート施工性試験（STEP 5）
　［Ⅰ］　銅スラグ骨材製造試験

［II］ 銅スラグ生コンクリートの運搬試験
［III］ ポンプ圧送性試験
［IV］ テトラポッド製造試験
［V］ 土間コンクリートの施工試験，日本鉱業協会銅スラグ研究委員会，1994.12

24）河原正泰，工藤芳郎，砂山寛之，満尾利晴：銅スラグの結晶化と金属元素の溶出性，資源素材学会誌，Vol. 109，No. 8，pp.45-49，1993

25）白鳥　明，國府勝郎，久恆政幸：画像解析による銅スラグ細骨材の形状判定について，土木学会第 48 回年次学術講演会，pp.484-485，1993.9

26）銅スラグ細骨材を用いたコンクリートのブリーディングおよび凝結に関する実験結果（STEP 6），日本鉱業協会銅スラグ研究委員会，1995.6

27）銅スラグ研究委員会報告：銅スラグの構成諸因子がコンクリートのブリーディング現象に与える効果—既往文献，報告書の調査，まとめ，㈱ワイエスエンジニアリング，1995.3

28）銅スラグ研究委員会報告：高強度コンクリート用骨材としての銅スラグ砂の評価，建設省建築研究所，1994.5

29）真野孝次，飛坂基夫，池永博威：銅スラグ細骨材を用いたコンクリートの基礎的物性に関する実験研究，日本建築学会大会学術講演梗概集，pp.883-884，1994.9

30）白鳥　明，國府勝郎：超硬練りコンクリートのコンシステンシーに影響を与える使用骨材の性質と配合条件，土木学会第 49 回年次学術講演会，pp.190-191，1994.9

31）仁木孟伯，長瀧重義，友澤史紀，梶原敏孝：銅スラグ砂を使用したコンクリートの基礎的性状，コンクリート工学年次論文報告集，Vol. 17，No. 1，pp.399-404，1995

32）真野孝次，飛坂基夫，池永博威：銅スラグ骨材を用いたコンクリートの基礎的物性に関する実験研究，建材試験情報 1，建材試験センター，pp. 6-10，1995

33）銅スラグ研究委員会報告：銅スラグ細骨材を使用したモルタルの凝結遅延とその回避策，三菱マテリアル株式会社セメント研究所，1995.9

34）銅スラグ研究委員会報告：銅スラグ砂を用いたコンクリートの海岸構造物への適用に関する基礎研究，運輸省港湾技術研究所　構造材料研究室，1995.11

35）銅スラグ研究委員会報告：銅スラグ細骨材を用いたコンクリートの凍結融解抵抗性に関する研究，八戸工業大学，1995.6

36）真野孝次，飛板基夫，池永博威：銅スラグ細骨材を用いたコンクリートの基礎的物性に関する実験研究（その 2．硬化性状，強度発現性状及び各種変形性状），日本建築学会大会学術講演梗概集，pp.883-884，1995.8

37）権　寧世，依田彰彦，横室　隆，緒方　努：銅スラグのコンクリート用細骨材への利用研究（その 1　養生方法をかえたモルタルのすりへり量について），日本建築学会大会学術講演梗概集，pp.881-882，1995.8

38）銅スラグ研究委員会報告：銅スラグ細骨材を使用したコンクリートの基礎物性に関する実験・検討　その 1，日本鉱業協会，建材試験センター，1995.8

39）大北泰生，庄谷征美，杉田修一：銅スラグ細骨材コンクリートの凍結融解抵抗性，土木学会東北支部技術研究発表会講演概要集，pp.556-557，1995

40）庄谷征美，杉田修一，梶原敏孝：銅スラグ細骨材コンクリートの凍結融解抵抗性に関する一検討，土木学会第 49 回年次学術講演会講演概要集，V-369，1995.9

41）白鳥　明，國府勝郎：超硬練りコンクリートのコンシステンシーに与える使用細骨材の性質と配合条件，土木学会第 49 回年次学術講演会，V-95，pp.190-191，1995.9

42）銅スラグ砂を用いたコンクリート試験報告書（STEP 3）—中性化試験—，日本鉱業協会　銅スラグ研究委員会，1996.3

43）銅スラグコンクリート施工性試験（STEP 5）［IV］第 2 回テトラポッド製造試験報告書，日本鉱業協会，1996.2

44）福島祐一，仁木孟伯，井上敏克，立屋敷久志：非鉄金属スラグのセメントとの反応性，三菱マテリアル株式会社セメント研究所研究報告，No. 7，pp.88-99，1996

45) 銅スラグ細骨材を用いたコンクリートの性状（STEP 1 - 5）のまとめ，日本鉱業協会，1996.3
46) 菊川浩治，飯坂武男，石川靖晃：銅スラグを用いたグラウトの特性に関する研究，セメントコンクリート論文集，No. 49，pp.150-155，1995
47) 銅スラグ研究委員会報告：銅スラグ細骨材を使用したコンクリートの基礎物性に関する実験，検討（その2：凝結，ブリーディングに関する実験・検討），建材試験センター，1996
48) 銅スラグ研究委員会報告：銅スラグ細骨材を使用したコンクリートの基礎物性に関する実験，検討（その3：銅スラグ細骨材の品質及び各種基礎物性に関する実験・検討），建材試験センター，1996
49) 梶原敏孝，横山昌寛：銅スラグ細骨材，コンクリート工学，Vol. 34，No. 7，pp.96-98，1996.7
50) 仁木孟伯，長瀧重義，友澤史紀，福手　勤：銅スラグ砂コンクリート大型暴露試験体の施工とコンクリートの初期性状，コンクリート工学年次論文報告集，Vol. 18，No. 1，pp.399-404，1996
51) 中村貴城，庄谷征美，磯島康雄：銅スラグ細骨材コンクリートの品質に関する研究，土木学会東北支部技術研究発表会講演概要集，pp.554-555，1996.3
52) 大北泰生，庄谷征美，杉田修一：コンクリートのブリーディングと凍結融解抵抗性の関係について，土木学会東北支部技術研究発表会講演概要集，pp.572-573，1996
53) 國府勝郎，上野　敦：締固め仕事量の評価に基づく超硬練りコンクリートの配合設計，土木学会論文集，1996
54) 銅スラグ細骨材を用いたコンクリートの施工性と品質に関する研究—日本鉱業協会銅スラグ細骨材研究委員会による実験研究資料—，日本鉱業協会，1996.11
55) 微粒銅スラグを用いたモルタルの特性に関する調査研究（STEP 7），日本鉱業協会委託（銅スラグ研究委員会資料），建材試験センター，1997.3
56) DEUTCHE NORMEN : Eisenhüttenschlacke und Metallhüttenschlacke im Bauwesen (Metal—logical slags of iron, steel and nonferrous metal in building), DIN4301, April 1981
57) E. Douglas, P.R. Mainwaring, and R.T. Hemmings : Pozzolanic Properties of Canadian Non—Ferrous Slags, pp.1525-1550, ACI, SP 91-75, 1986
58) C.L. Hawang and J.C. Laiw : Properties of Concrete Using Copper Slag as a Substitute for Fine Aggregate, Symposium on the Use of Natural Pozzolans, Fly Ash, Slag, and Silica Fume in Concrete, pp.1677-1695, ACI, SP 114-82, 1989
59) 銅スラグ細骨材の比熱試験報告書，日本鉱業協会　銅スラグ細骨材研究委員会，1994.12
60) 斉藤しおり，真野孝次，飛坂基夫，梶原敏孝：銅スラグ細骨材のアルカリシリカ反応性と粒形改善によるブリーディング抑制効果，日本建築学会大会学術講演梗概集，pp.329-330，1996.9
61) 権　寧世，依田彰彦，横室　隆：銅スラグのコンクリート用骨材への利用研究（その2　養生方法をかえたコンクリートの乾燥収縮特性，凍結融解抵抗性），日本建築学会大会学術講演梗概集，pp.443-444，1996.9
62) 廃棄物等処理再資源化推進報告書(平成7年度)：銅スラグ砂の重量細骨材としての利用に関する研究，日本鉱業協会，1996.6
63) 横山昌寛：銅スラグの化学的性質に関する既往内外文献，報告書の概要報告書—ポゾラン性，ブリーディング特性，凝結遅延性—，銅スラグ研究委員会報告，日本鉱業協会，1996.6
64) 横山昌寛：銅スラグ細骨材の微粒子がコンクリートの品質に与える影響に関する調査報告書—[Step 1]-[Step 6] 試験報告書のまとめ，解析（ブリーディング減少効果，強度増進効果），日本鉱業協会，1996.6
65) 横山昌寛：コンクリート用各種細骨材の粒度分布及び微粒分に関する規格，基準と試験方法—まとめおよびその解析—，日本鉱業協会委員会資料，1996.9
66) British Standard : Testing aggregates Part103, Methods for determination of particle size distribution. Section 103. 2 Sedimentation test, 1989
67) 銅スラグ砂コンクリート大型暴露試験体の長期暴露試験報告書(暴露8ヶ月)，日本鉱業協会，鹿島建設株式会社，三菱マテリアル株式会社，1996.12
68) コンクリート用銅スラグ細骨材品質基準（案），同解説，日本鉱業協会銅スラグ委員会，1996.6
69) 銅スラグ砂コンクリート大型暴露試験体の長期暴露試験報告書(暴露8ヶ月，1年)，日本鉱業協会，鹿島

建設株式会社，三菱マテリアル株式会社，1997.3
70) 銅スラグ細骨材中の微粉量がコンクリートのフレッシュ性状に及ぼす影響に関する実験結果報告書，スラグ JIS A 5011 原案作成委員会資料，日本鉱業協会，1997.3
71) 横山昌寛：CUS コンクリートの施工，運搬に伴う単位容積質量変動の解析と管理基準の提案，日本建築学会スラグ骨材小委員会資料，1997.4
72) 佐伯竜彦：銅スラグ細骨材と低比重細骨材を混合使用したコンクリートの諸特性，土木学会スラグ研究委員会資料，1997.7
73) 銅スラグ細骨材混合率の試験方法の提案と試験結果の検討，日本鉱業協会，建材試験センター，セメント協会研究所，1997.7
74) 権　寧世，依田彰彦，横室　隆：銅スラグのコンクリート用細骨材への利用研究（その3　養生方法をかえたコンクリートの中性化について），日本建築学会大会学術講演梗概集，pp.29-30，1997.9
75) 井上　卓，飛坂基夫，地頭薗博，藤田康彦：銅スラグ細骨材を低混合率で使用したコンクリートの基礎的性状（その1．ブリーディング及び凝結性状），日本建築学会大会学術講演梗概集，pp.24-25，1997.9
76) M. Shoya, S. Togawa, S. Sugita, and Y. Tsukinaga: FREEZING AND THAWING RESISTANCE OF CONCRETE WITH EXCESIVE BLEEDING AND ITS IMPROVEMENT, The Fourth CANMET/ACI International Conference on Durability of Concrete, Sydney, Australia, August, pp.1591-1602, 1997.8
77) 日本工業規格 JIS A 5011-3（コンクリート用スラグ骨材—第3部）：銅スラグ骨材，日本規格協会，1997.8
78) 飛坂基夫，梶原敏孝，横山昌寛：微粒銅スラグがモルタルのフロー値，圧縮強度および乾燥収縮に及ぼす影響，日本建築学会大会学術講演梗概集，pp.27-28，1997.9
79) S. Nagataki, F. Tomosawa, T. Kaziwara, M. Yokoyama: PROPERTIES OF NONFERROUS METAL SLAG USED AS AGGREGATE FOR CONCRETE, International Conference On Engineering Materials, Ottawa, Canada, Vol. I, pp.733-743, 1997.6
80) M. Shoya, K. Togawa, K. Kokubu: ON PROPERTIES WITH FERRO—NICKEL SLAG FINE AGGREGATE, International Conference on Engineering Materials, Ottawa Canada, Vol. I, pp.759-774, 1997.6
81) 権　寧世，依田彰彦，横室　隆：銅スラグ砂を用いた打ち放し仕上げコンクリートの耐久性，日本建築仕上学会大会，1997.10
82) 大型暴露試験体の長期暴露試験報告書（[IV] テトラポッド製造試験，暴露2.5年），運輸省港湾技術研究所，1997.3
83) 銅スラグ細骨材を用いたコンクリートの単位容積質量，日本鉱業協会，1997.10
84) CUS および FNS を用いたコンクリートのポアソン比に関する試験研究，日本鉱業協会，1997.11
85) 梶原敏孝，竹田重三：「JIS A 5011 コンクリート用スラグ骨材」の改正にかかわる主要点について，月刊生コンクリート，Vol. 16，No. 9，1997.10
86) 飛坂基夫：コンクリートの表面色に及ぼす銅スラグ細骨材の種類及び混合率の影響，日本建築学会スラグ骨材小委員会資料，1997.8
87) 銅スラグ砂を用いたコンクリート試験（STEP 3）—材齢4年におけるコンクリートの圧縮強度，ヤング係数および屋外暴露による中性化試験—，日本鉱業協会，1998.1
88) 銅スラグ砂を用いたコンクリートの海岸構造物への適用に関する基礎研究—鉄筋の腐食特性（海洋暴露3年試験結果），運輸省港湾技術研究所，1998.1
89) 佐伯達彦，猪口泰彦，新野康博，長瀧重義：混合骨材コンクリートの諸特性とその推定手法に関する検討，土木学会論文集，No. 711，V-56，pp.73-90，2002.8
90) 秋田真良，東　俊夫，江口正勝，村上祐治：銅スラグを用いた超硬練り重量セメント硬化体の試験施工，土木学会第58回年次学術講演会，V-498，pp.995-996，2003.9
91) 古田敦史，上野　敦，國府勝郎，宇治公隆：スラグ細骨材を用いたコンクリートのブリーディング制御に関する基礎的検討，土木学会第58回年次学術講演会，V-500，pp.999-1000，2003.9

92）五味信治，南川　公：スラグ骨材を用いた高比重コンクリートの研究（その１），土木学会第 59 回年次学術講演会，５-202，pp.401-402，2004.9

93）加地　貴，石井光浩，岩原廣彦，菊池文孝：フライアッシュによる銅スラグ細骨材使用コンクリートの品質改善，土木学会四国支部技術研究発表会講演概要集，Vol. 10，pp.278-279，2004

94）馬場裕一，丸山武彦，若林　学，伊藤伸一：銅スラグ混入コンクリートの基本的物性，土木学会関東支部技術研究発表会講演概要集，Vol. 31-５，pp.89-90，2004

95）五味信治，南川　公：スラグ骨材を用いた高密度コンクリートの研究（その２），土木学会第 60 回年次学術講演会，５-424，pp.847-848，2005.9

96）五味信治，南川　公：スラグ骨材を用いた高密度コンクリートの研究（その４），土木学会第 62 回年次学術講演会，５-422，pp.843-844，2007.9

97）五味信治，南川　公：スラグ骨材を用いた高密度コンクリートの研究（その５），土木学会第 63 回年次学術講演会，５-407，pp.813-814，2008.9

98）上野　敦，中嶋香織，宇治公隆：銅スラグ細骨材による砕砂モルタルのフレッシュ性状の改善に関する検討，土木学会第 63 回年次学術講演会，５-365，pp.729-730，2008.9

99）田村裕美，嶋田典浩，藤井隆史，綾野克紀：コンクリート用骨材としての銅スラグの有効利用に関する研究，土木学会中国支部研究発表会発表概要集，Vol. 61，Ⅴ-25，2009

100）金子みゆき，鎌田英志，安藤慎一郎，荻野寿一：コンクリートの耐摩耗性向上に関する配合の検討，土木学会第 66 回年次学術講演会，Ⅵ-435，pp.869-870，2011.9

101）川端雄一郎，岩波光保，加藤絵万：スラグ細骨材を大量混合したコンクリート（HVSA（Cncrete with Hight Volume Slag fine Aggrete）コンクリート）の港湾の無筋コンクリート構造物への適用性，土木学会論文集Ｂ３（海洋開発），Vol. 67，No. 2，2011

102）黒岩義仁，高尾　昇，清谷謙二：銅スラグ細骨材の微粒分量および混合率がコンクリートの諸特性に及ぼす影響，土木学会第 68 回年次学術講演会，Ⅴ-313，pp.625-626，2013.9

103）黒岩義仁，高尾　昇，佐々木憲明：銅スラグ細骨材の微粒分の量および実積率がコンクリートのフレッシュ性状に及ぼす影響，コンクリート工学年次論文集，Vol. 35，No. 1，pp.43-48，2013.

104）秋山哲治，森　晴夫，山路　徹，与那嶺一秀：海上大気中での長期暴露試験による銅スラグ細骨材を大量混入したコンクリートの耐久性評価，土木学会第 68 回年次学術講演会，Ⅴ-111，pp.221-222，2013.9

105）江川省二，浦上　昇，金子英幸，阿部信二，水越悠文：本船バース増強工事概要とスラグ混入コンクリートへの取り組みについて，土木学会第 69 回年次学術講演会，Ⅵ-523，pp.1045-1046，2014.9

106）宮根正和，小西優貴，森田浩史，竹中　寛，審良善和，福手　勤：スラグ骨材を使用した水中不分離性重量コンクリートの基本性能，土木学会第 69 回年次学術講演会，Ⅴ-605，pp.1209-1210，2014.9

107）黒岩義仁，美坂　剛，橋本親典：銅スラグ細骨材を用いた重量コンクリートの圧送性に関する検討，土木学会年次学術講演会，Ⅴ-607，pp.1213-1214，2014.9

108）黒岩義仁，長谷川豊，橋本親典：銅スラグ細骨材を用いた重量コンクリートの圧送性に関する実験的検討，コンクリート工学年次論文集，Vol. 36，No. 1，pp.70-75，2014

109）福上大貴，水越睦視：銅スラグ細骨材を多量に用いたフライアッシュⅡ種併用コンクリートの基礎的性状，コンクリート工学年次論文集，Vol. 36，No. 1，pp.1774-1779，2014

110）本間礼人：高流動コンクリートの調合設計に関する研究―銅スラグ細骨材―その３，日本建築学会大会学術講演梗概集，pp.119-120，2014.9

111）大瀧浩人，崔　希燮，西脇智哉：銅スラグを用いた繊維補強重量セメント複合材料のひび割れ抵抗性と遮蔽性能，日本建築学会大会学術講演梗概集，pp.189-190，2014.9

112）木村祥平，黒岩義仁，中山英明：銅スラグ細骨材を使用したコンクリートの諸物性に関する調査，三菱マテリアル株式会社セメント研究所　研究報告，No. 17，pp.41-21，2016

113）中島和俊，渡辺　健，橋本親典，石丸啓輔：拘束条件の有無による非鉄スラグ細骨材を用いたコンクリートの乾燥収縮特性の評価，コンクリート工学年次論文集，Vol. 37，No. 1，pp.469-474，2015

114）岡　友貴，山田悠二，橋本親典，渡邊　健：非鉄スラグ細骨材を用いたコンクリートの施工性能および強

度に関する実験的検討，コンクリート工学年次論文集，Vol. 37，No. 1，pp.1033-1038，2015
115）木村祥平，黒岩義仁，美坂　剛：銅スラグ細骨材を使用したコンクリートの諸特性に関する調査，土木学会年次学術講演会，V-479，pp.957-958，2015.9
116）銅スラグ研究委員会報告：銅スラグ砂を用いたコンクリートの海岸構造物への適用に関する基礎研究，運輸省港湾技術研究所　構造材料研究室，2000.3
117）小沢優也，永田剛志，鹿毛忠継，阿部道彦：非鉄スラグを使用したコンクリートのブリーディング，凝結，第 86 回日本建築学会関東支部研究報告書，pp.141-144，2016.3
118）原品　武，今本啓一，清原千鶴，金子宝似，阿部道彦，真野孝次：非鉄スラグ骨材を用いた高炉セメントコンクリートの収縮抑制効果に関する研究，第 86 回日本建築学会関東支部研究報告書，pp.145-148，2016.3
119）永田剛志，阿部道彦：各種スラグ細骨材を用いたモルタルのブリーディング，第 86 回日本建築学会関東支部研究報告書，pp.149-152，2016.3
120）津坂智輝，寺西浩司，丹羽大地：非鉄スラグ骨材を用いたコンクリートの基礎的性質(その 1．スラグ骨材を用いたモルタルのオレロジー定数)，日本建築学会大会学術講演梗概集，pp.97-98，2016.8
121）丹羽大地，寺西浩司，鹿毛忠継：非鉄スラグ骨材を用いたコンクリートの基礎的性質(その 2．スラグ骨材を用いたコンクリートのワーカビリティー)，日本建築学会大会学術講演梗概集，pp.99-100，2016.8
122）佐藤晴香，寺西浩司，加納千智：非鉄スラグ骨材を用いたコンクリートの基礎的性質(その 3．スラグ骨材の乾燥収縮ひずみ)，日本建築学会大会学術講演梗概集，pp.101-102，2016.8
123）阿部道彦，野口貴文，鹿毛忠継，真野孝次：非鉄スラグ骨材を使用したコンクリートに関する研究　その 1　研究概要，日本建築学会大会学術講演梗概集，pp.103-104，2016.8
124）伊藤康司，鹿毛忠継，陣内　浩，寺西浩司：非鉄スラグ骨材を使用したコンクリートに関する研究　その 2　調合，日本建築学会大会学術講演梗概集，pp.105-106，2016.8
125）小沢優也，永田　剛，鹿毛忠継，阿部道彦：非鉄スラグ骨材を使用したコンクリートに関する研究　その 3　ブリーディング・凝結，日本建築学会大会学術講演梗概集，pp.107-108，2016.8
126）原品　武，今本啓一，清原千鶴，金子宝似，真野孝次：非鉄スラグ骨材を使用したコンクリートの収縮ひび割れ特性に関する実験的研究，日本建築学会大会学術講演梗概集，pp.177-178，2016.8
127）原品　武，今本啓一，清原千鶴：非鉄スラグ骨材を用いた高炉セメントコンクリートの収縮抑制効果に関する研究，第 87 回日本建築学会関東支部研究報告書，pp.25-28，2017.2
128）小沢優也，真野孝次，鹿毛忠継，阿部道彦：非鉄スラグ骨材を使用したコンクリートの耐久性，第 87 回日本建築学会関東支部研究報告書，pp.29-32，2017.2
129）真野孝次，鹿毛忠継，兼松　学，松田　拓，今本啓一，阿部道彦：非鉄スラグ骨材を使用したコンクリートの圧縮強度，乾燥収縮，第 87 回日本建築学会関東支部研究報告書，pp.45-48，2017.2
130）小沢優也，真野孝次，鹿毛忠継，阿部道彦：非鉄スラグ骨材を使用したコンクリートの中性化･気泡組織，日本建築学会大会学術講演梗概集，pp.85-86，2017.9
131）原品　武，今本啓一，清原千鶴，真野孝次：非鉄スラグ骨材を使用したコンクリートの細骨材海面の状況と力学的性質に関する実験的研究，日本建築学会大会学術講演梗概集，pp.87-88，2017.9
132）徐　建恒，今本啓一，清原千鶴，原品　武：非鉄スラグ細骨材を用いた高炉セメントコンクリートの収縮抑制効果に関する研究，日本建築学会大会学術講演梗概集，pp.255-256，2017.9
133）竹内彩菜，上田隆雄，塚越雅幸，七澤　章：スラグ細骨材を用いたコンクリート中の塩害による鉄筋腐食に関する検討，コンクリート工学年次論文集，Vol. 40，No. 1，pp.609-614，2018
134）前田　凌，山田悠二，横井克則，近藤拓也：各種スラグ骨材を用いたハイボリュームフライアッシュ重量コンクリートに関する実験的研究，コンクリート工学年次論文集，Vol. 40，No. 1，pp.1401-1406，2018
135）香川浩司，河合智寛，山田　藍，岩清水隆，山崎順二，片岡淳司：銅スラグ細骨材を用いたコンクリートに関する基礎的実験　その 5　実験シリーズIIにおけるコンクリートの耐久性，日本建築学会大会学術講演梗概集，pp.127-128，2018.9
136）亀島博之，中島有一，小田部裕一：銅スラグ細骨材を使用した高強度コンクリートの強度，収縮特性，日

本建築学会大会学術講演梗概集，pp.129-130，2018.9
137) 原品　武，今本啓一，阿部道彦，清原千鶴：非鉄スラグ細骨材を用いたコンクリートの中性化特性に関する基礎的研究，日本建築学会大会学術講演梗概集，pp.223-224，2018.9

フェロニッケルスラグ骨材または銅スラグ細骨材を使用する
コンクリートの調合設計・製造・施工指針・同解説

2018年12月20日　第1版第1刷

編集著作人　一般社団法人　日本建築学会
印刷所　昭和情報プロセス株式会社
発行所　一般社団法人　日本建築学会
108-8414 東京都港区芝 5 — 26 — 20
電話・(03) 3456—2051
FAX・(03) 3456—2058
http://www.aij.or.jp/
発売所　丸善出版株式会社
101-0051 東京都千代田区神田神保町 2 — 17
神田神保町ビル
電話・(03) 3512—3256

ISBN978-4-8189-1082-9 C3052